中国葡萄
高质量生产技术

段长青　王海波 等◎著

中国农业出版社
北　京

图书在版编目（CIP）数据

中国葡萄高质量生产技术 / 段长青等著. -- 北京：
中国农业出版社，2025.4. -- ISBN 978-7-109-32902
-7

Ⅰ. S663.1

中国国家版本馆CIP数据核字第2025R542J4号

中国葡萄高质量生产技术

ZHONGGUO PUTAO GAOZHILIANG SHENGCHAN JISHU

中国农业出版社出版

地址：北京市朝阳区麦子店街18号楼

邮编：100125

责任编辑：李　瑜　陈沛宏　黄　宇

版式设计：王　晨　　责任校对：周丽芳　赵　硕　　责任印制：王　宏

印刷：北京通州皇家印刷厂

版次：2025年4月第1版

印次：2025年4月北京第1次印刷

发行：新华书店北京发行所

开本：889mm×1194mm　1/16

印张：22.25

字数：674千字

定价：280.00元

《中国葡萄高质量生产技术》

前　言

　　为加快现代农业产业体系建设步伐，提升国家及区域农业科技自主创新能力，为现代农业发展提供强有力的科技支撑，在实施优势农产品区域布局规划的基础上，农业农村部、财政部依托现有中央和地方科研优势力量和资源，启动建设了以50个主要农产品为单元、产业链为主线，从产地到餐桌、从生产到消费、从研发到市场各个环节紧密衔接、服务国家目标的现代农业产业技术体系。国家现代农业产业技术体系的主要职能是围绕产业发展需求，进行全产业链关键共性理论攻关、技术创新集成和示范应用；收集、分析农产品的产业及其技术发展动态与信息，为政府决策提供咨询，向社会提供信息服务，为用户开展技术示范和技术服务，为产业发展提供全面系统的科技支撑；推进"产学研用"结合，提升农业区域创新能力，增强我国农业竞争力。

　　国家葡萄产业技术体系于2008年正式启动，几经优化调整，目前研究对象以葡萄为主、蓝莓和蓝靛果为辅，涵盖全产业链的所有生产与销售环节。国家葡萄产业技术体系设有遗传改良、栽培与土肥、病虫草害防控、加工、机械化、产业经济共6个功能研究室。其中，遗传改良研究室共设置葡萄种质资源收集与评价、蓝莓种质资源鉴定与新种质创制、育种方法与技术、无核种质材料创制、酿酒葡萄品种改良、制汁葡萄品种改良、制干鲜食兼用葡萄品种改良、鲜食葡萄品种改良、砧木评价与改良、种苗扩繁与生产技术等10个岗位；栽培与土肥研究室共设置生态与土壤管理、土壤和产地环境污染管控与修复、养分管理、水分生理与节水栽培、果实品质调控、熟期调控、栽培生理、鲜食葡萄栽培、酿酒葡萄栽培、设施栽培等10个岗位；病虫草害防控研究室共设置果实病害防控、树体病害防控、虫害防控、病毒病防控、生物防治与综合防控等5个岗位；加工研究室共设置加工与综合利用、酿酒微生物、采后贮运保鲜、质量安全与营养品质评价等4个岗位；机械化研究室设置生产管理机械化1个岗位；产业经济研究室设置产业经济1个岗位。国家葡萄产业技术体系设有涵盖主要产区的太谷、公主岭、上海、南京、福州、济南、胶东、豫西及黄土高原、武汉、成都、元谋、兰州、北疆、哈尔滨、合肥、南疆、天津、南宁、熊岳、石家庄、桂北、豫东、渭南、杭州、贺兰山东麓、蓝莓贵阳、蓝莓沈阳、蓝靛果哈尔滨等28个综合试验站。以上岗站的合理设置为我国葡萄、蓝莓及蓝靛果等产业的高质量发展提供了坚实的人员支撑和技术保障。

国家葡萄产业技术体系自2008年成立以来，通过老中青三代人的共同努力，取得了诸多突破性进展，成果丰硕。一是明晰了消费者、生产者和经销商的三方需求，为我国葡萄新品种的选育和高质量生产关键技术的研发及品牌打造指明了方向。二是创制出若干多性状聚合的优异种质，为我国葡萄新品种的培育提供了中国"芯片"；育成了满足消费者、生产者和经销商三者需求的系列突破性或重大新品种，做强了葡萄产业中国"芯片"，有效解决了我国葡萄种业的"卡脖子"问题。三是涵盖从种植到收获加工的全产业链，研发出了轻简宜机、资源高效、绿色生态、品质优良和周年供应的系列关键技术、产品和装备，构建了我国葡萄的高质量生产技术体系，为我国葡萄产业新质生产力的形成提供了科技支撑。四是通过成果的示范推广，实现示范基地的商品果率提高20%以上、生产成本下降20%以上、水肥与农药用量下降15%以上、综合效益提高20%以上的显著效果。五是服务县域经济发展，扶持壮大或打造了一批乡土特色品牌，有效推动了我国葡萄产业的高质量发展。

本书由国家葡萄产业技术体系的岗站专家及其团队成员将多年科研成果、生产经验总结、整理后编撰形成，对葡萄高质量生产的原理和实践进行了详细阐释，旨在为我国葡萄产业新质生产力的形成提供可靠科技支持，助力我国葡萄产业的高质量发展。

本书面向的读者群体主要为科研单位、高校和技术部门的相关专业人员，以及产业决策者、部门管理者、产业经营者等。

本书力求图文并茂、通俗易懂，有较高的可读性；书中理论和技术体现科学性、规范性、可操作性和经济可行性；引用的数据、资料力求准确、可靠。本书著者较多，各位著者虽力求精益求精，但因水平有限，书中内容的疏漏、不足在所难免，敬请读者不吝指教，多提宝贵意见。

著 者

2024年6月17日

《中国葡萄高质量生产技术》

目　　录

第二部分　葡萄高质量生产技术体系

《中国葡萄高质量生产技术》

相关技术操作视频二维码

（微信扫一扫，即可观看）

视频1 定梢 （天工墨玉）	视频2 整穗疏花 （天工墨玉）	视频3 疏花蕾 （天工墨玉）	视频4 疏果 （天工墨玉）	视频5 保果 （天工墨玉）	视频6 套袋 （天工墨玉）
视频7 冬季修剪 （天工墨玉）	视频8 冬季剥皮 （天工墨玉）	视频9 冬季清园 （天工墨玉）	视频10 商业化 葡萄苗木繁育	视频11 葡萄冬 季修剪3种架式	视频12 葡萄冬 季修剪：修剪
视频13 葡萄冬季 修剪：基本方法	视频14 葡萄冬 季修剪：刻芽补枝	视频15 葡萄冬 季修剪：单枝更新	视频16 葡萄冬 季修剪：双枝更新	视频17 葡萄春 季抹芽（上）	视频18 葡萄春 季抹芽（下）
视频19 葡萄 环剥、环割	视频20 葡萄园 土壤重金属污染 管控与修复	视频21 葡萄园 土壤农药污染 管控与修复	视频22 测土配 方精准施肥技术	视频23 葡萄 标准化花穗果穗 整形技术	视频24 涝害的 防灾减灾
视频25 盐碱胁 迫的防灾减灾	视频26 葡萄 无土防寒	视频27 枝条抽 干的防灾减灾	视频28 高温灾 害的防灾减灾	视频29 葡萄熟期 调控栽培关键技术	视频30 葡萄果实 病害绿色防控技术

视频31　绿盲蝽　　视频32　斑衣蜡蝉　　视频33　二斑叶螨　　视频34　葡萄瘿螨　　视频35　葡萄叶蝉　　视频36　胡　蜂

视频37　蓟马　　视频38　斜纹夜蛾　　视频39　葡萄使用植物生长调节剂科普视频　　视频40　葡萄农药残留快速检测　　视频41　葡萄酒风味定向调控技术　　视频42　柔性立式刷清土机

视频43　北方露地葡萄冬季防寒布覆盖埋土越冬＋春季起布清土机械化技术　　视频44　自走式变量喷药机　　视频45　林果园株间避障除草机2CC-50　　视频46　有机肥旋施机（1）　　视频47　有机肥旋施机（2）　　视频48　果园枝条粉碎还田机1JH-120

视频49　果园开沟筑埂机　　视频50　葡萄苗木起苗机　　视频51　砂石捡拾收集机1WS-120

2

第一部分
葡萄高质量生产关键技术

第一章

品 种 与 砧 木

第一节　自主选育品种与砧木

一、鲜食葡萄品种

1.神州红（Shenzhouhong）　中国农业科学院郑州果树研究所2018年利用圣诞玫瑰与玫瑰香培育而成（图1-1）。欧亚种。中熟。果穗圆锥形，无副穗，大，穗长15～25厘米，穗宽10～13厘米，平均穗重870克，最大穗重1 500克以上，果粒着生中等紧密。果粒长椭圆形，鲜红色，着色一致，成熟一致。果粒大，纵径1.8～2.3厘米，横径1.3～1.5厘米，平均粒重8.9克，最大粒重13.4克，果粒整齐，皮薄，果粉中等厚，肉脆，硬度大，无肉囊，果汁无色，汁液中等多，果皮无涩味。可溶性固形物含量18.6%，总糖含量15.98%，总酸含量0.29%，糖酸比达到55：1，单宁含量718毫克/千克。风味甜香，品质上等。树势中庸偏强，副梢萌发力、生长力中等偏强。芽眼萌发率80%以上，结果性好，每结果母枝平均着生果穗1.8个，结果系数1.6。坐果率高，达到40%以上。副芽萌发率高，结实力较强。在郑州地区，4月2—6日萌芽，5月11—15日开花，8月上旬开始着色，8月15—25日果实成熟。果实发育期97天。

图1-1　神州红

2.郑艳无核（Zhengyanwuhe）　中国农业科学院郑州果树研究所2014年利用京秀与布朗无核杂交培育而成（图1-2）。欧美杂交种。早熟。果穗圆锥形，带副穗，无歧肩，穗长19.2厘米，穗宽14.7厘米，平均穗重618.3克，最大穗重988.6克，果粒成熟一致，着生中等紧密。果粒椭圆形，粉红色，纵径1.62厘米，横径1.40厘米，平均粒重3.1克，最大粒重4.6克。果粒与果柄较难分离，果粉薄，果皮无涩味，皮下无色素，果肉硬度中，汁中等多，有草莓香味。无核。可溶性固形物含量约19.9%。植株生长势中等，隐芽和副芽萌发力中等。在郑州地区，3月底至4月上旬萌芽，5月上旬开花，6月下旬果实始熟，7月中下旬果实成熟。

图1-2　郑艳无核

3.京香玉（Jingxiangyu）　中国科学院植物研究所2007年利用京秀与香妃杂交育成（图1-3）。欧亚种。早熟。果穗圆锥形或圆柱形，双歧肩，平均穗重463.2克，果粒着生中等紧密，果穗大小整齐。果粒椭圆形，黄绿色，平均粒重8.2克。果粉薄，果皮中等厚，果肉脆，汁中等多，甜酸适口，有玫瑰香味，可溶性固形物含量14.5%～15.8%，可滴定酸含量0.61%，品质上等。每果粒含种子1～3粒，多为2粒。生长势中等，抗病性较强。早果性好，丰产，早熟，从萌芽至果实成熟需110～120天。耐贮运，果实不掉粒、不裂果。嫩梢黄绿色，梢尖开张，无茸毛。幼叶黄绿色，上表面有光泽，下表面无茸毛；成龄叶心脏形，中等大，上表面无皱褶，下表面无茸毛，叶片5裂，上裂刻深、开张，基部呈U形；下裂刻较深、开张，基部呈V形。两性花，二倍体。

4. 京艳（Jingyan） 中国科学院植物研究所2010年利用京秀与香妃杂交育成（图1-4）。欧亚种。早熟。果穗圆锥形，平均穗重420克。果粒着生密度中等，椭圆形，玫瑰红色或紫红色，平均粒重6.5～7.8克，最大粒重10.5克，果皮中等厚，肉脆。种子多为3粒。可溶性固形物含量15.0%～17.2%，可滴定酸含量0.59%，味酸甜，肉质细腻，品质上等。果实着色对光照条件要求低，易着色；果实

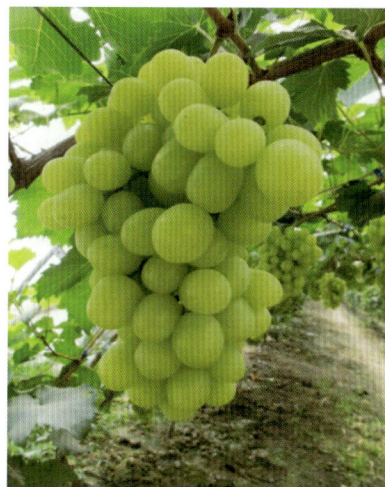

图1-3 京香玉

具有玫瑰香味，果穗松散。嫩梢黄绿色，梢尖开张，有中等密度白色茸毛。幼叶黄绿色，叶背被白色茸毛。成龄叶心形，较小。叶片5裂，上裂刻较深、闭合，基部呈U形；下裂刻浅、开张，基部呈U形。叶柄洼半开张。叶片锯齿两侧凸。芽眼萌发率89.6%，结果枝率58.5%，结果系数0.96，每果枝平均着生果穗1.67个，早果性、丰产性强，成年树产量宜控制在2.3千克/米²左右。在北京地区露地栽培，4月上旬萌芽，5月下旬开花，8月上旬果实充分成熟，早熟。果穗、果粒成熟一致，抗病性强。

5. 京莹（Jingying） 中国科学院植物研究所2018年利用京秀与香妃杂交育成（图1-5）。欧亚种。中熟。从萌芽至果实成熟129天，北京露地8月底成熟。平均穗重440克，平均粒重8.2克。果实绿黄色或绿色，椭圆形。果皮中等厚，果皮与果肉不易分离，果肉与果刷难分离，成熟后能挂树一个月，耐贮运。可溶性固形物含量15.6%，可滴定酸含量0.50%，有较浓郁玫瑰香味，肉厚而脆，味酸甜。种子多为3粒。

6. 京焰晶（Jingyanjing） 中国科学院植物研究所北京植物园2018年利用京秀与京早晶杂交而成（图1-6）。欧亚种。果穗圆锥形带副穗，极长，自然果穗长50厘米，人工疏穗后平均长26.5厘米，宽12.4厘米，平均穗重426克，最大穗重603克。果粒着生密度中等，红色，卵圆或鸡心形，平均粒重3克，最大粒重5.2克。果皮薄，与果肉不易分离，果脐不明显，果肉与果刷难分离，果汁中等多。种子为胚败育Ⅱ型，每果粒有1.2个残核。果实可溶性固形物含量16.8%，可滴定酸含量0.38%。肉厚而脆，味甜。

图1-4 京艳

图1-5 京莹

图1-6 京焰晶

7. 园金香（Yuanjinxiang） 江苏省张家港市神园葡萄科技有限公司2015年利用阳光玫瑰与蜜而脆杂交育成（图1-7）。二倍体，欧美杂交种。2020年通过品种国审。果穗大，穗长19～23厘米，穗宽10～13厘米，平均穗重850克。果粒大小均匀，近圆形，黄绿色，着生紧密，平均粒重13.8克。果粉中厚。果皮薄，无涩味，果皮与果肉较难分离，果肉肥厚，有淡玫瑰香味，每果粒含种子1～2粒，可溶性固形物含量19%～23%。果梗与果粒难分离，不掉粒，不裂果。植株生长势较强，隐芽萌发力较强。芽眼萌发率90.1%，结果枝率93.5%。花芽分化较好，每果枝平均着生果穗1.8个，丰产稳产。在苏南地区避雨栽培条件下，3月上旬萌芽，4月底至5月初开花，7月下旬开始成熟。从萌芽至浆果成熟需135～145天。优点：与阳光玫瑰相比成熟早20天，果粒大，耐贮运，管理简单；缺点：容易形成大穗，坐果过紧，香气偏淡。该品种容易形成大穗，需要在花前一周疏成长度6～7厘米的小穗。生产上需要将产量控制在1 200～1 500千克/亩*为宜。适宜在我国大部分葡萄产区种植。

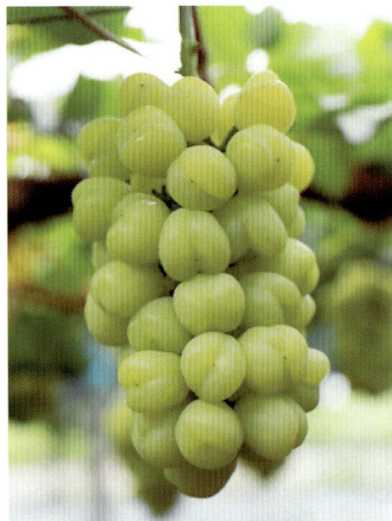

图1-7 园金香

8. 园红玫（Yuanhongmei） 江苏省张家港市神园葡萄科技有限公司2009年利用圣诞玫瑰与贵妃玫瑰杂交育成（图1-8）。二倍体，欧亚种。2020年通过品种国审。果穗中等大，穗长18～22厘米，穗宽10～12厘米，平均穗重650克，果粒大小均匀，果粒卵圆形，鲜红色至深红色，着生中等紧密，平均粒重11.3克。果粉中厚。果皮中厚，果皮与果肉易分离，果肉较硬，汁多，有清香味，每果粒含种子2～3粒，可溶性固形物含量18%～20%。植株生长势较强，隐芽萌发力强。芽眼萌发率93.1%，结果枝率88.3%。花芽分化较好，每果枝平均着生果穗1.3个。在苏南地区避雨栽培条件下，3月上旬萌芽，5月初开花，8月上旬成熟。从萌芽至浆果成熟需135～145天。优点：色泽鲜艳，穗形美观，无须处理，自然坐果；缺点：有种子，容易产生气生根。在江苏省张家港市避雨栽培条件下，表现优良，树体健壮，成形快，结果性和产量均稳定，适应性较强。该品种花芽分化较好，一般进行中短梢混合修剪。若有缺枝缺芽问题，可适当长放枝条，补齐空位，一般长放至4～5个芽，不宜过多。该品种为红色大粒品种，具有外观佳、穗形整齐、成熟一致、皮薄肉脆的特点；且管理较简单、丰产性好、抗逆性较强。产量过高容易导致果穗上色缓慢或上色不均匀，影响成熟时间和品质。因此，生产上需要将产量控制在1 200～1 500千克/亩为宜。适宜在我国大部分葡萄产区种植。

图1-8 园红玫

9. 园脆香（Yuancuixiang） 江苏省张家港市神园葡萄科技有限公司2017年利用阳光玫瑰与东方绿宝石杂交培育而成（图1-9）。二倍体，欧美杂交种。果穗中等大，穗长16～23厘米，穗宽9～12厘米，平均穗重600克。果粒大小较均匀，短椭圆形，黄色，着生较紧密，平均粒重11.2克。果粉薄。果皮薄且无涩味，果皮与果肉不易分离，果肉脆，汁中等多，香味浓郁，天然无核，可溶性固形物含量19%～21%，不裂果，不掉粒。植株生长势中庸，隐

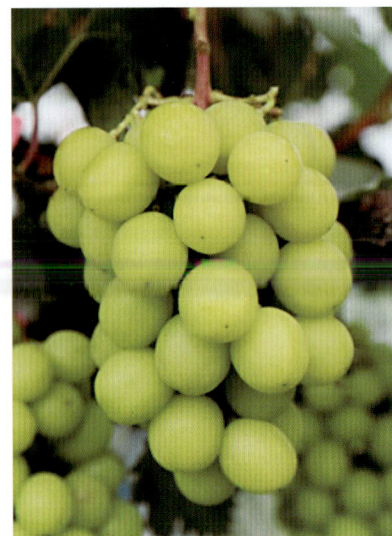

图1-9 园脆香

---

* 亩为非法定计量单位，1亩=1/15公顷。——编者注

芽萌发力较强。芽眼萌发率92.1%以上，结果枝率83.3%，花芽分化较好，每果枝平均着生果穗1.8个。在苏南地区避雨栽培条件下，3月下旬萌芽，5月上旬开花，7月下旬成熟。从萌芽至浆果成熟需110～120天。优点：早熟，浓香，皮薄，肉脆，入口爆浆；缺点：修穗松散易掉粒。在江苏省张家港市避雨栽培条件下，表现优良，树体健壮，成形快，结果性和产量均稳定，适应性较强。该品种的花芽分化较好，一般进行1～2芽短梢修剪。若有缺枝缺芽问题，可适当长放枝条，补齐空位，一般长放至4～5个芽，不宜过多。该品种早熟浓香、成熟一致、皮薄肉脆；且管理较简单、丰产性好、抗逆性较强，适宜在我国大部分葡萄产区种植。

10. 园红指（Yuanhongzhi） 江苏省张家港市神园葡萄科技有限公司2009年利用美人指与亚历山大杂交育成（图1-10）。二倍体，欧亚种。果穗中等大，穗长17～23厘米，穗宽9～12厘米，平均穗重650克。果粒大小较均匀，长椭圆形，近似手指，鲜红色至紫红色，着生较松散，平均粒重6.8克。果粉较薄。果皮薄，无涩味，果皮与果肉难分离，果肉脆，汁多，浓甜，有玫瑰香味，可以连皮食用。每果粒含种子1～2粒，可溶性固形物含量19%～24%。植株生长势较强，隐芽萌发力较强。芽眼萌发率90.1%，结果枝率93.5%。花芽分化较好，每果枝平均着生果穗1.9个。自然坐果，丰产稳产。在苏南地区避雨栽培条件下，3月上中旬萌芽，4月底至5月初开花，8月中旬成熟。从萌芽至浆果成熟需135～145天。优点：外观奇特，口感细嫩，浓甜有香味，风味上佳；缺点：有籽，稍有日灼现象。在江苏省张家港市避雨栽培条件下，表现优良，树体健壮，成形快，结果性和产量均稳定，适应性较强。该品种的花芽分化较好，一般进行1～2芽短梢修剪。若有缺枝缺芽问题，可适当长放枝条，补齐空位，一般长放至4～5个芽，不宜过多。该品种为红色品种，具有外观佳、穗形整齐、成熟一致、皮薄肉脆的特点；且管理较简单、丰产性好、抗逆性较强。产量过高容易导致果穗上色缓慢或上色不均匀，影响成熟时间和品质。因此，生产上需要将产量控制在1 200～1 500千克/亩为宜。适宜在我国大部分葡萄产区种植。

图1-10 园红指

11. 黑美人（Heimeiren） 江苏省张家港市神园葡萄科技有限公司2000年利用美人指实生种子培育而成（图1-11）。二倍体，欧亚种。2013年通过品种鉴定。果穗中等大，穗长19～23厘米，穗宽10～12厘米，平均穗重750克。果粒大小较均匀，长椭圆形，蓝黑色，着生较松散，平均粒重9.5克。果粉厚，果皮薄，果皮与果肉较难分离，果肉软且汁多，每果粒含种子2～3粒。可溶性固形物含量16%～17.5%。植株生长势强，隐芽萌发力强。芽眼萌发率92.3%，结果枝率96.3%。花芽分化好，每果枝平均着生果穗1.7个。在苏南地区避雨栽培条件下，3月上旬萌芽，4月底至5月初开花，8月下旬成熟。从萌芽至浆果成熟需145～155天。优点：易着色，果粉厚，皮薄，外观佳；缺点：不耐贮运，口味清淡，充分成熟易裂果。黑美人是被国际认可的我国自主选育的优质品种之一，目前已在日本推广栽培。该品种信息收录于世界知名葡萄育种专家植原宣宏（日本）的著作中。在江苏省张家港市避雨栽培条件下，表现优良，树体健壮，成形快，结果性和产量均稳定，适应性较强。成熟期严格控制水量，以防裂果发生。该品种花芽分化较好，一般进行中短梢修剪。若有缺枝缺芽问题，可适当长放枝条，补齐空位，一般长放至4～5个芽，不宜过多。该品种

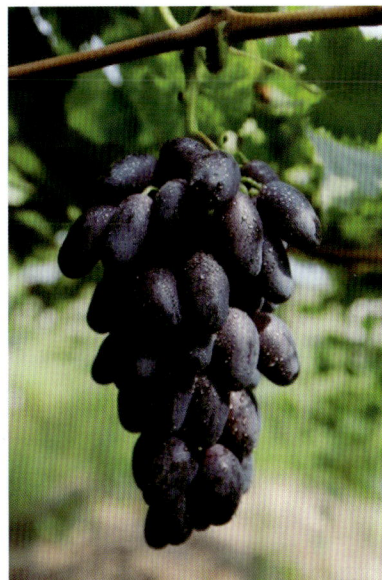

图1-11 黑美人

具有外观佳、穗形整齐、成熟一致、皮薄的特点；且管理较简单、丰产性好、抗逆性较强，适宜在我国大部分葡萄产区种植。

12. 园玉（Yuanyu） 江苏省张家港市神园葡萄科技有限公司2008年利用白罗莎与高千穗培育而成（图1-12）。二倍体，欧亚种。2013年通过品种鉴定。果穗中等大，穗长17～21厘米，穗宽9～11厘米，平均穗重650克。果粒大小较均匀，椭圆形，黄绿色，着生较紧密，平均粒重10.1克。果粉中等厚。果皮薄，果皮与果肉易分离，果肉软，汁多，味甜，有玫瑰香味，每果粒含种子1～2粒，可溶性固形物含量18%～20%。植株生长势中庸，隐芽萌发力较强。芽眼萌发率89.1%，结果枝率88.5%。花芽分化较好，每果枝平均着生果穗1.3个。在苏南地区避雨栽培条件下，3月上旬萌芽，4月底至5月初开花，8月上中旬开始成熟，比白罗莎早成熟15～20天，无核处理还要早一周。优点：皮薄，有香味，易丰产；缺点：有籽，果粒偏小。

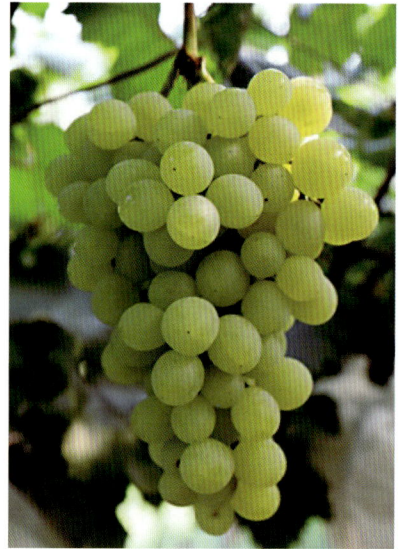

图1-12　园 玉

13. 早夏香（Zaoxiaxiang） 江苏省张家港市神园葡萄科技有限公司2011年发现的夏黑早熟芽变，三倍体（图1-13）。欧美杂交种。2015年通过品种鉴定。果穗中等大，穗长16～20厘米，穗宽9～11厘米，穗重600克。果粒大小较均匀，近圆形，紫黑色至黑色，着生较紧凑，平均自然粒重3.5克，一次膨大后可达9～12克。果粉厚。果皮与果肉不易分离，果皮较厚，无涩味，肉质较硬，汁少，浓郁草莓香。天然无核，可溶性固形物含量17.7%～22.0%。植株生长势较强，隐芽萌发力较强。芽眼萌发率95%，成枝率98%。花芽分化好，每果枝平均着生果穗1.5个。在苏南地区避雨栽培条件下，3月下旬萌芽，5月上旬开花，6月底果实开始成熟，果实生育期95～100天。优点：早熟，无核，比夏黑早10天；缺点：果粒顶部偶有青点，果皮略有涩味。

图1-13　早夏香

14. 紫金早生（Zijinzaosheng） 江苏省农业科学院园艺研究所用金星无核的新梢单芽茎段经秋水仙素诱变处理后筛选育成，2015年通过鉴定（图1-14）。欧美杂交种。早熟。果穗圆锥形，较整齐，平均穗重317.4克。果粒圆形或短椭圆形，平均粒重5.2克。果皮紫黑色，果粉厚，有光泽。果肉较软，瘪籽。不裂果。可溶性固形物含量17.2%。可滴定酸含量0.66%。多汁，有玫瑰香味。植株生长势中等，结果母枝短梢修剪时，芽眼萌发率95%～100%，结果枝率90%～95%，每个结果枝平均着生果穗1.7个，亩产量1100千克左右。3月22日左右萌芽，5月3日左右开花，6月20日左右果实转色，7月12日左右果实成熟。两性花。

15. 瑞都科美（Ruidukemei） 北京市农林科学院林业果树研究所在2016年利用意大利与Muscat Louis杂交育成（图1-15）。欧亚种。中熟。果穗圆锥形，有副穗，单或双歧肩，果粒大小较整齐。平均粒重9.0克，果皮黄绿色，中等厚，果粉中，果皮较脆，无或稍有涩味。果肉具有玫瑰香味，香味程度中或浓，果肉质地中或较脆，硬度中等，风味酸甜，可溶性固形物含量17.20%，可滴定酸含量0.50%。树势中庸或稍旺，结果系数1.74，亩产量1500千克

图1-14　紫金早生

以上。在北京地区，4月中下旬萌芽，5月下旬开花，8月中下旬果实成熟。新梢8月上中旬开始成熟，从萌芽至果实成熟需要120天左右。

16.瑞都红玫（Ruiduhongmei） 北京市农林科学院林业果树研究所2013年利用京秀与香妃杂交育成（图1-16）。欧亚种。早熟。果穗圆锥形，有副穗，单歧肩较多，平均穗重430.0克。果粒椭圆形或圆形，平均粒重6.6克，最大粒重9克；果粒大小较整齐，着生密度中或紧。果皮紫红色或红紫色，色泽较一致，果皮中等厚，果粉中，果皮较脆，无或稍有涩味；果肉有中等香味程度的玫瑰香味，果肉质地较脆，硬度中，酸甜多汁；可溶性固形物含量17.2%。在北京地区，一般4月中下旬萌芽，5月下旬开花，8月中旬或下旬果实成熟。新梢8月中下旬开始成熟。果实生长发育期为75～80天。

图1-15 瑞都科美

17.瑞都红玉（Ruiduhongyu） 北京市农林科学院林业果树研究所2014年育成（图1-17），瑞都香玉红色芽变。欧亚种。早中熟。果穗圆锥形，个别有副穗，单或双歧肩，平均穗重404.71克。果粒长椭圆形或卵圆形，平均粒重5.52克，最大粒重7克，果粒大小较整齐一致，着生密度松散。果皮紫红色或红紫色，色泽较一致。果皮薄至中等厚，果粉中，果皮较脆，无或稍有涩味。果肉具有淡或中等玫瑰香味，质地较脆，硬度中等，酸甜多汁，肉无色，可溶性固形物含量18.2%。多年平均萌芽率53.16%，结果枝率70.30%，结果系数1.70，较丰产。在北京地区，4月中旬萌芽，5月下旬开花，8月上中旬果实成熟。

18.宝光（Baoguang） 河北省农林科学院昌黎果树研究所2013年利用巨峰与早黑宝杂交而成（图1-18）。欧美杂交种。中熟。嫩梢梢尖半开张，茸毛着色中；叶大，5裂，五角形。成熟枝条光滑，红褐色。果穗大、较紧，平均穗重716.9克；果粒极大，平均粒重13.7克；果实紫黑色，容易着色；果粉较厚；果肉较脆，果皮较薄，果实香味独特，同时具有玫瑰香味和草莓香味；风味甜，可溶性固形物含量18.0%以上，可滴定酸含量0.47%，固酸比38.3，品质极佳；结实力强，丰产稳产，3～5年平均产量2 062.7千克/亩。在着色、肉质、香气、品质、产量等性状上均超过其母本巨峰。

19.脆光（Cuiguang） 河北省农林科学院昌黎果树研究所利用巨峰与早黑宝杂交而成（图1-19）。欧美杂交种。中熟。果穗圆锥形，平均穗长18.40厘米，平均穗宽13.50厘米，平均穗重721.2克，最大1 630克；果粒着生中等紧密，椭圆形，果实紫黑色，平均粒重9.9克，最大13.8克，果粉中等厚，

图1-16 瑞都红玫

图1-17 瑞都红玉

图1-18 宝 光

叶柄洼为闭合椭圆形。两性花。生长势中等。早果性好，丰产。从萌芽到果实充分成熟需120天左右，果穗、果粒成熟一致。抗病性较强。

34. 光辉（Guanghui） 亲本为香悦与京亚，沈阳市林业果树科学研究所2010年育成（图1-34），早熟。果穗圆锥形，有歧肩，平均果穗长、宽分别为16.60厘米、12.30厘米。果穗大小整齐，平均穗重560.0克，最大穗重820.0克。果粒着生中等紧密，果粒近圆形，纵径2.85厘米，横径2.70厘米，果粒大小整齐。平均粒重10.2克，最大粒重15.0克。果皮色泽紫黑色，果粉厚。穗梗平均长5.0厘米，有利于套袋。果皮较厚，果实含种子1～3粒，一般为1～2粒。果肉较软；可溶性固形物含量16.0%；总糖含量14.1%；可滴定酸含量0.5%；糖酸比28.2。植株生长势强，新梢不徒长，枝条易成熟。芽眼萌发率68.0%，结果枝占萌发芽眼总数的70.0%，结果系数1.8。自然授粉花序坐果率高，自然坐果可满足生产需求，不必用生长调节剂提高坐果率，新梢二次结果能力强，无早期落叶现象。

35. 玉波2号（Yubo2） 欧亚种。亲本为紫地球与达米娜，山东省江北葡萄研究所韩玉波等人2017年育成（图1-35），中熟。果穗呈分枝形，平均穗重820克，最大穗重1 789克；果粒圆形，着生松散均匀，无小粒，平均粒重14.3克，最大粒重15.9克，大小整齐，成熟一致；果实成熟后黄色，无果锈，果粉稍少，果皮无涩味，果肉脆，可切片，有汁液，具有浓郁玫瑰香味，可溶性固形物含量18%，最高可达23%；果粒含种子多为2粒。结果枝率67.5%，双穗率56.8%，结果系数1.5。果实耐贮藏性优于父本母本。萌芽至果实成熟需130天左右，此期活动积温为2 900～3 200℃。

图1-33　沈农金皇后　　　　　图1-34　光　辉　　　　　图1-35　玉波2号

36. 晶红宝（Jinghongbao） 欧亚种。亲本为瑰宝与无核白鸡心，山西省农业科学院果树研究所2012年育成（图1-36），中熟。果穗圆锥形，双歧肩，平均穗重282.0克。果粒着生较疏松，果粒鸡心形，紫红色，平均粒重3.8克。果皮薄，果肉脆，汁中等，味甜，品质上等。无种子。嫩梢黄绿色带紫红色，梢尖开张，光滑无茸毛。幼叶浅紫红，有光泽，叶面茸毛稀，叶背具有稀疏直立茸毛；成龄叶近圆形、大，叶上表面无茸毛、光滑，叶下表面具有稀疏的刚硬茸毛，叶片深5裂。两性花，二倍体。早果性差。从萌芽至果实成熟需135天，是无核育种的优良亲本材料。

图1-36　晶红宝

37.玫香宝（Meixiangbao） 欧美杂交种。亲本为阿登纳玫瑰与巨峰，山西省农业科学院果树研究所2015年育成（图1-37），早熟。果穗圆柱形或圆锥形，平均穗重230克，最大穗重460克，平均果穗长16.5厘米、宽10.5厘米。果粒着生紧密，大小均匀，为短椭圆形或近圆形，平均纵径2.22厘米，横径2.00厘米，平均粒重7克，最大9克；果皮紫红色，较厚、韧，果皮与果肉不分离；果肉较软，味甜，具玫瑰香味和草莓香味，品质上等；可溶性固形物含量21.1%，可滴定酸含量0.44%；每果粒含种子2～3粒。长势中庸，萌芽率60.4%，结果枝占萌发芽眼总数的45.1%。每果枝平均花序数量为1.37个。自然授粉花序平均坐果率为31.2%。2014年进行营养袋苗定植，共159株，2015年平均株产0.96千克。在山西晋中地区，4月下旬萌芽，5月下旬开花，7月上旬果实开始着色，8月中旬果实完全成熟，从萌芽到果实充分成熟需111天左右。

图1-37 玫香宝

38.秋红宝（Qiuhongbao） 欧亚种。亲本为瑰宝与粉红太妃，山西省农业科学院果树研究所2007年育成（图1-38），中晚熟。果穗圆锥形，双歧肩，单穗重508.0克。果粒短椭圆形，紫红色，平均粒重7.1克。果皮薄、脆，果皮与果肉不分离。果肉致密硬脆，味甜、爽口，具荔枝香味，风味独特，可溶性固形物含量21.8%，可滴定酸含量0.25%，品质上等。每果粒含种子2～3粒。生长势强。嫩梢黄绿色带紫红色，具稀疏茸毛。幼叶浅紫红色，有光泽，叶背具稀疏直立茸毛，叶面具稀疏茸毛；成龄叶片近圆形，中等大小，5裂，上下裂刻中等深，叶柄洼为闭合椭圆形，叶缘锯齿锐，叶上、下表面无茸毛，叶面光滑，叶脉具玫瑰色。两性花。从萌芽到果实充分成熟需150天左右。

图1-38 秋红宝

39.晚黑宝（Wanheibao） 欧亚种。亲本为瑰宝与秋红，山西省农业科学院果树研究所2013年育成（图1-39），晚熟。果穗圆锥形，疏松，平均穗重850.0克。果粒短椭圆形或圆形，紫黑色，平均粒重8.5克。果皮厚，韧。果肉较软，汁多，味甜，具有玫瑰香味，品质上等。每果粒含种子1～2粒。嫩梢黄绿色带紫红色，具有稀疏茸毛。幼叶浅紫红色，有光泽，上表面具稀疏茸毛、下表面具稀疏刚硬茸毛；成龄叶片近圆形，中等大小，深5裂。节间长。两性花，四倍体。从萌芽至果实成熟需165天。是四倍体玫瑰香味葡萄育种的优良亲本材料。

40.无核翠宝（Wuhecuibao） 欧亚种。亲本为瑰宝与无核白鸡心，山西省农业科学院果树研究所2011年育成（图1-40），早熟。果穗圆锥形，平均穗重345.0克。果粒鸡心形，黄绿色，平均粒重3.6克。果皮薄，韧，果肉脆，汁少，味甜，具有玫瑰香味，品质上等。有残核。嫩梢黄绿色带紫红色，具有稀疏茸毛。幼叶浅紫红色，有光泽，上表面具有稀疏茸毛，下表面具有稀疏直立茸毛；成龄叶近圆形，中等大小，上表面无茸毛、光滑，下表面有稀疏刚硬茸毛，叶片5裂。节间长，早果性好。从萌芽至果实成熟需115天。两性花，二倍体。

图1-39 晚黑宝

41.早黑宝（Zaoheibao） 欧亚种。亲本为瑰宝与早玫瑰，山西省农业科学院果树研究所2001年育成（图1-41），早熟。果穗圆锥形，带歧肩，平均穗重426.0克。果粒短椭圆形或圆形，紫黑色，平均粒重8.0克。果皮中厚，较韧，果肉较软，汁多，味甜，具有浓郁的玫瑰香味，品质上等。每果粒含种子1～2粒。在山西晋中地区，4月中旬萌芽；5月27日左右开花，花期1周左右；7月7日果实开始着色，7月28日果实完全成熟，果实发育期63天。树势中庸，节间中等长，平均9.68厘米，平均萌芽率66.7%，平均果枝率56.0%，每果枝上平均花序数为1.37，花序多着生在结果枝的第3～5节。具活力花粉百分比平均为47.58%，坐果率平均为31.2%。副梢结实力中等。丰产性强。栽植营养袋苗，第2年即可结果，结果株率达96.3%，平均株产1.5～2.0千克；嫁接树在留条合理的情况下，第2年株产可达6～8千克。嫩梢黄绿色带紫红色，有稀疏茸毛。幼叶浅紫红色，表面有光泽，上、下表面具稀疏茸毛；成龄叶心脏形，小，5裂，裂刻浅，叶缘向上，叶厚，叶缘锯齿中等锐，叶柄洼呈U形，叶面绿色，较粗糙，叶下表面有稀疏刚硬茸毛。两性花，四倍体。

42.户太8号（Hutai8） 欧美杂交种。巨峰系品种中选出，西安市葡萄研究所1996年育成（图1-42），中熟。果穗圆锥形带副穗，大，穗长30厘米，穗宽18厘米，平均穗重600克，最大1000克。果粒着生中等紧密或较紧密，果穗大小较整齐。果粒近圆形，紫红色至紫黑色，果粒大，平均粒重10.4克，最大粒重18克，果皮厚，稍有涩味。果粉厚，果肉较软，肉囊不明显，果皮与果肉易分离，果汁较多，淡草莓香味。每果粒含种子1～4粒，多数为1～2粒。可溶性固形物含量17%～21%，可滴定酸含量0.5%。鲜食品质中上。植株生长势强。结实力强，每果枝着生1～2个果穗。副梢结实力强。一般产果2000～2500千克/亩。在户县地区，4月3日左右萌芽，5月15日左右开花，8月上中旬一次果成熟，9月上旬二次果成熟。对黑痘病、白腐病、灰霉病和霜霉病抗性较强。嫩梢绿色，梢尖半开张微带紫红色，茸毛中等密。幼叶浅绿色，叶缘带紫红色，下表面有中等密白色茸毛；成龄叶片近圆形、大，深绿色，上表面有网状皱褶，主脉绿色，下表面茸毛中等密，叶片多为5裂，锯齿中等锐，叶柄洼宽广拱形。卷须分布不连续，两分叉。冬芽大，短卵圆形、红色。枝条表面光滑，红褐色。节间中等长。两性花。

图1-40　无核翠宝　　　　图1-41　早黑宝　　　　图1-42　户太8号

43.申华（Shenhua） 欧美杂交种。亲本为京亚与86-179，上海市农业科学院林木果树研究所2010年育成（图1-43），早熟。经过无核化栽培后，果穗圆锥形，平均穗重420.0～520.0克。果粒中等紧密，果粒长椭圆形，紫红色，平均粒重9.0～13.0克。果肉中软，可溶性固形物含量15.0%～17.0%，无核率100%，风味浓郁，品质优良，不裂果，外形美观。嫩梢红色，茸毛中等，成

熟枝条红褐色，节间中等长。幼叶呈红色，下表面有稀少的白色茸毛；成龄叶片中等大、心脏形，浅5裂，平展，上表面平滑，下表面茸毛少，叶缘锯齿锐。两性花，四倍体。生长势中庸。从萌芽到充分成熟需要140天左右，成熟期比先峰早15天左右。

44.申玉（Shenyu） 欧美杂交种。亲本为藤稔与红后，上海市农业科学院林木果树研究所2011年育成（图1-44），中晚熟。果穗圆柱形，平均穗重272.0克。果粒着生中等紧密，果粒椭圆形，绿黄色，平均粒重9.1克。果皮中厚，果粉中等多。果肉软，风味浓郁，可溶性固形物含量17.5%，可滴定酸含量0.6%，品质优良。每果粒含种子1～2粒。嫩梢浅红色，茸毛稀。幼叶呈浅紫色，下表面密被白色茸毛，叶面无茸毛；成龄叶片心脏形，中等大，5裂，裂刻较深，平展，叶面光滑，下表面茸毛密，叶缘锯齿钝，叶柄洼为宽拱形开展。两性花，四倍体。树势中庸，萌芽率与结果枝率均较高，早果性中等，产量稳定。从萌芽到果实成熟为150～155天，成熟期比巨峰晚10天左右。

45.申园（Shenyuan） 欧美杂交种，亲本为申丰与申玉，上海市农业科学院林木果树研究所2021年申请新品种权（图1-45）。中熟。四倍体。两性花。果穗圆锥形，平均穗重448克。果粒椭圆形，果皮深紫红色，平均粒重10.9克。肉质细腻，草莓香味，平均可溶性固形物含量18.9%，平均可滴定酸含量0.48%，每果粒含种子2～3粒。

图1-43 申 华

图1-44 申 玉

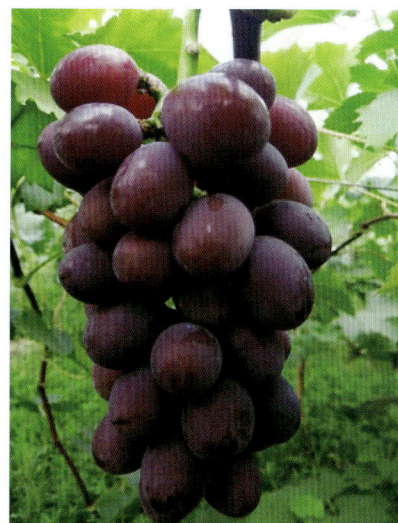

图1-45 申 园

46.申玫（Shenmei） 欧美杂交种，以82-15与藤稔杂交育成，上海市农业科学院林木果树研究所2019年获得新品种权授权（图1-46）。中熟。四倍体。两性花。果穗圆柱形，平均穗重424克。果粒椭圆形，果皮紫红色，平均粒重10.5克。肉质细腻，玫瑰香味，平均可溶性固形物含量18.6%，平均可滴定酸含量0.42%，每果粒含种子1～2粒。

47.申奕（Shenyi） 欧美杂交种，以藤稔与红后杂交育成，上海市农业科学院林木果树研究所2020年获得新品种权授权（图1-47）。中熟。四倍体。两性花。大粒紫红色。果穗500克，粒重10克，可溶性固形物含量16%～18%，风味浓郁。果穗果粒整齐，着色均匀，栽培省力。

图1-46 申 玫

48.新郁（Xinyu） 欧亚种。亲本为E42-6（红地球实生）与里扎马特，新疆葡萄瓜果开发研究中心2005年育成（图1-48），晚熟。果穗圆锥形，紧凑，平均穗重800.0克以上。果粒椭圆形，紫红色，平均粒重13～15克。果粉中等。果皮中等厚，较脆，果肉较脆，汁多，味酸甜，无香味，可溶性固形物含量18%～20%，可滴定酸含量0.33%～0.39%，品质中上等。每果粒含种子2～3粒，种子与果肉易分离。嫩梢绿色，有稀疏茸毛。幼叶绿色带微红色，上表面无茸毛、有光泽，下表面有稀疏茸毛；成龄叶片中等大，近圆形，中等厚，上、下表面无茸毛，锯齿中锐，5裂，裂刻中等深。两性花，二倍体。生长势强。从萌芽至果实完全成熟需145天。外观好，贮运性能较好，适应性较强。

49.天工翡翠（Tiangongfeicui） 欧美杂交种。以金手指（二倍体）为母本、鄞红（四倍体）为父本杂交育成的无核品种（图1-49）。果穗呈圆柱形，穗重400～600克，具有较好的紧密度，全穗果粒成熟一致。果梗与果粒分离易，果粒呈椭圆形，果皮黄绿色带粉红色晕，果皮不易剥离，果粒整齐，果粉薄，自然粒重2.6～3.1克，经赤霉素一次处理平均粒重5.2克，横切面呈圆形。果皮薄，果肉汁液中等多，质脆，具有淡哈密瓜香，可溶性固形物含量18.5%，可滴定酸含量0.40%，维生素C含量71.4毫克/千克，无种子，鲜食品质上等。始果期早，且枝梢生长粗壮，定植第2年结果株率可达90%以上。在浙江海宁设施栽培条件下，3月中下旬萌芽，5月初开花，6月中下旬转熟，7月底成熟上市，早中熟。

图1-47 申奕

图1-48 新郁

图1-49 天工翡翠

50.天工墨玉（Tiangongmoyu） 欧美杂交种。夏黑芽变，浙江省农业科学院2021年选育（图1-50），早熟。果穗圆锥形或圆柱形，平均穗重597.3克。果粒近圆形，自然粒重3～3.5克，经赤霉素处理粒重6～8克，疏果后可达10克。果皮蓝黑色，无涩味，果肉聚脆，风味好，可溶性固形物含量18%～23.1%，可滴定酸含量0.39%，维生素C含量54.3毫克/千克，鲜食品质佳；无裂果。无核。亩控产1 250～1 500千克。生长势极强。萌芽率87.5%，成枝率95%，结果枝率86.3%，每果枝平均着生花穗1.6个。在浙江海宁设施栽培条件下，3月中旬萌芽，4月下旬开花，6月下旬开始采收上市。从萌芽至果实成熟105天左右。双膜促早5月上中旬上市。在夏黑栽培区均可种植。相比夏黑熟期早

图1-50 天工墨玉

8～10天，上色早、蓝黑，内在品质与夏黑相当；与国内同熟期早夏无核相比，果皮无涩味、易化渣、糖度高。

51. 鄞红（Jinhong） 欧美杂交种，又名甬优1号。藤稔芽变，宁波东钱湖旅游度假区野马湾葡萄场、浙江万里学院与宁波市鄞州区林业技术管理服务站2010年育成（图1-51），中熟。果穗圆柱形，副穗少，平均穗重650.0克左右。果粒紧密，整齐。果粒近圆形，果色紫黑色，平均粒重14.0克，较藤稔略小。果皮厚韧。果肉硬，味甜，汁多，可溶性固形物含量17%，可滴定酸含量0.30%，品质上等。生长势强。早果性好。萌芽至果实成熟需130～140天，果实发育期70天左右。不易裂果，产量稳，品质优，耐贮运，适宜在浙江省种植。

图1-51 鄞 红

52. 宇选1号（Yuxuan1） 欧美杂交种。巨峰芽变，乐清市联宇葡萄研究所、浙江省农业科学院园艺研究所与乐清市农业局特产站2011年育成（图1-52），早中熟。果穗圆锥形，平均穗重500克。果粒椭圆形，果肉硬脆，汁多，味酸甜，略有草莓香味，品质上等。果色紫黑色，果皮厚而韧，无涩味。每果粒含种子1～2粒。嫩梢淡紫红色，梢尖开张，茸毛较多。幼叶黄绿色，叶片背面茸毛较密，叶表面有光泽；成龄叶圆形，较大，深绿色，浅5裂。两性花，四倍体。从萌芽至果实成熟需130天左右。

53. 玉手指（Yushouzhi） 欧美杂交种。金手指芽变，浙江省农业科学院园艺研究所2012年育成（图1-52），中熟。果穗长圆锥形，松紧适度，平均穗重485.6克。果粒长椭圆形至弯形，平均粒重6.2克。果粉厚，果皮黄绿色，充分成熟时金黄色，皮薄不易剥离。果肉质地较软，可溶性固形物含量18.2%，可滴定酸含量0.34%，冰糖香味浓郁，品质佳。从萌芽至果实成熟需130天左右。抗病性较强。不易裂果、不落粒，商品性好。

54. 红艳香（Hongyanxiang） 欧亚种。87-1的自交后代，沈阳农业大学2019年培育而成（图1-54），早熟。果穗圆锥形，松紧适中，无歧肩，长17.5～23.5厘米，宽12～16厘米，平均穗重491.6克，平均穗梗长度为2.1厘米；果粒椭圆形，粉红色，果皮薄且有果粉，肉质中等，具有浓郁玫瑰香味，平均粒重7.1克，可溶性固形物含量18.5%，可滴定酸含量0.45%，果粒与果柄分离程度中等，每果粒有1～2粒种子。较之亲本，果实颜色更鲜艳，糖度和产量更高，且果穗成熟度一致性好。二倍体。

图1-52 宇选1号

图1-53 玉手指

图1-54 红艳香

55. 黄金蜜（Huangjinmi） 欧亚种。红地球与香妃杂交而成，河北省农林科学院昌黎果树研究所2020年选育而成（图1-55），早熟。果穗圆锥形，松紧度中等，果穗大，平均穗重703.5克，穗梗长度中等。果粒近圆形，粒大，平均粒重9.5克。果皮薄，黄绿色至金黄色，无涩味，果肉硬脆，有玫瑰香味，可溶性固形物含量19.0%，可滴定酸含量0.58%。有种子。耐贮运，不易裂果。

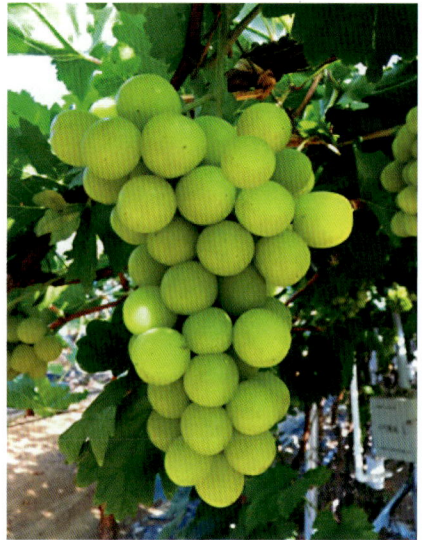

56. 华葡早玉（Huapuzaoyu） 欧亚种。京秀与玫瑰早杂交而成，中国农业科学院果树研究所2020年培育而成（图1-56），早熟。果穗圆锥形，中等大小，穗长20.9厘米，穗宽17.1厘米，平均穗重688.7克，最大1 107.3克。果粒着生紧密，大小均匀。果粒圆形，纵径2.28厘米，横径2.30厘米，平均粒重7.1克，最大10.2克。果皮黄色、薄，果粉中等厚，果皮与果肉不易分离。果肉硬脆，淡玫瑰香味，可溶性固形物含量16.6%，可滴定酸含量0.42%，味甜，鲜食品质上等。每果粒含种子2～4粒。生长势中等，萌芽率88.1%，枝条成熟度好，结果枝占芽眼总数的44.2%，平均每一结果枝着生果穗2.03个。早果性强，极丰产。在辽宁兴城地区，5月上旬萌芽，6月上中旬开花，8月上中旬果实成熟。

图1-55　黄金蜜

57. 红蜜香（hongmixiang） 欧美杂交种。夕阳红与蜜汁杂交而成，沈阳农业大学选育（图1-57），中熟。果穗平均重509.8克，穗长14～23厘米，穗宽13～15厘米，圆锥形，无歧肩，松紧度较紧；穗梗长4.67厘米。自然果果粒平均重7.8克，圆形。果皮紫红色，厚度中等，无涩味。果肉质地中等，具有浓郁的草莓香味，可溶性固形物含量18.5%，可滴定酸含量0.68%，种子发育充分，每果粒含种子1～2粒。长势较强，抗旱性中等。在沈阳地区，果实9月初成熟。

58. 华葡黑峰（Huapuheifeng） 欧美杂交种。以高妻为亲本，采用实生选种，中国农业科学院果树研究所于2019年选育（图1-58），中熟。果穗圆锥形，平均穗重553.3克，最大744.6克。果粒着生中密，大小均匀，椭圆形，平均粒重10.8克。果皮紫黑色，厚而韧。果肉软，花青苷显色强度中，汁多，草莓香味浓郁，可溶性固形物含量19.6%，可滴定酸含量0.46%。生长势较强，萌芽率75.6%，结果枝占芽眼总数的34.6%，平均每一结果枝着生果穗1.32个。早果性强，丰产。在辽宁兴城地区，5月上中旬萌芽，6月上中旬开花，8月下旬果实成熟。

图1-56　华葡早玉　　　　　　　图1-57　红蜜香　　　　　　　图1-58　华葡黑峰

59. 丛林玫瑰（Conglinmeigui） 欧美杂交种。醉金香与藤稔杂交而成，元谋丛林玫瑰种植有限公司选育（图1-59），早熟。果穗圆锥形，有副穗，松紧适度，平均穗重698克，最大1 585克。平均粒重12～14克，最大21克，整齐一致；果粒短椭圆形，紫红色，着色均匀，果粉较多，果皮较薄，与果肉不易分离。果肉脆，无肉囊，果汁多，无色，具有浓郁的玫瑰、草莓混合香味，可溶性固形物含量16.80%，可滴定酸含量0.78%。每果粒含种子1～3粒，易与果肉分离。

60. 嫦娥指（Chang'ezhi） 欧亚种。红地球与美人指杂交而成，河北省农林科学院昌黎果树研究所选育（图1-60），晚熟。果穗松，长圆锥形，平均单穗重830.5克；果粒大，长椭圆形，平均粒重13.7克，果肉脆，硬度27.4千克/厘米^2；果皮鲜红色至紫红色，果粉中等厚，果汁中等，味甜，可溶性固形物含量18.7%，可滴定酸含量0.5%，固酸比33.9；果粒附着力较强，采前不落果、不落粒，挂树期长。

61. 昌红指（Changhongzhi） 欧亚种。维多利亚和美人指杂交而成，河北省农林科学院昌黎果树研究所2018年选育（图1-61），中晚熟。果穗大，长圆锥形，果穗疏松，平均穗长24.8厘米，平均穗宽17.2厘米，平均穗重780.5克；果粒大，圆柱形，平均粒重12.0克，果皮鲜红色至紫红色，果粉中等厚；果肉硬脆，果汁多，风味甜，品质上等，可溶性固形物含量16.0%以上；单粒重、可溶性固形物含量、甜度、脆度、香味、外观等主要性状均优于美人指。生长势中等，适应性强，耐旱能力较强；对土壤条件要求不严，适宜在沙土、沙壤土等栽培。

62. 昌葡紫丰（Changpuzifeng） 欧美杂交种。摩尔多瓦和红地球杂交而成，河北省农林科学院昌黎果树研究所2022年选育（图1-62），中晚熟。果穗大，圆锥形，果肉脆，果粒倒卵圆形，平均穗长20.6厘米，平均穗宽16.1厘米，平均穗重678.5克；平均粒重7.8克，最大粒重12.6克；紫红色至暗红色；味甜，可溶性固形物含量18.0%以上，品质佳；丰产性强，高抗霜霉病，耐贮运，综合性状表现非常突出。生长势中等，适应性强，耐旱能力较强；对土壤条件要求不严，适宜在沙土、沙壤土等栽培。

63. 华葡翠玉（Huapucuiyu） 欧亚种。红地球与玫瑰香杂交而成，中国农业科学院果树研究所2019年选育（图1-63），晚熟。果穗圆锥形，穗大，长24.6厘米，宽22.5厘米，平均穗重862.4克，最大穗重1 347.5克。果粒着生中等紧密，大小整齐，椭圆形，黄绿色，纵径2.8厘米，横径2.6厘米；平均粒重11.3克，最大粒重13.6克。果粉中厚；果皮中等厚，与果肉不易分离。果肉绿黄色，硬脆，汁液较多，甜，有玫瑰香味，可溶性固形物含量18.7%，可滴定酸含量0.51%，鲜食品质好。每果粒含种子3～4粒。果刷拉力强，成熟后不脱粒，耐贮运。生长势中等，萌芽率81.6%，结果枝占芽眼总数的34.3%，平均每一结果枝着生果穗1.42个。早果性强，丰产。在辽宁兴城地区，5月上中旬萌芽，6月中旬开花，10月上中旬果实成熟。

图1-59 丛林玫瑰

图1-60 嫦娥指

图1-61 昌红指

64.华葡玫瑰（Huapumeigui） 欧美杂交种。巨峰与大粒玫瑰香杂交而成，中国农业科学院果树研究所2019年选育（图1-64），中熟。果穗圆锥形，穗长21.2厘米，穗宽16.6厘米，平均穗重532.7克，最大穗重738.2克。果粒大小整齐，果粒着生中等紧密。果粒椭圆形，紫黑色，粒大，纵径2.7厘米，横径2.5厘米，平均粒重10.4克，最大粒重12.8克。果粉中厚；果皮中等厚，与果肉容易分离。果肉软至硬脆，汁液多，紫黑色，味香甜，有草莓香与玫瑰香混合香味。可溶性固形物含量19.7%，可滴定酸含量0.33%，鲜食品质上等。每果粒含种子1～4粒。生长势较强，萌芽率74.4%，结果枝占芽眼总数的34.3%，平均每一结果枝着生果穗1.29个。早果性强，较丰产。在辽宁兴城地区，5月上中旬萌芽，6月上中旬开花，9月上旬果实成熟。

图1-62　昌葡紫丰	图1-63　华葡翠玉	图1-64　华葡玫瑰

65.金之星（Jinzhixing） 欧美杂交种。阳光玫瑰与新郁杂交而成，金华市优喜水果专业合作社2020年选育（图1-65），晚熟。果穗圆锥形，大穗，穗重726.1克，最大穗重4 200克，果穗紧密；果粒成熟一致，果梗与果粒难分离，果粒大，粒重12.1克，无核化栽培最大可达20.2克，果粒椭圆形，果皮颜色粉红色至紫红色，皮薄，无涩味，可带皮食用，果粉少，果肉脆，可溶性固形物含量21.0%，每果粒含种子1～2粒，保持有亲本阳光玫瑰的口感。

66.中葡萄12号（Zhongputao12） 欧美杂交种。巨峰与京亚杂交而成，中国农业科学院郑州果树研究所2019年选育（图1-66），早熟。果穗圆锥形，中等大小，生长整齐，穗长15.0～20.0厘米，穗宽10.0～13.0厘米，平均穗重660克，最大穗重1 500克。果粒着生中等紧密，椭圆形，平均纵径2.4厘米，横径2.3厘米，平均粒重8.7克，最大粒重13.0克。果皮紫黑色，较厚、有韧性，有涩味，果粉极厚，果肉软，汁液多、绿黄色，味道酸甜，有草莓香味。每果粒含种子1～2粒，中等大。可溶性固形物含量18.0%，可滴定酸含量0.52%，糖酸比28：1，单宁含量1 180毫克/千克，维生素C含量44.2毫克/千克，氨基酸含量5.54克/千克。

67.中葡萄18号（Zhongputao18） 欧亚种。亲本为无核紫×玫瑰香，中国农业科学院郑州果树研究所育成（图1-67）。2020年通过河南省林木果树品种审定委员会审定。适合鲜食和制干。果穗圆锥形，无副穗，果穗大，穗长18～25厘米，穗宽13～18厘米，平均穗重600克，最大可达1 500克以上，果粒着生中等，果穗大小整齐。果粒长椭圆形，紫黑色，着色一致，成熟一致。果粒大，纵径2.5～2.9厘米，横径1.7～1.9厘米，平均粒重7.3克，最大可达11.0克，果粒整齐，皮薄，果粉中等厚，肉脆，无肉囊，果汁无色，汁液中等多，果皮无涩味，果梗短，抗拉力强，不脱粒，不裂果。风味甜香，品质极上。可溶性固形物含量18.0%，可滴定酸含量0.31%，糖酸比52：1，单宁含量686毫克/千克。

图1-65 金之星

图1-66 中葡萄12号

图1-67 中葡萄18号

68.卓越玫瑰（Zhuoyuemeigui） 欧亚种。玫瑰香实生选育，山东省鲜食葡萄研究所2019年选育（图1-68）。果穗中等大，果粒松紧适度，平均穗重385克，果粒短椭圆形至圆形，自然无核，粒重5.1克。膨大处理后粒重可达10～12克，短椭圆形，纵径2.25～3.26厘米，横径2.16～2.65厘米，紫红色至紫黑色，果粉厚，果肉硬，玫瑰香味浓郁，可溶性固形物含量18%～20%，可滴定酸含量0.45%～0.6%。坐果时间长。抗霜霉病、炭疽病中等，较抗白腐病、黑痘病，抗逆性中等，与玫瑰香相似，较抗盐碱。

69.紫金红霞（Zijinhongxia） 欧亚种。矢富罗莎与香妃杂交而成，江苏省农业科学院果树研究所2022年选育（图1-69），早熟。果穗圆锥形，无歧肩，平均长度21.7厘米，平均宽度13.4厘米，平均穗重610克，最大穗重780克。果粒平均纵径3.47厘米，平均横径2.64厘米，平均粒重8.70克，最大粒重9.8克，果实紫红色至紫色，果皮薄，果皮无涩味，果肉质地脆，果粒与果柄分离难易程度中等，每果粒含种子3粒。两性花。二倍体。可溶性固形物含量18.30%，可滴定酸含量0.31%，玫瑰香型。

70.天工丽人（Tiangongliren） 欧美杂交种。巨玫瑰实生选种，浙江省农业科学院和北京采育喜山葡萄专业合作社2022年选育（图1-70），中熟。果穗圆锥形，无歧肩，平均长度17.58厘米，平均宽度9.8厘米，平均穗重412.86克，最大穗重537.73克。果粒平均纵径2.56厘米，平均横径2.34厘米，平均粒重8.23克，最大粒重12.00克，果实紫红色，果皮厚度中等，果肉脆，果粒与果柄难分离，每果粒含种子1～3粒。两性花。可溶性固形物含量20.50%，可滴定酸含量0.32%。玫瑰香。四倍体。

71.华葡黄玉（Huapuhuangyu） 欧美杂交种。巨峰与沈阳玫瑰杂交而成，中国农业科学院果树研究所2020年育成（图1-71），中熟。果穗圆锥形，穗长20.8厘米，穗宽14.9厘米，平均穗重602.4克，最大穗重1 052.2克。果穗大小整齐，果粒着生中等紧密。果粒圆形，黄色，横径2.41厘米，

图1-68 卓越玫瑰

图1-69 紫金红霞

纵径2.49厘米，平均粒重10.3克，最大粒重12.4克。果粉中厚；果皮与果肉容易分离。果肉软，汁液多、黄绿色，味香甜，有草莓香与玫瑰香混合香味。可溶性固形物含量18.8%，可滴定酸含量0.38%，鲜食品质上等。每果粒含种子3～5粒。生长势中等，萌芽率90.2%，结果枝占芽眼总数的45.3%，平均每一结果枝着生果穗1.57个。早果、丰产。在辽宁兴城地区，5月上旬萌芽，6月上中旬开花，9月上旬果实成熟。

72. 长青玫瑰（Changqingmeigui） 欧美杂交种。亲本为夕阳红与京亚。沈阳市林业果树科学研究所与沈阳长青葡萄科技有限公司联合选育（图1-72）。长圆锥形，平均穗重600克，果粒大，平均粒重10克，紫黑色，果粉厚，果皮薄，含单宁少，带有和谐的玫瑰香与草莓香混合香味，可溶性固形物含量20%，品质极佳。果实通常含种子1粒。四倍体。

图1-70　天工丽人

图1-71　华葡黄玉

图1-72　长青玫瑰

73. 园绿玫（Yuanlvmei） 江苏省张家港市神园葡萄科技有限公司2015年利用阳光玫瑰与爱神玫瑰育成（图1-73）。二倍体，欧美杂交种。果穗中等大，穗长19～23厘米，穗宽10～13厘米，平均穗重600克。果粒大小较均匀，圆形，黄绿色，着生较紧密，平均粒重7.8克。果粉薄。果皮中等厚，无涩味，果皮与果肉易分离。肉软，汁多，有浓郁玫瑰香味，每果粒含种子1～2粒，可溶性固形物含量18.3%～21.1%。不裂果，不落粒。在苏南地区避雨栽培条件下，3月上旬萌芽，4月底至5月初开花，7月中旬成熟，从萌芽至浆果成熟需120～130天。优点：有浓郁玫瑰香，比阳光玫瑰早熟25天，丰产稳产，管理简单；缺点：果粒偏小，有籽，需要处理。

74. 东方贵人香（Dongfangguirenxiang） 江苏省张家港市神园葡萄科技有限公司利用黑韵与东方脆红玉培育而成（图1-74）。二倍体，欧亚种。果穗中等大，穗长15～23厘米，穗宽9～12厘米，平均穗重650克。果粒大小较均匀，果粒椭圆形，红色，着生较紧密。自然粒重5.1克，一次膨大处理后单粒重12.5克。果粉薄。果皮薄且无涩味，果皮与果肉不易分离。果肉脆、汁中等多，有荔枝香味，天然无核，可溶性固形物含量17%～21%。不裂果、不掉粒。植株生长势强，隐芽萌发力较强。芽眼萌发率90%以上，结果枝率72%，花芽分化较好，每果枝平均着生果穗1.8个。在

图1-73　园绿玫

苏南地区避雨栽培条件下，3月中旬萌芽，5月上旬开花，7月下旬成熟。从萌芽至浆果成熟需120～130天。优点：天然无核，丰产，稳产，耐贮运；缺点：非优生区着色不均匀。在江苏省张家港市避雨栽培条件下，表现优良，树体健壮，成形快，结果性和产量均稳定，适应性较强。该品种花芽分化较好，一般进行1～2芽短梢修剪。若有缺枝缺芽问题，可适当长放枝条，补齐空位，一般长放至4～5个芽，不宜过多。作为天然无核的红色欧亚种，具有外观佳、穗形整齐、成熟一致、皮薄肉脆的特点；且管理较简单、丰产性好、抗逆性较强。产量过高容易导致果穗上色缓慢或上色不均匀，影响成熟时间和品质。因此生产上需要适当控制产量。

图1-74　东方贵人香

75.园香指（Yuanxiangzhi）　江苏省张家港市神园葡萄科技有限公司2015年利用阳光玫瑰与QL2012-2培育而成（图1-75）。果穗中等大，穗长20～26厘米，穗宽11～14厘米，平均穗重750克。果粒大小均匀，指形，绿黄色至金黄色，着生中等密，平均粒重12.8克。果粉中等厚。果皮与果肉较易分离，果皮薄，无涩味，肉较硬，汁多，有浓郁玫瑰香味。每果粒含种子1～2粒，可溶性固形物含量22%～26%，最高超过30%。植株生长势较强，隐芽萌发力较强。芽眼萌发率88.1%，结果枝率91.5%。花芽分化较好，每果枝平均着生果穗1.8个。丰产稳产。在苏南地区避雨栽培条件下，3月下旬萌芽，5月上旬开花，7月底成熟。从萌芽至浆果成熟需125～135天。优点：果粒长，光亮，外观美，浓香浓甜，比阳光玫瑰早熟20天；缺点：坐果不紧或疏果太稀，会有少量掉粒，成熟期多雨会有少量裂果。在江苏省张家港市避雨栽培条件下，表现优良，树体健壮，成形快，结果性和产量均稳定，适应性较强。该品种花芽分化较好，一般进行1～2芽短梢修剪。若有缺枝缺芽问题，可适当长放枝条，补齐空位，一般长放至3～4个芽，不宜过多。该品种作为早中熟欧美杂交种，具有外观佳、穗形整齐、成熟一致、香气浓郁、风味足的特点；管理较简单、丰产性好、抗逆性较强，适宜在我国大部分葡萄产区种植。

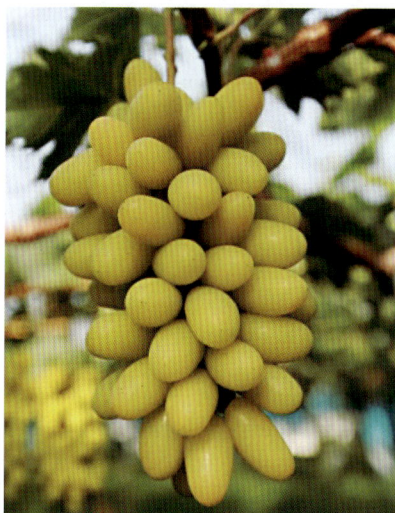

图1-75　园香指

76.园苹果（Yuanpingguo）　江苏省张家港市神园葡萄科技有限公司2015年利用阳光玫瑰与2014IGG5培育而成（图1-76）。二倍体，欧美杂交种。果穗中等大，穗长17～20厘米，穗宽10～13厘米，穗重650.0克。果粒大小均匀，扁圆形，中间凹陷，似苹果，黄绿色，着生紧密。平均粒重13.8克。果粉薄。果皮薄，有光泽，略有涩味，果皮与果肉不易分离，肉硬脆，汁中等多，有青苹果香味，每果粒含种子1～2粒，可溶性固形物含量17.4%～21.2%。不裂果、不掉粒，极耐贮运。在苏南地区避雨栽培条件下，3月上旬萌芽，4月底至5月初开花，7月下旬成熟，从萌芽至浆果成熟需130～140天。优点：极耐贮运，比阳光玫瑰早熟20天，香味独特，管理简单；缺点：坐果过紧，容易过量结果。

77.园馨香（Yuanxinxiang）　江苏省张家港市神园葡萄科技有限公司2015年利用阳光玫瑰与早生内奥玛斯育成（图1-77）。二倍

图1-76　园苹果

体，欧美杂交种。果穗中等大，穗长16～19厘米，穗宽9～11厘米，穗重550.0克。果粒大小较均匀，椭圆形，黄色至金黄色，着生较紧密，平均粒重10.3克。果粉薄。果皮薄，无涩味，果皮与果肉较易分离。肉脆，汁多，有极浓玫瑰香味，果实香气外溢。可溶性固形物含量19.6%～23.4%。不裂果，不落粒，耐贮运。在苏南地区避雨栽培条件下，3月上旬萌芽，4月底至5月初开花，8月初成熟，从萌芽至浆果成熟需135～145天。丰产稳产。优点：极浓玫瑰香，高糖，皮薄肉脆，比阳光玫瑰早熟10～15天，管理简单；缺点：果粒偏小，需要无核处理。

78. 神早峰（Shenzaofeng） 江苏省张家港市神园葡萄科技有限公司2009年利用巨峰实生选育而成（图1-78）。四倍体，欧美杂交种。果穗中等大，穗长18～21厘米，穗宽10～11厘米，平均穗重650克。果粒大小均匀，果粒近圆形，黑色，着生较紧。平均粒重12克。果粉厚。果皮中厚。果皮与果肉易分离。果肉较软，汁液多，风味浓，果实香气外溢。每果粒含种子2～3粒，可溶性固形物含量16.2%～18%。不裂果、不掉粒。植株生长势中庸，隐芽萌发力中等强。芽眼萌发率89.9%，结果枝率96.1%。花芽分化好，每果枝平均着生果穗2.3个。自然坐果好，不易落果，二次结果能力强。在苏南地区避雨栽培条件下，3月下旬萌芽，5月上旬开花，7月下旬成熟。从萌芽至浆果成熟需110～120天。属于早熟品种。优点：着色好，果粉厚，坐果优于巨峰，不掉粒，易管理；缺点：果肉软，糖度偏低，叶片早衰。

79. 神红娜（shenhongna） 江苏省张家港市神园葡萄科技有限公司2015年利用妮娜女皇实生种子选育而成（图1-79）。四倍体，欧美杂交种。果穗中等大，穗长16～20厘米，穗宽10～13厘米，平均穗重600.0克。果粒大小较均匀，近圆形，鲜红色至深红色，着生较紧密，平均粒重16.8克。果粉厚。果皮中厚，果皮与果肉较易分离。果肉肥厚，汁多，风味浓郁，果皮不涩，每果粒含种子1～2粒，可溶性固形物含量19.5%～22.3%。植株生长势中庸，隐芽萌发力中等强。芽眼萌发率96.2%，结果枝率90.1%。花芽分化好，每果枝平均着生果穗1.8个。自然坐果好，不易落果。在苏南地区避雨栽培条件下，3月下旬萌芽，5月上旬开花，8月上旬成熟。从萌芽至浆果成熟需120～130天。优点：着色好，水分足，可以剥皮，风味浓郁，管理简单，比妮娜女皇早熟20天；缺点：与妮娜女皇相比，没有酒香味、果粒略小。在江苏省张家港市避雨栽培条件下，表现优良，树体成形快，结果性和产量均稳定，适应性较强。一般进行1～2芽短梢修剪。若有缺枝缺芽问题，适当长放枝条至4～5个芽。在田间对炭疽病、霜霉病和白粉病的抗性表现为中等，害虫主要为红蜘蛛、绿盲蝽、蛾类和蓟马等，需要注意对病虫害及时防治。产量过高容易导致果穗上色缓慢或上色不均匀，影响成熟时间和品质。成熟期温差大的地方可能着色过深呈紫黑色。适宜在我国大部分葡萄产区种植。

图1-77　园馨香

图1-78　神早峰

图1-79　神红娜

80.神峰（Shenfeng） 江苏省张家港市神园葡萄科技有限公司2011年利用巨峰实生选育而成（图1-80）。四倍体、欧美杂交种。2022年获得植物新品种权。果穗中等大，穗长18～22厘米，穗宽10～12厘米，平均穗重650克。果粒大小均匀，果粒近圆形，紫红色至黑色，着生较紧。平均粒重14.8克。果粉中厚。果皮中厚。果皮与果肉易分离。果肉较硬，汁多，风味足，每果粒含种子1～2粒，可溶性固形物含量16.8%～19%。不裂果、不掉粒。植株生长势中庸，隐芽萌发力中等强。芽眼萌发率89.9%，结果枝率96.1%。花芽分化好，每果枝平均着生果穗2.3个。自然坐果好，不易落果，二次结果能力强。在苏南地区避雨栽培条件下，3月底萌芽，5月上旬开花，8月上旬成熟。从萌芽至浆果成熟需125～135天。属于中熟品种。在同等栽培条件下比巨峰早成熟10天左右。优点：着色好，坐果优于巨峰，果肉较硬，易管理；缺点：糖度偏低，不宜产量过高。在江苏省张家港市避雨栽培条件下，表现优良，树体健壮，成形快，结果性和产量均稳定，适应性较强。一般进行1～2芽短梢修剪。若有缺枝缺芽问题，适当长放枝条至4～5个芽。在田间对炭疽病、霜霉病和白粉病的抗性表现为中等，害虫主要为红蜘蛛、绿盲蝽、蛾类和蓟马等，需要注意对病虫害及时防治。与巨峰相比，具有着色好、果粉浓、外观佳、穗形整齐、坐果好、果肉硬、成熟一致、成熟较早的特点；且管理较简单、丰产性好、抗逆性较强。产量过高容易导致果穗上色缓慢或上色不均匀，影响成熟时间和品质。生产上需要适当控制产量。适宜在我国大部分葡萄产区种植。

图1-80 神峰

81.神甜峰（Shentianfeng） 江苏省张家港市神园葡萄科技有限公司2009年利用红义与黄蜜育成（图1-81）。四倍体、欧美杂交种。果穗中等大，穗长16～20厘米、穗宽10～13厘米，平均穗重650克。果粒大小较均匀，椭圆形，紫红色至紫黑色，着生较紧密，平均粒重16.9克。果粉厚。果皮厚，略有涩味，果皮与果肉不易分离。果肉硬，汁少，风味足，每果粒含种子1～2粒，可溶性固形物含量18%～20%。不裂果、不掉粒。植株生长势中庸，隐芽萌发力中等强。芽眼萌发率88.2%，结果枝率79.9%。花芽分化好，每果枝平均着生果穗1.8个。自然坐果好，不易落果。在苏南地区避雨栽培条件下，3月下旬萌芽，5月上旬开花，8月上旬成熟。从萌芽至浆果成熟需120～130天。优点：成熟早，着色好，果粒巨大，风味较浓；缺点：果皮稍有涩味。

图1-81 神甜峰

82.神园红（Shenyuanhong） 江苏省张家港市神园葡萄科技有限公司2015年利用妮娜女皇实生种子选育（图1-82）。四倍体、欧美杂交种。果穗中等大，穗长16～19厘米、穗宽10～12厘米，平均穗重550.0克。果粒大小较均匀，近圆形，粉红色至鲜红色，着生较紧密，平均粒重15.5克。果粉中等。果皮薄，果皮与果肉不易分离。果肉肥厚，汁多，香味浓郁，每果粒含种子1～2粒，可溶性固形物含量20.5%～23.0%。不裂果、不掉粒。植株生长势中庸，隐芽萌发力中等强。芽眼萌发率91.2%，结果枝率89.2%。花芽分化好，每果枝平均着生果穗1.6个。自然坐果好，不易落果。在苏南地区避雨栽培条件下，3月下旬萌芽，5月上旬开花，8月中旬成熟。从萌芽至浆果成熟需125～135天。优点：着色好，外观美，香味浓郁，可以连皮食用，比妮娜女皇早熟10～15天；缺点：果穗偏紧。在江苏省张家港市避雨栽培条件下，表现优良，树体成形快，结果性和产量均稳定，适应性较强。一般进行1～2芽短梢修剪。若有缺枝缺芽问题，可适当长放枝条，补齐空位，一般长放至4～5个芽，不宜过多。修剪结束后，及时将主干和长放枝条绑缚到位。在田间对炭疽病、霜霉病和白粉病的抗性表现为中等，害虫主要为红蜘蛛、绿盲蝽、蛾类和蓟马等，需要注意对病虫害及时防治。作为红色四倍体欧美杂种，具有外观佳、果粒大、穗形整齐、成熟一致、香味浓郁的特点；管理较简单、丰产性好、抗逆性较强。产量过高容易导致果穗上色缓慢或上色不均匀，影响成熟时间和品质。因此生产上需要适当控制产量。适宜在我国大部分葡萄产区种植。

83. 东方金香珠（Dongfangjinxiangzhu） 江苏省张家港市神园葡萄科技有限公司2011年利用阳光玫瑰实生选育而成（图1-83）。二倍体，欧美杂交种。穗长16～20厘米，穗宽9～12厘米，平均穗重550克。果粒大小较均匀，果粒近圆形，黄色，着生较紧密，平均粒重7.8克。果粉薄。果皮薄，无涩味，果皮与果肉不易分离，果肉脆，汁中等多，浓郁玫瑰香，天然无核，可溶性固形物含量20%～22%，不裂果。植株生长势强，隐芽萌发力较强。芽眼萌发率92%以上，结果枝率73%，花芽分化较好，每果枝平均着生果穗1.2个。在苏南地区避雨栽培条件下，3月上中旬萌芽，5月上旬开花，8月中下旬成熟。从萌芽至浆果成熟需135～145天。优点：天然无核，浓郁玫瑰香，糖度高，皮薄，肉脆；缺点：果粒偏小。在江苏省张家港市避雨栽培条件下，表现优良，树体健壮，成形快，结果性和产量均稳定，适应性较强。该品种花芽分化较好，一般进行1～2芽短梢修剪。若有缺枝缺芽问题，可适当长放枝条，补齐空位，一般长放至4～5个芽，不宜过多。作为天然无核的黄色欧美杂交种，具有香味浓郁、成熟一致、皮薄肉脆的特点；且管理较简单、丰产性好、抗逆性较强，适宜在我国大部分葡萄产区种植。

84. 园红阳（Yuanhongyang） 江苏省张家港市神园葡萄科技有限公司2014年利用阳光玫瑰与魏可育成（图1-84）。二倍体，欧美杂交种。穗长17～20厘米，穗宽9～12厘米，平均穗重650.0克。果粒大小较均匀，椭圆形，亮红色至深红色，着生紧密，平均粒重12.7克。果粉薄。果皮薄，果皮与果肉较易分离。肉硬，汁多，有玫瑰香味，可溶性固形物含量20.1%～24.5%。不裂果，不掉粒，极耐贮运。植株生长势中庸，隐芽萌发力较强。芽眼萌发率92.4%以上，结果枝率89.1%，花芽分化较好，每果枝平均着生果穗1.9个。在苏南地区避雨栽培条件下，3月下旬萌芽，5月上旬开花，8月中下旬成熟。从萌芽至浆果成熟需130～140天。优点：皮薄，肉脆，浓甜，艳红，外观佳，极耐贮运；缺点：香味清淡，成熟偏晚，着色不均匀。

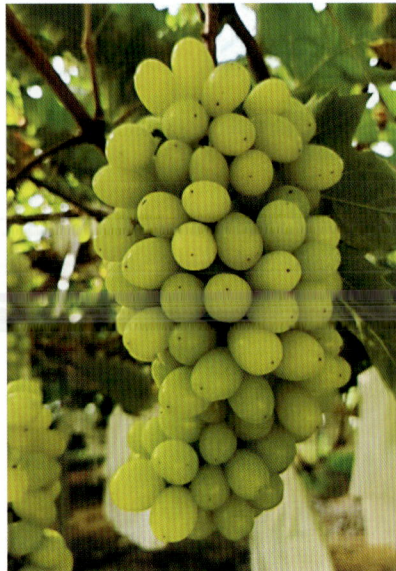

图1-82 神园红　　　　图1-83 东方金香珠　　　　图1-84 园红阳

85. 园红香（Yuanhongxiang） 江苏省张家港市神园葡萄科技有限公司2015年利用阳光玫瑰与QL2012-2培育而成（图1-85）。二倍体，欧美杂交种。果穗中等大，穗长19～21厘米、穗宽10～11厘米，平均穗重650.0克。果粒大小均匀，椭圆形，红色，着生较紧密，平均粒重10.3克。果粉中等厚。果皮薄，无涩味，果皮与果肉较易分离。肉软汁多，浓郁玫瑰香，每果粒含种子2～3粒，可溶性固形物含量19.6%～21.1%。不裂果、不落粒。植株生长势较强，隐芽萌发力强。芽眼萌发率91.3%，结果枝率89.7%。花芽分化好，每果枝平均着生果穗1.6个。在苏南地区避雨栽培条件下，3月下旬萌芽，4月底至5月初开花，8月下旬成熟。优点：有浓香，皮薄多汁；缺点：有籽，着色偏淡。

图1-85 园红香

86. 园秋水（Yuanqiushui） 江苏省张家港市神园葡萄科技有限公司2017年利用阳光玫瑰与东方绿宝石培育而成（图1-86）。欧美杂交种，二倍体。穗长17～21厘米、穗宽9～11厘米，平均穗重650.0克。果粒大小较均匀，椭圆形，黄绿色，着生较紧密，平均粒重12.5克。果粉薄。果皮薄，果皮与果肉易分离，果肉软，汁液多，有玫瑰香，每果粒含种子1～2粒，可溶性固形物含量18.2%～20.4%。不裂果、不掉粒。植株生长势中庸，隐芽萌发力较强。芽眼萌发率90.1%，结果枝率93.5%。花芽分化较好，每果枝平均着生果穗1.7个。丰产稳产。在苏南地区避雨栽培条件下，3月上旬萌芽，4月底至5月初开花，8月下旬成熟。从萌芽至浆果成熟需145～155天。优点：皮薄，汁液多，有香味，入口即化，易管理；缺点：有籽，需要处理，耐贮运性稍差。

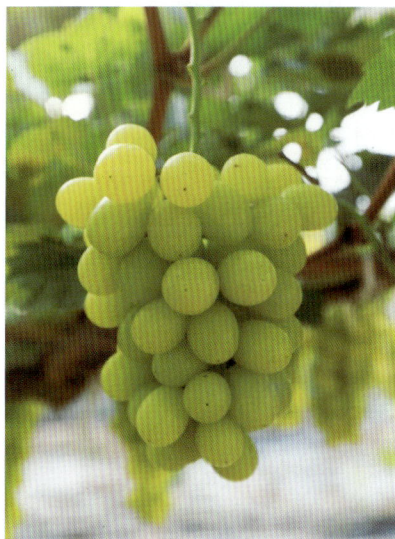

图1-86 园秋水

87. 园黑宝（Yuanheibao） 江苏省张家港市神园葡萄科技有限公司2017年利用阳光玫瑰与黑美人培育而成（图1-87）。二倍体，欧美杂交种。穗长17～23厘米、穗宽10～12厘米，平均穗重700.0克。果粒大小较均匀，长椭圆形，黑色至蓝黑色，着生较松散，平均粒重14.5克。果粉厚。果皮薄且无涩味，果皮与果肉难分离，肉软，汁多。每果粒含种子1～2粒，可溶性固形物含量17.8%～20.4%。不裂果、不掉粒。植株生长势较强，隐芽萌发力较强。芽眼萌发率90.1%，结果枝率88.5%。花芽分化较好，每果枝平均着生果穗1.6个。在苏南地区避雨栽培条件下，3月下旬萌芽，5月上旬开花，8月下旬成熟。优点：外观佳，着色好，果粒大；缺点：没有香味，有籽。

图1-87 园黑宝

88. 园大秋（Yuandaqiu） 江苏省张家港市神园葡萄科技有限公司2009年利用红地球与紫地球培育而成（图1-88）。二倍体，欧亚种。果穗大，穗长20～24厘米、穗宽10～12厘米，平均穗重850克。果粒大小均匀，长椭圆形，紫红色至紫黑色，着生较松散，平均粒重18.4克。果粉中等厚。果皮薄，果皮与果肉不易分离，肉较脆，汁多，每果粒含种子2～3粒，可溶性固形物含量17.3%～19.2%。不裂果、不落粒。自然坐果，丰产稳产。植株生长势较强，隐芽萌发力强。芽眼萌发率92.3%，结果枝率91.1%。花芽分化好，每果枝平均着生果穗1.6个。在苏南地区避雨栽培条件下，3月中旬萌芽，4月底至5月初开花，8月下旬成熟。优点：果粒巨大、自然坐果、着色好，比红地球早熟7～10天，管理简单；缺点：有籽，没有香味。

89.园墨丽（Yuanmoli） 江苏省张家港市神园葡萄科技有限公司2009年利用高倍蕾与紫地球培育而成（图1-89）。二倍体，欧亚种。果穗大，穗长20～25厘米、穗宽10～12厘米，平均穗重950.0克，果粒大小均匀，椭圆形，紫黑色至蓝黑色，着生较紧密，平均粒重14.5克。果粉厚。果皮薄，无涩味，果皮与果肉较易分离，肉软，汁多，每果粒含种子1～2粒，可溶性固形物含量17.3%～19.1%。植株生长势强，隐芽萌发力强。芽眼萌发率90.1%，结果枝率88.3%。花芽分化较好，每果枝平均着生果穗1.8个。自然坐果，丰产稳产。在苏南地区避雨栽培条件下，3月上旬萌芽，4月底至5月初开花，8月下旬成熟。从萌芽至浆果成熟需145～155天。优点：丰产，大粒，大穗，自然坐果，无须处理；缺点：有籽，无香味，完全成熟后，稍有环裂。

90.玉波7号（Yubo7） 欧亚种，亲本为紫地球与达米娜，山东省江北葡萄研究所韩玉波等人育成（图1-90）。大粒、浓香、中熟。果穗圆锥形，平均穗重760克，着生紧密；平均粒重12.7克，果实成熟后为蓝黑色，具有玫瑰香味，可溶性固形物含量16.5%。

91.玉波8号（Yubo8） 欧亚种，亲本为短枝玉玫瑰与黑芭拉多，山东省江北葡萄研究所韩玉波等人育成（图1-91）。果穗圆锥形，生育期95～100天，果肉脆甜，带有浓郁奶香味，可溶性固形物含量21%～22.2%。

92.玉波9号（Yubo9） 欧亚种，亲本为黑芭拉多与玉波1号，山东省江北葡萄研究所韩玉波等人育成（图1-92）。从发芽到成熟85～90天，极早熟，平均穗重635.8克，果粒大小均匀，圆锥形，平均粒重8.8克，最大粒重10.9克，具有浓浓的玫瑰香味，可溶性固形物含量20%。

图1-88 园大秋

图1-89 园墨丽

图1-90 玉波7号

图1-91 玉波8号

图1-92 玉波9号

93.玉波10号（Yubo10） 欧亚种，亲本为红芭拉蒂与（玫瑰香×皇家秋天），山东省江北葡萄研究所韩玉波等人育成（图1-93）。残核，属早熟新品系、平均穗重790克，果粒圆锥形，果穗紧密度适中，平均粒重8.8克，穗形漂亮、果肉硬脆，有玫瑰香味，可溶性固形物含量20%～23.5%，成熟后在树上能挂5个月。

94.玉波12号（Yubo12） 欧亚种，亲本为紫地球与皇家秋天，山东省江北葡萄研究所韩玉波等人育成（图1-94）。残核，属晚熟新品系。玫瑰香清香味，果穗圆锥形，平均穗重810克，最大穗重1 050克；果穗紧密度适中，果粒圆锥形，平均粒重14.2克，最大粒重29.6克，可溶性固形物含量20%，果皮紫黑色。9月中下旬成熟。

95.卓越黑香蜜（Zhuoyueheixiangmi） 欧美杂交种，金手指和摩尔多瓦杂交而成，山东省鲜食葡萄研究所2019年选育（图1-95），鲜食、酿酒、制汁品种。长势偏旺，始果期早，结实力强。果穗中等大，无副穗，着粒较紧，平均穗重486克，最大623克。果粒短椭圆形至圆形，平均粒重8.4克，最大11.6克，纵径2.68～2.78厘米，横径2.15～2.25厘米。果实蓝黑色，果粉厚，香味浓郁，富含花青素。抗旱、抗寒性均强。可溶性固形物含量18%～20%，可滴定酸含量0.5%～0.58%。高抗霜霉病，中抗黑痘病、白腐病。

图1-93 玉波10号

图1-94 玉波12号

图1-95 卓越黑香蜜

96.华葡高后（Huapugaohou） 欧美杂交种。以高妻为亲本，采用实生选种，中国农业科学院果树研究所2022年选育（图1-96），中熟。果穗圆锥形，穗长25.6厘米，穗宽18.4厘米，平均穗重741.2克，最大963.6克。果粒着生中密，大小均匀，椭圆形，平均粒重11.9克。果皮紫黑色，厚而韧。果肉软，花青苷显色强度中，汁多，草莓香味浓郁，可溶性固形物含量19.4%，可滴定酸含量0.46%。生长势较强，萌芽率76.2%，结果枝占芽眼总数的34.8%，平均每一结果枝着生果穗1.3个。早果性强，丰产。在辽宁兴城地区，5月上中旬萌芽，6月上中旬开花，9月上旬果实成熟。

97.华葡红玉（Huapuhongyu） 欧亚种。红地球与玫瑰香杂交，中国农业科学院果树研究所2022年选育（图1-97），晚熟。果穗圆锥形，穗大，长24.7厘米，宽22.5厘米，平均穗重855.2克，最大穗重1 388.6。果粒着生中等紧密，椭圆形，红色，纵径2.7厘米，横径2.6厘米，平均粒重10.7克，最大粒重12.6克。果粉

图1-96 华葡高后

中厚；果皮中等厚，与果肉不易分离。果肉硬脆，汁液较多，甜，有玫瑰香味，可溶性固形物含量18.8%，可滴定酸含量0.49%，鲜食品质好。每果粒含种子3～4粒。果刷拉力强，成熟后不脱粒，耐贮运。生长势中等，萌芽率81.7%，结果枝率38.6%，平均每一结果枝着生果穗1.5个。早果性强，丰产。在辽宁兴城地区，5月上旬萌芽，6月中旬开花，10月上中旬果实成熟。

98. 南洋1号（Nanyang1） 圆叶葡萄。上海交通大学从圆叶葡萄Majesty实生选种获得（图1-98），2021年通过上海市品种审定，中晚熟。果穗呈散穗状。果皮厚，果粒与果柄分离难，果肉硬度中等，香气浓烈，果实成熟时紫黑色，每果粒含种子2～4粒，平均粒重12克，可溶性固形物含量17.4%。雌能花，二倍体。对葡萄第一大病害霜霉病完全免疫，露地栽培几乎不发生其他病害，只在果实成熟期有少量炭疽病发生。抗旱、抗涝、抗高温能力强。

99. 龙珠（Longzhu） 圆叶葡萄。上海交通大学从圆叶葡萄Supreme实生选种获得（图1-99），2021年通过上海市品种认定，中晚熟。果穗呈散穗状。果皮厚，果粒与果柄分离难，果肉硬度中等，香气浓烈，果实成熟时紫黑色，每果粒含种子2～4粒，平均粒重20克，可溶性固形物含量16.8%。雌能花，二倍体。对葡萄第一大病害霜霉病完全免疫，露地栽培几乎不发生其他病害，只在果实成熟期有少量炭疽病发生。抗旱、抗涝、抗高温能力强。

图1-97　华葡红玉　　　　　图1-98　南洋1号　　　　　图1-99　龙　珠

100. 秦秀（Qinxiu） 西北农林科技大学选育（图1-100）。2000年以京秀为母本、郑果大无核为父本进行杂交，育种代号00-10-3，2012年11月通过陕西省果树新品种登记认定。果穗中等大，圆锥形，平均穗重554克，最大686克。果粒椭圆形，果梗中等长，平均粒重4.9克，最大9.4克，软核或无核。果皮较薄，红色，果粉中等厚，外观美观。果肉绿白色，肉脆，汁中等多，味甜，品质中上。在陕西杨凌，7月底果实成熟；在宝鸡，8月上旬成熟。可溶性固形物含量15.2%～17.5%，在北京平谷，8月中下旬果实成熟，9月下旬采收时，可溶性固形物含量可达18.2%。挂树时间长，可至11月初。不套袋果实着色优于套袋果实。抗白腐病、灰霉病和酸腐病。

图1-100　秦　秀

101. 秦红1号（Qinhong No.1） 西北农林科技大学选育（图1-101）。2002年以底来特（Delight）为母本、红宝石无核（Ruby Seedless）为父本进行杂交，通过胚挽救获得后代，育种代号DR1，2012年11月通过陕西省果树新品种登记认定。果穗分枝圆锥形，松紧度适中。穗大，平均穗重800克以上，最大1 130克，穗长26厘米。果粒近圆形至椭圆形，果梗短，平均粒重3.4克，最大6.1克。果实耐拉力为3.77牛，耐压力5.06×10^{5}帕。果皮薄，粉红至浅紫红色，果粉中等厚。果肉绿白色，肉脆，硬度较大。果汁较少，呈淡红色，酸甜适口，可溶性固形物含量16.7%～19.5%，可滴定酸含量0.9%，品质中上。有种痕3～4个，质量0.015克左右。丰产性极强，盛果期株产18.5千克，产量49 395千克/公顷。在陕西杨凌、四川成都、山西太谷，8月中旬成熟，在新疆鄯善，9月下旬成熟。在陕西杨凌，果实着色不均匀。较抗黑痘病，感白粉病、霜霉病、酸腐病。春季选择壮苗（4～5条根，根长3～5厘米，4～5片叶，茎秆粗壮，基部无

图1-101 秦红1号

愈伤组织），强光锻炼1周，无菌条件下移栽到珍珠岩中在培养室炼苗，其间注意保湿及营养液和杀菌剂的应用；培养室炼苗15天后，将胚挽救苗移栽到营养土中进行温室炼苗；最后，将胚挽救苗定植大田，成活率高，生长发育良好。

二、加工葡萄品种

（一）酿酒葡萄品种

1.北 红（Beihong） 中国科学院植物研究所以玫瑰香为母本、山葡萄为父本杂交育成（图1-102），欧山杂交种。嫩梢绿色，梢尖直立，茸毛中。成龄叶片近圆形，大，深绿色。叶片3裂，上裂刻极浅，上裂刻裂片闭合。两性花。萌芽率71.1%，结果枝占芽眼总数的98.1%，平均每一结果枝着生果穗1.76个。果穗圆锥形，双歧肩，平均穗

图1-102 北 红

重160.0克，最大穗重290.0克。果粒着生中等紧密，大小均匀。果粒圆形，果皮蓝黑色，平均粒重1.57克。果皮厚而韧，果肉软，花青苷显色强度中，汁多，无香味，可溶性固形物含量24.68%，可滴定酸含量0.77%。每果粒含种子2～3粒。植株生长势强。早果性好，丰产。在山西晋中地区，4月上中旬萌芽，5月上中旬开花，9月下旬果实成熟，果实发育天数为110～120天。抗炭疽病、白腐病及霜霉病能力强，抗旱性和抗寒性较强。适宜在无霜期140天以上地区栽培。在生产中应注意控制产量，开花前应疏掉多余的花序，一般每亩产量控制在1 000千克以内为宜，细弱枝不留果，壮枝留1穗果。

2.北 玫（Beimei） 中国科学院植物研究所以玫瑰香为母本、山葡萄为父本杂交育成（图1-103），欧山杂交种。嫩梢绿色，梢尖直立，茸毛中。幼叶绿色带有红色斑，背面主脉间匍匐茸毛和主脉上直立茸毛中。成龄叶片近楔形，大，深绿色。叶片3裂，上裂刻极浅，上裂刻裂片开张。两性花。萌芽率82.7%，结果枝占芽眼总数的97.53%，平均每一结果枝着生果穗2.13个。果穗圆锥形，双歧肩，穗

形整齐，平均穗重160.0克，最大穗重220.0克。果粒着生中等紧密，大小均匀。果粒椭圆形，果皮蓝黑色，平均粒重2.6克。果皮厚而韧，果肉软，花青苷显色强度中，汁多，玫瑰香味，可溶性固形物含量23.68%，可滴定酸含量0.71%。每果粒含种子2～3粒。植株生长势强。早果性好，丰产。

图1-103　北　玫

在山西晋中地区，露地4月上中旬萌芽，5月上中旬开花，9月下旬果实成熟，果实发育天数为110～120天。抗旱性和抗寒性较强。适宜在无霜期140天以上地区栽培。树体长势旺，在生产中应注意控制产量，开花前应疏掉多余的花序，一般每亩产量控制在1 000千克以内为宜，细弱枝不留果，壮枝留1穗果。

3. 北冰红（Beibinghong） 中国农业科学院特产研究所以山葡萄左优红为母本、酿酒品系86-24-53〔73040（山葡萄品系）×白玉霓（欧亚种酿酒品种）的F₁×双丰（山葡萄品种）〕为父本杂交育成（图1-104），欧山杂交种。嫩梢绿色，梢尖直立，茸毛中。幼叶绿色带有红色斑，背面主脉间匍匐茸毛和主脉上直立茸毛中。成龄叶片近楔形，中等大小，深绿色。叶片3裂，上裂刻浅，上裂刻裂片闭合。两性花。萌芽率95.6%，结果枝占芽眼总数的100%，平均每一结果枝着生果穗1.87个。果穗圆锥形，双歧肩，穗形整齐，平均穗重159.5克。果粒着生中等紧密，偶有小青粒。果粒圆形，果皮蓝黑色，平均单粒重1.3克。果皮厚而韧，果肉软，花青苷显色强度中，汁多，无香味，可溶性固形物含量21.30%，可滴定酸含量1.43%。每果粒含种子2～4粒。植株生长势强。早果性好，丰产。在山西晋中地区，露地4月上中旬萌芽，5月上中旬开花，9月下旬果实成熟，果实发育天数为110～120天。抗旱性和抗寒性极强。适宜在无霜期140天以上地区栽培。生产中应注意控制产量，开花前应疏掉多余的花序，一般每亩产量控制在1 000千克以内为宜，细弱枝不留果，壮枝留1穗果。

图1-104　北冰红

（二）制干葡萄品种

1. 无核白（Thompson seedless） 欧亚种，东方品种群，亲本不详（图1-105）。公元3世纪的西晋时期，新疆和田一带就有栽培，是我国古老的葡萄品种。果穗圆锥形，有岐肩，穗形整齐，中等大，平均穗重260克。果粒着生中等紧密，大小均匀。果粒短椭圆形，果皮黄绿色，平均粒重1.21克。果皮薄而脆，果肉脆，花青苷显色强度弱，汁中等多，无香味，可溶性固形物含量21.6%，可滴定酸含量0.55%。果粒与果柄分离难易程度弱。种子败育。生长势强。早果性好，丰产。在新疆鄯善地区，露地4月上中旬萌芽，5月中旬开花，8月下旬果实成熟，果实发育天数为90～100天。抗病性较弱，抗旱性和抗寒性中等，抗盐碱能力中等。适宜在无霜期190天以上干旱少雨积温高的南疆地区种植。需在花前喷施赤霉素拉穗、花后喷施赤霉素膨大处理。两性花。萌芽率66.2%，结果枝占芽眼总数的37.6%，平均每一结果枝着生果穗1.29个。冬剪短梢或极短梢修剪，结果母枝剪留1～2个饱满芽；夏剪，开花前7天左右剪梢尖，花序以下的副梢抹除，顶端副梢萌发后待新梢总长度长至1米左右时反复剪梢控制徒长，其余副梢留一叶绝后摘心。为保持稳产和提高果实品质，产量因地区不同，一般控制在2 500～3 000千克/亩为宜。

2. 长粒无核白（Changliwuhebai） 欧亚种，东方品种群。20世纪50年代在新疆吐鲁番发现的无核白芽变品种（图1-106）。穗圆锥形，穗形整齐，中等大，平均穗重240克。果粒着生较松散，大小均匀。果粒长椭圆形，果皮黄绿色，平均粒重1.58克。果皮薄而脆，果肉脆、花青苷显色强度弱，汁中等多，无香味，可溶性固形物含量20.2%，可滴定酸含量0.45%。果粒与果柄分离难易程度弱。种子败育。两性花。萌芽率58.6%，结果枝占芽眼总数的32.6%，平均每一结果枝着生果穗1.26个。生长势强。产量中等。在新疆鄯善地区，露地4月上中旬萌芽，5月中旬开花，8月下旬果实成熟，果实发育天数为90～100天。抗病性较弱，抗旱性和抗寒性中等，抗盐碱能力中等。适宜在无霜期190天以上干旱少雨积温高的南疆地区种植。花前需摘心提高坐果率，需在花前喷施赤霉素拉穗、花后喷施赤霉素膨大处理。冬剪短梢或中梢修剪，结果母枝剪留2～4个饱满芽；夏剪，开花前7天左右剪梢尖，花序以下的副梢抹除，顶端副梢萌发后待新梢总长度长至1米左右时反复剪梢控制徒长，其余副梢留一叶绝后摘心。为保持稳产和提高果实品质，产量因地区不同，一般控制在2 000～2 500千克/亩为宜。

3. 火州黑玉（Huozhouheiyu） 新疆维吾尔自治区葡萄瓜果研究所以红地球为母本、火焰无核为父本杂交选育而成（图1-107），2011年登记。欧亚种。果穗圆锥形，穗形整齐，平均穗重400克。果粒着生较紧，大小均匀。果粒近圆形，果皮紫黑色，平均粒重3.0克。果皮中等厚，果肉较脆、花青苷显色强度中等，汁较多，无香味，可溶性固形物含量23%，可滴定酸含量0.49%。果粒与果柄分离难易程度中。种子败育。植株生长势较强。定植第2～3年开始结果，丰产。在新疆鄯善地区，露地4月上中旬萌芽，5月中下旬开花，7月底至8月初果实成熟，果实发育天数为75天左右，10月下旬至11月上旬落叶，营养生长天数为180天。抗病性中等，抗旱性和抗寒性中等，抗盐碱能力中等。适宜在无霜期190天以上地区栽培，适宜在干旱少雨积温高的南疆地区种植。树体长势旺，花后可喷施赤霉素膨大处理。为保持稳产和提高果实品质，产量因地区不同，一般控制在2 000千克/亩左右为宜。

4. 火州翠玉（Huozhoucuiyu） 新疆维吾尔自治区葡萄瓜果研究所以红地球为母本、莫丽莎无核为父本杂交选育而成（图1-108），2021年登记。欧亚种。果穗圆锥形，平均穗重500～800克。果粒着生适中。果粒近圆形，果皮黄绿色，平均粒重3～3.5克。果皮中等厚，果肉脆、花青苷显色强度较弱，汁少，淡玫瑰香味，可溶性固形物含量21%，可滴定酸含量0.26%。果粒与果柄分离难

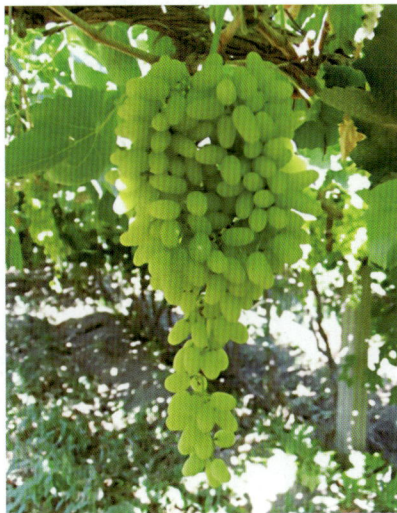

图1-105 无核白　　　　　　　图1-106 长粒无核白　　　　　　　图1-107 火州黑玉

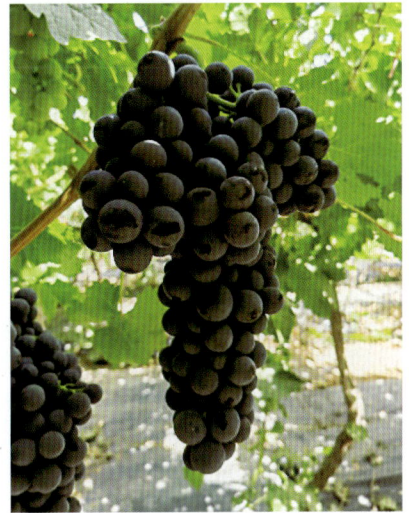

易程度中。种子败育。植株生长势较强。定植第2～3年开始结果，丰产。在新疆鄯善地区，露地4月上中旬萌芽，5月中下旬开花，9月中下旬果实成熟，果实发育天数为120天左右，10月下旬至11月上旬落叶，营养生长天数为180天。抗病性中等，抗旱性和抗寒性中等，抗盐碱能力中等。适宜在无霜期190天以上地区栽培，适宜在干旱少雨积温高的南疆、北疆种植。树体长势旺，花后可喷施赤霉素膨大处理。为保持稳产和提高果实品质，产量因地区不同，一般控制在2 000千克/亩左右为宜。

5. 火州红玉（Huozhouhongyu）　新疆维吾尔自治区葡萄瓜果研究所以红地球为母本、莫火焰无核为父本杂交选育而成（图1-109），2011年登记。欧亚种。果穗圆锥形，平均穗重450克。果粒着生紧。果粒近圆形，果皮紫红色，单粒重约3克。果皮中等厚，果肉脆、花青苷显色强度较弱，汁少，淡玫瑰香味，可溶性固形物含量21%，可滴定酸含量0.26%。果粒与果柄分离难易程度中。种子败育。植株生长势较强。定植第2～3年开始结果，丰产。在新疆鄯善地区，露地4月上中旬萌芽，5月中下旬开花，8月中旬果实完全成熟，果实发育天数为90天左右，10月下旬至11月上旬落叶，营养生长天数为180天。抗病性中等，抗旱性和抗寒性中等，抗盐碱能力中等。适宜在无霜期190天以上地区栽培，适宜在光热条件较好的干旱、半干旱地区栽培。树体长势旺，花后可喷施赤霉素膨大处理。为保持稳产和提高果实品质，产量因地区不同，一般控制在2 000千克/亩左右为宜。

6. 紫甜无核（Zitianwuhe）　昌黎农民育种家李绍星以牛奶为母本、皇家秋天为父本杂交选育而成（图1-110），2010年登记。欧亚种。果穗圆锥形，穗形整齐，较大，平均穗重520克。果粒着生紧密，大小均匀。果粒卵圆形，果皮紫黑色，平均粒重4.3克。果皮中厚而韧，果肉稍脆、花青苷显色强度弱，汁多，无香味，可溶性固形物含量18.9%，可滴定酸含量0.42%。果粒与果柄分离难易程度中。种子败育。两性花。萌芽率69%，结果枝占芽眼总数的46.3%，平均每一结果枝着生果穗1.16个。生长势强。丰产。在新疆鄯善地区，露地4月上中旬萌芽，5月中下旬开花，8月下旬果实成熟，果实发育天数为90～100天。抗病性中等，抗旱性和抗寒性中等，抗盐碱能力中等。适宜在无霜期190天以上的干旱少雨积温高的南疆地区种植。树体长势旺，需花后喷施赤霉素膨大处理。冬剪短梢或中梢修剪，结果母枝剪留2～4个饱满芽；夏剪，开花前7天左右剪梢尖，花序以下的副梢抹除，顶端副梢萌发后待新梢总长度长至1米左右时反复剪梢控制徒长，其余副梢留一叶绝后摘心。为保持稳产和提高果实品质，产量因地区不同，一般控制在2 500～3 000千克/亩为宜。

图1-108　火州翠玉　　　　　　图1-109　火州红玉　　　　　　图1-110　紫甜无核

（三）制汁品种

1.北香（Beixiang） 中国科学院植物研究所从蘡薁葡萄×亚历山大杂交后代中选育出的制汁葡萄品种（图1-111）。1953年杂交，1959年选出，并开始进行加工试验，2006年通过北京市农作物品种审定委员会审定。在北京、浙江及江苏等地有栽培。两性花。二倍体。果穗圆锥形，少数有副穗。中等大，穗长15.6～19.5厘米，穗宽11.2～13.4厘米，平均穗重194.8克。果穗大小整齐，果粒着生中等。果粒椭圆形，紫黑色，中等大，着色一致，平均粒重2.21克。果粉厚，果皮厚，不易与果肉分离。肉质中等，有肉囊，汁多，味酸甜。种子较少，每果粒含种子2～3粒，多为2粒。可溶性固形物含量18.6%，可滴定酸含量0.63%，出汁率80.6%。用其制成的葡萄汁颜色红紫，澄清透明，酸甜适度，微有清香，品质上等。生长势强，芽眼萌发率85.5%。结实性强，结果枝占芽眼总数的79.9%，每果枝着生果穗1.93个。隐芽萌发的新梢结实力中等，夏芽副梢结实力中等。早果性好。在北京市，4月中旬萌芽，10月上旬果实成熟。从萌芽至浆果成熟需

图1-111　北香

180天，积温总量3 937℃，极晚熟。抗寒、抗旱和抗病虫能力均强。全国各地均可栽培，篱架、棚架种植均可，以短梢修剪为主。生产中应注意控制产量在22.5吨/公顷为宜，疏除所有的副梢果，扦插不易生根，与贝达砧木嫁接亲和力较低，对繁殖技术要求较高。在北京及其以南地区种植，冬季无须埋土即可越冬，上冻前要灌足冻水，早春早灌水。

2.着色香（Zhuosexiang） 辽宁省盐碱地利用研究所从玫瑰露×罗也尔玫瑰杂交后代中选育出的鲜食、制汁兼用型葡萄新品种（图1-112）。2009年8月通过辽宁省种子管理局品种备案。雌能花。果穗圆柱形，有副穗。平均穗重175克，最大穗重250克；果粒椭圆形，平均粒重5克，经无核处理后可达6～7克。果皮紫红色，果粉中多，皮薄；果肉软，稍有肉囊，极甜，可溶性固形物含量18%，可滴定酸含量0.55%，有浓郁的草莓香味，品质上等。出汁率78%。该品种在辽宁盘锦地区，4月下旬萌芽，6月上旬开花，8月下旬成熟，果实发育期120天左右，属早中熟品种。树势强健，萌芽率高，结果枝率高。定植后2年见果，4年丰产，亩产1 000千克左右，稳产性好。雌能花品种，栽培上需配置授粉树，

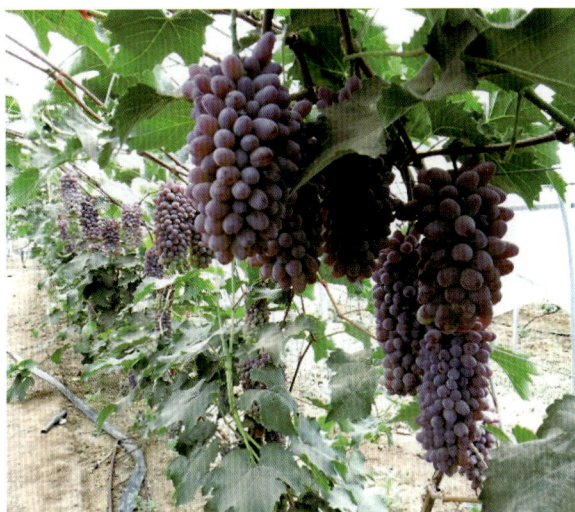

图1-112　着色香

无核化栽培效果更好。该品种耐盐碱，抗寒性较强，抗黑痘病、白腐病和霜霉病，不裂果，有小青粒现象。篱架、棚架种植均可，结果枝短梢修剪。

3.碧玉香（Biyuxiang） 辽宁省盐碱地利用研究所从绿山×尼加拉杂交后代中选育出的鲜食、制汁兼用型葡萄新品种（图1-113）。2009年8月通过辽宁省品种审定委员会审定并命名。两性花。平均穗重205克，长13厘米，宽8厘米；果穗圆锥形，果粒紧密度中等。平均粒重4克，无核处理后，可达6～7克，果粒纵径18毫米，横径11.5毫米，椭圆形；可溶性固形物含量19%，可滴定酸含量0.54%，浆果颜色绿色，皮厚，有肉囊。果粉中等厚，味极甜，有草莓香味。出汁率69%。每果粒含种子3粒，种子大，褐色，种子与果肉易分离。抗病力强，抗黑痘病、白腐病和白粉病，对葡萄霜霉病抗性中等，易感炭疽病。耐盐碱、抗寒性较强。树势强健，适于中小型棚架，要求中短梢修剪。生长季应及时夏

1-120），2020年通过农业农村部非主要农作物品种登记。完全花，平均穗重110.85克，平均粒重0.8克，可溶性固形物含量17%。果皮紫黑色，较厚。树势较强，新梢直立性较强，产条能力强。扦插生根率高，嫁接亲和性较好。抗寒性测试与贝达水平类似；耐盐碱能力强于1103P。春季根系活动早，吸水早，嫁接的赤霞珠春季伤流期提前1周，对克服品种抽干有明显作用；对比嫁接树与自根树发现，嫁接树赤霞珠叶片变小变厚，叶色浓绿，果实较赤霞珠自根早着色半个多月，同期测定糖度，较赤霞珠自根高1.6%。

图1-120　SA15

6.志昌抗砧1号（Zhichangkangzhen1）　山东志昌农业科技发展股份有限公司、志昌智慧农业科技股份有限公司、青岛志昌种业有限公司、莒县葡萄研究所以5BB为母本、SO4为父本杂交而成（图1-121）。2022年通过农业农村部非主要农作物品种登记。雄性花，生长旺，产条量大，根系分布中深，抗湿性强，抗寒，抗旱，耐盐碱。极易生根，嫁接亲和性好，树体生长势旺，育苗可实现当年扦插当年嫁接，嫁接阳光玫瑰、红地球等品种表现生长旺、产量高、品质优。山东地区露天4月7—10日萌芽，5月上旬开花，适宜在有效积温1 600℃以上，干旱、盐碱、寒冷、湿润地区栽培。

图1-121　志昌抗砧1号

7.云葡2号（Yunpu2）　云南农业大学和云南省农业科学院以云南野生雌能花毛葡萄为母本、无核白鸡心为父本杂交育成的晚熟新品种（图1-122）。2015年通过云南省林业厅园艺植物新品种注册登记。具有抗旱性强、长势旺盛、扦插易成活的特性。作砧木嫁接其他品种成活率高，能明显增强接穗品种的长势和产量，没有"小脚"现象，是云南旱区比较理想的耐旱砧木品种。

图1-122　云葡2号

8.CR3　河北省农林科学院昌黎果树研究所以东山 为母本、抗砧3号为父本杂交选育出的抗寒、耐盐碱、抗根瘤蚜、抗旱的多抗性砧木新品种（图1-123）。雄性花，树势较强，新梢直立性较强，产条能力强。扦插生根率高，嫁接亲和性较好。抗寒性测试与贝达水平类似。与蜜光、黄金蜜等品种嫁接可以提升果实香气，增加可溶性固形物含量、促进果实提早成熟。

图1-123　CR3

对接穗品种具有矮化作用。

9.CR8 河北省农林科学院昌黎果树研究所以左山一为母本、河岸7号为父本杂交选育出的抗寒、耐盐碱、抗根瘤蚜、耐涝的多抗性砧木新品种（图1-124）。雌能花、树势较强，新梢直立性较强，产条能力强。扦插生根率高，嫁接亲和性较好。抗寒性测试与贝达水平类似。与蜜光、黄金蜜等品种嫁接可以提升果实香气，增加可溶性固性物含量、促进果实提早成熟。

图1-124 CR8

第二节 引进品种与砧木

一、鲜食葡萄品种

1.妮娜皇后（Queen Nina） 欧美杂交种，亲本是Akitsu-20和Aki Queen，日本农研机构果树研究所2009年育成（图1-125）。中晚熟。四倍体。二性花。经植物生长调节剂处理后，无核，平均穗重600～750克，果穗中等紧密。果粒倒卵形，平均粒重12～15克。果皮粉红色、果肉硬脆，能切成片。可溶性固形物含量17%～18%。草莓香味，风味极佳。抗病性强，对灰霉病、霜霉病等有很好的抵抗能力。耐贮运、品质佳。

2.格威尔（Granny Val） 圆叶葡萄。通过圆叶葡萄Fry实生选种获得（图1-126），由上海交通大学引种，2019年通过上海市品种认定，中晚熟。果穗呈散穗状。果皮厚、脆，果粒与果柄分离难，果肉软，香气浓烈，果实成熟时黄铜色，每果粒含种子2～4粒，平均粒重9.5克，可溶性固形物含量15.8%。两性花，二倍体。对葡萄第一大病害霜霉病完全免疫，露地栽培几乎不发生其他病害，只在果实成熟期有少量炭疽病发生。抗旱、抗涝、抗高温能力均强。

3.弗雷尔（Fry） 圆叶葡萄。Ga.19-13×USDA19-11的杂种后代（图1-127），由上海交通大学引种，2019年通过上海市品种认定，中晚熟。果穗呈散穗状。果皮厚、脆，果粒与果柄分离难，果肉软，香气浓烈，果实初熟为青铜色，逐渐变为黄铜色，每果粒含种子2～4粒，平均粒重8.5克，可溶性固形物含量14.7%。雌能花，二倍体。对葡萄第一大病害霜霉病完全免疫，露地栽培几乎不发生其他病害，只在果实成熟期有少量炭疽病发生。抗旱、抗涝、抗高温能力均强。

图1-125 妮娜皇后

图1-126 格威尔

图1-127 弗雷尔

4. 诺贝尔（Noble） 圆叶葡萄。Thomas×Tarheel 的杂种后代（图1-128），由上海交通大学引种，2019年通过上海市品种认定，中晚熟。果穗呈散穗状。果皮厚，果粒与果柄分离难，果肉软，香气浓烈，果实成熟时紫黑色，每果粒含种子2~4粒，平均粒重3.4克，可溶性固形物含量16.9%。两性花，二倍体。对葡萄第一大病害霜霉病完全免疫，露地栽培几乎不发生其他病害，只在果实成熟期有少量炭疽病发生。抗旱、抗涝、抗高温能力均强。

5. 卡洛斯（Carlos） 圆叶葡萄。Howard×NC11-173（Topsail×Tarheel）的杂交后代（图1-129），由上海交通大学引种，2019年通过上海市品种认定，中晚熟。果穗呈散穗状。果皮厚，果粒与果柄分离难，果肉软，香气浓烈，果实成熟时青铜色，每果粒含种子2~4粒，平均粒重6克，可溶性固形物含量14.5%。两性花，二倍体。对葡萄第一大病害霜霉病完全免疫，露地栽培几乎不发生其他病害，只在果实成熟期有少量炭疽病发生。抗旱、抗涝、抗高温能力强。

6. 威尔德（Welder） 圆叶葡萄。通过圆叶葡萄Dearing实生选种获得（图1-130），由上海交通大学引种，2021年通过上海市品种认定，中晚熟。果穗呈散穗状。果皮厚，果粒与果柄分离难，果肉软，香气浓烈，果实成熟时黄绿色，每果粒含种子2~4粒，平均粒重3.5克，可溶性固形物含量19%。两性花，二倍体。对葡萄第一大病害霜霉病完全免疫，露地栽培几乎不发生其他病害，只在果实成熟期有少量炭疽病发生。抗旱、抗涝、抗高温能力强。

图1-128 诺贝尔	图1-129 卡洛斯	图1-130 威尔德

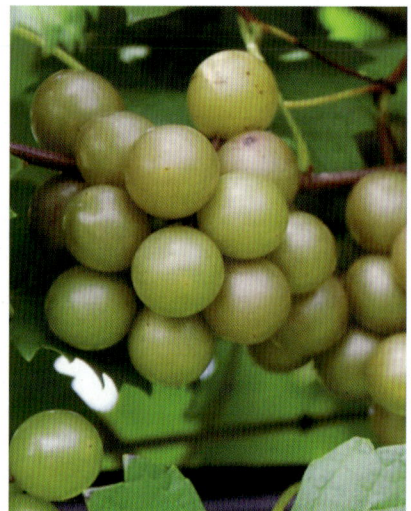

7. 黑阳光（Muscat Noir） 欧美杂交种，二倍体，由阳光玫瑰与济科杂交而成（图1-131）。日本植原葡萄研究所育成。果穗圆锥形，穗重500~650克，中等大。果粒着生较紧密，果粒椭圆形，紫黑色至黑色，果粒大小较均匀，粒重10~12克。果皮薄，无涩味。肉硬汁多，玫瑰香味。可溶性固形物含量18.4%~21.8%。在苏南地区避雨栽培条件下，8月中旬开始成熟；避雨条件下可留树2个月。

8. 红阳光（Scarlet） 欧美杂交种，二倍体，由红罗莎里奥与阳光玫瑰杂交而成（图1-132）。日本植原葡萄研究所育成。果穗圆柱形，穗重500~650克，中等大。果粒着生较紧密，果粒椭圆形，粉红色，粒重8.6克。果粉薄，果皮薄，无涩味，有玫瑰香味。可溶性固形物含量19.6%~22.1%。在苏南地区避雨栽培条件下，8月中旬开始成熟，避雨条件下可留树2个月。

9. 浪漫红颜（Miwahime） 欧美杂交种，二倍体，由阳光玫瑰与魏可杂交而成（图1-133）。2015年春，由曹海忠先生从日本引入国内，2016年开始结果。果穗圆锥形或圆柱形，穗重700~800克，果穗大。果粒着生紧密，自然粒重10.4~12.2克，赤霉素处理后达到16~20克。果粒椭圆形，顶部有明显的凹陷。鲜红色，光亮。果粉中等厚，果皮薄，无涩味。可溶性固形物含量18.6%~21.3%。在苏南地区避雨栽培条件下，8月中旬成熟，同阳光玫瑰；避雨条件下可留树一段时间。

图 1-131 黑阳光

图 1-132 红阳光

图 1-133 浪漫红颜

10. 长野紫（Nagano Purple） 欧美杂交种。原产地日本。日本长野县培育，亲本为巨峰×白罗莎（图1-134）。2004年6月品种登录，登录号第12074号。果穗圆柱形，穗重400～780克，果粒倒卵形，果皮紫黑色，与巨峰、先锋相似。果粒大，粒重10～30克，可溶性固形物含量18%～20%，肉质与父本白罗莎相似。通过赤霉素处理，能得到无核大粒果粒。在日本长野县露地栽培，9月上旬至10月中旬成熟。

11. 出云（Izumo Queen） 欧美杂交种。原产地日本。由日本岛根县农业试验场选育（图1-135），亲本为マスカットベーリーA×ブロンクスシードレス。1973年杂交，1994年品种登录，登录号第4123号。两性花。二倍体。果穗圆锥形，有副穗。果穗中等大，穗长12～16厘米，穗宽9～13厘米，平均穗重368克。果粒着生松，果穗大小整齐。果粒圆形，淡红色，成熟后易掉粒。果粒小，纵径1.7～2.2厘米，横径1.6～1.9厘米，平均粒重4.5克，最大粒重7.8克。果皮厚，无涩味。果粉厚。肉软多汁，果汁淡黄色。味甜，有独特的香味。每果粒含种子1～2粒。可溶性固形物含量为14%～16%。植株生长势中庸，隐芽萌发率中等，芽眼萌发率70%～80%，成枝率90%，枝条成熟度好。每果枝平均着生果穗1.0个。隐芽萌发的新梢结实力弱。在江苏张家港地区，8月中下旬成熟，浆果中熟。树势中庸，抗病性强，丰产，不裂果，可以作为育种材料进行栽培。

12. 凉玉（Ryogyoku） 欧亚种。原产地日本。1977年花泽茂先生选育（图1-136），亲本为Seibe 19110×Neo Muscat。1989年进行品种登录。两性花。果穗圆锥形，无副穗。果穗中等大，穗长15.0～17.5厘米，穗宽12.5～14.0厘米，平均穗重375克，最大穗重462.5克。果粒着生紧密，果穗大小整齐。果粒尖卵形，黄绿色，着色一致，成熟一致。果粒中等大，纵径2.05～2.75厘米，横径1.03～1.53厘米，平均粒重6克，经赤霉素两次处理后可得到单粒重5～6克的尖长卵形无核果。果粉厚。果肉软，汁多，果汁黄绿色。味甜，有香味。无小青粒。可

图 1-134 长野紫

图 1-135 出 云

溶性固形物含量18%～19%。植株生长势极强，隐芽萌发力中等，芽眼萌发率70%～80%，成枝率95%，枝条成熟度中等。结果枝占芽眼总数的70%～75%，每果枝平均着生果穗1.25～1.45个。隐芽萌发的新梢结实力中等。

13.罗马红宝石（Ruby Roman） 欧美杂交种。原产地日本。日本石川县农业综合研究中心砂丘地农业试验场1995年培育（图1-137），为藤稔和红色品种（具体品种不明）的自然杂交，2007年3月品种登录。果粒极大，单粒重均在20克以上，大约是巨峰的两倍。果色鲜红。皮简单易剥。酸味较少，可溶性固形物含量20%左右，与巨峰相似，但不甜腻，回味清雅。果汁丰富，入口之后甜味迅速扩散，口感清爽。在日本石川县成熟期为8月中旬至9月中旬。

14.蜜无核（Honney Seedless，安芸津15号） 欧美杂交种。原产地日本。日本农水省果树试验场安芸津分场选育（图1-138），亲本为巨峰×康能无核。1968年杂交，1993年3月品种登录，登录号第3459号。张家港市神园葡萄科技有限公司在2009年从日本引进。果穗圆柱形，自然状态下穗重100～150克，无核，有稀少的有核果粒混在穗里。果粒圆形，平均粒重2克，比希姆劳特小。落花后用100毫克/升的赤霉素处理可以增加坐果数，促使果粒肥大，单粒重达到4～5克，成为穗重220～350克的果穗。果粒黄绿色，果粉少。三倍体。树势强，与希姆劳特相当。新梢生长良好，树冠比希姆劳特大。开花期中等，成熟期稍早，在日本安芸津地区，8月下旬成熟，比巨峰稍早。有独特的香味，可溶性固形物含量18%～20%，酸味少，味道优良。耐寒性中等，适合在日本东北地区以西的地方栽培。果粒小，落花后必须用100毫克/升的赤霉素处理一次。属于易栽培的无核品种。

15.皇家夏天（Summer Royal） 欧亚种。原产地美国。亲本是A69-190×C30-140（图1-139）。1999年沈阳农业大学从美国引进，2000年山东省平度市江北葡萄研究所也进行了引种试栽。嫩梢红绿色，幼叶红绿色稍有光泽，有红色条纹，无茸毛，成龄叶片中等大，深绿色，表面光滑，心脏形，3裂，裂刻浅，叶缘锯齿钝，叶柄圆形，紫红色，成熟枝条黄褐色，节间中长。果穗椭圆形，平均穗重750～800克，纵径21厘米，横径15厘米；果粒大小均匀一致，着生紧密，平均粒重7.8克，经赤霉素处理后达12克，椭圆形，黑色，外皮光亮，果皮难与果肉分离，果肉硬脆，可切片，味香甜，略有玫瑰香味，可溶性固形物含量21%，无籽，熟后不落粒，不裂果。植株生长中等，花芽分化好，丰产性强。

图1-136 凉玉

图1-137 罗马红宝石

图1-138 蜜无核

图1-139 皇家夏天

16. 阳光玫瑰（Shine Muscat） 欧美杂交种。亲本为安芸津21号×白南，日本农业研究机构食品与果树研究所育成（图1-140），2006年品种登录。平均粒重12～14克，绿黄色，坐果好，成熟期与巨峰相近，易栽培。肉质硬脆，有玫瑰香味，可溶性固形物含量20%左右，鲜食品质优良。不裂果，盛花期和盛花后用25毫克/升赤霉素处理可以使果粒无核化并使果粒增重。耐贮运，无脱粒现象。抗病，可短梢修剪。外形美观。

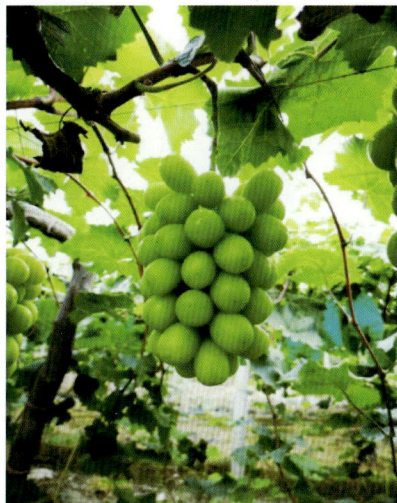

17. 皇家秋天（Autumn Royal） 欧亚种。原产地美国，美国农业部加州试验站的David Ramming和Ron Tarailo以Autumn Black×C741培育而成（图1-141）。1998年，由山东省酿酒葡萄科学研究所和青岛加州（中美合资）无核葡萄发展有限公司从美国引入我国。果穗圆锥形，特大，穗重1 360～1 800克，果粒着生紧密。果粒长椭圆形，蓝黑色，在自然条件下，平均粒重5.5克，最大粒重达到7.0克。果粉厚，果皮厚。果肉脆而硬，风味甜。可溶性固形物含量17%。品质上等。植株生长势极强。在山东，4月中下旬萌芽，9月下旬浆果成熟，从萌芽至浆果成熟需156天。浆果晚熟。抗病性弱，易感白腐病。有裂果现象。嫩梢绿色，无茸毛。幼叶薄，红绿色，叶缘上卷，使叶片呈漏斗状（此特征是识别的主要依据），有光泽，无茸毛。成龄叶片心脏形，中等大，上下表面均无茸毛，锯齿锐，叶片5裂，叶柄红色，叶柄洼宽拱形。一年生枝条褐色，枝条脆，易折断。

18. 温克（Wink） 欧亚种。别名魏可、美人呼。原产地日本。日本山梨县志村富男育成（图1-142）。亲本为KubelMuscat和甲斐路。1987年杂交。1998年品种登录，登录号为第6149号。1999年，南京农业大学园艺学院从日本引入我国。二倍体。果穗圆锥形，穗长18～25厘米，穗宽12～14厘米，平均穗重450克，最大穗重575克。果穗大小整齐，果粒着生疏松。果粒卵形，紫红色至紫黑色，纵径2.2～3.6厘米，横径1.7～2.5厘米，平均粒重10.5克，最大粒重13.4克。果粉厚，果皮中等厚、韧、无涩味，果肉脆，汁多，味极甜。每果粒含种子1～3粒，多为2粒，种子与果肉易分离，有小青粒。可溶性固形物含量20%以上。品质上。植株生长势极强，隐芽萌发力强，芽眼萌发率90%～95%，成枝率95%，枝条成熟度好，结果枝占芽眼总数的85%。每果枝平均着生果穗1.44～1.64个。隐芽萌发的新梢结实力强。浆果极晚熟。抗病力较强。

19. 克瑞森无核（Crimson Seedless） 欧亚种。原产美国。1983年美国加州大学戴维斯分校果树遗传和育种研究室的David Rimmiag和Ron Tarailo用皇帝×C33-199杂交培育成功（图1-143）。果穗圆锥形，有的果穗带歧肩，平均穗重400～600克，最大1 200克以上。果粒短椭圆形，粒重4～6克，经赤霉素处理后单粒重可达8～10克。果皮鲜红色至浓红色，中等厚，不易与果肉分离。果肉黄绿色，肉质细腻、硬脆，清香味甜，品质极佳，无核或个别果粒有1～2个种子。果刷长，果刷与果蒂结合牢固，耐拉力极强，充分成熟后在良好气候条件下果穗可在树上挂1个月不脱落。可溶性固形物含量17%～19%，可滴定酸含量0.5%～0.6%。

20. 红宝石无核（Ruby Seedless） 欧亚种。原产美国。1939年美国加州大学戴维斯分校Haiold P. Olmo用Emperor×Sultana杂交（图1-144），1950年选出。果穗圆锥形，带歧肩，平均穗重600克，最大2 000克以上，果粒椭圆形，紫红色，平均粒重5克左右，种子败育。可溶性固形物含量18.5%，糖酸比＞20：1。果肉无色、较脆，味甜、低酸，可切片，品质极佳。9月中旬成熟。长势旺，抗病力弱。

图1-140 阳光玫瑰

图1-141 皇家秋天

图1-142 温 克

图1-143 克瑞森无核

图1-144 红宝石无核

二、加工葡萄品种

（一）酿酒葡萄品种

1.赤霞珠（Cabernet Sauvignon） 品丽珠（Cabernet Franc）和长相思（Sauvignon Blanc）自然杂交形成（图1-145），欧亚种，原产于法国。嫩梢绿色，幼叶黄绿色，上表面有光泽，下表面有极密的灰白色茸毛，叶缘粉红色。成龄叶片近圆形，中等大，深绿色，上表面平滑，下表面茸毛稀。叶片5裂，裂刻深，锯齿钝，叶柄洼闭合圆形。枝条浅褐色，两性花。芽眼萌发率91.3%，结果枝占芽眼总数的84.8%，每果枝平均着生果穗1.72个。果穗圆锥形，带副穗，小或中等大，

图1-145 赤霞珠

穗长13～20厘米，穗宽8～11.5厘米，平均穗重123.14克。果粒着生较紧密。果粒圆形，紫黑色，小，纵径、横径均为1.4厘米，平均粒重1.2克。果皮厚，色素丰富。果肉多汁，有悦人的淡青草味。每果粒含种子2～3粒。成熟期果实可溶性固形物含量20.7%，可滴定酸含量0.86%，出汁率68%。植株生长势中等，结实力强，易早期丰产。山西晋中地区，4月中旬萌芽，5月底开花，10月上旬浆果成熟，从萌芽至浆果成熟需160～176天。适应性强，较抗寒，抗病性较强，晚熟，喜肥水，可在热量较丰富的产区种植，适合篱架栽培，宜中、短梢修剪。应注意成熟后期的病害防治，建园时应选用脱病毒苗木。

2.美乐（Merlot） 以夏朗德黑玛格德莲（Magdeleine Noire des Charentes）为母本、品丽珠为父本杂交育成（图1-146），欧亚种，原产法国波尔多。嫩梢绿色，带紫红色，茸毛中等密。幼叶绿色，上、下表面茸毛均极密，带玫瑰红色。成龄叶片近圆形，大，绿色，上表面平滑，下表面茸毛稀。叶片5裂，裂刻深，锯齿锐。叶柄洼开张椭圆形。枝条红褐色，两性花。芽眼萌发率82.1%，结果枝占芽眼总数的78.8%，每果枝平均着生果穗1.85个。果穗圆锥形，带副穗，中等大，穗长18～22厘米，穗宽11～14厘米，平均穗重140.82克。果粒着生中等紧或疏松。果粒圆形或近圆形，紫黑色，小，纵径1.4厘米，横径1.4厘米，平均粒重1.73克。果皮较厚，色素丰富。果肉多汁，每果粒含种子2～3

粒。成熟期果实可溶性固形物含量20.3%，可滴定酸含量0.78%，出汁率72.7%。用其酿制的酒呈宝石红色，酒体丰满，柔和，香气比较淡雅。中晚熟。较丰产，结果早，扦插第2年可产果，正常结果树可产果25吨/公顷。在山西晋中地区，4月上旬萌芽，5月下旬开花，9月下旬浆果成熟，从萌芽至浆果成熟需160～175天。较抗霜霉病、炭疽病和白腐病，抗寒力中

图1-146 美乐

等。对气候、土壤的适应力较强，较喜欢寒冷潮湿的土壤，如黏土及石灰质黏土等；也可在石灰质地、砾石地及沙质地上生长。适合篱架栽培。宜中、短梢修剪。因自根根系垂直生长能力弱，且根系较浅，栽培时应选择肥沃的土壤和采用嫁接苗木。

3.黑比诺（Pinot Noir） 原产法国东北部，欧亚种（图1-147）。嫩梢绿色，带紫红色条纹，有稀疏白色茸毛。幼叶有光泽，黄绿色。成龄叶片近圆形，小，浅绿色。上表面叶脉附近有明显网状或大泡状皱纹，主叶脉突出，浅绿色，基部浅紫红色，略带茸毛；下表面有稀疏的白色茸毛，主叶脉黄绿色，有茸毛，叶脉分叉处有刺状毛；叶缘向下反卷。叶片5裂，上裂刻中等深或浅，下裂刻浅，锯齿钝，浅而稀疏，基部宽，圆顶形，叶

图1-147 黑比诺

柄洼开张椭圆形，基部尖形。叶柄浅绿色，带绿色或紫红色条纹，极粗，短于中脉。卷须分布不连续，长而较粗，2～3分叉，极个别有5分叉。枝条横截面呈扁圆形，浅褐色，有深褐色条纹，密生黑褐色斑点。节间中等长，中等粗。两性花。植株生长势中等，隐芽萌发力强，萌发的新梢可形成结果枝，副芽萌发力弱，芽眼萌发率87.2%，结果枝占芽眼总数的76.1%，每果枝平均着生果穗1.84个。果穗圆柱形或圆锥形，带副穗，小，穗长9.0～15.3厘米，穗宽6.0～12.5厘米，平均穗重132.8克。果粒着生疏密不一致。穗梗长，穗轴梗上密生小的黑色斑点。果粒椭圆形，黑紫色或紫黑色，中等大，纵径1.3厘米，横径1.4厘米，平均粒重2.3克。果蒂扁而较大。果粉中等厚。果皮中等厚，较坚韧，略带涩味。果肉致密而柔软，汁中等多。每果粒含种子2～4粒，多为3粒。种子卵圆形，中等大，灰褐色。成熟期果实可溶性固形物含量21.4%，可滴定酸含量0.8%，出汁率70.6%。在山西晋中地区，露地4月中旬萌芽，5月下旬开花，9月初果实成熟，从萌芽至浆果成熟需135～150天。耐干旱，抗寒力强，抗病性较差，极易感白粉病、白腐病、霜霉病和灰霉病等。适合较寒冷气候，在石灰质黏土中生长最佳。应采用篱架栽培。中、短梢修剪。对生长环境的要求较高，属早熟型，产量小且不稳定，成熟期易落粒，因此在多雨年份要及时采收。

4.品丽珠（Cabernet Franc） 古老品种，欧亚种，原产法国波尔多（图1-148）。嫩梢绿色。幼叶绿色，叶缘粉红色，上、下表面密生茸毛。成龄叶片近圆形，中等大，深绿色，上表面小泡状，下表面茸毛稀。叶片5裂，裂刻深。叶柄洼拱形。枝条褐色。两性花。芽眼萌发率为82.9%，结果枝占芽眼总数的73.6%，每结果枝平均着生果穗1.63个。果穗圆锥形或圆柱形，带大副穗，中等大或大，穗长9～14.5厘米，穗宽8.5～10厘米，平均穗重132.8克。果粒着生紧密，近圆形，紫黑色，小，纵

径1.5厘米、横径1.4厘米，平均粒重1.6克。果粉厚，果皮厚。果肉多汁，味酸甜，具解百纳香型和欧洲木莓独特的香味。每果粒含种子2～3粒。成熟期果实可溶性固形物含量20%，可滴定酸含量0.8%，出汁率73%。植株生长势强，结实力强，产量较高，正常结果树可产果15 000～22 500千克/公顷。在山西晋中地区，露地4月上中旬萌芽，5月中下旬开花，9月底果实成熟，从萌芽至浆果成熟需166～177天。抗逆性较强，耐盐碱、耐瘠薄，较抗白腐病、炭疽病。适合在气候温暖地区种植，渤海湾地区是最适宜产区。宜篱架栽培，单干双臂或多主蔓扇形整形，以短梢修剪为主。喜沙壤土，控制肥水，防止徒长。

图1-148　品丽珠

5.西拉（Shiraz, Syrah） 白梦杜斯（Mondeuse Blanc）和杜瑞莎（Dureza）自然杂交的后代（图1-149），欧亚种，起源于法国罗纳河谷。嫩梢绿色。幼叶黄绿色，上、下表面茸毛均密，呈乳白色。成龄叶片近圆形，深绿色，上表面呈小泡状，下表面茸毛稀。叶片5裂，锯齿钝。叶柄洼开张椭圆形。枝条深褐色。两性花。芽眼萌发率83.7%，结果枝占芽眼总数的72.6%，每果枝平均着生果穗1.6个。果穗圆柱形或圆锥形，带副穗，大，穗长

图1-149　西　拉

11～17厘米，穗宽9～11厘米，平均穗重116.8克。穗梗较长。果粒着生中度紧密。果粒近圆形或椭圆形，蓝黑色，小，纵径1.4厘米，横径1.4厘米，平均粒重1.3克。果皮稍涩，果肉有独特香气，每果粒含种子3个。可溶性固形物含量20.6%，可滴定酸含量0.96%。植株生长势强。结实力中等，结果晚，定植3年后才进入正常结果期，正常结果树可产果22 500千克/公顷。在山西晋中地区，露地4月中旬萌芽，5月下旬开花，9月中下旬果实成熟，从萌芽至浆果成熟需146～165天。抗病力较强或强。因在成熟期果粒容易互相挤压，因此适宜在宁夏、甘肃等气候较干燥地区种植。宜篱架栽培，单干双臂或多主蔓扇形整形，以短梢修剪为主。成熟期短，成熟后会很快萎缩。春季要防大风天气，易得萎黄病，在收获季节要防螨类害虫和灰霉病。

6.马瑟兰（Marselan） 法国国家农业研究院（French National Institute for Agricultural Research，简称INRA）于1961年以赤霞珠（Cabernet Sauvignon）为母本、歌海娜（Grenache）为父本杂交培育产生（图1-150），欧亚种。嫩梢顶端具稀疏匍匐茸毛，新梢节间绿色。幼叶绿色，具古铜色斑点。成龄叶片中等大，深绿色，叶表面具光泽，近圆形，5裂。叶柄洼U形，稍开张或稍重叠。叶缘锯齿中等或短，两侧凸或直。叶脉稍有花青素，叶表面平滑，叶背面无茸毛。两性花。萌芽率77.6%，结果枝占

图1-150　马瑟兰

芽眼总数的72.4%，平均每一结果枝着生果穗2.5个。两性花。果穗较大，呈圆锥形，果穗中等紧密，平均穗长13.4厘米，穗宽9.2厘米，平均穗重147.1克。果粒较小，圆形或短椭圆形，平均粒重1.3克，果粒纵径1.4厘米，横径1.3厘米，果皮紫黑色，果粉多，果皮厚。采收期果实可溶性固形物含量22.0%～24.0%，可滴定酸含量0.84%。植株结实力强，产量高，平均产量1 673.3千克/亩。在山西晋中地区，露地4月上中旬萌芽，5月中旬开花，10月初果实成熟，果实从萌芽至浆果成熟需165～180天。抗灰霉病、白粉病能力均强。对气候、土壤的适应力较强，较喜欢寒冷潮湿的土壤，如黏土及石灰质黏土等；也可在石灰质地、砾石地及沙质地上生长。适合篱架栽培。宜中、短梢修剪。

7.蛇龙珠（Cabernet Gernischt） 原产于法国（图1-151），经王振平教授研究证明，蛇龙珠与佳美娜（Carmenere）为同一品种，与品丽珠亲缘关系较近，与赤霞珠、梅鹿辄遗传距离较远。欧亚种。嫩梢底色黄绿色，具暗紫红附加色，具茸毛。叶片中等大，较薄，边缘下卷，近圆形，5裂，上侧裂刻深，闭合，下侧裂刻浅，开张。叶面有皱纹，较粗糙，常具深紫红色斑纹，叶背有稀疏茸毛，叶缘锯齿双侧凸，叶柄洼开张。植株生长势较强，结果枝占芽眼总数的70%，每一结果枝上平均着生果穗1.2～1.6个。两性花。果穗圆柱形或圆锥形，中等大或大，穗长15～18厘米，穗宽11～15厘米，平均穗重193克，最大穗重400克。果粒着生紧密，圆形，紫黑色，小，纵径1.5厘米，横径1.4厘米，平均粒重1.8克。果皮厚，果肉多汁，有浓郁青草香味。每果粒含种子2～3粒。可溶性固形物含量18.28%，可滴定酸含量0.46%，出汁率75%。幼树开始结果晚，产量中高等，正常结果树可产果22 500千克/公顷。在宁夏银川地区，露地4月下旬萌芽，6月初开花，10月初果实成熟，从萌芽到果实采收需160～175天。适应性较强，抗旱、抗炭疽病和黑痘病，对白腐病、霜霉病的抗性中等。由于耐干旱，喜沙壤土，因此在宁夏贺兰山东麓和甘肃河西走廊种植表现较好。适合篱架栽培，中、长梢混合修剪。黏重土壤会导致树体生长势过强，花芽形成很少，定植7～8年后才能正常结果。因此，选择合适的土壤条件是栽培成功的关键。

图1-151 蛇龙珠

8.霞多丽（Chardonnay） 白高维斯（Gouais Blanc）和皮诺（Pinot）的杂交品种（图1-152），欧亚种。原产法国勃艮第。嫩梢绿色。幼叶深绿色，上、下表面茸毛均稀，叶缘淡红色。成龄叶片近圆形，中等大，上表面网状皱纹，下表面茸毛稀，叶片全缘或3裂，叶柄洼窄拱形。枝条红褐色。两性花。植株生长势强，芽眼萌发率74.2%，结果枝占芽眼总数的55.3%，每果枝平均着生果穗1.6个。果穗圆柱形，带副穗，小，穗长12～15厘米，穗宽9～11厘米，平均穗重191.7克。果粒着生极紧密，近圆形，绿黄色，小，纵径13.9厘米，横径13.5厘米，平均粒重1.4克。果皮薄，粗糙。果肉软，汁多，味清香。每果粒含种子1～2粒。采收期果实可溶性固形物含量20.3%，可滴定酸含量0.75%，出汁率72.5%。早果性好，结实力强，极易早期丰产，在肥水管理较好的条件下，扦插第2年可产果，正常结果树产量可达20 000千克/公顷。在山东济南地区，4月中旬萌芽，5月底至6月初开花，8月初浆果始熟，9

图1-152 霞多丽

月上旬浆果成熟。从萌芽至浆果成熟需145～164天。适应性强，抗病力中等，较易感白腐病。属早开花和早熟品种，适合种植在石灰岩和钙质黏土上，易遭受春季霜冻危害，也容易出现坐果不良和成熟不均的现象。适宜采用短梢修剪。极易栽培，做好病虫防治是栽培成功的关键，适宜在较肥沃的土壤生长。受病毒危害时常出现无籽现象，形成小青粒，对品质影响极大。

9.雷司令（Riesling） 可能起源于德国的莱茵高（Rheingau）地区，与西欧最古老、多产的品种之一白高维斯（Gouais Blanc）存在亲子关系，欧亚种（图1-153）。嫩梢黄绿色，带紫红色，有稀疏茸毛。幼叶绿色，带橙黄色，上表面有光泽、茸毛稀疏，下表面密生茸毛。成龄叶片近圆形，中等大，上表面有网状皱纹，下表面茸毛稀疏。叶片5裂，上裂刻中等深，下裂刻浅。锯齿钝，圆顶形。叶柄洼

图1-153 雷司令

闭合，叶柄短于中脉。卷须分布不连续。枝条浅褐色，有褐色条纹和深褐色斑点。节间中等长，粗或中等粗。两性花。植株生长势中等，芽眼萌发率87.7%，结果枝占芽眼总数的79.2%，每果枝平均着生果穗2.1个。果穗圆锥形带副穗，少数为圆柱形带副穗，中等大或小，穗长13.6厘米，穗宽10.1厘米，平均穗重190克，最大400克。果粒着生极紧密，近圆形，黄绿色，有明显的黑色斑点，中等大或小，纵径1.4～1.7厘米，横径1.35～1.6厘米，平均粒重2.4克。果粉和果皮均中等厚。果肉柔软，汁中等多，味酸甜。每果粒含种子2～4粒。种子近圆形，中等大，褐色，种脐中间凹，顶沟浅，喙短，种子与果肉易分离。可溶性固形物含量18.9%～20.0%，可滴定酸含量0.88%，出汁率67%。用它酿制的葡萄酒，酒精含量在11%以上，挥发酸含量0.031%。副梢结实力强，早果性较好，定植第2～3年开始结果。正常结果树一般产果18 000千克/公顷。在山西晋中地区，4月中旬萌芽，5月下旬开花，9月初浆果成熟，从萌芽至浆果成熟需142～161天，浆果晚熟。抗寒性强，耐干旱和瘠薄，抗病力较弱，易感毛毡病、白腐病和霜霉病，无日灼，不裂果。适合在干旱、半干旱地区种植。宜篱架栽培，以短梢修剪为主。制酒品质优，抗病力弱，应加强病害防治。产量高，应控制负载量。

10.贵人香（Italian Riesling） 原产法国（图1-154）。嫩梢绿色，有深紫红色条纹和稀疏的白色茸毛，有光泽。幼叶黄绿色，上表面疏生白色茸毛，下表面白色茸毛较密。成龄叶片近圆形，中等大；上表面有光泽，有大小泡状网纹；下表面疏生白色丝状茸毛，叶缘向上。叶片5裂，上裂刻深或中等深，下裂刻中等深或浅。裂片先端锯齿三角形，延长变尖；边缘锯齿锐而密，窄三角形。叶柄洼开张，基部圆形、椭圆形或闭合。叶柄较细，多短于中脉。卷须分布不连续，2～3分叉，多为2分叉。枝条横截面扁圆形，有光泽，褐黄色，有深黄色条纹，密生褐色斑点。两性花。植株生长势中等，稳芽萌发力中等，副芽萌发力低，芽眼萌发率69.6%，结果枝占总芽眼数的55.6%，每果枝平均着生果穗1.92个。果穗圆柱形带副穗，中等大，穗长9～15厘米，穗宽5～9厘米，平均穗重194.5克，最大405克。果穗大小不整齐，果粒着生极紧。果粒近圆形，绿黄色或黄绿色，有多而明显的黑褐色斑点，中等

图1-154 贵人香

大，纵径1.3～1.6厘米，横径1.2～1.4厘米，平均粒重1.7克。果粉中等厚。果皮中等厚，坚韧。果肉致密而柔软，汁中等多，味甜，酸味少。每果粒含种子2～4粒，多为3粒。种子卵圆形，中等大或小，浅褐色；种脐大，突起，倒卵圆形；顶沟窄而浅；喙略钝，中等长。个别果穗上有小青粒。可溶性固形物含量22.0%～23.2%，可滴定酸含量0.387%～0.654%。隐芽萌发的新梢结实力低，夏芽副梢结实力中等或强，副梢果较难成熟。进入结果期早，定植第2年即开始结果，正常结果树一般产果15 000～18 750千克/公顷。在河北昌黎地区，4月中下旬萌芽，5月底至6月初开花，9月下旬浆果成熟，从萌芽至浆果成熟需145～152天。耐贮运，耐盐碱。在山东黄县和蓬莱表现不抗寒，在冀中南部和东部地区，土壤湿度过高易感染毛毡病和霜霉病，不抗炭疽病，嫩梢和幼叶抗黑痘病力中等，抗白腐病力强。喜肥水。宜篱架栽培，采用中梢或短梢修剪。

11. 赛美蓉（Semillon） 欧亚种，原产法国波尔多（图1-155）。嫩梢绿色，茸毛稀。幼叶绿色，边缘紫红，上、下表面均密生乳白色茸毛。成龄叶片近圆形，中等大，较厚，上表面有网状皱或呈小泡状，下表面茸毛稀。叶片3或5裂，多为3裂，裂刻较浅。锯齿钝，叶柄洼窄拱形，枝条浅褐色，两性花。芽眼萌发率74.5%，结果枝占芽眼总数的43.4%，每果枝平均着生果穗1.43个。果穗圆锥形带副穗，中等大或大，穗长13～19厘米，穗宽11～14厘米，平均穗重310克。果粒着生较疏松或中等紧密。果粒圆形，黄色，小，纵径1.5厘米，横径1.5厘米，平均粒重2.1克。果皮薄。果肉软，汁多，果香浓郁。每果粒含种子2～3粒。采收期果实可溶性固形物含量19.83%，可滴定酸含量0.60%，出汁率78%。结实力中等，在肥水管理较好的条件下，扦插第2年可产果，正常结果树可产果18 000千克/公顷以上。在山东济南地区，4月中旬萌芽，6月初开花，8月上旬果实始熟，9月上旬浆果成熟。从萌芽至浆果成熟需134～159天。适应性强，较抗寒，适应在各种类型的土壤中生

图1-155 赛美蓉

长，易感白腐病、灰霉病。适合在西北温凉气候地区种植。采用篱架栽培，扇形或单干双臂式整形均可，宜中、短梢修剪。建园时应选用脱病毒苗木，以避免和减少病毒病的危害。栽培中应注意肥水供给和病虫害防治。

12. 琼瑶浆（Gewurztraminer） 塔明娜（Traminer）的粉色芳香型变种（图1-156），黑皮诺（Pinot Noir）与塔明娜存在着亲子关系，因此琼瑶浆与黑皮诺之间也有亲缘关系，欧亚种。嫩梢绿色，茸毛稀。梢尖粉红色。幼叶黄绿色，叶缘带玫瑰红色，上表面有光泽，下表面茸毛密。成龄叶片近圆形，小，深绿色，叶缘上卷，上表面有极明显的网状皱或呈小泡状，下表面茸毛稀。叶片3或5裂。锯齿钝。叶柄洼窄拱形。两性花。枝条深褐色是本品种的重要特征。植株生长势中等，萌芽率52.0%，结果枝占芽眼总数的47.9%，每果枝平均着生果穗1.52个。果穗圆锥形带副穗，小，穗长12～13厘米，穗宽9.8～14厘米，平均穗重184克。果粒着生极紧密，圆形、粉红色或暗红色，小，纵径1.43厘米，横径1.4厘米，平均粒重1.4克。果皮薄而韧。果肉多汁，具淡玫瑰香味。每果粒含种子2～3粒。采收期果实可溶性固形物含量17.68%，可滴定酸含量0.56%，出汁率67%。结实力中等，产量低，正

图1-156 琼瑶浆

常结果树可产果15 000千克/公顷。在山东济南地区，4月中旬萌芽，6月上旬开花，9月上旬浆果成熟。从萌芽至浆果成熟需142天。适应性强，较抗黑痘病、炭疽病，易感白腐病和卷叶病毒病。喜温凉气候和肥沃土壤。抗病力弱，采前果穗极易感病、腐烂。适合干旱、少雨地区种植。宜篱架栽培，以中、长梢修剪为主。由于发芽较早，需要防春季霜冻。

13.**长相思**（Sauvignon Blanc） 起源可能与白诗南（Chenin Blanc）及塔明娜（Traminer）有关（图1-157）。嫩梢深绿色，茸毛稀，梢冠茸毛密，呈粉红色。幼叶黄绿色，叶缘桃红色，上表面有光泽，下表面密生乳白色茸毛。成龄叶片近圆形，中等大，深绿色，叶缘上卷，上表面有网状皱，下表面茸毛稀。叶片5裂，锯齿钝，叶柄洼窄拱形。枝条黄褐色。两性花。植株生长势强，结实力强，芽眼萌发率84%，结果枝占芽眼总数的80.9%，每果枝平均着生果穗1.46个。果穗圆柱形或圆锥形，带副穗，小，穗长12～14.5厘米，穗宽8～10厘米，平均穗重163.8克。果粒着生紧密，有大小粒。果粒近圆形，黄绿色，小，纵径1.5厘米，横径1.3厘米，平均粒重1.4克。果皮中等厚、韧。果肉软，有独特的果香。每果粒含种子2～3粒。可溶性固形物含量18.34%，可滴定酸含量0.73%，出汁率78%。产量中等，正常结果树可产果15 000千克/公顷。在山东济南地区，4月中旬萌芽，6月上旬开花，9月中旬浆果成熟。从萌芽至浆果成熟需143天。适应性弱，不抗寒，花芽易遭冻害，抗病力弱，极易感白腐病、炭疽病、灰霉病。

图1-157　长相思

14.**小白玫瑰**（Muscat Blanc a Petits Grains） 欧亚种。原产于地中海东岸，很可能为希腊（图1-158）。嫩梢绿色，带紫红色。幼叶黄绿色，带褐红色，上表面有光泽，下表面茸毛中等密。成龄叶片近圆形，中等大，上表面有网状皱，下表面茸毛稀。叶片5裂，锯齿锐。卷须分布不连续。枝条浅褐色。两性花。植株生长势中等，芽眼萌发率63.2%，结果枝占芽眼总数的42%，每果枝平均着生果穗1.5个。果穗圆柱形或圆锥形，带副穗，中等大，穗长13～16厘米，穗宽10厘米，平均穗重271克。果粒着生紧密，近圆形，绿黄色，有时带粉红色或浅褐色，中等大，纵径1.8厘米，横径1.7厘米，平均粒重3.1克。果皮薄。果肉多汁，具浓郁玫瑰香味。每果粒含种子2～4粒。采收期果实可溶性固形物含量20%，可滴定酸含量0.65%，出汁率78%。果皮薄。夏芽副梢结实力中等，产量较高。在山东济南地区，4月5日萌芽，5月13日开花，8月13日浆果成熟。从萌芽至浆果成熟需130天。适应性强，抗病力中等，感白腐病较重。果实易日灼。适合在少雨地区种植，可在华北、西北、东北南部等温暖干燥地区发展，不宜在低洼、黏重、潮湿地区种植。棚架、篱架栽培均可，以中、短梢修剪为主。适当延迟米收，对提高糖分、增进品质效果明显，夏剪时适当保留叶片，以防浆果日灼，注意防治白腐病。

图1-158　小白玫瑰

15.**威代尔**（Vidal） 白玉霓（Ugni Blanc）和赛必尔（Seyval Blanc）杂交选育出的白色酿酒葡萄，法美杂交种（图1-159）。一年生枝条黄褐色。嫩梢黄绿色，无茸毛。幼叶正、背面无茸毛。成龄叶片近圆形，中等大，表面绿色有光泽，叶缘锯齿中锐，叶3裂，上裂较深。叶柄较叶中脉相当，叶柄洼

闭合。枝条节间长，卷须间隔生。两
性花。果穗圆锥形或圆柱形，带副穗，
穗长13.6～26.5厘米，穗宽7.3～13.2
厘米，平均穗重206克，最大512克。
果皮较厚、黄白色、有果粉，充分成
熟果面略带红晕。果粒圆形，着生中
等紧密，平均粒重1.53克，最大2.3
克，每果粒含种子2～3粒，果肉绿
色，软而多汁，味甜。在宁夏银川地
区，4月下旬萌芽，5月30日至6月4
日开花，8月中旬枝条开始成熟，9月

图1-159 威代尔

中旬果实成熟，从萌芽至浆果成熟需147天，中晚熟品种。结实力强，丰产稳产。耐瘠薄，对霜霉病、
白腐病、白粉病具有较好的抗性，抗寒能力明显强于一般欧亚种。由于果皮厚而不易裂果、不易被昆
虫叮咬进而引发果实酸腐霉变，不易掉粒，成熟后坐果期长，延迟采收期达到40天以上，是酿造冰葡
萄酒的理想原料。

（二）制干葡萄品种

1. 无核白鸡心（Centennial Seedless） 美国加州大学H.P.奥尔姆以Gold为母本、Q25-6为父本杂
交育成的欧亚种葡萄（图1-160），1981年在美国正式发表，1983年，从美国引入我国。果穗长圆锥形，
穗形整齐，中等大，平均穗重620克，最大1 700克。果粒着生中等紧密，大小均匀。果粒鸡心形或卵
圆形，果皮黄绿色，平均粒重5.0克。果皮薄而韧，果肉硬脆、花青苷显色强度弱，汁中多，略有玫瑰
香味，可溶性固形物含量18%，可滴定酸含量0.56%。果粒与果柄分离难易程度弱。种子败育。生长
势强。较丰产。在新疆鄯善地区，露地4月上中旬萌芽，5月中旬开花，8月下旬果实成熟，果实发育
需90～100天。抗病性较弱，抗旱性和抗寒性均较弱，抗盐碱能力中等。适宜在无霜期190天以上、
干旱少雨积温高的南疆地区种植。树体长势旺，花前需摘心提高坐果率，需在坐果期保果，花后需喷
施赤霉素进行膨大处理。冬剪短梢或中梢修剪，结果母枝剪留2～4个饱满芽；夏剪，开花前7天左右
剪梢尖，花序以下的副梢抹除，顶端副梢萌发后待新梢总长度长至1米左右时反复剪梢控制徒长，其
余副梢留一叶绝后摘心。为保持稳产和提高果实品质，产量因地区不同控制在2 000～2 500千克/亩
为宜。

2. 波尔莱特（Perlette） 20世纪70年代从美国引进（图1-161），欧亚种。果穗圆锥形，穗形整
齐，较大，平均穗重540克。果粒着生中等紧密，大小均匀。果粒近圆形，果皮黄绿色，平均粒重3.1
克。果皮较厚而韧，果肉稍脆、花青苷显色强度弱，汁多，无香味，可溶性固形物含量18.4%，可滴
定酸含量0.37%。果粒与果柄分离难易程度中。种子败育。两性花。萌芽率69%，结果枝占芽眼总数
的42.6%，平均每一结果枝着生果穗1.06个。生长势强。丰产。在新疆鄯善地区，露地4月上中旬萌
芽，5月中下旬开花，8月下旬果实成熟，果实发育需90～100天。抗病性中等，抗旱性和抗寒性均中
等，抗盐碱能力中等。适宜在无霜期190天以上、干旱少雨积温高的南疆地区种植。树体长势旺，花
前需摘心提高坐果率，花后需喷施赤霉素进行膨大处理。冬剪短梢或中梢修剪，结果母枝剪留2～4
个饱满芽；夏剪，开花前7天左右剪梢尖，花序以下的副梢抹除，顶端副梢萌发后待新梢总长度长至1
米左右时反复剪梢控制徒长，其余副梢留一叶绝后摘心。为保持稳产和提高果实品质，产量因地区不
同控制在2 500～3 000千克/亩为宜。

3. 无核紫（Wuhezi） 19世纪70年代从中亚引进，欧亚种（图1-162）。果穗圆锥形，穗形整齐，
较大，平均穗重420克。果粒着生中等紧密，大小均匀。果粒椭圆形，果皮紫黑色，平均粒重2.3克。
果皮中厚而韧，果肉稍脆、花青苷显色强度弱，汁多，无香味，可溶性固形物含量19.8%，可滴定酸
含量0.39%。果粒与果柄分离难易程度中。种子败育。两性花。萌芽率65%，结果枝占芽眼总数的

40.5%，平均每一结果枝着生果穗1.1个。生长势较强。在新疆鄯善地区，露地4月上中旬萌芽，5月中下旬开花，8月下旬果实成熟，果实发育需85～95天。抗病性弱，抗旱性和抗寒性均中等，抗盐碱能力中等。适宜在无霜期190天以上、干旱少雨积温高的南疆地区种植。树体长势旺，花前需摘心提高坐果率，需在花前喷施赤霉素拉穗、花后喷施赤霉素进行膨大处理。冬剪短梢或中梢修剪，结果母枝剪留2～4个饱满芽；夏剪，开花前7天左右剪梢尖，花序以下的副梢抹除，顶端副梢萌发后待新梢总长度长至1米左右时反复剪梢控制徒长，其余副梢留一叶绝后摘心。为保持稳产和提高果实品质，产量因地区不同控制在2 500～3 000千克/亩为宜。

图1-160　无核白鸡心　　　　图1-161　波尔莱特　　　　图1-162　无核紫

（三）制汁葡萄品种

1.黑贝蒂（Herbet）　欧美杂交种（图1-163）。原产地美国。亲本为野生大果型美洲种Marmoth Globe的实生种和黑汉。1865年杂交，1869年育成。1938年，原东北农业科学研究所兴城园艺试验场（现中国农业科学院果树研究所）引入我国。果穗圆锥形，有副穗，中等偏小，穗长12厘米，穗宽11厘米，平均穗重230克，最大380克。果穗大小整齐，果粒着生中等紧密。果粒椭圆形，紫黑色，中等大，纵径2.7厘米，横径2.5厘米，平均粒重4.9克，最大6克。果粉厚，果皮厚而韧，微涩。果肉软，有肉囊，汁少，白绿色带红晕，味甜酸，有草莓香味。每果粒含种子2～4粒，多为2粒，种子梨形，大，深褐色，种脐不突出，种子与果肉较难分离。可溶性固形物含量17.5%，可滴定酸含量1.35%。制汁品质优。生长势强，隐芽萌发力弱，副芽萌发力强，芽眼萌发率59.4%，枝条成熟度良好。结果枝占芽眼总数的95.0%，每果枝平均着生果穗1.6个。隐芽萌发的新梢和夏芽副梢结实力均弱。早果性强，一般定植第2～3年开始结果。从萌芽至浆果成熟需144天，此期活动积温为2 734℃。抗涝、抗寒，芽眼抗早霜力强，抗白腐病和白粉病。适应性强，易栽培。雌能花，栽培时需配植授粉品种。可在全国各葡萄产区种植。宜小棚架栽培，以中、短梢修剪为主。

图1-163　黑贝蒂

2.白香蕉（Triumph） 欧美杂交种（图1-164）。原产地美国。在我国各葡萄产区均有栽培。果穗圆锥形，带副穗，穗长13.0～26.5厘米，穗宽9.5～20.5厘米，平均穗重529.6克，最大1 025克，果粒着生紧密。果粒椭圆形，绿黄色或金黄色，大，纵径2.4～2.6厘米，横径2.0～2.4厘米，平均粒重7克。果粉中等厚。果皮薄，与果肉易分离。果肉软，有肉囊，汁极多，味甜，有浓草莓香味。每果粒含种子2～4粒，多为3粒。种子椭圆形，大或中等大，灰褐色；种脐突出，周围有细放射状网纹。种子与果肉较难分离。可溶性固形物含量22.7%，可滴定酸含量0.84%，出汁率75%～78.9%。生长势强，副芽萌发力弱，芽眼萌发率49.2%～62%，枝条成熟度良好。结果枝占芽眼总数的24.4%～44.9%，最高可达65%。每果枝平均着生果穗1.12～1.74个。夏芽副梢结实力强。进入结果期早，定植第2年开始结果。从萌芽至浆果成熟需124～135天，此期活动积温为

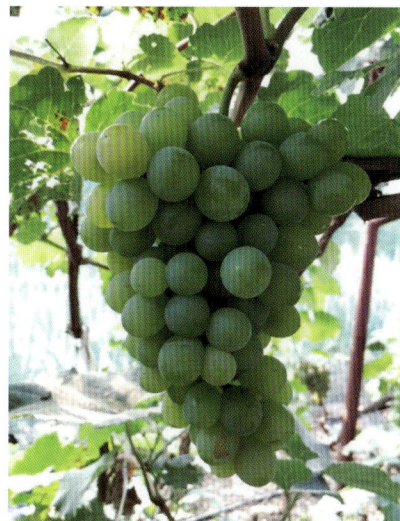

图1-164 白香蕉

2 761.3～2 966.1℃。浆果不耐贮运。抗逆性强，耐湿，较抗寒。抗黑痘病和炭疽病力强，抗霜霉病和毛毡病力较强。适应性强，对土壤选择不太严格，在山地、海滩地生长和结果均表现良好。更适宜高燥的立地条件，宜在城市郊区发展。篱架或小型棚架栽培均可，宜长、中、短梢混合修剪。

3.尼加拉（Nijiala Niagara） 欧美杂交种（图1-165）。原产地美国。由Hong和Clark两人育成，亲本为康可×Cassady，1868年杂交育成。果穗圆柱形，带副穗，中等大，穗长13.4厘米，穗宽9.04厘米，平均穗重266克，最大450克。果穗大小整齐，果粒着生中等紧密或较密。果粒近圆形，中等大，浅黄绿色，纵径1.9厘米，横径1.8厘米，平均粒重3.7克，最大5克。果粉厚，果皮中等厚。果肉软，有肉囊，汁中等多，白绿色，味甜酸，有浓草莓香味。每果粒含种子2～4粒，种子大，种子与果肉较难分离。可溶性固形物含量16%左右，可滴定酸含量0.73%，出汁率69.38%。鲜食和制汁品质中等。生长势中等或偏强，芽眼萌发率82.8%。结果枝占芽眼总数的91.7%。每果枝平均着生果穗1.8个。从萌芽至浆果成熟需145天，此期活动积温为2 748.3℃。浆果晚熟。抗寒，耐湿。抗病。两性花。二倍体。为晚熟鲜食、制汁兼用品种。枝蔓成熟好，丰产，易栽培。在各葡萄产区均可种植。宜多主蔓小棚架栽培，以中短梢修剪为主。

图1-165 尼加拉

4.玫瑰露（Delaware） 欧美杂交种（图1-166）。原产地美国。1937年，自日本引入我国。果穗圆柱形，带副穗，极小或小，穗长10.7厘米，穗宽7.7厘米，平均穗重103.5克，最大250克。果穗大小整齐，果粒着生紧密。果粒近圆形，紫红色，小，纵径1.5厘米，横径1.4厘米，平均粒重1.7克，最大2克。果粉厚，果皮中等厚而韧。果肉软，有肉囊，汁中等多，味酸甜，有草莓香味。每果粒含种子1～3粒，种子与果肉较难分离。可溶性固形物含量18.4%～20.4%，可滴定酸含量0.55%～0.69%，出汁率78%左右。生长势弱或中等，芽眼萌发率73.4%，结果枝占芽眼总数的62.49%，每果枝平均着生果穗2.8个。从萌芽至浆果成熟需125天，此期活动积温为2 806.4℃。浆果

中熟。抗寒和抗病力强。两性花。二倍体。适应性广，抗性强，易栽培。适合我国各葡萄产区种植，北方多采用小棚架栽培，以短梢修剪为主。

5. 康拜尔早生（Campbell Early） 欧美杂交种（图1-167）。原产地美国。1937年，原东北农业科学研究所兴城园艺试验场（现中国农业科学院果树研究所）自日本引入我国。果穗圆锥形，带副穗，中等偏大，穗长18.8厘米，穗宽15.3厘米，平均穗重445克，最大650克。果穗大小整齐，果粒着生中等紧密。果粒椭圆形，紫黑色，大，纵径2.2厘米，横径2.1厘米，

图1-166 玫瑰露

平均粒重5克，最大6克。果粉厚，果皮厚而韧，无涩味。果肉软，有肉囊，汁中等多，紫黑色，味甜酸，有浓草莓香味。每果粒含种子2～6粒，种子中等大，灰褐色，种子与果肉易分离。可溶性固形物含量16%，可滴定酸含量0.67%，出汁率75%～82%。芽眼萌发率86.6%，结果枝占芽眼总数的61.6%，从萌芽至浆果成熟需115天，此期活动积温为2 424.3℃。浆果中熟。抗寒力强，抗旱力较差，抗盐碱力差，抗病性强。两性花。抗逆性强，适应性广，适合东北寒冷地区和多雨的黄河故道种植。植株生长势强，宜棚架栽培，结果枝以中、短梢修剪为主。

6. 康可（Concord） 美洲种（图1-168）。原产地美国马萨诸塞州康科德。E.W. 布尔育成。1843年秋播种野生葡萄种子，1849年实生后代结果，1852年命名为Concord。果穗圆柱形或圆锥形，多带副穗，小或中等大，穗长11.5～17.5厘米，穗宽6～10厘米，平均穗重219.8克，最大穗重390克。果穗大小整齐，果粒着生中等紧密或疏松。果粒近圆形，紫黑色或蓝黑色，中等大，纵径1.6～2.2厘米，横径1.6～2.1厘米，平均粒重3.05克。果粉厚，果皮中等厚而坚韧。果肉软，有肉囊，汁多，味甜酸，有浓草莓种味。每果粒含种子2～5粒，种子近圆形，中等大，深褐色；种脐特别明显，近圆形，凹入，顶沟深而中等宽；喙极短。种子与果肉较难分离，有小青粒。可溶性固形物含量16.6%，可滴定酸含量0.75%；出汁率72%。制成的葡萄汁，加热后不变色，有特殊香味，并能长期保持。在贮存过程中变色慢。生长势中等，副芽萌发力强，多形成结果枝。芽眼萌发率60.5%～71.5%。结果枝占芽眼总数的45.2%～68.6%，每果枝平均着生果穗1.71～2.46个。结果早，定植第2年开始结果。从萌芽至浆果成熟需144～150天，此期活动积温为2 946.6～3 266.9℃。浆果晚熟。不耐贮

图1-167 康拜尔早生

图1-168 康 可

运。抗寒、抗旱、抗雹灾。抗霜霉病、毛毡病、黑痘病和白腐病力强，抗炭疽病力中等。浆果成熟前易裂果，成熟后期不及时采收易发生落果。在贮藏期间果粒易脱落。两性花。枝条扦插繁殖发根较困难，繁殖前最好进行催根处理。根系不发达，宜选择在肥沃而土层深的土壤上种植。不耐石灰质含量较高的土壤，对盐渍化和黏重土壤也很敏感。适合篱架或小型棚架栽培，以中、短梢混合修剪为宜。

7. 蜜尔紫（Mills）　欧美杂交种（图1-169）。原产地美国。1870年杂交育成。亲本为玫瑰香（Muscat Hamburg）×Creveling。1936年，东北农业科学研究所兴城园艺试验场自日本引入我国。果穗圆锥形，间或带大副穗，中等大，穗长15.4厘米，穗宽10.5厘米，平均穗重333克，最大550克。果穗大小整齐，果粒着生极紧密。果粒近圆形或倒卵圆形，黑紫色，大，纵径2.1厘米，横径1.9厘米，平均粒重4.0克，最大6克。果粉中等厚，果皮极厚而韧，无涩味。果肉脆，稍有肉囊，汁少，微红，味甜，有草莓香味。每果粒含种子1～3粒。种子大，宽椭圆形，褐色，喙短粗，种子与果肉易分离。可溶性固形物含量23%，可滴定酸含量0.5%～0.7%，出汁率77%。生长势中等。副芽萌发力弱，芽眼萌发率76.4%，枝条成熟度好。结果枝占芽眼总数的40.7%，每果枝平均着生果穗1.66个。隐芽萌发的新梢结实力弱，夏芽副梢结实力中等。早果性中等。从萌芽至浆果成熟需143天，此期活动积温为3 178℃。浆果晚熟。抗逆性和抗病虫力均强。两性花。二倍体。不耐贮藏，采后贮藏10天左右即开始脱粒。丰产、抗病，适合多雨地区栽培。棚架、篱架栽培均可，以中、短梢修剪为主。

图1-169　蜜尔紫

8. 卡托巴（Catawba）　欧美杂交种（图1-170）。原产美国北卡罗来纳州的卡托巴河岸。自然杂交种。果穗圆锥形，穗长15.1厘米，穗宽9.1厘米，平均穗重252.5克，最大400克左右。果穗大小不整齐，果粒着生中等紧密或较稀疏。果粒近圆形，红褐色，中等大，纵径1.9厘米，横径1.9厘米，平均粒重4.8克，最大5克。果粉中等厚。果皮厚而韧，微涩。果肉软，有肉囊，汁少，黄白色，味甜酸，有草莓香味。每果粒含种子2～5粒，种子大，喙粗大，种子与果肉较难分离。可溶性固形物含量17%～20%，可滴定酸含量0.39%～0.90%，出汁率73%。所制葡萄汁，酸甜，香味浓郁，品质优良。生长势强，隐芽萌发力较强，芽眼萌发率88%。结果枝占芽眼总数的90.3%，每果枝平均着生果穗2.2个。从萌芽至浆果成熟需145天，此期活动积温为2 748.3℃。浆果极晚熟。抗寒性极强，芽眼抗早霜，耐涝，抗病。嫩梢绿色，带红褐色，微有细茸毛及细条纹。两性花。二倍体。适应性强，抗寒，抗病。枝蔓成熟好，易丰产。在石灰质土壤上易黄化。架面郁闭，易落花和花序干枯。适合各葡萄产区种植，宜小棚架或篱架栽培，中、短梢混合修剪。

图1-170　卡托巴

9. 蜜汁（Mizhi） 欧美杂交种（图1-171）。原产地日本，其母本为奥林匹亚，父本为弗雷多尼亚，四倍体。1981年引入中国，现在东北、河北、北京等地有栽培。果穗圆柱形或圆锥形，果穗中等大，平均穗重250克。果粒扁圆形，着生紧密，红紫色，果皮厚，肉质软，有肉囊，果汁多，味酸甜，具有美洲种味，平均粒重7.73克，可溶性固形物含量17.6%，可滴定酸含量0.61%。果实不耐贮运。嫩梢底色

图1-171 蜜汁

黄绿色，密被白色茸毛。叶片大而厚，圆形，3裂，裂刻浅，叶面浓绿色，粗糙，叶背密被黄褐色茸毛。两性花。植株生长势中等或较弱，结果枝百分比中等，产量中等。从萌芽到果实充分成熟约130天，中熟品种。该品种适应性强，抗寒、抗湿、抗病能力均强，不裂果，无日灼，易于栽培。适宜采用篱架栽培，中、短梢混合修剪。

三、砧木品种

1. Riparia Gloire 属于河岸葡萄（图1-172）。原产于法国。高抗根瘤蚜，对根结线虫抗性弱，对剑线虫抗性中等。根系耐旱性弱，耐渍水性土壤、耐石灰质土壤能力均弱，耐盐性中等。接穗品种的生长势弱至中等，接穗品种叶柄N、P含量低，K、Mg含量低至中等。适应土质深厚、排水性良好、肥沃、湿润的土壤。繁殖力高。砧木早熟，接穗品种有结实过多的趋势。

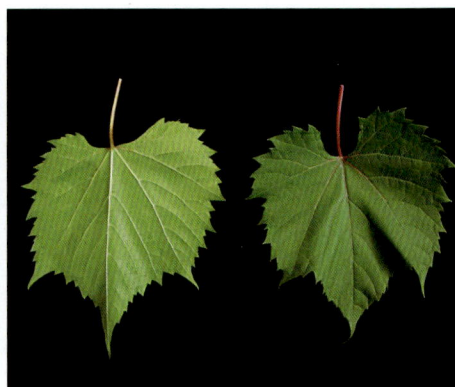

图1-172 Riparia Gloire

2. St. George 属于沙地葡萄（图1-173）。高抗根瘤蚜，对根结线虫、剑线虫抗性弱。根系在土层浅的土壤中耐旱性低至中等；在土层深厚的土壤中耐旱性高，根系耐渍水性土壤低至中等，耐盐性中至高，耐石灰质土壤中等。接穗品种生长势强，接穗品种叶柄N含量高，在低P土壤中P含量低，在高P土壤中P含量高，K含量高。适应土质深厚的土壤。繁殖力高。与某些品种嫁接后坐果不好。耐潜隐性病毒。

图1-173 St.George

3. SO4 冬葡萄×河岸葡萄的杂交后代（图1-174）。原产于德国。高抗根瘤蚜，对根结线虫抗性中至高，对剑线虫抗性低至中。根系耐旱性低至中等，耐渍水性土壤中至高，耐盐性低至中等，耐石

灰质土壤中等。接穗品种生长势低至中等，接穗品种叶柄N含量低至中，P含量中等，K含量中至高，Mg含量中等。适应湿润的黏土。繁殖力中等。适应冷凉地区。

4.5BB 冬葡萄×河岸葡萄的杂交后代（图1-175）。原产于奥地利。高抗根瘤蚜，对根结线虫抗性中至高，对剑线虫抗性中等。根系耐旱性中等，耐渍水性土壤低，耐盐性中等，耐石灰质土壤中至高。接穗品种生长势中等。接穗品种叶柄N含量中至高，P、K、Zn含量中等，Ca、Mg含量中至高。适应湿润的黏土。繁殖力高。易感疫霉根腐病（*Phytophthora* Root Rot），适于嫁接生长势强的品种。

5.5C 冬葡萄×河岸葡萄的杂交后代（图1-176）。原产于匈牙利。高抗根瘤蚜，对根结线虫抗性中至高，对剑线虫抗性低至中等。根系耐旱性低，耐渍水性土壤低至中，耐盐性中等，耐石灰质土壤中等。接穗品种生长势低至中等。接穗品种叶柄N含量低，P、K含量中等，Mg含量中至高，Zn含量低至中。适应湿润的黏土。繁殖力强。

6.420A 冬葡萄×河岸葡萄的杂交后代（图1-177）。原产于法国。高抗根瘤蚜，对根结线虫抗性中等，对剑线虫抗性低。根系耐旱性低至中等，耐渍水性土壤低至中，耐盐性低，耐石灰质土壤中至高。接穗品种生长势低，接穗品种叶柄N、P、K含量低，Mg含量中等，Zn含量低至中等。适应细质肥沃的土壤。繁殖力中等。嫁接其上的品种幼树期结实过多。

7.99R 冬葡萄×沙地葡萄的杂交后代。原产于法国。高抗根瘤蚜，对根结线虫抗性中至高，对剑线虫抗

图1-174　SO4

图1-175　5BB

图1-176　5C

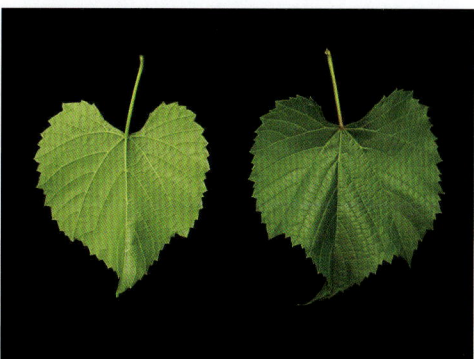

图1-177　420A

性低至中。根系耐旱性中至高，耐渍水性土壤低，耐盐性中等，耐石灰质土壤中等。接穗品种生长势中至高，接穗品种叶柄P含量中等，K含量高，Mg含量中等。耐酸性土壤。繁殖力中等。嫁接其上的品种幼树期发育慢。

8.110R 冬葡萄×沙地葡萄的杂交后代（图1-178）。原产于法国。高抗根瘤蚜，对根结线虫抗性低至中，对剑线虫抗性低。根系耐旱性高，耐渍水性土壤低至中，耐盐性中等，耐石灰质土壤中等。接穗品种生长势中等，接穗品种叶柄N含量中等，P含量高，K含量低至中，Mg、Zn含量中等。适应山坡地土壤和酸性土壤。繁殖力低至中等。在渍水土壤上发育慢。

图1-178　110R

9.140Ru 冬葡萄×沙地葡萄的杂交后代（图1-179）。原产于意大利。高抗根瘤蚜，对根结线虫抗性低至中，对剑线虫抗性低。根系耐旱性高，不耐渍水性土壤，耐盐性中至高，耐石灰质土壤高。接穗品种生长势强，接穗品种叶柄N含量中至高，P、Mg含量高，K含量低。适应干旱酸性土壤。繁殖力中等。在非灌溉、低K土壤上死苗少。

图1-179　140Ru

10.1103P 冬葡萄×沙地葡萄的杂交后代。原产于意大利。高抗根瘤蚜，对根结线虫抗性中至高，对剑线虫抗性低。根系耐旱性中至高，耐渍水性土壤中至高，耐盐性中等，耐石灰质土壤中等。接穗品种生长势中至强，接穗品种叶柄N含量中至高，P、Mg含量高，K、Zn含量低至中等。适应干旱、含盐的土壤。繁殖力强。

11.3309C 河岸葡萄×沙地葡萄的杂交后代。原产于法国。高抗根瘤蚜，对根结线虫抗性低，对剑线虫抗性低。根系耐旱性低至中，耐渍水性土壤低至中，耐盐性低至中，耐石灰质土壤低至中。接穗品种生长势低至中，接穗品种叶柄N含量中至高，P、Ca含量低，K、Mg、Zn含量中等。适应深厚的土壤。繁殖力强。对潜隐性病毒敏感，耐冷伤害。

12.101-14Mgt 河岸葡萄×沙地葡萄的杂交后代（图1-180）。原产于法国。高抗根瘤蚜，对根结线虫抗性中至高，对剑线虫抗性中等。根系耐旱性低至中，耐渍水性土壤中等，耐盐性中等，耐石灰质土壤低至中。接穗品种生长势中等，接穗品种叶柄N、K含量中至高，P、Mg、Ca含量低，Zn含量中等。适应湿润的黏土。繁殖力强。

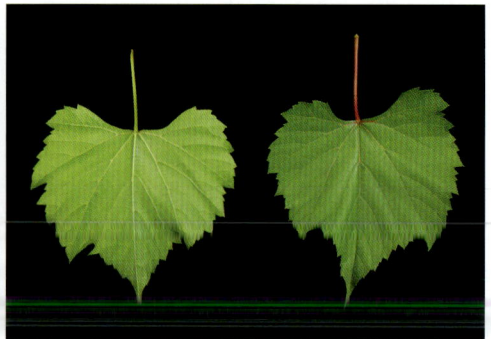

图1-180　101-14Mgt

13.Schwarzmann 河岸葡萄×沙地葡萄的杂交后代。原产于法国。高抗根瘤蚜，对根结线虫抗性中，对剑线虫抗性高。根系耐旱性中等，耐渍水性土壤中等，耐盐性中至高，耐石灰质土壤中等。接穗品种生长势中等，接穗品种叶柄N、P含量中等，K含量中至高，Mg含量低。适应湿润深厚的土壤。繁殖力强。

14.44-53M Riparia Grand×Glabre的杂交后代。原产于法国。高抗根瘤蚜，对根结线虫抗性低。

根系耐旱性强，耐石灰质土壤低至中。接穗品种生长势中等，接穗品种叶柄N含量低至中，K含量高，P、Mg、Ca含量低。适应高Mg含量的土壤。繁殖力强。在低Mg含量的土壤中常出现缺Mg现象。

15.1616C Solonis × Riparia Gloirede Montpellier的杂交后代（图1-181）。原产于法国。高抗根瘤蚜，对根结线虫抗性强，对剑线虫抗性中等。根系耐旱性差，耐渍水性土壤强，耐盐性中至高，耐石灰质土壤低至中等。接穗品种生长势弱，接穗品种叶柄N含量低，K含量中至高。在肥沃、细质的土壤上表现最佳。繁殖力强。在贫瘠的土壤上发育不良。

图1-181 1616C

16.Salt Creek（Ramsey） 属于香槟尼葡萄（图1-182）。原产于美国。高抗根瘤蚜，对根结线虫抗性强，对剑线虫抗性低至中。根系耐旱性中至强，耐渍水性土壤低至中，耐盐性强，耐石灰质土壤中等。接穗品种生长势强，接穗品种叶柄N、P含量高，K含量中至高，Zn、Mg含量低。适应含沙的瘠薄土壤。繁殖力差。耐疫霉菌（*Phytophthora*）。

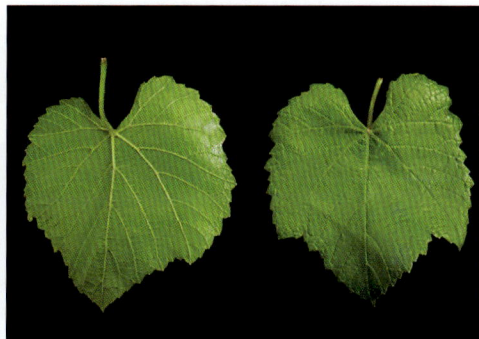

图1-182 Salt Creek（Ramsey）

17.Dogridge *Vitis rupestriss* Cheele × *Vitis candicans* Engelmann的杂交后代（图1-183）。原产于美国。对根瘤蚜抗性中等，对根结线虫抗性中至强，对剑线虫抗性低至中。根系耐旱性中等，耐渍水性土壤低至中，耐盐性中至强，耐石灰质土壤中等。接穗品种生长势极强，接穗品种叶柄N、P含量高，K含量中等，Zn含量低。适应含沙量高的瘠薄土壤。繁殖力差。长势旺，结实力差。

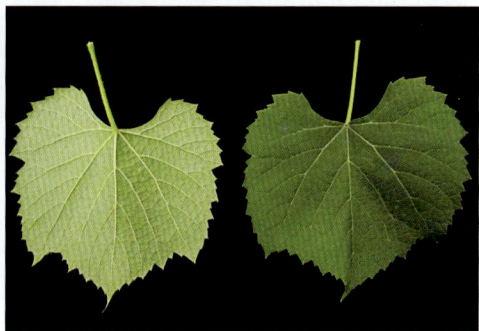

图1-183 Dogridge

18.Harmony 1613（Solonis × Othello）×Dogridge的杂交后代。原产于美国。对根瘤蚜抗性低至中等，对根结线虫抗性中至强，对剑线虫抗性中至强。根系耐旱性低至中等，耐渍水性土壤低，耐盐性低至中，耐石灰质土壤中等。接穗品种生长势中至强，接穗品种叶柄N含量低，P含量中等，K含量高，Zn含量低至中等。适应沙壤土或壤沙土。繁殖力强。

19.Freedom 1613（Solonis × Othello）×Dogridge的杂交后代（图1-184）。原产于美国。对根瘤蚜抗性低至中等，对根结线虫抗性强，对剑线虫抗性强。根系耐旱性中等，耐渍水性土壤低，耐盐性低至中，耐石灰质土壤中等。接穗品种生长势强，接穗品种叶柄N、P、K含量高，Mg含量中等，Zn、Mn含量低。适应

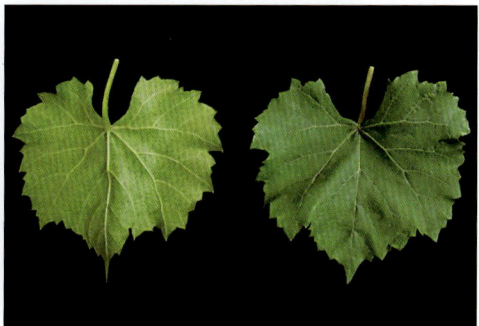

图1-184 Freedom

沙质至沙壤土。繁殖力中至高。对潜隐性病毒敏感。

20.UCD GRN-1（8909-05） 以沙地葡萄为母本、圆叶葡萄（*Muscadinia rotundifolia* 'Cowart'）为父本杂交育成（图1-185）。原产于美国。两性花，多败育。该砧木扦插生根率和嫁接成活率在80%左右，生长势中庸，根系开张角度中等。抗线虫能力极强，抗线虫种类广。对根结线虫，剑线虫，柑橘根线虫等线虫具有广泛的抗性，是非常稀有的抗环状线虫砧木品种。

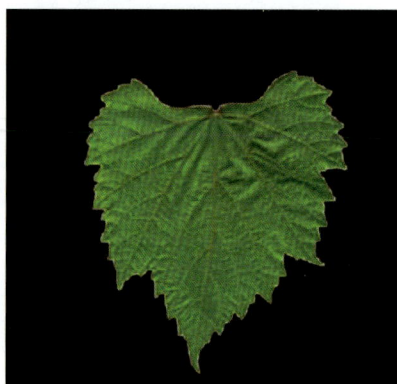

21.UCD GRN-2（9363-16） 以L514-30 [*Vitis rufotomentosa* ×（*V. champinii* 'Dogridge' × *V. riparia* 'Riparia Gloire'）] 为母本、*V. riparia* 'Riparia Gloire' 为父本杂交育成（图1-186）。原产于美国。雄性花。扦插生根能力强，嫁接成活率高，生长势强，主根发达。对根结线虫、剑线虫、根腐线虫具有广泛的抗性，较抗柑橘根线虫，易感环状线虫，具备抗根瘤蚜的特性。

22.UCD GRN-3（9365-43） 以L514-0 [*Vitis rufotomentosa* ×（*V. champinii* 'Dogridge' × *V. riparia* 'Riparia Gloire'）] 为母本、*V. champinii* 'c9038' 为父本杂交育成（图1-187）。原产于美国。雌能花。生长势中庸，根系较发达。嫁接亲和力高。对根结线虫、剑线虫、柑橘根线虫、根腐线虫具有良好的抗性，易感环状线虫，抗根瘤蚜。

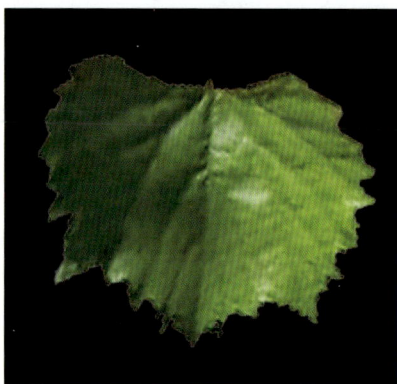

图1-185 UCD GRN-1（8909-05） 　图1-186 UCD GRN-2（9363-16） 　图1-187 UCD GRN-3（9365-43）

23.UCD GRN-4（9365-85） 以L514-0 [*Vitis rufotomentosa* ×（*V. champinii* 'Dogridge' × *V. riparia* 'Riparia Gloire'）] 为母本、*V. champinii* 'c9038' 为父本杂交育成（图1-188）。原产于美国。雄性花。生长势强，根系开张角度中等。对根结线虫、剑线虫具有良好的抗性，较抗柑橘根线虫和根腐线虫，易感环状线虫；具有高温环境下抗根结线虫的特性；抗根瘤蚜。

24.UCD GRN-5（9407-14） 以L6-1（*Vitis champinii* 'Ramsey' × *V. riparia* 'Riparia Gloire'）为母本、*V. champinii* 'c9021' 为父本育成（图1-189）。原产于美国。雄性花。扦插生根能力强，嫁接亲和力高，生长势强，根系发达，对白粉病抗性较低。对根结线虫、剑线虫、柑橘根线虫、根腐线虫具有良好的抗性，并且是非常稀有的抗环状线虫砧木品种；抗根瘤蚜。

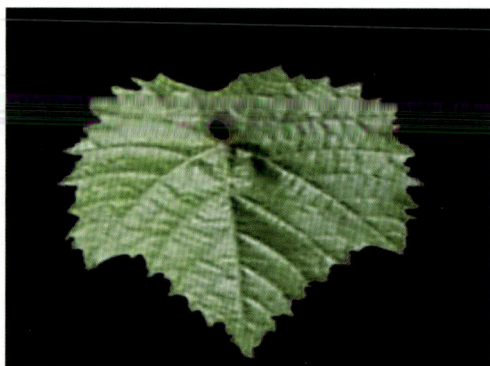

图1-188 UCD GRN-4（9365-85） 　　　图1-189 UCD GRN-5（9407-14）

25.Matador 以101-14Mgt为母本、3-1A（*V. mustangensis*×*V. rupestris*）为父本杂交育成（图1-190）。原产于美国。可完全抑制根结线虫繁殖。枝条容易扦插生根，硬枝扦插成活率达73%；尤其对N-毒性的根结线虫的抗性强。

26.Minotaur 以101-14Mgt为母本、3-1A（*V. mustangensis*×*V. rupestris*）为父本杂交育成。原产于美国。可完全抑制根结线虫繁殖；枝条容易扦插生根，硬枝扦插成活率达92%；与欧洲种接穗品种嫁接亲和力高，高抗根结线虫。对N-毒性的根结线虫的抗性强。

27.Kingfisher 以4-12A（*V. champinii* 'Dogridge'×*V. rufotomentosa*）为母本、河岸葡萄（*V. riparia*）为父本杂交育成（图1-191）。原产于美国。枝条容易扦插生根，硬枝扦插成活率高达100%；与欧洲种接穗品种嫁接亲和力高，高抗根结线虫。

图1-190　Matador

图1-191　Kingfisher

第二章

苗 木 繁 育

第一节　扦插育苗

一、硬枝扦插育苗

（一）技术原理和效果

硬枝扦插育苗（图2-1），是以葡萄前一年生长的成熟枝条为材料，待其充分休眠并满足需冷量后在翌年春季进行剪切、催根和扦插等操作，使插条下切面形成愈伤组织和新根、上部芽眼萌发，培育成苗的育苗方法。该方法操作简单、技术难度低、繁殖系数高、成本低，能保持原品种的优良特性，有效提高育苗效率。

图2-1 硬枝扦插育苗

A.插穗采集与修剪 B.修剪后插条 C.插条上苗床 D.催根处理 E.扦插苗挑选 F.苗圃扦插
G.苗圃 H.起苗出圃 I.成品苗木修剪（河北丰禾葡萄苗木科技发展有限公司 提供）

（二）技术要点

结合冬剪，于育苗前一年晚秋落叶至防寒埋土前采集充分成熟的新梢或副梢枝条作为插穗；于育苗当年3月下旬至4月上旬进行剪条，剪留长度在10～15厘米，留1～2个芽，上剪口距芽0.8～1.2厘米，平茬剪，下剪口紧靠节下0.5～1厘米，剪成马耳形，得到插条；采用ABT生根粉或其溶液对插条基部进行生根处理，随后将插条置于温床上的细沙中进行加热催根；待插条基部长出白色的愈伤组织及豆芽状新根后，将其转移到苗圃地进行垄插；随着苗木生长，陆续进行抹芽、上架和摘心等处理；晚秋落叶后苗木出圃，进行修剪、分级和越冬储藏，获得成品硬枝扦插葡萄苗。

（三）适用范围

硬枝扦插育苗适用于易再生不定根的葡萄种（如欧亚种等），不易生根的葡萄种（如山葡萄等）不适用此法；需配备苗床、暖棚、有灌溉条件且可轮作的苗圃等田间设施及设备。

（四）注意事项

1.应选用充分老熟、直径0.6～1.2厘米、芽体饱满、无病虫害、断面翠绿、髓部较小（不超过插条直径的1/3）的一年生枝作为插穗。

2.北方地区插穗在越冬过程中需要进行防寒保湿处理，如沟藏、窖藏或使用冷库等。

3.用生长调节剂处理中，可将插条基部浸入40～60毫克/升的ABT生根剂溶液中1～2小时，浸湿高度为2～3厘米，或者在900～1 100毫克/升的ABT生根剂溶液中速蘸。切忌生根剂处理浓度过高或处理时间过长，避免插条顶芽着药。

4.催根过程中使用的锯末、细沙等基质材料应尽量洁净并经过消毒，苗床催根过程中应保持空气相对湿度在75%～85%，前期在27～29℃条件下催根4～5天，后期在24～26℃条件下催根5～10天。

图2-3　硬枝嫁接育苗

A.枝条选取　B.砧木枝条剪切　C.嫁接机　D.机械嫁接　E.接口蘸蜡　F.生根储存　G.炼苗处理　H.大田移栽　I.起苗出圃
J.成品苗木　K.冷库储存　L.硬枝Ω嫁接接合部及其纵切面（C、D由山东志昌农业科技发展股份有限公司提供，其余由王军拍摄）

（三）适用范围

机械硬枝嫁接需要配备专用的嫁接机、嫁接专用蜡等；需配备苗床、暖棚、有灌溉条件且可轮作的苗圃等田间设施和设备。

（四）注意事项

1.接穗、砧木枝条的选择和越冬储藏等要求同硬枝扦插育苗，直径0.7 ~ 1.1厘米，但需要注意砧木和接穗枝条的生长状态，特别是粗度应基本一致。

2.剪砧木枝条时，顶芽上部平剪留3厘米以上，下部在芽下斜剪，砧木长度28 ~ 32厘米，枝条芽眼全部削掉；嫁接前一周对接穗枝条进行单芽剪截，芽上0.5 ~ 1.0厘米，芽下2.0 ~ 3.0厘米。

3.硬枝嫁接须在气温回升至15℃之前进行，否则芽眼易自然萌发。

4.蘸蜡后应使用冷水迅速冷却，避免嫁接口蘸蜡过久、冷却不及时导致烫伤。

5.使用砧木枝条时需进行生根处理，将嫁接苗砧木基部3 ~ 4厘米浸入40 ~ 60毫克/升的ABT生根剂溶液中1 ~ 2小时，切忌生根剂处理浓度过高或处理时间过长，避免接穗顶芽着药。

6.装箱储存时，基质的配比为珍珠岩：锯末 = 1：1，注意基质提前消毒并浇湿。

7.炼苗时，光照强度为800 ~ 1 000勒克斯，光强不宜过强。

8.营养钵中营养土由地表土、沙子和腐熟有机肥按3：2：1的质量比组成，接合部和顶芽应露出土面。

9.地表下20厘米处土壤温度达到10 ~ 20℃时才可进行大田移栽，移栽不宜过早，嫁接苗地上部分大约为25厘米，插入土中10 ~ 12厘米。

10.当苗长到40厘米左右时，注意抹梢，每一株留1个粗壮的新梢，多余的抹掉；当苗长到50 ~ 60厘米时，及时摘心，及时处理副梢并适时架苗，以防苗木折断。

二、绿枝嫁接育苗

（一）技术原理和效果

绿枝嫁接育苗（图2-4），是在生长季通过人工的方式将半木质化的接穗嫁接到头年繁育并在田间生长砧木的半木质化新梢上，使其接合部形成愈伤组织并充分愈合，继续培育成苗的育苗方法。绿枝嫁接育苗操作简单、设备和技术要求水平低、成本低、苗木成活率高、接口愈合度高、接合部致密不易折断，但也具有育苗周期长、苗木一致性略差等缺点。

图 2-4　绿枝嫁接育苗

A.砧木剪切准备　B.接穗插条剪切　C.绿枝嫁接　D.接穗发芽　E.绿枝嫁接苗圃
F.田间抹芽　G.成苗修剪整理　H.绿枝劈接接合部及其纵切面

（A、B、C、H由王军拍摄；D、F由河北丰禾葡萄苗木科技发展有限公司提供；E、G由山东志昌农业科技发展股份有限公司提供）

（二）技术要点

5月下旬至6月上旬，采用劈接的方式进行绿枝嫁接：选择生长旺盛的砧木新梢，在半木质化处截断，保留剪口下叶片2～3片，抹除叶腋内全部副梢；于采穗前6～8天对接穗新梢摘心，剪取生长健壮、无病虫害、半木质化的新梢，从基部算起的第4节开始，一芽一段，接穗的粗度在1厘米以上，去掉叶片和叶柄，进行杀菌处理；在接穗芽的上方1.5～2.0厘米处平切，芽的下方留3.0～4.0厘米，切下接穗，再从接近芽基3.0～5.0毫米处以18°～22°的角度将接穗基部两面削成楔形；然后从砧木的横断面中心垂直下切长2.5～3.5厘米的劈口；将接穗插入砧木劈口内，至少对齐一面形成层；对嫁接部位进行杀菌保湿处理后，用1厘米宽、较薄的塑料薄膜自上而下将接穗包严，绑紧嫁接口，再到接口下打结完成缠膜；后续抹梢、摘心及架苗等处理同硬枝嫁接育苗。

（三）适用范围

绿枝嫁接育苗需配备有灌溉条件且可轮作的苗圃等田间设施和设备。

（四）注意事项

1.接穗剪切消毒后，应随即用洁净的湿毛巾包裹接穗，并存放于阴凉处以保湿。

2.接穗尽量就地取材，随采随接，尽量做到当天采集当天完成嫁接；若用不完，应将接穗用湿毛巾包好，在3～5℃下低温保存；若接穗从外地采集，在运输及保存期间喷施多效唑，可提高嫁接成活率。

3.嫁接过程中，可在砧木土下基部切割一道伤口，使伤流发生在土下部，起到"截流"效果，避免嫁接部位发生伤流影响接穗成活。

4.插穗时，接穗削面的上端要露出1.0～2.0毫米，有利于接口的愈合。

5.在嫁接部位涂少量的杀菌剂，如50%的多菌灵600倍液，可以起到杀菌保湿、防止病菌从嫁接口侵入的作用。

6.缠膜包扎是绿枝嫁接苗成活的关键，接穗除了芽眼露在外面，其余一定要扎紧扎严；嫁接后15天检查成活情况，未成活的要补接，接口愈合的要解开绑缚的塑料条，以防束缚过紧造成伤害。

参考文献

甘肃省质量技术监督局(王旺田,李胜,窦夫萍,等,起草),2017.酿酒葡萄苗木:DB 62/T 2847—2017[S].

宁夏回族自治区市场监督管理厅(王振平,王军,张怡,等,起草),2020.贺兰山东麓产区酿酒葡萄苗木生产技术规程:DB 64/T 1709—2020[S].

农业部市场与经济信息司(孔庆山,刘崇怀,晁无疾,等,起草),2001.葡萄苗木:NY 469—2001[S].北京:中国标准出版社.

中华人民共和国农业部(李静,聂继云,毋永龙,等,起草),2013.葡萄苗木繁育技术规程:NY/T 2379—2013[S].北京:中国农业出版社.

第三章

整 形 修 剪

第一节　高光效省力化树形、叶幕形

一、倾斜龙干形＋Ⅴ形叶幕

（一）技术原理和效果

倾斜龙干形＋Ⅴ形叶幕（图3-1至图3-3）具有光能利用率高、光合作用佳、萌芽整齐、新梢生长均衡、管理轻简省工、便于标准化生产、果实成熟早且一致、果实品质优等优点。

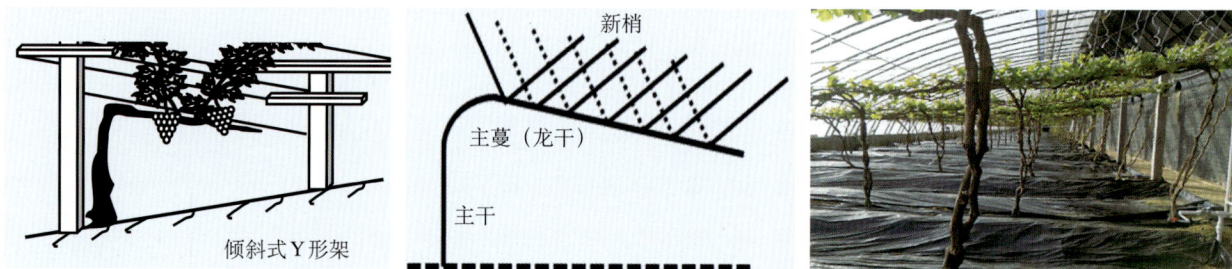

图3-1　倾斜龙干形示意图及实景图（倾斜Ⅴ形架面，北高南低）

图3-2　Ⅴ形（左）和（Ⅴ＋1）形（右）叶幕　[新梢间距15厘米（中），亩留量3 500条左右]

图3-3　倾斜龙干形＋Ⅴ形叶幕结果状

(二)技术要点

1.架式与行向

（1）架式。倾斜龙干形＋V形叶幕适合倾斜式Y形架等架式。倾斜式Y形架针对日光温室的光照和空间特点设计而成，是Y形架的变形，具有光能和空间利用率高、有效减轻或避免葡萄主蔓顶端优势、使芽萌发整齐的优点。架面北（靠近日光温室后墙）高南（靠近日光温室前底角）低，一般架高由北面的2.0米向南逐渐过渡到1.0米。在距离地面1.0（北边，靠近日光温室后墙）～0.2米（南边，靠近日光温室前底角）处拉第一条铅丝，在立柱上再固定1个或2个横杆，下面的横杆长约0.75米，上面的横杆长约1.5米，并分别在横杆两头固定两条铁丝或半钢丝，然后将葡萄主蔓绑在第一道铁丝或半钢丝上，主蔓延长头顺着一个方向、沿铁丝或半钢丝由高到低倾斜绑缚，萌发的新梢引缚到第二道和第三道铁丝或半钢丝上。

（2）行向。以南北行向为宜。

2.栽植密度
株距1.0～2.0米、行距2.0～2.5米，单穴双株定植。

3.树体骨架结构

（1）主干直立、高度0.2～1.5米，根据日光温室空间确定。

（2）龙干（主蔓）北高南低，从基部到顶部由高到低顺行向倾斜延伸，减轻顶部枝芽顶端优势、增强基部枝芽顶端优势，使芽萌发整齐，便于操作；龙干长1.0～2.0米。

（3）结果枝组在龙干上均匀分布，枝组间距因品种而异，可短梢修剪品种同侧枝组间距10～20厘米，需中短梢混合修剪品种同侧枝组间距30～40厘米，需长短梢混合修剪品种同侧枝组间距60～100厘米。

4.叶幕结构

（1）V形叶幕。新梢与龙干（主蔓）垂直，在龙干（主蔓）两侧倾斜绑缚呈V形叶幕，新梢间距15厘米、长度120厘米以上；新梢留量每亩3 500条左右，每新梢20～30片叶。

（2）（V＋1）形叶幕（图3-2）。每结果枝组留1条更新梢，更新梢数量与结果枝组数量相同，更新梢间距与结果枝组间距相同，更新梢直立绑缚呈"1"字形。非更新梢暨结果梢与主蔓（龙干）垂直，在主蔓（龙干）两侧倾斜绑缚呈V形叶幕，新梢间距15厘米、长度120厘米以上，非更新梢留量每亩3 500条左右，每新梢20～30片叶。该叶幕形有效解决了设施内新梢花芽分化不良的晚熟品种（果实成熟期在6月中旬以后）果实发育与更新修剪的矛盾，实现连年丰产。

5.整形过程

（1）第一年。定植萌芽后每株选留1个生长健壮新梢培养为主干和主蔓，将其直立引缚到架面上，当其长至能与相邻植株重叠时摘心，顶端副梢留5～6片叶反复摘心。主干副梢长至3～4片叶时留1叶绝后摘心，主蔓（龙干）副梢留5～6片叶摘心以加快成形，主蔓副梢上萌发副梢，除顶端副梢留2～3叶反复摘心外，其余均留1叶绝后摘心。冬剪时，主蔓于两植株重叠处剪截，主蔓副梢留1个饱满芽短截，多余主干副梢则全部剪除。

（2）第二年。①果实采收期在6月10日之前的不耐弱光葡萄品种（如夏黑等）：植株萌芽后，将主干萌发新梢全部抹除，主蔓新梢按同侧间距15厘米左右标准绑缚呈V形叶幕，多余新梢抹除，所留新梢采取两次成梢技术（对于坐果率低的欧美杂种，第一次于花前7天左右在正常叶片大小1/3叶片处剪截，第二次待新梢长至150厘米左右时在正常叶片大小1/3叶片处剪截）或一次成梢技术（对于坐果率高的欧亚种，待新梢长至150厘米左右时在正常叶片大小1/3叶片处剪截），新梢上萌发副梢，除顶端副梢留2～3片叶反复摘心外，其余均留1叶绝后摘心。待果实采收后，进行更新修剪，将所有新梢留1个饱满芽短截逼发冬芽以实现连年丰产，对于萌发的冬芽新梢长至0.8～1.0米时摘心，其上萌发的所有副梢，除顶端副梢留2～3片叶反复摘心外，其余均留1叶绝后摘心。冬剪时，根据品种成花特性对保留结果母枝进行短截，多余疏除。②果实采收期在6月10日之后的不耐弱光葡萄品种（如阳光玫瑰和红地球等）：植株萌芽后，将主干萌发新梢全部抹除；主蔓上的非更新梢按同侧间距15厘米左右

有很大好处，可以很好减少葡萄旺盛生长期病害的发生。为了修剪简易、节省人工，将两道铅丝绑在立柱同一位置，然后将葡萄枝蔓挤在铅丝形成的通道中，使叶幕呈正规的"I"字形，有效减少绑缚用工。单篱架的优点是通风透光良好，作业方便，利于机械化操作，同时也利于防寒地区的埋土越冬工作，而且易于控制树形，利于早期丰产；缺点是行距宽，影响有效架面与果实负载量。在北方地区，行距偏窄易引起冬季冻害，同时，结果部位偏低易发生各种病害；新梢在架面上大多直立生长，易徒长，增加夏剪用工量。

（2）行向。水平叶幕南北方向或东西方向均可、V形叶幕和直立叶幕必须为南北方向。

2. 栽植密度　若采取水平叶幕，株行距以2.5米×4.0米（单侧上架）或1.25米×8.0米（双侧上架）为宜；若采取V形叶幕或直立叶幕，株行距以（2.0～4.0）米×（2.5～3.5）米（部分根域限制建园）为宜。

3. 树体骨架结构（图3-8）

（1）主干基部具"鸭脖弯"结构，利于冬季下架越冬防寒和春季上架绑缚，防止主干折断。"鸭脖弯"结构的具体参数：主干基部10～15厘米部分垂直地面；于距地面10～15厘米处成90°角沿水平面弯曲，此段长20～30厘米；于水平弯曲20～30厘米长度处成90°角沿垂直面弯曲并倾斜上架，倾斜程度以与垂线成30°角为宜。

（2）主干垂直高度180厘米（采取水平叶幕）或100厘米左右（采取V形叶幕）或50厘米左右（采取直立叶幕）。

（3）龙干（主蔓）沿与行向垂直方向（采取水平叶幕）或顺行向方向（采取水平叶幕、V形叶幕或直立叶幕）水平延伸，龙干与主干成120°夹角，便于龙干越冬防寒时上下架；龙干长2.0～4.0米。

（4）结果枝组在龙干上均匀分布，枝组间距因品种而异，可短梢修剪的品种同侧枝组间距10～20厘米，需中短梢混合修剪的品种同侧枝组间距30～40厘米，需长短梢混合修剪的品种同侧枝组间距60～100厘米。

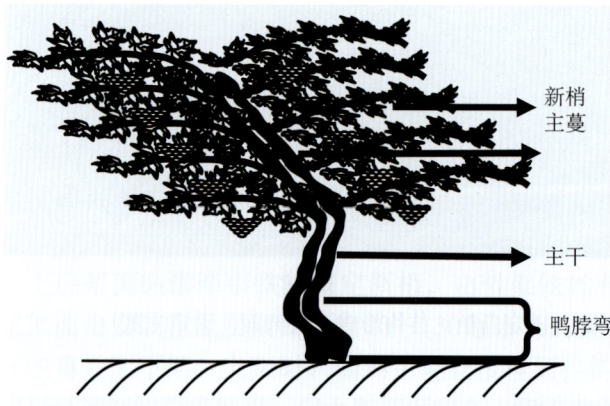

斜干水平龙干示意图

鸭脖弯结构

斜干水平龙干实景图
（龙干沿与行向垂直方向水平延伸）

斜干水平龙干实景图
（龙干顺行向水平延伸）

V形叶幕

水平叶幕

直立叶幕

图3-8　斜干水平龙干形配合水平/V形/直立叶幕示意图及实景图

4.叶幕结构

（1）水平叶幕。新梢与龙干（主蔓）垂直，在龙干两侧水平绑缚呈水平叶幕，生长后期新梢上部下垂；新梢间距10～20厘米（西北光照强烈地区新梢间距以12厘米左右适宜、东北和华北等光照良好地区新梢间距以15厘米左右适宜）；新梢长度120厘米以上；新梢留量每亩3 500条左右，每新梢20～30片叶。

（2）Ｖ形叶幕。新梢与龙干（主蔓）垂直，在龙干两侧倾斜绑缚呈Ｖ形叶幕，新梢间距10～20厘米（西北光照强烈地区新梢间距以12厘米左右适宜、东北和华北等光照良好地区新梢间距以15厘米左右适宜）；新梢长度120厘米以上；新梢留量每亩3 000条左右，每新梢20～30片叶。

（3）直立叶幕。主要用于酿酒葡萄。新梢直立绑缚呈直立叶幕，新梢间距10～20厘米（西北光照强烈地区新梢间距以12厘米左右适宜、东北和华北等光照良好地区新梢间距以15厘米左右适宜）；新梢长度120厘米以上；新梢留量每亩1 000～2 000条，每新梢20～30片叶。

5.整形过程

（1）第一年。定植萌芽后每株选留1个生长健壮新梢培养为主干和主蔓，将其引缚到架面上，于8月上旬第一次摘心，顶端1个副梢留5～6片叶反复摘心，其余副梢留1叶绝后摘心。冬剪时，主蔓剪截到成熟节位或两株葡萄重叠处，一般剪口粗度0.8厘米以上；所有副梢疏除。

（2）第二年。萌芽前，将主干垂直行向向前（与地面近平行）和沿行向倾斜（与垂线夹角为30°左右）绑缚形成"鸭脖弯"结构。萌芽后，抹除主干上萌发新梢；主蔓上选1个健壮新梢作为延长梢继续培养主蔓，顺行向水平延伸（配合水平叶幕或Ｖ形叶幕或直立叶幕）或沿与行向垂直方向水平延伸（配合水平叶幕），当其爬满架后或8月上旬摘心，控制其延伸生长，对于长势强旺的品种如夏黑、巨峰和意大利等，可利用夏芽副梢培养为结果母枝，加快成形，一般留6叶摘心，其上萌发的副梢留1叶绝后摘心；主蔓上其余新梢水平绑缚结果，其上副梢留1叶绝后摘心。冬剪时，主蔓延长枝剪截到成熟节位或于两植株重叠处，一般剪口粗度0.8厘米以上；对于利用副梢培养结果母枝的品种，主蔓上的副梢留1饱满芽剪截，主蔓上由新梢培养成的结果母枝根据品种成花特性进行短截，多余疏除。

（3）第三年。萌芽前，将主干按"鸭脖弯"结构上架绑缚；萌芽后，抹除主干上萌发的新梢和主蔓上萌发的多余新梢，使新梢同侧间距保持在15～20厘米，所留新梢采取两次或一次成梢技术。如主蔓未爬满架，仍继续选健壮新梢作为延长梢，当其爬满架后摘心，控制其延伸生长，整形修剪同第二年。冬剪时，枝组或结果母枝根据品种成花特性进行短截。若采取双枝更新，则按照中长短梢混合修剪手法进行，即上部枝梢进行中长梢修剪作为结果母枝，基部枝梢进行短梢修剪作为更新枝；若采取单枝更新，则结果母枝一般剪留1～2个芽。以后各年主要进行枝组的培养和更新。

（三）适用范围

适用于冬季需下架越冬防寒的葡萄园。

（四）注意事项

斜干水平龙干形（又称厂形）配合Ｖ形叶幕或直立叶幕时，为提高土地利用效率，行距一般为2.5～3.5米。如采取埋土防寒越冬，冬季容易造成根系冻害，因此，宜采取保温被越冬防寒或采取限根措施将根系限定在80厘米宽的行内，避免造成根系冻害。

三、"一"字形＋水平/Ｖ形/飞鸟形/直立叶幕

（一）技术原理和效果

"一"字形＋水平/Ｖ形/飞鸟形/直立叶幕（图3-9）具有整形容易、成园快、早期产量高、光能利用率高、光合作用佳、新梢生长均衡、管理轻简省工、便于机械化生产、果实成熟一致、品质优等优点。

图3-9 "一"字形水平龙干树形配合水平/V形叶幕结构示意图及实景图

（二）技术要点

1. 架式与行向

（1）架式。适合双层棚架、T形架、Y形架或单篱架等架式。

（2）行向。水平叶幕南北方向或东西方向均可，V形叶幕和直立叶幕必须为南北方向。

2. 栽植密度

"一"字形树形株行距（6.0～10.0）米×（2.0～2.5）米（主蔓顺行向水平延伸）或（2.0～2.5）米×（6.0～10.0）米（主蔓垂直行向水平延伸），单穴双株定植，如考虑机械化作业，建议采取株行距（2.0～2.5）米×（6.0～10.0）米（主蔓垂直行向水平延伸）定植。

3. 树体骨架结构

（1）主干直立，垂直高度180厘米左右（配合水平叶幕）或100厘米左右（配合V形叶幕且主蔓顺行向水平延伸）或60厘米左右（配合直立叶幕且主蔓顺行向水平延伸）。

（2）2个主蔓，主蔓顺行向或垂直行向水平延伸，主蔓长3.0～5.0米。

（3）结果枝组在主蔓上均匀分布，枝组间距因品种而异，可短梢修剪的品种同侧枝组间距15～30厘米，需中短梢混合修剪的品种同侧枝组间距40～50厘米，需长短梢混合修剪的品种同侧枝组间距60～100厘米。

4. 叶幕结构

（1）水平叶幕。新梢与主蔓垂直，在主蔓两侧水平绑缚呈水平叶幕，生长后期新梢上部下垂；新梢间距15～30厘米（光照良好地区新梢间距以15厘米左右适宜、光照较差地区新梢间距以20厘米左右适宜）；新梢长度120厘米以上；新梢留量每亩3 500条左右，每新梢20～30片叶。

（2）V形叶幕和飞鸟形叶幕。新梢与主蔓垂直，在主蔓两侧倾斜绑缚呈V形或飞鸟形叶幕，生长后期新梢上部下垂，新梢间距15～30厘米（光照良好地区新梢间距以15厘米左右适宜、光照较差地区新梢间距以20厘米左右适宜）；新梢长度120厘米以上；新梢留量每亩3 000条左右，每新梢20～30片叶。

（3）直立叶幕。新梢直立绑缚呈直立叶幕，新梢间距10～20厘米（光照良好地区新梢间距以15厘米左右适宜、光照较差地区新梢间距以20厘米左右适宜）；新梢长度120厘米以上；新梢留量每亩1 000～2 000条，每新梢20～30片叶。

5. 整形过程

（1）第一年。萌芽后每株选留1个生长健壮的新梢引缚到架面上，待新梢长至主干高度时于主干高度下方20厘米处摘心；待顶端副梢萌发后，选留2个健壮副梢培养为主蔓，待选留副梢长至50厘米时将其沿行向/垂直行向方向弯曲让其水平延伸生长，因地制宜于9月上旬至10月上旬或长至相邻植株重叠处进行摘心，随后顶端副梢留5～6片叶反复摘心，其余副梢留1叶绝后摘心。对于长势强旺的品种如夏黑、巨峰和意大利等，可利用夏芽副梢培养为结果母枝，加快成形，一般留6片叶摘心，其上萌发副梢留1叶绝后摘心。冬剪时，主蔓剪截到成熟节位或两株葡萄重叠处，一般剪口粗度0.8厘米以上；对于利用副梢培养结果母枝的品种，主蔓上的副梢留1饱满芽剪截；主干上新梢疏除。

（2）第二年。萌芽后，抹除主干上萌发的全部新梢和主蔓上萌发的多余新梢，每条主蔓选1个健壮新梢作为延长梢继续培养为主蔓，当其爬满架后或因地制宜于9月上旬至10月上旬摘心，控制其延伸生长；为加快成形，延长梢上萌发副梢留6片叶摘心培养为结果母枝，其上萌发副梢留1叶绝后摘心；其余新梢水平绑缚结果，主梢根据品种特性采取一次或两次成梢技术修剪、其上副梢留1叶绝后摘心。冬剪时，主蔓延长枝剪截到成熟节位或两株葡萄重叠处，一般剪口粗度0.8厘米以上；对于利用副梢培养结果母枝的品种，主蔓上的副梢留1饱满芽剪截，主蔓上由新梢培养成的结果母枝根据品种成花特性进行短截，多余疏除。

（3）第三年。萌芽后，抹除主干上萌发的全部新梢和主蔓上萌发的多余新梢，使主蔓上新梢同侧间距保持在15～30厘米为宜，所留新梢根据品种特性采取两次或一次成梢技术修剪。如主蔓未爬满架，仍继续选健壮新梢作为延长梢，当其爬满架后摘心，控制其延伸生长，整形修剪同第二年。冬剪同第二年，若采取双枝更新，则按照中长短梢混合修剪手法进行，即上部枝梢进行中长梢修剪作为结果母枝，基部枝梢进行短梢修剪作为更新枝；若采取单枝更新，则结果母枝一般剪留1～2个芽。以后各年主要进行枝组的培养和更新。

（三）适用范围
适用于冬季不需下架越冬防寒的葡萄园。

（四）注意事项
为应用效果最佳，本高光效省力化树形、叶幕形最好配合采用简易塑料大棚、钢架连（单）栋塑料大棚等避雨栽培设施。

四、H形＋水平叶幕

（一）技术原理和效果
H形＋水平叶幕（图3-10）具有光能利用率高、光合作用佳、新梢生长均衡、管理轻简省工、便于机械化生产、果实成熟一致、果实品质优等优点。

图3-10　H形配合水平叶幕结构示意图及实景图

（二）技术要点
1.架式与行向
（1）架式。适合双层棚架。
（2）行向。南北方向或东西方向均可。
2.栽植密度　株行距（4.0～8.0）米×（4.0～5.0）米，主蔓顺行向水平延伸。
3.树体骨架结构
（1）主干直立，垂直高度180厘米左右。
（2）两个臂（垂直于行向），臂长2.0～2.5米。
（3）4个主蔓，主蔓顺行向水平延伸，主蔓长为株距的1/2，一般为2.0～4.0米。
（4）结果枝组在主蔓上均匀分布，枝组间距因品种而异，可短梢修剪品种同侧枝组间距15～30厘米，需中短梢混合修剪品种同侧枝组间距40～50厘米，需长短梢混合修剪品种同侧枝组间距60～100厘米。

4.叶幕结构　新梢与主蔓垂直，在主蔓两侧水平绑缚呈水平叶幕，生长后期新梢上部下垂；新梢间距15～30厘米（光照良好地区新梢间距以15～20厘米适宜、光照较差地区新梢间距以20～30厘米适宜）；新梢长度120厘米以上；新梢留量每亩3 000条左右，每新梢20～30片叶。

5.整形过程

（1）定植当年。萌芽后每株选留1个生长健壮的新梢引缚到架面上，待新梢长至主干高度时于主干高度下方20厘米处摘心；待顶端副梢萌发后，选留2个健壮副梢培养为水平主干，待选留副梢长至50厘米时将其水平弯曲；待其长至100～120厘米时摘心，逼发顶端副梢培养为主蔓，待顶端副梢萌发后，选留2个健壮副梢培养为主蔓；对于培养为主蔓的新梢因地制宜于9月上旬至10月上旬或长至相邻植株重叠处进行摘心，随后顶端副梢留5～6片叶反复摘心，主干、臂和主蔓上萌发的其余副梢留1叶绝后摘心。对于长势强旺的品种如夏黑、巨峰和意大利等，可利用夏芽副梢培养为结果母枝，加快成形，主蔓上萌发副梢一般留6片叶摘心，其上萌发副梢留1叶绝后摘心。冬剪时，主蔓剪截到成熟节位或两株葡萄重叠处，一般剪口粗度0.8厘米以上。

（2）第二年。萌芽后，抹除主干和臂上萌发的全部新梢和主蔓上萌发的多余新梢，每条主蔓选一个健壮新梢作为延长梢继续培养为主蔓，当其爬满架后或因地制宜于9月上旬至10月上旬摘心，控制其延伸生长；为加快成形，主蔓上萌发副梢留6片叶摘心培养为结果母枝，其上萌发副梢留1叶绝后摘心。主蔓上其余新梢水平绑缚结果，根据品种特性采取一次或两次成梢技术修剪；其上副梢留1叶绝后摘心。冬剪时，主蔓延长枝剪截到成熟节位或两株葡萄重叠处，一般剪口粗度0.8厘米以上；主蔓上利用副梢培养的结果母枝留1饱满芽剪截，主蔓上由新梢培养成的结果母枝根据品种成花特性进行短截，多余疏除。

（3）第三年。萌芽后，将主干和臂上萌发的所有新梢抹除，同时抹除主蔓上的多余新梢，使主蔓上新梢同侧间距保持在15～30厘米，所留新梢根据品种特性采取两次或一次成梢技术修剪。如主蔓未爬满架，仍继续选健壮新梢作为延长梢，当其爬满架后摘心，控制其延伸生长，整形修剪同第二年。冬剪同第二年，若采取双枝更新，则按照中长短梢混合修剪手法进行，即上部枝梢进行中长梢修剪作为结果母枝，基部枝梢进行短梢修剪作为更新枝；若采取单枝更新，则结果母枝一般剪留1～2个芽。以后各年主要进行枝组的培养和更新。

（三）适用范围

适用于冬季不需下架越冬防寒的葡萄园。

（四）注意事项

为应用效果最佳，本高光效省力化树形、叶幕形最好配合采用简易塑料大棚、钢架连（单）栋塑料大棚等避雨栽培设施。

五、WH（多H）形＋水平叶幕

（一）技术原理和效果

WH形＋水平叶幕（图3-11）具有光能利用率高、光合作用住、新梢生长均衡缓慢、管理轻简省工、便于机械化生产、果实成熟一致、果实品质优等优点。

图3-11　WH形配合水平叶幕结构示意图及实景图

（二）技术要点

1.架式与行向

（1）架式。适合双层棚架。

（2）行向。南北方向或东西方向均可。

2.栽植密度 株行距（4.0 ～ 8.0）米 ×（6.0 ～ 8.0）米，主蔓顺行向水平延伸。

3.树体骨架结构

（1）主干直立，垂直高度180厘米左右。

（2）两个臂（垂直于行向），臂长3.0 ～ 4.0米。

（3）8个主蔓（龙干），主蔓顺行向水平延伸，主蔓长2.0 ～ 4.0米

（4）结果枝组在主蔓上均匀分布，枝组间距因品种而异，可短梢修剪品种同侧枝组间距15 ～ 30厘米，需中短梢混合修剪品种同侧枝组间距40 ～ 50厘米，需长短梢混合修剪品种同侧枝组间距60 ～ 100厘米。

4.叶幕结构 新梢与主蔓垂直，在主蔓两侧水平绑缚呈水平叶幕，生长后期新梢上部下垂；新梢间距15 ～ 30厘米（光照良好地区新梢间距以15 ～ 20厘米适宜、光照较差地区新梢间距以20 ～ 30厘米适宜）；新梢长度120厘米以上；新梢留量每亩3 000条左右，每新梢20 ～ 30片叶。

5.整形过程

（1）定植当年。萌芽后每株选留1个生长健壮的新梢引缚到架面上，待新梢长至主干高度时于主干高度下方20厘米处摘心；待副梢萌发后，选留顶端2个健壮副梢水平绑缚到架面上培养为两个臂；待臂生长至超过行距1/4处20厘米时摘心，待副梢萌发后，选留最顶端副梢作为延长梢继续培养臂，其下2个副梢垂直于臂水平绑缚到架面上培养为主蔓；待延长梢长至超过行距1/2处20厘米时再次摘心，待副梢萌发后，选留顶端2个健壮副梢垂直于臂水平绑缚到架面上培养为主蔓；4个主蔓因地制宜一般于9月上旬至10月上旬摘心，随后顶端副梢留5 ～ 6片叶反复摘心；主干、臂和主蔓上萌发副梢一般均留1叶绝后摘心；对于长势强旺的品种如夏黑、巨峰和意大利等，可利用夏芽副梢培养为结果母枝，为加快成形，主蔓上萌发副梢一般留6片叶摘心，副梢上萌发的副梢留1叶绝后摘心。冬剪时，主蔓剪截到成熟节位或两株葡萄重叠处，一般剪口粗度0.8厘米以上。主干和臂上所有副梢疏除；主蔓上留1叶绝后摘心培养的副梢全部疏除，利用副梢留6片叶摘心培养的结果母枝留1饱满芽剪截。

（2）第二年。萌芽后，抹除主干和臂上萌发的全部新梢和主蔓上萌发的多余新梢，每条主蔓选一个健壮新梢作为延长梢继续培养为主蔓，当其爬满架后或因地制宜于9月上旬至10月上旬摘心，控制其延伸生长；为加快成形，主蔓上萌发副梢均留6片叶摘心培养为结果母枝。主蔓上其余新梢水平绑缚结果，根据品种特性采取一次或两次成梢技术修剪，其上副梢留1叶绝后摘心。冬剪时，主蔓延长枝剪截到成熟节位或两株葡萄重叠处，一般剪口粗度0.8厘米以上；主蔓上利用副梢培养的结果母枝留1饱满芽剪截，主蔓上由新梢培养成的结果母枝根据品种成花特性进行短截，多余疏除。

（3）第三年。萌芽后，抹除主干和臂上萌发的所有新梢和主蔓上萌发的多余新梢，使主蔓上新梢同侧枝组间距保持在15 ～ 30厘米为宜，所留新梢根据品种特性采取两次或一次成梢技术修剪，其上萌发副梢均留1叶绝后摘心。如主蔓未爬满架，仍继续选健壮新梢作为延长梢，当其爬满架后摘心，控制其延伸生长，整形修剪同第二年。冬剪同第二年，若采取双枝更新，则按照中长短梢混合修剪手法进行，即上部枝梢进行中长梢修剪作为结果母枝，基部枝梢进行短梢修剪作为更新枝；若采取单枝更新，则结果母枝一般剪留1 ～ 2个芽。以后各年主要进行枝组的培养和更新。

（三）适用范围

适用于冬季不需下架越冬防寒的葡萄园。

（四）注意事项

为应用效果最佳，本高光效省力化树形叶幕形最好配合采用简易塑料大棚、钢架连（单）栋塑料大棚等避雨栽培设施。

第二节　轻简化修剪

一、冬剪

（一）技术原理和效果

葡萄冬季修剪即调节树体生长和结果的关系，使翌年架面枝蔓分布均匀，通风透光良好，同时防止结果部位外移，以达到树体更新复壮、连年丰产稳产的目的。

（二）技术要点

1.修剪时期　从落叶后到第二年开始生长之前，任何时候修剪都不会显著影响植株体内碳水化合物营养，也不会影响植株的生长和结果。

（1）对于需下架越冬防寒的设施栽培模式，冬季修剪在落叶后越冬防寒前必须抓紧时间及早进行，上架升温后可进行复剪。

（2）对于不需下架越冬防寒的设施栽培模式，冬季修剪于落叶后至伤流前1个月进行，时间一般在自然落叶1个月后至翌年1月，此时树体处于深休眠期。

（3）在萌芽后容易发生霜冻的地区，最好在结果枝顶芽萌发新梢生长至3～5厘米时再进行修剪，这样剪留芽的萌芽期可以推迟7～10天，有效避免霜冻危害。

2.基本修剪方法（图3-12）

（1）短截。将一年生枝剪去一段、留下一段的剪枝方法，是葡萄冬季修剪的最主要手法，具有促进萌芽、调整新梢密度和结果部位等作用。①根据剪留芽数的不同，短截分为极短梢修剪（留1芽或仅留隐芽）、短梢修剪（留2～3芽）、中梢修剪（留4～6芽）、长梢修剪（留7～11芽）和极长梢修剪（留12芽以上）等修剪方式。其中，长梢修剪（Cane-pruning）具有如下优点：能使一些基芽结实力差的葡萄植株获得丰产；对于一些果穗小的品种容易实现高产；可使结果部位分布面较广；结合疏花疏果，长梢修剪可以使一些易形成小青粒、果穗松散的品种获得优质高产。同时，长梢修剪也有如下缺点：对那些短梢修剪即可获得丰产的品种，若采用长梢修剪易造成结果过多；结果部位容易发生外移；母枝选留要求严格，因为每一长梢，将担负很多产量，稍有不慎，可能造成较大的损失。②某一葡萄园究竟采用什么短截方式，需要根据花序着生的部位确定，这与品种特性、立地生态条件及设施栽培模式、树龄、整形方式、枝条发育状况、生产管理水平及芽的饱满程度息息相关。一般情况下，对花序着生部位1～3节的树体采取极短梢、短梢或中短梢修剪；花序着生部位4～6节的树体采取中短梢混合修剪；花序着生部位不确定的树体，采取长短梢混合修剪比较保险。欧美杂交种葡萄对剪口粗度要求不严格，欧亚种葡萄剪口粗度则以0.8～1.2厘米为好。具体到一株树上来说，用作扩大树冠的延长枝多采用长梢修剪。如果为了充实架面、扩大结果部位，可采用中短梢混合修剪。为了稳定结果部位，防止结果部位的迅速上升和外移，则采用短梢修剪。近年来为了促进葡萄早成形、早结果，采用第一、第二年实行轻剪长留，而在后期则采用及时回缩，长、中、短梢混合修剪的方法。另外，

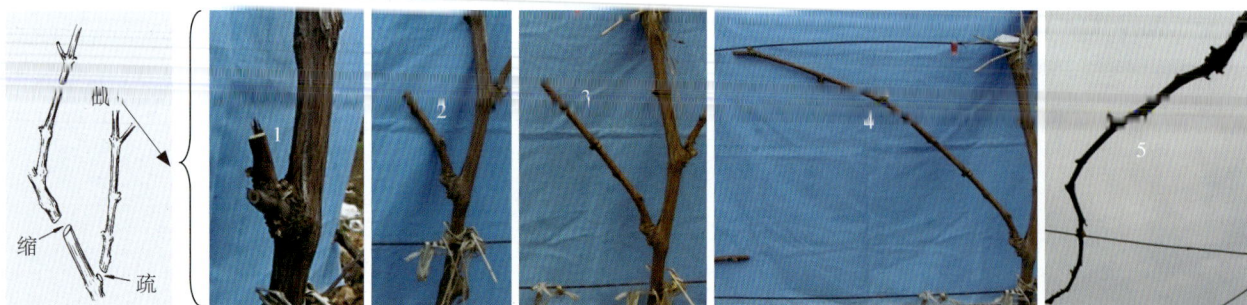

图3-12　葡萄修剪的3种方法
1.极短梢修剪　2.短梢修剪　3.中梢修剪　4.长梢修剪　5.极长梢修剪

对于生长发育粗壮的枝蔓，应适当长放；而对生长弱的品种和枝蔓则应短截，以促生强壮枝梢。耐弱光的品种如华葡紫峰、87-1和京蜜等，在冬促早栽培条件下，如未采取越夏更新修剪措施，冬剪时根据品种成花特性不同，采取中短梢和长短梢混合修剪方可实现丰产；在春促早栽培条件下，冬剪一般采取短梢修剪即可实现连年丰产。较耐弱光的品种如无核白鸡心、金手指、藤稔等，在冬促早栽培条件下，如未采取越夏更新修剪措施，冬剪时采取长短梢混合修剪方可实现丰产；在春促早栽培条件下，冬剪时根据品种成花特性不同采取短梢修剪或中短梢混合修剪即可实现连年丰产。不耐弱光的品种如夏黑、早黑宝、巨玫瑰和巨峰等，在冬促早栽培条件下，必须采取更新修剪等连年丰产技术措施方可实现连年丰产，冬剪时一般采取中短梢混合修剪方即可实现丰产；在春促早栽培条件下，冬剪时一般采取中梢或长梢修剪即可实现丰产。

（2）疏剪。把整个枝蔓（包括一年生和多年生枝蔓）从基部剪除的修剪方法，称为疏剪，可起到改善光照和营养物质分配、保持树体长势、均衡树势、防止病虫害的危害和蔓延等作用。

（3）缩剪。把二年生以上的枝蔓剪去一段留一段的剪枝方法，称为缩剪，主要作用有：更新转势，剪去前一段老枝，留下后面新枝，使其处于优势部位；防止结果部位的扩大和外移；疏除密枝、改善光照；如缩剪大枝还可均衡树势。

以上3种修剪方法，以短截法应用最多。

3.枝蔓更新

（1）结果母枝更新（图3-13）。目的在于避免结果部位逐年上升外移和造成下部光秃，修剪手法有：①双枝更新。结果母枝按所需要长度剪截，将其下面邻近的成熟新梢留2芽短截，作为预备枝。预备枝在翌年冬季修剪时，上一枝留作新的结果母枝，下一枝再行极短截，使其形成新的预备枝；原结果母枝于当年冬剪时被回缩掉，以后逐年采用这种方法依次进行。双枝更新要注意预备枝和结果母枝的选留，结果母枝一定要选留那些发育健壮充实的枝条，而预备枝应处于结果母枝下部，以免结果部位外移。②单枝更新。冬季修剪时不留预备枝，只留结果母枝。翌年萌芽后，选择下部良好的新梢培养为结果母枝，冬季修剪时仅剪留枝条的下部。单枝更新的母枝剪留不能过长，一般应采取短梢修剪，以防结果部位外移。

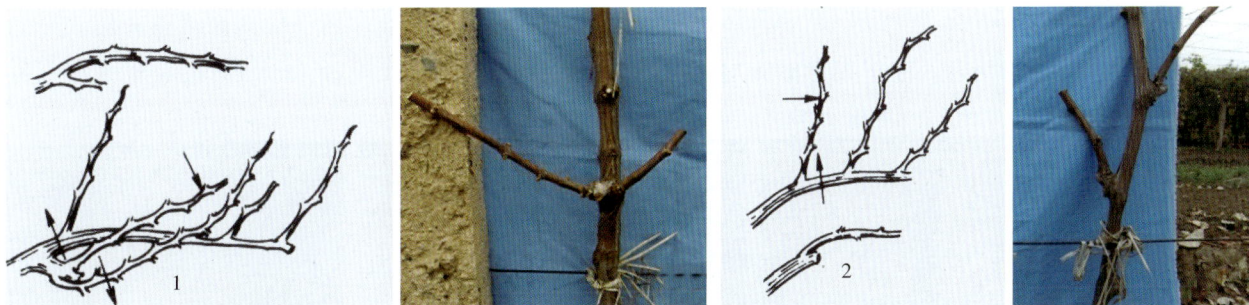

图3-13 结果母枝更新
1.双枝更新（基部更新枝短梢修剪，上部结果母枝中梢或长梢修剪） 2.单枝更新

（2）多年生枝蔓的更新。经过年年修剪，多年生枝蔓上的"疙瘩""伤疤"增多，影响输导组织的畅通；另外对于过分轻剪的葡萄园，下部出现光秃，结果部位外移，造成新梢细弱，果穗果粒变小，产量及品质下降，遇到这种情况就需对一些大的主蔓或侧枝进行更新。①大更新。凡是从基部除去主蔓、进行更新的称为大更新。在大更新以前，必须积极培养从地表发出的萌蘖或从主蔓基部发出的新枝，使其成为新蔓，当新蔓足以代替老蔓时，即可将老蔓除去。②小更新。对侧蔓的更新称为小更新。一般在肥水管理差的情况下，侧蔓4～5年需要更新一次，一般采用回缩修剪的方法。

4.冬剪步骤
可用四字诀概括为"一看二疏三截四查"，具体表现：①看。即修剪前的调查分析。要看品种、树形、架式和树势，看与邻株之间的关系，以便初步确定植株的负载能力，大体确定修剪量的标准。②疏。指疏去病虫枝、细弱枝、枯枝、过密枝、需局部更新的衰弱主侧蔓，以及无利用价值的萌蘖枝。③截。根据修剪量标准，确定适当的母枝留量，对一年生枝进行短截。④查。修剪后，检查一下是否有漏剪、错剪，也叫作复查补剪。总之，看是前提，做到心中有数，防止无目的地动手就剪；疏是纲领，应依据看的结果疏出轮廓；截是加工，决定每个枝条的留芽量；查是查错补漏，是结尾。

（三）适用范围

全国各葡萄产区。

（四）注意事项

1.葡萄枝蔓的髓部大，木质部组织疏松，修剪后水分易从剪口流失，常常引起剪口下部芽眼干枯或受冻。为防止上述现象发生，剪截一年生枝时，剪口宜高出枝条节部3～4厘米，剪口向芽的对面倾斜，以保证剪口芽正常萌发和生长。在节间较短的情况下，剪口可放至上部芽眼上；疏枝时剪锯口不要剪得太靠近母枝，以免伤口向里干枯而影响母枝养分的输导；去除老蔓时，锯口应削平，以利愈合。不同年份的修剪伤口，尽量留在主蔓的同一侧，避免造成对伤口。

2.修剪结束后应刮剥老树皮，并彻底清园，将园内所有残枝、老叶、杂草集中到园外烧毁；翻园、清沟、保持园内外沟系畅通；喷施1次3～5波美度的石硫合剂对园区内地面、树体、支架等进行全面灭菌，同时进行紧架、绑扎、上架等工作。

二、夏剪

（一）技术原理和效果

葡萄夏季修剪又叫生长期修剪，是指萌芽至落叶的整个生长期内所进行的修剪，通过抹芽、定梢、摘心、除卷须、主副梢处理等技术措施，可达到以下效果：①调节树体养分分配，确定合理新梢负载量与果穗负载量，使养分能充足供应果实；②调控新梢生长，维持合理的叶幕结构，保证植株通风透光；③平衡营养生长与生殖生长，既能促进开花坐果，提高果实的质量和产量，又能培育充实健壮、花芽分化良好的枝蔓；④便于植株田间管理与病虫害防治。

（二）技术要点

1.**抹芽、定梢和新梢绑缚**（图3-14） 在芽已萌动但尚未展叶时，对萌芽进行选择去留即为抹芽。当新梢长至已能辨别出有无花序时，对新梢进行选择去留称为定梢。抹芽和定梢是葡萄夏季修剪的第一项工作，对于幼树而言，应优先考虑树冠扩大，所以抹芽疏枝的程度极轻，一般只将在容易形成劣

抹芽前　　　　抹芽后　　　　疏梢前（双梢去一）　　　疏梢后（双梢去一）

定梢绳定梢及新梢绑缚　　　　　　　　绑梢器

图3-14　抹芽、定梢和新梢绑缚

枝位置的芽或新梢抹除,同时,要抹去下部生长势强的芽或新梢。而成年树的抹芽程度需根据葡萄种类、品种萌芽、抽枝能力,长势强弱和叶片大小等判断。

(1)春季萌芽后,新梢长至3~4厘米时,每3~5天分期分批抹去弱芽、歪芽、病虫芽、多余的双芽和三生芽及面地芽等,保留饱满健壮芽。

(2)当芽眼生长至10厘米时,基本已显现花序时或5叶1心期后,陆续抹除多余的新梢如过密梢、细弱梢和面地梢等。当新梢长至40厘米左右时,根据树形和叶幕形,保留结果母枝上由主芽萌发的带有花序的健壮新梢,而将副芽萌生的新梢除去,在植株主干附近或结果枝组基部保留一定比例的营养枝,以培养翌年结果母枝,同时保证当年葡萄负载量所需的光合面积。在土壤贫瘠条件下或生长势弱的品种,亩留梢量3 500~5 000条;生长势强旺、叶片较大的品种或在土壤肥沃、肥水充足的条件下,每个新梢需要较大的生长空间和较多的主梢和副梢叶片生长,亩留梢量2 500~3 500条。

(3)定梢结束后及时对保留新梢利用绑梢器或钢线夹压或定梢绳缠绕固定的方法进行绑缚,使葡萄架面枝梢分布均匀,通风透光良好,叶果比适当。

2.摘心(图3-15) 结果枝摘心可以促进花序良好发育并提高坐果率,发育枝摘心可以防止发育枝生长过旺,而影响到结果母枝的生长,同时还可以培养树冠。摘心的早晚和强度与品种、树势等有关。

主梢摘心(模式化修剪)　　　　　　　　　　副梢摘心(留1叶绝后摘心)

不同主梢(左1和左2)和副梢(左3至左6)摘心管理对果实外观的影响

图3-15　主副梢摘心

(1)主梢摘心。①对于坐果率低、需促进坐果的品种,采用两次摘心成梢技术。具体操作如下:在开花前7~10天沿第一道铁丝(新梢长60~70厘米时)对主梢进行第一次统一剪截,待坐果后主梢长至120~150厘米时,沿第二道铁丝对主梢进行第二次统一剪截。②对于坐果率高,需适度落果的品种,采用一次摘心成梢技术。具体操作如下:在坐果后待主梢长至120~150厘米时,沿第二道铁丝对主梢进行统一剪截。③对于需拉长花序的品种。待展8片叶左右时,于花序以上留1~2片叶对主梢进行摘心,可有效促进花序的伸长生长,达到拉长花序的效果。

(2)副梢摘心。①幼树整形。为加快幼树整形,可利用副梢培养结果母枝,副梢一般先留6片叶摘心,顶端再次萌发副梢继续留6片叶摘心,副梢上萌发的其余二次和三次副梢留1叶绝后摘心。②结果树。为防止副梢反复抽生、增加管理用工，副梢一般采取留1叶绝后摘心技术措施。具体操作如下：主梢摘心后，留顶端副梢继续生长，其余副梢待副梢生长至展3～4片叶时，于副梢第一节节位上方1厘米处剪截，待第一节节位二次副梢和冬芽萌动时将其抹除，最终副梢仅保留1片叶。

（3）主副梢免摘心管理。新梢处于水平或下垂生长状态时，新梢顶端优势受到抑制，本着简化修剪、省工栽培的目的，提出免夏剪的方法供参考，即主梢和副梢不进行摘心处理。较适用该法的品种、架式及栽培区：棚架、T形架和Y形架栽植的品种、对夏剪反应不敏感（不摘心也不会引起严重落花落果、大小果）的品种和新疆产区（气候干热）栽植的品种，上述情况务必通过肥水调控、限根栽培和喷施氨基酸类叶面肥等技术措施，使树相达到中庸状态方可采取免夏剪的方法。

3.环割、环剥（图3-16） 环剥或环割的作用是在短期内阻止上部叶片合成的碳水化合物向下输送，使养分在环剥、环割口以上的部分贮藏。环剥、环割有多种生理效应，如在花前1周进行能提高坐果率，在花后幼果迅速膨大期进行可增大果粒，在软熟着色期进行可提早浆果成熟期；等等。环剥或环割依部位不同可分为主干、结果枝、结果母枝环剥或环割。环剥宽度一般3～5毫米，不伤木质部；环割一般连续4～6道，深达木质部。

4.除卷须（图3-16） 卷须是葡萄借以附着攀缘的器官，在生产栽培条件下卷须对葡萄生长发育作用不大，反而会消耗营养；同时，缠绕给枝蔓管理带来不便，应该及时剪除。

环剥　　　　　　　　　环割　　　　　　除卷须（左图为除卷须前、右图为除卷须后）

图3-16　环剥、环割和除卷须

5.摘老叶（图3-17） 葡萄叶片生长为一个由缓慢到快速再到缓慢的过程，呈S形曲线。葡萄成熟前为促进上色，可将果穗附近的2～3片老叶摘除，以利接受光照，但摘除不宜过早，以采收前10～15天进行为宜。长势弱的树体不宜摘叶。

6.扭梢（图3-17） 对新梢基部进行扭梢可显著抑制新梢旺长，于开花前进行扭梢可显著提高葡萄坐果率，于幼果发育期进行扭梢可促进果实成熟、改善果实品质，同时促进花芽分化。

摘老叶　　　　　　　　　　　　　　　扭梢

图3-17　摘老叶和扭梢

（三）适用范围

全国各葡萄产区。

（四）注意事项

遵循"控—放—控"的原则进行夏剪。

1.控 从萌芽至开花坐果，采取以控制新梢营养生长为主的夏剪作业，包括抹芽、疏梢、花前摘心，这些措施都是围绕控制营养生长进行的，可调控树势均衡，使营养向花序发育和坐果方向集中。此阶段叶色应为黄绿色。

2.放 从坐果至果实开始转色，适量放任副梢生长，形成"老"（主梢叶）"中"（1次副梢叶）"青"（2次副梢叶）结合的合理的叶龄光合营养"团队结构"。此阶段叶色应为绿色。

3.控 从转色至果实成熟，此阶段应集中营养供果实成熟和枝条成熟。在夏剪上应摘除所有嫩梢、嫩叶，摘掉无光合能力的老叶。此阶段叶色应为深绿色，并要求新梢基本停止生长。

三、更新修剪（设施冬促早栽培）

（一）技术原理和效果

在设施葡萄的冬促早栽培生产中，冬春季设施内光照时间短、光照强度低、光质差（光谱中紫外线比例低）的弱光环境是导致不耐弱光设施葡萄品种"隔年结果"现象发生的主要因素，通过更新修剪使设施葡萄结果母枝花芽分化的关键时期避开弱光环境是克服隔年结果问题，进而实现连年丰产的核心技术措施。目前主要有三种更新修剪方法：短截更新、平茬更新和超长梢修剪更新。

（二）技术要点

1.短截更新——根本措施（图3-18） 短截更新又分为完全重短截和选择性短截两种方法，是更新修剪的根本措施。

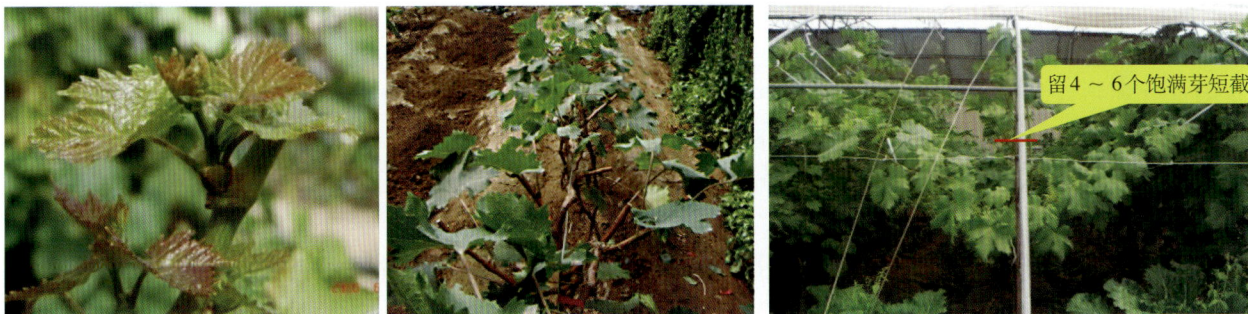

完全重短截（左图更新修剪时剪口芽未变褐不需涂抹破眠剂，右图更新修剪时剪口芽变褐需涂抹破眠剂促芽萌发）　　　　选择性短截

图3-18　短截更新

（1）完全重短截更新。果实收获期在6月10日之前、不耐弱光的葡萄品种，如夏黑等，采取该更新修剪方法。浆果采收后，将原新梢留1～2个饱满芽重短截，逼迫冬芽萌发培养翌年的结果母枝。

（2）选择性短截更新。果实收获期在6月10日之后且棚内梢不能形成良好花芽的葡萄品种，宜采取该更新修剪方法。选择性短截更新需配合相应树形和叶幕形，即以倾斜龙干形配合"V＋1"形叶幕为宜，非更新梢倾斜绑缚呈V形叶幕，更新梢采取直立绑缚呈"1"字形叶幕。如采取其他树形叶幕形，短截更新后萌发新梢处于劣势位置，生长细弱，不易成花。在覆膜期间新梢管理时，首先将直立绑缚呈"1"字形叶幕的新梢留6～8片叶摘心，培养为更新梢。短截更新时（一般于5月10日前进行短截），将培养的更新梢留4～6个饱满芽进行短截，逼迫顶端冬芽萌发培养翌年的结果母枝；其余倾斜绑缚呈V形叶幕的结果梢在浆果采收后从基部疏除。

2. 平茬更新（图3-19） 浆果采收后，保留老枝叶1周左右，使葡萄根系积累一定的营养，然后从距地面10～30厘米处平茬，促使葡萄母蔓上的隐芽萌发，然后选留一健壮新梢培养翌年的结果母枝。

3. 超长梢修剪更新——补救措施（图3-19） 在设施葡萄冬促早栽培中，对于不耐弱光的葡萄品种且错过时间未来得及更新修剪的，只有冬剪时采取超长梢修剪的方法才能实现连年丰产。揭除棚膜后，根据树形要求在预备培养为翌年结果母枝的新梢顶端选择夏芽或冬芽萌发的1～2个健壮副梢于露天条件下延长生长，将其培养为翌年的结果母枝，待其长至10片叶左右时留8～10片叶摘心。晚秋落叶后，对揭除棚膜后生长的结果母枝上半部分采取长梢、超长梢修剪，将扣棚期生长的结果母枝下半部分压倒盘蔓或与另一结果母枝具有良好花芽的上半部分重叠绑缚。待萌芽后，将结果母枝棚内生长的下半部分靠近主蔓处萌发的新梢按照前文"1.短截更新"的方法进行更新修剪。该更新修剪方法不受果实成熟期的限制，但管理较烦琐，只能作为补救措施。

图3-19　平茬更新（左）和超长梢修剪更新（右）

4. 更新修剪配套措施

（1）对于完全重短截更新或平茬更新的植株。采取平茬或完全重短截更新后须及时进行开沟断根处理，开沟的同时将切断的葡萄根系拣出扔掉，防止根系腐烂产生有毒物质导致重茬现象（冬芽萌发新梢黄化和植株早衰）。开沟断根位置离主干30厘米左右，开沟深度30～40厘米（图3-20），开沟后及时增施有机肥和化肥，以调节地上地下平衡，补充树体营养。

（2）对于超长梢修剪更新或选择性短截更新的植株。待果实采收后结合秋施基肥及时增施有机肥并混加化肥。

（3）叶片保护。叶片好坏直接影响翌年结果母枝质量高低，因此叶片保护对于培育优良结果母枝至关重要，主要通过强化叶面喷肥提高叶片质量和病虫害防治达到保护叶片的目的。其次，棚膜揭除方法对于叶片保护同样重要。更新修剪后，萌发新梢长至20厘米之前须及时揭除棚膜，不能太晚，否则会对叶片造成光氧化（图3-20），进而影响花芽分化。

开沟断根施肥（开沟断根位置离主干30厘米左右，深度30～40厘米）　　　　叶片发生光氧化

图3-20　更新修剪配套措施

（三）适用范围

我国北方产区冬促早栽培模式的设施葡萄园。

（四）注意事项

1. 短截更新　短截时间越早、短截部位越低，冬芽萌发越快、萌发新梢生长越迅速、花芽分化越好。一般情况下，完全重短截更新修剪时间最晚为6月10日，选择性短截更新修剪时间最晚为5月10日。短截更新修剪时间的确定原则是：棚膜揭除时更新修剪冬芽萌发新梢长度不能超过20 cm，并且保证冬芽副梢能够正常成熟。

2. 平茬更新　该方法适合高密度定植、采取地面枝组树形单蔓整枝的设施葡萄园。平茬更新时间最晚为6月初，越早越好，过晚，更新枝生长时间短、不充实，花芽分化不良，花芽不饱满，严重影响翌年产量。因此，对于果实收获期过晚的葡萄品种不能采取该方法进行更新修剪。利用该法进行更新修剪对植株影响较大，树体衰弱快。

3. 破眠剂的使用　短截更新和平茬更新时，若剪口芽未变褐，则不须使用破眠剂；若剪口芽已变褐，则须对所留芽涂抹石灰氮或葡萄专用破眠剂（破眠剂1号）或单氰胺等破眠剂以促其萌发。

参考文献

侯旭东，孟令松，高世敏，等，2017. 采收后结果枝短截对"夏黑"葡萄基部叶片光合特性的影响[J]. 中国南方果树，46 (1): 99-103.

冀晓昊，刘凤之，史祥宾，等，2019. 架式和新梢间距对'巨峰'葡萄果实品质的影响[J]. 中国农业科学，52 (7): 1164-1172.

冀晓昊，刘凤之，宋杨，等，2019. 新梢管理对设施葡萄"87-1"果实品质的影响[J]. 中国南方果树，48 (5): 93-98.

冀晓昊，刘凤之，王海波，等，2019. 架式和新梢间距对'巨峰'葡萄果实品质的影响[J]. 中国农业科学，52 (7): 1164-1172.

江苏省质量技术监督局 (陶建敏，王三红，起草)，2016. 阳光玫瑰设施生产技术规程: DB 32/T 2967—2016[S].

江苏省质量技术监督局 (陶建敏，章镇，高志红，等，起草)，2012. 葡萄"H"型整形修剪栽培技术规程: DB 32/T 2091—2012[S].

江苏省质量技术监督局 (陶建敏，郑焕，陆爱华，等，起草)，2022. 鲜食葡萄轻简化栽培技术规范: DB 32/T 4311—2022[S].

雷龑，刘鑫铭，陈婷，等，2011. 福建巨峰葡萄整形修剪技术[J]. 福建果树 (3): 47-48.

刘学平，陶建敏，高福新，2012. 南京地区葡萄避雨栽培"H"形整形及根域限制栽培技术[J]. 中国南方果树，41 (6): 86-88.

陆爱华，吴伟民，陶建敏，等，2022. 图说葡萄[M]. 南京: 江苏凤凰科学技术出版社.

罗家坤，高磊，郑焕，等，2022. 阳光玫瑰葡萄WH树形枝条垂化处理对叶片光合特性及果实品质的影响[J]. 果树学报，39 (11): 2064-2073.

孟令松，艾斯开尔·买海提，黄余周，等，2018. 副梢处理对红先锋葡萄光合特性和果实品质的影响[J]. 江苏农业科学，46 (12): 95-98.

任俊鹏，陶建敏，2012. 不同树形对夏黑葡萄生长及果实品质的影响[J]. 中国南方果树，41 (4): 94-96.

任俊鹏，陶建敏，2013. 葡萄栽培中主要架式、树形及南方地区发展趋势[J]. 中国果业信息，30 (7): 27-29.

史祥宾，刘凤之，王海波，等，2015. 不同叶幕形对设施葡萄叶幕微环境、叶片质量及果实品质的影响[J]. 应用生态学报，26 (12): 3730-3736.

史祥宾，刘凤之，王海波，等，2018. 设施葡萄不同新梢间距处理对冠层光环境及果实品质的影响[J]. 园艺学报，45 (3): 436-446.

陶建敏，2022. 春季葡萄管理要点[J]. 农家致富 (4): 26-27.

王海波，刘凤之，等，2019. 画说果树修剪与嫁接 [M]. 北京：中国农业科学技术出版社.

王海波，刘凤之，等，2019. 一种利用倾斜或水平龙干树形配合 V 形叶幕设施葡萄的栽植方法：ZL201610299845. 4[P]. 2019-10-08.

王海波，刘凤之，等，2022. 中国设施葡萄栽培理论与实践 [M]. 北京：中国农业出版社.

王海波，王孝娣，陶建敏，等，2021. 设施葡萄"一丰两改三高四精"轻简优质高效栽培技术体系 [J]. 中国果树 (12): 1-8.

王海波，王孝娣，陶建敏，等，2022. 鲜食葡萄"一优二改三准四高"绿色高质量生产技术体系 [J]. 中外葡萄与葡萄酒 (1): 58-65.

吴伟民，赵密珍，钱亚明，等，2009. 葡萄设施根域限制栽培与"H"形整形修剪技术 [J]. 江苏农业科学 (4): 183-185.

杨国顺，2015. 葡萄整形与简化修剪 [J]. 湖南农业 (9): 38.

赵君全，王海波，王孝娣，等，2014. 设施栽培条件下'夏黑'葡萄花芽分化规律及环境影响因子研究 [J]. 果树学报，31 (5): 7.

郑秋玲，刘坤坤，崔万锁，等，2019. 不同树形及花穗整形长度对夏黑葡萄果实品质的影响 [J]. 中国农学通报，35 (2): 53-56.

郑晓翠，刘凤之，王志强，等，2018. 主梢修剪对'巨峰'葡萄果实品质与香气成分的影响 [J]. 中国果树 (3): 37-41.

第四章

土壤管理与改良

第一节　土壤管理

一、果园生草

（一）技术原理和效果

果园生草利用了土壤中矿质元素、光能及空气中CO_2，实现了以氮换碳，提高了土壤有机质水平。行内生草有效防止水肥一体化造成的葡萄根系上浮问题，改善葡萄园微域环境温湿度，改善土壤酸化和盐渍化问题。

（二）技术要点

1.自然生草　行间自然生草，行内自然生草或覆盖（图4-1）。一般情况下待草长至30～40厘米高时利用果园碎草机留5厘米茬粉碎，如气候过于干旱，于草高20厘米左右留5厘米茬粉碎，如降水过多则待草高50厘米左右留5厘米茬粉碎。埋土防寒区及临界区则在春季和秋季果实采收后进行机械翻耕。

图4-1　葡萄园行间自然生草

2.人工生草　　行间人工生草、行内人工生草或覆盖。草种可选择黑麦草、毛叶苕子、白三叶、高羊茅、早熟禾、狗牙根、鼠茅草等较矮草种（图4-2）。可春播或秋播，温暖地区一般秋播较好。东北、西北等寒冷地区多为春播，避开杂草出苗期。一般情况下待草长至30～40厘米高时利用果园碎草机留5厘米茬粉碎，如气候过于干旱，于草高20厘米左右留5厘米茬粉碎，如降水过多则待草高50厘米左右留5厘米茬粉碎。也可种植不需要刈割的鼠茅草。

图4-2　葡萄园全园（行间）人工生草

（三）适用范围

果园生草适用于年降水量大于600毫米或有灌溉条件的葡萄园。

（四）注意事项

（1）根据土壤类型选择适合的生草种类，在果树需水临界期，加强肥水管理，注意避免草与果树争肥争水，生草后应加强果园病虫害的防治。

（2）初次生草注意刈割高度，在灰菜、苋菜等株高较高的草种结籽之前刈割，适当控制草的长势，适时进行刈割。

（3）行内生草注意保护树干基部，可在树干基部套长度15～20厘米塑料管防止割草机伤害树干。

（4）幼树阶段不能进行行内生草，行内生草只能于葡萄树成龄后进行。

二、土壤覆盖

（一）技术原理和效果

土壤覆盖避免杂草生长，阻隔土壤中的病菌孢子传播到植株上，从而抑制病害的发生（图4-3）；同时稳定土壤表层根区温度。高温季节，较低的地温有利于果实着色和土壤水土保持，减少盐离子随水上行；有机物料覆盖还能提高冬季地温，减轻根系冻害发生并提高土壤有机质含量。

（二）技术要点

1.覆盖有机物料　　春季土壤翻耕后葡萄行内树盘覆盖厚度20～25厘米的葡萄枝条、稻壳或者秸秆（粉碎消毒腐熟之后）。一般情况下，于秋季结合施基肥将有机物料翻耕到根区改良土壤；但在寒冷地区，为提高冬季地温，有机物料宜于春季进行翻耕。

2.覆盖园艺地布　　春季土壤翻耕后于行内顺行铺设园艺地布或地膜，以黑色园艺地布或地膜为宜。

（三）适用范围

该技术适用于各葡萄产区。

（四）注意事项

（1）秸秆等有机物料还田需要对有机物料进行杀菌或腐熟处理，防止传播病菌，加重果树的病害，具体操作见本节后文"三、枝叶还田"。

图4-3 土壤覆盖（左：行内覆盖有机物料；右：行内覆盖地布）

（2）树行覆盖园艺地布或地膜时，于树体根颈处留出5～10厘米空隙，或于树体根颈处用土将园艺地布或地膜压实，防止地布或膜下热空气对树体根颈造成热伤害乃至死树。

三、枝叶还田

（一）技术原理和效果

葡萄枝叶还田（图4-4），能够显著降低土壤容重，增强土壤的保水、保肥能力，提高土壤养分和有机质含量，减轻土壤酸化、盐渍化和盐碱程度，促进葡萄的生长发育，显著改善果实品质。

图4-4 葡萄枝叶直接还田

（A、C.枝叶粉碎铺到行内并覆黑色园艺地布 B、D.枝叶粉碎铺到行间并旋耕入土）

（二）技术要点

1.葡萄的枝条粒径 葡萄枝条相比于葡萄叶片更难分解，因此需要控制葡萄枝条的粒径大小，一般情况下，需要将修剪下的新鲜枝条粉碎成粒径2～5厘米的碎片。枝条粒径过大不仅难以分解，同时也不利于堆体含水量的维持，枝条粒径过小会增加粉碎成本，同时也会造成堆体孔隙率较低，含氧量下降，更易产生臭气，延缓发酵进程。

2. 葡萄枝叶的无害化处理 修剪下的葡萄枝叶往往携带病菌和害虫，还田前需对葡萄枝叶进行无害化处理。①葡萄枝叶粉碎直接还田，需对枝叶喷施多菌灵等杀菌杀虫剂，减轻或避免病菌和害虫对葡萄生长发育的不利影响。②葡萄枝叶粉碎堆肥还田（图4-5），发酵产生的高温可将枝叶携带的病菌和害虫杀死，此外，通过添加枝叶腐熟菌剂和有益微生物菌剂，不仅可以加快枝叶的腐熟进程，而且有益微生物可有效抑制病原菌的繁殖，同时产生利于葡萄生长发育的生理活性物质。

图4-5 葡萄枝叶粉碎堆肥还田

（左：中国农业科学院果树研究所研发的枝叶腐熟菌剂和有益微生物菌剂；中：葡萄枝叶堆肥操作；右：葡萄枝叶生物堆肥产品）

3. 葡萄枝叶的生物发酵 按照堆体初始含水量为60%、初始pH为6.5和初始碳氮比为30的标准，将粉碎后的葡萄枝叶、鸡粪等畜禽粪便或尿素等氮肥（调节堆体碳氮比）、沸石（具有调节堆体孔隙度等理化性质、吸附氮磷钾等养分以减少流失的作用）、磷酸二氢钾或氧化钙（调节堆体pH）和水（调节含水量），以及枝叶腐熟菌剂（促进枝叶腐熟降解）、有益微生物菌剂等，按一定比例混合搅拌均匀（表4-1）。堆体高度约1米，用塑料布覆盖以保温保湿；利用翻堆控制堆体温度，待堆体温度达70℃时翻堆，确保堆体发酵温度不高于70℃，避免温度过高杀死有益微生物，同时确保3天以上的超过50℃的高温期，实现枝叶的无害化处理。冬季4～6个月、夏季1～3个月即可腐熟完毕。

表4-1 葡萄枝叶生物堆肥各物料的添加量（供参考）

物料种类	物料重量（干重，千克）	物料种类	物料重量（干重，千克）
葡萄枝叶	540	葡萄枝叶	893
鸡粪	360	尿素	7
沸石	100	沸石	100
磷酸二氢钾	1.2	氧化钙	2
腐熟菌剂	按说明书添加。中国农业科学院果树研究所筛选的解淀粉芽孢杆菌XW5和MRS-N7-2菌株按1：1混合比例添加，菌剂接种量为2×10^{12} cfu/吨。	腐熟菌剂	按说明书添加。中国农业科学院果树研究所筛选的解淀粉芽孢杆菌XW5和MRS-N7-2菌株按1：1混合比例添加，菌剂接种量为2×10^{12} cfu/吨。
有益微生物菌剂	按说明书添加	有益微生物菌剂	按说明书添加

注：（1）堆体各物料调配好后的初始标准：含水量为60%、pH为6.5、碳氮比为30。

（2）堆肥前取50克烘干样品，用小钢磨粉碎，称取通过2毫米孔径筛的样品10克于烧杯中，加入25毫升纯净水，用搅拌器搅拌1分钟，使样品充分分散，放置30分钟后进行测定，使用pH试纸或pH计测定其pH，向其中加入磷酸二氢钾或氧化钙缓慢调节其pH，记录pH为6.5时需要的磷酸二氢钾或氧化钙的添加量。为使磷酸二氢钾或氧化钙的添加量更准确，至少测定3次，取平均值。堆肥时，参照此比例添加磷酸二氢钾或氧化钙。

（3）利用凯氏定氮仪测定样品含氮量，采用重铬酸钾氧化法测定样品的含碳量，以此计算堆体中不同样品的比例，确保堆体的碳氮比为30。一般情况下，葡萄枝条的含碳量为400～450克/千克、含氮量为9～11克/千克。鸡粪的含碳量和含氮量波动较大，一般含碳量为100～400克/千克、含氮量为10～60克/千克。尿素的含碳量和含氮量可参考包装标识。

4.使用方法 ①葡萄枝叶粉碎直接还田。在葡萄冬剪结束或来年春天天气回暖至10℃以上进行，将粉碎后的葡萄枝叶喷施多菌灵等杀菌杀虫剂后直接覆盖到葡萄园行内，或者铺到葡萄行间旋耕入土。也可将粉碎后的枝叶与腐熟菌剂和有益微生物菌剂等混匀后（切忌喷施杀菌剂）覆盖到葡萄园行内（须立即覆盖黑色园艺地布，避免阳光杀死有益微生物），或铺到葡萄园行间立即旋耕入土。葡萄枝叶覆盖厚度一般为1～2厘米，旋耕深度一般为10～20厘米。②葡萄枝叶粉碎堆肥还田。将发酵后的葡萄枝条堆肥于秋施基肥时采取沟施或拌土起垄方式施用，施用量控制在1.5吨/亩。沟施，距离葡萄主干30～50厘米开沟，深度20～40厘米。拌土起垄，在距葡萄主干1/2～2/3位置处向外破垄，然后将葡萄枝条堆肥与土混匀后将垄复原。

（三）适用范围

该技术适用于所有葡萄产区，尤其在有机肥肥源不足的园区具有广阔的应用前景。

（四）注意事项

（1）葡萄枝叶直接还田时，需要补施一定量的鸡粪或尿素等氮肥，以避免枝叶在土壤中的降解消耗土壤中的氮素，造成土壤缺氮，影响葡萄的生长发育。

（2）葡萄枝叶还田时，腐熟菌剂和有益微生物菌剂与杀菌剂不能同时使用。

（3）葡萄枝叶堆肥还田时，如果葡萄园土壤没有盐渍化，宜选用鸡粪等畜禽粪便来调节堆体的初始碳氮比；如果葡萄园土壤已经盐渍化，由于鸡粪等畜禽粪便含盐量较高，宜选用尿素来调节堆体的初始碳氮比。

四、有机肥施用

（一）技术原理和效果

有机肥中的腐殖质是土壤团聚体内的主要胶结物质；有机肥是土壤养分的主要来源；有机质为微生物定殖繁殖提供营养；有机质带有负电荷，能够吸附阳离子，提升土壤保肥性；有机质具有酸碱缓冲能力，在酸性土壤中与铁、铝离子结合，释放出氢氧离子以中和土壤中的氢离子反应，在碱性土壤中与过量的碳酸钠、钙、镁盐等发生反应，降低土壤的碱性。

（二）技术要点

1.建园施有机肥 建园时，将足量有机肥和行间表土混匀回填至定植沟或就地起垄，使栽培沟或垄的土壤有机质含量达2%以上（图4-6）。

图4-6　建园施足有机肥

（左：定植沟施有机肥；右：有机肥旋耕后起垄）

2.秋施基肥 果实采收后尽快在距离葡萄主干30～50厘米处，开深30～40厘米的施肥沟施有机肥（图4-7）。有机肥种类主要有蚯蚓粪、发酵好的畜禽粪便、蘑菇渣、豆粕或豆饼等。施用有机肥时最好配施炭化稻壳或葡萄枝条等生物炭以及化肥和功能微生物菌剂。有机肥与化肥配施时，适宜配施比例如下：腐熟畜禽粪肥以替代化肥的50%为宜（如畜禽粪肥未腐熟，以替代化肥的25%为宜）；添加有益微生物并与枝条和作物秸秆等混合发酵腐熟的畜禽粪肥以替代化肥的75%～100%为宜。

图4-7　秋施基肥及诱导发根效果

（三）适用范围

该技术适用于所有葡萄产区，尤其是有机质不足的园区。

（四）注意事项

（1）有机肥最好在充分腐熟后施用，否则容易烧根。

（2）注意鸡粪等畜禽粪便作有机肥时的含盐量，如含盐量过高要慎用，尤其是对于已经出现盐渍化的园区。

第二节　土壤改良

一、酸化土壤改良

（一）技术原理和效果

根据土壤酸化成因进行有针对性的土壤改良。过量施用化肥导致的土壤酸化问题，一方面按需科学施肥，另一方面增碳扩容，促进土壤团粒结构形成。南方由于降水淋溶引起的土壤酸化问题，要增加土壤有机质含量，促进土壤团粒结构形成，以减少由于雨水淋溶引起的盐基离子流失。

（二）技术要点

1.有机质提升，促进团粒结构形成　增施有机肥，提高土壤有机质含量，具体操作见本章第一节的"四、有机肥施用"；葡萄园生草或秸秆（葡萄枝叶）还田，增加土壤有机质含量，改善土壤团粒结构和保水、吸水、黏结、透气、保温等理化性状，提高土壤pH，其中葡萄园生草具体操作见上一节的"一、果园生草"，秸秆（葡萄枝叶）还田具体操作见上一节的"三、枝叶还田"。

2.肥料优化　减少氮肥的过量施用，根据不同葡萄品种养分需求规律进行测土配方施肥，采用有机肥替代化肥；合理使用硝化抑制剂，配合生物炭、有机肥施用。

3.土壤调理剂的应用　施用碱性化学改良剂调整土壤pH，如生石灰、熟石灰、钙质石灰岩、白云石、炉渣、草木灰等，用量需根据土壤的pH和土壤质地来确定。一般沙壤土呈微酸性时，每亩需要使用50千克左右，如果土壤属于重度酸性，每亩需用100千克左右；黏土适当增加石灰用量，沙土适当减少石灰用量。把改良剂撒施到地里，然后旋耕翻入土壤10～15厘米的深度；施用土壤调理剂硅钙钾镁肥时，于果实采收后，配合有机肥施用，每亩用量75～100千克，施肥深度应在根系集中分布层（30～40厘米），其在土壤中易被土壤溶液中的酸及作物根系分泌的酸逐渐分解，进而被作物吸收利用。

（三）适用范围

针对我国长江以南酸性土壤地区，可选择改良效果明显的石灰结合有机肥施用；针对胶东地区的土壤酸化问题，宜采用硅钙镁调理剂或牡蛎壳粉土壤调理剂和果园生草配合施用，在改良土壤的同时，提高土壤有机质含量和土壤肥力。

（四）注意事项

施用石灰改良酸性土壤时，生石灰对于有益菌群的杀害作用过强，因此不要连年大量使用，否则会破坏土壤结构，造成土壤板结和"复酸化"，还会引起土壤钙、钾、镁等元素平衡失调而导致减产。因此在用石灰调节土壤pH时，最好添加有机肥及其他外源物质来改善土壤团粒结构，增强土壤的缓冲能力；采用硅钙钾镁肥土壤调理剂进行土壤改良，合理搭配黄腐酸钾和腐殖酸类，促进硅钙元素的分解，有利于提高土壤肥力和改善果实品质。

二、盐碱土壤改良

（一）技术原理和效果

盐碱地改良是一项系统工程，需要从物理、化学和生物三个方面，结合工程措施协同进行（图4-8）。盐碱土壤中盐离子随土壤毛管水上行至根系分布区危害根系，因此，在挖沟建园时沟底铺设隔离层切断土壤毛管水，减少盐离子上行。对于地下水位高的地区做好台田洗盐，春冬两季进行漫灌洗盐，其他时间合理滴灌维持根系主要分布区低含量盐离子，如果地下水含盐量较高，有条件可集雨淡水灌溉。土壤有机质含量高是维持土壤团粒结构、提高土壤缓冲性、促进微生物定殖及代谢的主要因素，因此，在建园过程及生长季应重视土壤有机质的补充；此外，化学改良在调整土壤pH和阳离子交换量中具有重要作用，浇灌酸性物质以及施用硫粉、煤渣等可调酸。综上所述，盐碱土壤改良应以水利工程技术调节水盐运移为基础，以提高土壤有机质为核心，结合化学和生物改良等综合改良措施促进盐碱地葡萄生长。

图4-8 盐碱土壤改良技术措施
（左：裙膜覆盖；中：定植沟铺有机物料隔盐；右：设施集雨灌溉）

（二）技术要点

1.水利工程技术改良盐碱地

（1）台田。对于地下水位浅的盐碱地，需要台田以降低根系分布区地下水位，减少地下水盐离子上行；同时园区挖排水沟或竖井排水排盐。

（2）隔盐材料铺设。建园时，挖沟并在沟底铺设厚度25厘米的稻壳、芦苇、玉米秸等有机物料或直径大于5厘米的砾石隔盐。南方等地下水位高的地区在定植行平地覆盖25厘米厚的有机物料或直径大于5厘米的砾石，然后起垄。

（3）合理灌溉。在春季萌芽前及冬季结合封冻水进行两次大水漫灌洗盐，生长季节进行滴灌，通过滴灌将盐离子维持在根区外沿。

（4）集雨灌溉。通过园区地面坡度收集地表径流雨水至地下蓄水池，或者在地上建设蓄水池收集连栋棚天沟中的雨水，也可将天沟雨水直接用于灌溉压盐。

2.提升葡萄园有机质改良盐碱地

（1）建园定植沟有机质改良。建园挖定植沟时同步将腐熟好的粪肥、秸秆等有机物料与表土混匀回填定植沟，使定植沟内土壤有机质含量提升至2%以上，将行内生土置换至行间。有机物料优先选择草炭土或针叶林的腐叶、松针、松木屑等酸性物质。

（2）全园生草。葡萄进行全园自然生草或人工种草，对于盐碱地改良效果显著。

（3）行内覆盖。葡萄行内覆盖腐熟的葡萄枝条、秸秆，一方面可以减少土壤蒸发引起盐离子上行，另一方面增加土壤有机质含量。秋季可结合秋施基肥将覆盖物旋耕进入土壤。

（4）秋施基肥。将秸秆、稻壳、畜禽粪便、葡萄枝条等混合发酵，充分腐熟后的有机肥在距离主干40～60厘米区域内施用，改良根区土壤有机质含量和结构。

（5）牛粪养殖蚯蚓增加土壤有机质。春季将牛粪顺行铺设在避雨栽培葡萄树下，距离主干30～50厘米，接种蚯蚓苗，秋季结合施肥将蚯蚓粪旋耕回田。

3.盐碱地土壤化学改良

（1）浇灌酸性物质。在春季返盐期及根系发根高峰期每隔20～30天浇灌一次30毫摩/升醋酸，以根区灌透为宜。

（2）合理使用土壤调理剂。根据土壤盐碱化程度合理使用脱硫石膏、酸性磷石膏、褐煤等土壤调理剂，根区表面撒施后旋耕或结合秋施基肥施用。

4.盐碱地土壤生物改良 微生物结合有机肥施用，如宛氏拟青霉、侧孢短芽孢杆菌等具有耐盐及促生功能的微生物。

5.早春根区裙膜覆盖，促进发苗 盐碱地普遍存在春季不发苗的情况，将80厘米宽幅的白色薄膜固定在篱架第1道拉丝上（垂直高度约为50厘米），两侧交叠用绑丝固定，另一侧以约45°夹角分别向行间地面拉开，并用土掩埋，形成密封的小三角拱棚即裙膜。

（三）适用范围

该技术适用于盐碱地葡萄园。

（四）注意事项

对于地下水位浅的盐碱地区，应在台田及暗管等排水设施建设完善的基础上进行土壤改良。

三、次生盐渍化土壤改良

（一）技术原理和效果

长期过量施用化肥，超过树体需要量会导致化肥在土壤中不断积聚，造成土壤次生盐渍化。随着设施葡萄产业的发展，设施内缺乏雨水淋洗，加剧了盐离子积聚。过量盐离子一方面造成土壤板结，另一方面抑制根系养分吸收。次生盐渍化土壤改良应以按需施肥减少盐离子累积和增施有机肥提高土壤有机质为核心，配合采取灌水压盐、增施解盐及促生微生物等技术措施。

（二）技术要点

1.按需施肥 根据葡萄不同时期养分需求规律，综合考虑土壤的养分释放特性和肥料利用率，把每个时期需要的肥料以水溶肥的方式少量多次结合灌溉施入，提高肥料利用率，减少盐离子积聚。

2.种植绿肥吸收过量养分 葡萄园全园生草或者种植绿肥如黑麦草、油菜和毛叶苕子等，消耗过量盐离子并提高土壤有机质含量。

3.增施有机物料改良土壤结构，提高土壤有机质含量 秋施基肥结合有机物料增施，改良土壤结构。

4. 土壤覆盖 葡萄园行内采用葡萄枝条、秸秆或园艺地布覆盖，减少土壤蒸发引起盐离子上行。

5. 浇灌微生物菌肥及土壤改良剂 有机肥施用结合解盐和促生微生物，配合施用松土剂等土壤改良剂，改良土壤结构促进灌溉水下渗淋洗盐离子。

6. 大水灌溉 每年进行 1 ～ 2 次大水灌溉，将多余盐离子淋洗出去，需要配合开挖排盐渠。

（三）适用范围

该技术适用于次生盐渍化葡萄园。

（四）注意事项

土壤次生盐渍化问题产生的根本原因是盐离子积聚，因此一方面应避免化肥过量施用，另一方面避免使用含盐量过高的有机肥。

参考文献

杜远鹏, 王明, 高振, 2022-08-31. 一种液态复合微生物菌肥及其制作方法: CN202111521557.6[P].

贾明方, 王辉, 高玉录, 等, 2018. 生物炭对'赤霞珠'葡萄根域环境及根系构型的影响[J]. 中外葡萄与葡萄酒, 222 (6): 39-43.

李明山, 陈鸿才, 王静, 等, 2020. 葡萄园土壤酸化治理研究进展[J]. 中外葡萄与葡萄酒 (4): 52-56.

李佩昆, 徐玉涵, 高振, 等, 2021. 根域覆盖裙膜对'赤霞珠'枝条抽干的缓解作用[J]. 植物生理学报, 57 (7): 1538–1546.

李佩昆, 徐玉涵, 高振, 等, 2021. 根域温度对'赤霞珠'葡萄根系发生及植株水分的影响[J]. 中外葡萄与葡萄酒 (2): 12-16.

刘光春, 杜远鹏, 贾明波, 等, 2014. 葡萄园自然生草效应[J]. 河北林业科技 (5): 57-60.

马艳春, 姚玉新, 杜远鹏, 等, 2015. 葡萄设施栽培不同种植年限土壤理化性质的变化[J]. 果树学报, 32 (2): 225-231.

聂松青, 2021. 设施葡萄园土壤障碍诊断及调控研究[D]. 长沙: 湖南农业大学.

史祥宾, 刘凤之, 王孝娣, 等, 2016. 自然生草对'贵人香'葡萄产量、品质与枝条抗寒性的影响[J]. 中国果树, 178 (2): 36-39.

史祥宾, 王海波, 王孝娣, 等, 2016. 自然生草对巨峰葡萄产量和品质及枝条贮藏营养的影响[J]. 中外葡萄与葡萄酒, 208 (4): 14-17.

孙海高, 2020. 有机无机肥配施对葡萄果实品质和主要矿质营养影响研究[D]. 北京: 中国农业科学院.

孙海高, 王海波, 史祥宾, 等, 2020. 有机无机肥配施对'巨峰'葡萄果实品质的影响[J]. 中国果树, 205 (5): 65-70.

孙鲁龙, 杜远鹏, 翟衡, 宋伟, 2019-10-01. 一种简化葡萄防寒的新方法: CN201610356004.2[P].

孙鲁龙, 宋伟, 杜远鹏, 等, 2015. 简易覆盖对泰安地区酿酒葡萄园冬季土壤温湿度的影响[J]. 中外葡萄与葡萄酒 (4): 12-16.

王波波, 2021. 葡萄园行内生草对土壤及植株矿质营养和果实品质的影响研究[D]. 北京: 中国农业科学院.

王波波, 王小龙, 史祥宾, 等, 2021. 不同行内生草对葡萄果实品质的影响[J]. 中国果树, 214 (8): 58-61.

王辉, 傅彩琦, 姜亦文, 等, 2019. 设施内不同土壤管理模式对地温、土壤特性及春季葡萄生长发育的影响[J]. 果树学报, 36 (11): 1505-1514.

王辉, 高玉录, 于梦, 等, 2018. 根灌乙酸及葡萄酒对海水胁迫下葡萄光抑制的影响[J]. 中国农业科学, 51 (21): 4210-4218.

王辉, 赵烁, 杨兴旺, 等, 2019. '裙膜'覆盖对黄河三角洲盐碱地土温及春季葡萄生长的影响[J]. 中国农业科学, 52 (16): 2871-2879.

王明, 徐鲁成, 高振, 等, 2022. 宛氏拟青霉和侧孢短芽孢杆菌对盐碱胁迫下'赤霞珠'葡萄盆栽苗生长发育的影响[J]. 植物生理学报, 58 (7): 1317–1326.

王小龙, 刘凤之, 史祥宾, 等, 2018. 行内生草对葡萄根系生长和土壤营养状况的影响 [J]. 华北农学报, 33 (S1): 230-237.

王小龙, 刘凤之, 史祥宾, 等, 2019. 不同有机肥对葡萄根系生长和土壤养分状况的影响 [J]. 华北农学报, 34 (5): 177-184.

许凯, 2023. 不同腐熟程度葡萄枝条覆盖对土壤理化性状及果实品质影响 [D]. 泰安: 山东农业大学.

杨明昊, 2023. 葡萄枝条高效堆肥菌种筛选及堆肥工艺研究 [D]. 北京: 中国农业科学院.

杨明昊, 张艺灿, 王孝娣, 等. 2022. 果树枝条生物高效分解技术研究进展 [J]. 中国果树 (3): 10-14.

杨明昊, 张艺灿, 王孝娣, 等, 2023. 葡萄枝条堆肥对设施栽培葡萄园土壤和 87-1 葡萄生长发育的影响 [J]. 中国果树, 234 (4): 78-81, 86.

杨兴旺, 赵烁, 高振, 等, 2020. 松土剂对土壤性状及葡萄生长发育的影响 [J]. 中外葡萄与葡萄酒 (3): 1-7.

翟衡, 马艳春, 2015. 设施葡萄土壤酸化及盐渍化的形成机理与防治技术 [J]. 落叶果树, 47 (6): 1-5.

翟衡, 王辉, 高玉录, 等, 2020-01-07. 一种利用裙膜促进葡萄春季生长的方法: CN201810222884.3[P].

张世兴, 2020. 浇灌乙酸及草酸对葡萄盐碱胁迫的缓解作用 [D]. 泰安: 山东农业大学.

第五章

土壤污染管控与修复

第一节　土壤重金属污染管控与修复

一、技术原理和效果

土壤调理剂施入土壤后与CO_2作用，可降低土壤中CO_2浓度；或者与土壤溶液中的H^+作用；同时该土壤调理剂中的Ca^{2+}被释放出来，释放出来的Ca^{2+}与土壤胶体作用，胶体上的H^+、Al^{3+}被Ca^{2+}交换下来，反应中交换下来的H^+与土壤溶液中的OH^-生成H_2O，交换下来的Al^{3+}与土壤溶液中的OH^-生成$Al(OH)_3$沉淀，使二者对作物根系的伤害减轻。通过土壤调理剂改变土壤理化性质（pH、有机质含量、速效养分含量等），提高重金属在土壤中吸附容量，降低重金属元素在土壤中移动性和生物有效性，以维持农业安全生产，达到修复酸性土壤重金属污染的目的。

二、技术要点

（一）确认葡萄园土壤酸化程度和重金属污染程度

结合当地葡萄园土壤基本性质的相关调查和监测结果，确定土壤酸化程度，其分级标准如表5-1所示。确定土壤重金属污染物来源、种类、程度、范围和空间分布特征，判断土壤重金属污染情况和等级，其分级标准如表5-2所示。

表5-1　酸化土壤分级标准

分级	土壤pH
极强酸性	pH<4.5
强酸性	4.5≤pH<5.0
酸性	5.0≤pH<5.5
弱酸性	5.5≤pH<6.5

表5-2　土壤重金属污染评价分级标准

等级	单因子指数法	多因子综合指数法	潜在生态危害指数法	污染等级
Ⅰ	$Pi\leq0.7$	$P_综\leq0.7$	$RI\leq100$	清洁
Ⅱ	$0.7<Pi\leq1.0$	$0.7<P_综\leq1.0$	$100<RI\leq150$	尚清洁
Ⅲ	$1.0<Pi\leq2.0$	$1.0<P_综\leq2.0$	$150<RI\leq300$	轻度污染
Ⅳ	$2.0<Pi\leq3.0$	$2.0<P_综\leq3.0$	$300<RI\leq600$	中度污染
Ⅴ	$Pi>3.0$	$P_综>3.0$	$RI>600$	重度污染

（二）土壤调理剂

由中国农业科学院农业资源与农业区划研究所研制，山西天脊煤化工集团股份有限公司生产，主要成分为$CaCO_3$（以CaO计，含量≥40%）。

（三）制定土壤调理剂施用量及施用方法

1.施用量　根据酸化程度确定施用量，如表5-3所示。

2.施用方法　在基肥期施用1次，撒施后旋耕或结合秋施基肥沟施并覆土。

表5-3　不同葡萄园土壤调理剂推荐用量

种植作物	土壤酸化程度	污染等级	推荐施用量（千克/亩）
葡萄	5.5≤pH<6.5	清洁或尚清洁	20～50
	5.0≤pH<5.5	轻度污染	50～100
	4.5≤pH<5.0	中度污染	100～150
	pH<4.5	重度污染	150～200

三、适用范围

本技术模式主要针对土壤酸化与重金属污染叠加的葡萄园。

四、注意事项

1.由于不同葡萄产区土壤组成复杂、空间异质性强、土壤酸化情况不明，重金属污染分布不均。土地使用人不清楚葡萄重金属超标原因，建议开展土壤质量调查评价后，依据调查评价结果，再选择适宜的土壤调理剂及其施用量和施用方法。

2.在土壤调理剂使用过程中还需进行相应的配套措施来提高其修复效果，一是增加土壤有机质，可增施有机肥、生物有机肥、秸秆还田；二是优化施肥方式，如采用测土配方施肥，合理搭配肥料品种和结构，避免使用酸性或生理酸性肥料，有条件的果园可采用水肥一体化技术等。

第二节　土壤农药污染管控与修复

一、技术原理和效果

在土壤中施入具有降解农药或除草剂功能的枯草芽孢杆菌和土曲霉等功能微生物菌剂，可将农药或除草剂等有机污染物逐步降解转化为无毒无害的代谢产物，或者最终被矿化为CO_2和H_2O。

二、技术要点

（一）评估葡萄园土壤农药污染种类和污染程度

调查葡萄园用药情况，对土壤中的农药残留或除草剂进行测定，结合土壤基本性质，对葡萄园土壤农药污染种类和污染程度进行评估。

（二）功能微生物菌剂

具有降解农药或除草剂功能的微生物复合菌系。

（三）功能微生物菌剂施用量及施用方法

1.施用量　根据土壤中农药污染程度确定施用量，如表5-4所示。

2.施用方法　将具有农药和除草剂降解功能、以枯草芽孢杆菌和土曲霉等为主要成分的功能微生物菌剂与水按照1∶500混合，均匀喷洒在被污染的土壤表面，然后利用旋耕机进行旋耕。

表 5-4 不同葡萄园土壤功能微生物菌剂推荐用量

种植作物	土壤农药污染程度	推荐施用量（千克/亩）
葡萄	轻度污染	1 ~ 5
	中度污染	5 ~ 10
	重度污染	10 ~ 15

三、适用范围

本技术主要针对长期施用农药和除草剂引起污染的葡萄园。

四、注意事项

1. 严禁与杀菌剂、杀虫剂等药物混用，以防降低功能菌的活性，甚至直接将有益菌杀死。
2. 避免高温干旱或雨天施用，会影响功能菌的活性。
3. 功能微生物菌剂过期后不可再使用。

参考文献

胡海燕, 沙丽娜, 王盼, 等, 2015. 乙草胺降解菌的筛选及其生长特性研究[J]. 西南农业学报, 28 (5): 2124-2128.

李育鹏, 胡海燕, 李兆君, 等, 2014. 土壤调理剂对红壤pH值及空心菜产量和品质的影响[J]. 中国土壤与肥料, 4 (6): 21-26.

Haiyan Hu, Hao Zhou, Shixiong Zhou, et al., 2019. Fomesafen impacts bacterial communities and enzyme activities in the rhizosphere[J]. Environmental Pollution, 253: 302-311.

Hu HY, Li ZJ, Feng Y, et al., 2016. Prediction model for mercury transfer from soil to corn grain and its cross-species extrapolation[J]. Journal of Integrative Agriculture, 15 (10): 2393-2402.

Li ZJ, Yang H, Li YP, et al., 2014. Cross-species extrapolation of prediction model for lead transfer from soil to corn grain under stress of exogenous lead[J]. PLoS ONE, 9 (1): 685-688.

Li ZJ, Xu JM, Tang CX, et al., 2006. Application of 16S rDNA-PCR amplification and DGGE fingerprinting for detection of shift in microbial community diversity in Cu-, Zn-, and Cd-contaminated paddy soils[J]. Chemosphere, 26 (8): 1374-1380.

Song AL, Li ZJ, Zhang J, et al., 2009. Silicon-enhanced resistance to cadmium toxicity in *Brassica chinensis* L. is attributed to Si-suppressed cadmium uptake and transport and Si-enhanced antioxidant defense capacity[J]. Journal of Hazardous Materials, 172: 74-83.

Yang H, Li ZJ, Long J, et al., 2016. Prediction models for transfer of arsenic from soil to corn grain (*Zea mays* L.) [J]. Environmental Science and Pollution Research (23): 6277-6285.

Yang H, Li ZJ, Long J, et al., 2013. Cross-species extrapolation of prediction models for cadmium transfer from soil to corn grain[J]. PLoS ONE, 8 (12): e80855.

Zhang C, Feng Y, Liu YW, et al., 2017. Uptake and translocation of organic pollutants in plants: A review[J]. Journal of Integrative Agriculture, 17 (8): 1659-1668.

Zhang J, Li ZJ, Ge GF, et al., 2009. Impacts of soil organic matter, pH and exogenous copper on sorption behavior of norfloxacin in three soils[J]. Journal of Environmental Sciences (21): 632-640.

第六章

养 分 管 理

第一节　施肥原则

目前，我国在葡萄养分管理方面还存在不少问题：重化肥，轻有机肥；重氮、磷、钾肥，轻钙、镁和微量元素肥；重产量，轻质量；施用方法陈旧落后。由此带来不良的后果：土壤肥力下降，影响葡萄产业的可持续发展；肥料利用率低，污染环境和地下水；成本高，效益低，果园收入增加缓慢甚至停滞不前；高产低质，直接影响果品销售。

面对葡萄产业高质量发展的新形势，引导广大葡农更新观念，扭转"三重三轻"等倾向，调整肥料结构，实施测、配、产、供、施一体化，已成为当前肥料工作的重点。

一、有机肥、无机肥和微生物肥相结合

增施有机肥和微生物肥可以增加土壤有机质含量，改善土壤的理化和生物性状，提高土壤保水保肥能力，增强土壤微生物活性，提高化肥利用率。

二、大量、中量和微量元素配合

各种营养元素的配合是配方施肥的重要内容，强调氮、磷、钾、钙和镁肥的相互配合，并补充必要的中量和微量元素，才能获得高质、高产和稳产。

三、用地与养地相结合，投入与产出相平衡

要使作物－土壤－肥料形成物质和能量的良性循环，避免土壤肥力下降。

四、按照葡萄的需肥特性和施肥时期施肥

1.除氮、磷、钾肥外，重视钙、镁和微肥的施用；重视幼果发育期钾肥的施用；葡萄是氯敏感作物，注意含氯化肥的使用，切忌过量。

2.同一肥料因施用时期不同而效果不一样，葡萄需肥时期与物候期有关。养分首先满足生命活动最旺盛的器官，即生长中心也就是养分的分配中心。随着生长中心的转移，分配中心也随之转移，若错过这个时期施肥，一般补救作用不大。葡萄主要的生长中心在新梢生长、开花、坐果、幼果膨大、花芽分化、果实成熟等时期，有时会有重叠现象，如幼果膨大期与花芽分化期就出现养分分配和供需的矛盾。因此，必须视土壤肥力状况给予适量的追肥，才能减缓生长中心竞争营养的矛盾，使树体生长发育平衡。

五、依据肥料性质施肥

易流失挥发的速效性或施后易被土壤固定的肥料，如碳酸氢铵、硝酸钙等宜在葡萄需肥稍前施入；

迟效性肥料如有机肥，因腐烂分解后才能被葡萄吸收利用，故应提前施入。

六、施肥与其他农艺措施结合

重视果园生草和枝叶还田及叶面喷肥，施肥与其他农艺措施相结合。

第二节 同步施肥

一、技术原理和效果

同步施肥是指根据葡萄养分的年需求规律，随葡萄生长发育阶段的变化而确定肥料配方，实现养分供应与葡萄养分需求同步，进而有效提高肥料利用效率的一种施肥技术（图6-1至图6-4）。

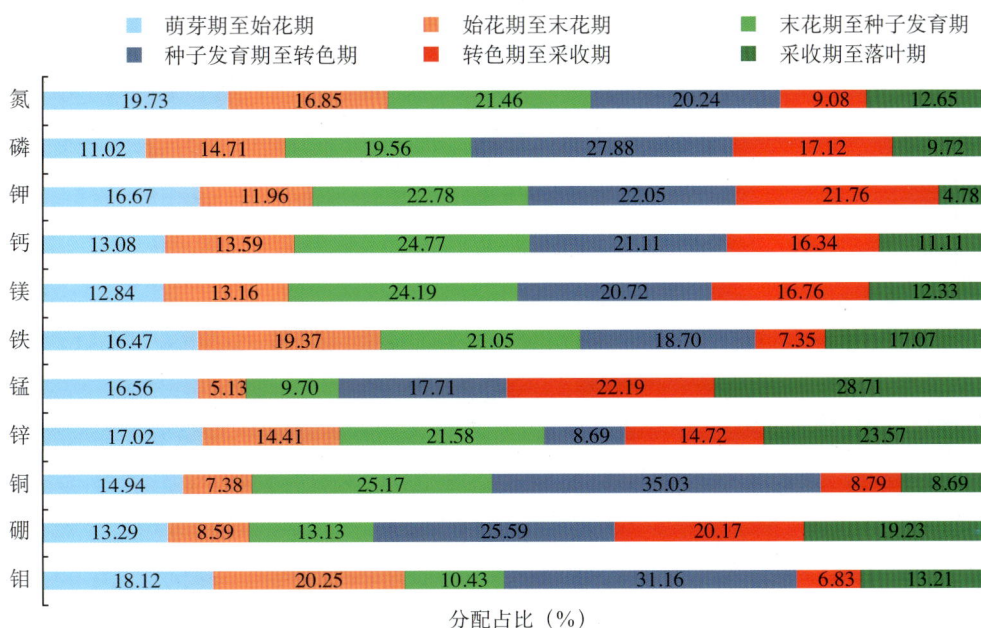

图6-1 露地栽培巨峰不同生育阶段各养分需求量的分配占比（年需求量按100%计，2012—2018年均值）

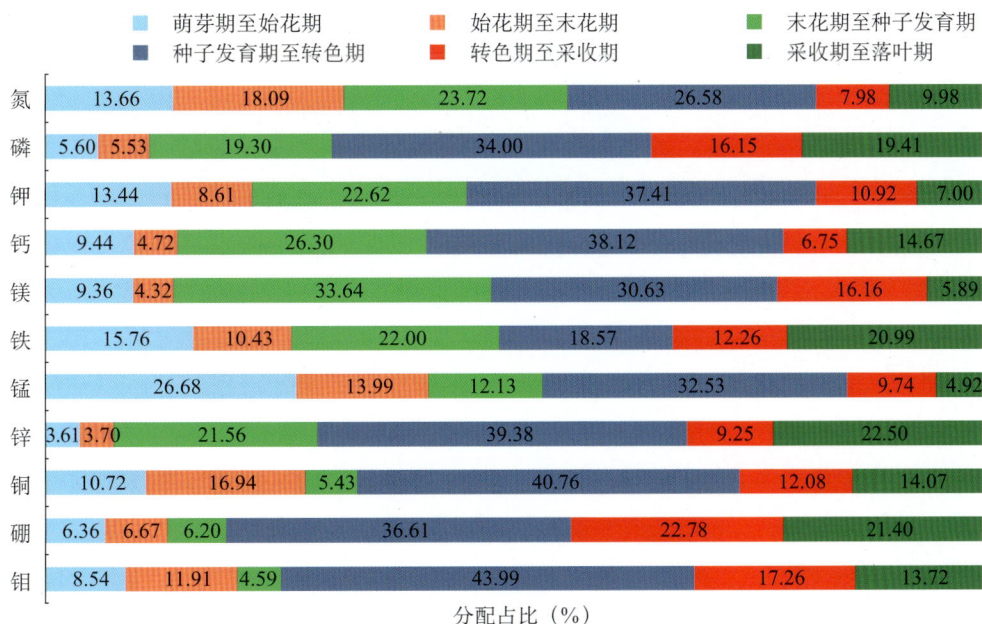

图6-2 露地栽培红地球不同生育阶段各养分需求量的分配占比（年需求量按100%计，2017—2018年均值）

图例：萌芽期至始花期　始花期至末花期　末花期至种子发育期　种子发育期至转色期　转色期至采收期　采收期至落叶期

养分	萌芽期至始花期	始花期至末花期	末花期至种子发育期	种子发育期至转色期	转色期至采收期	采收期至落叶期
钼	2.14	2.00		19.24	40.87	33.87
硼	1.88 / 19.52	4.93	19.54	25.89	10.06	20.06
铜	15.70	9.19	15.61	16.35%	25.07%	18.08
锌	13.23	10.86	3.92	14.22	43.16	14.61
锰	20.48	10.26	6.42	9.64	20.21	32.99
铁	30.32	7.72	14.25	19.39	2.97	25.35
镁	33.91	2.77	19.17	14.26	2.26	27.63
钙	17.25	5.45	19.22	9.52	22.68	25.88
钾	29.53	4.18	13.88	27.59	13.83	10.99
磷	25.92	4.84	12.41	23.40	21.51	11.92
氮	35.09	13.46	14.60	15.23	8.54	13.08

分配占比（%）

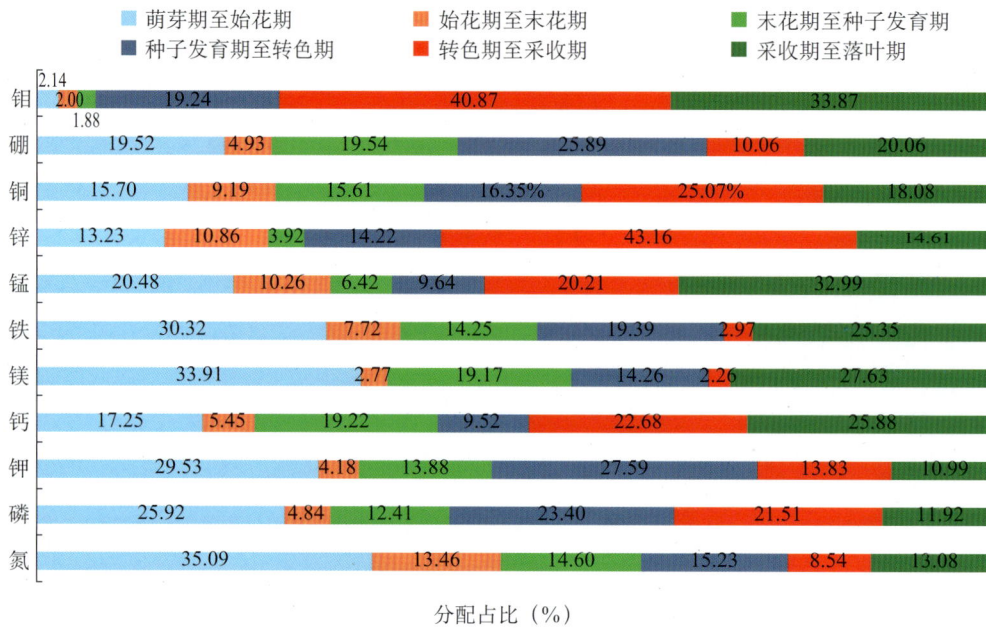

图6-3　露地栽培87-1不同生育阶段各养分需求量的分配占比（年需求量按100%计，2017—2018年均值）

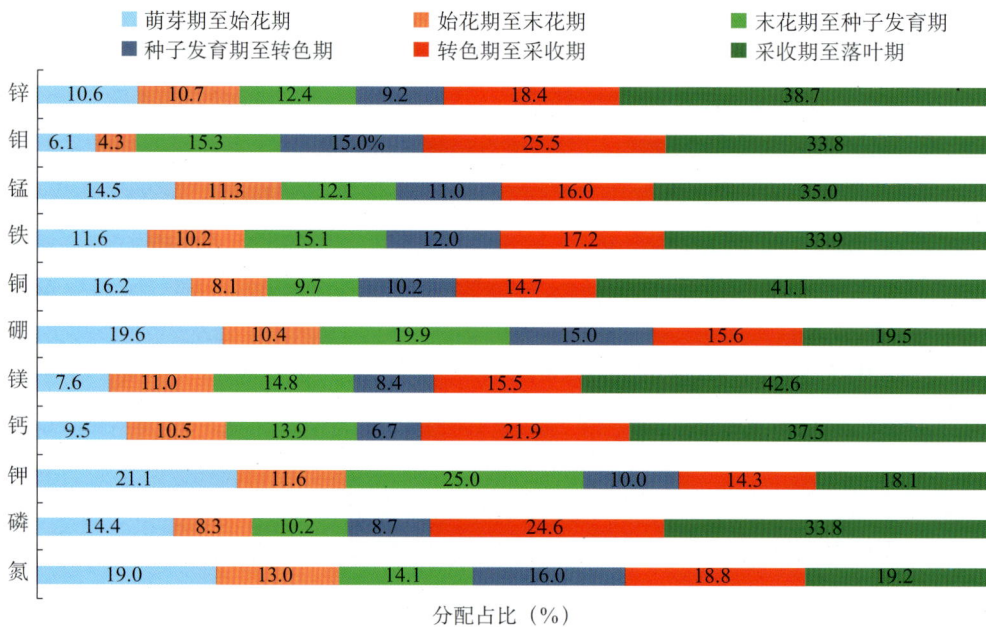

图例：萌芽期至始花期　始花期至末花期　末花期至种子发育期　种子发育期至转色期　转色期至采收期　采收期至落叶期

养分	萌芽期至始花期	始花期至末花期	末花期至种子发育期	种子发育期至转色期	转色期至采收期	采收期至落叶期
锌	10.6	10.7	12.4	9.2	18.4	38.7
钼	6.1	4.3	15.3	15.0%	25.5	33.8
锰	14.5	11.3	12.1	11.0	16.0	35.0
铁	11.6	10.2	15.1	12.0	17.2	33.9
铜	16.2	8.1	9.7	10.2	14.7	41.1
硼	19.6	10.4	19.9	15.0	15.6	19.5
镁	7.6	11.0	14.8	8.4	15.5	42.6
钙	9.5	10.5	13.9	6.7	21.9	37.5
钾	21.1	11.6	25.0	10.0	14.3	18.1
磷	14.4	8.3	10.2	8.7	24.6	33.8
氮	19.0	13.0	14.1	16.0	18.8	19.2

分配占比（%）

图6-4　设施栽培87-1不同生育阶段各养分需求量的分配占比（年需求量按100%计，2017—2021年均值）

二、技术要点

（一）萌芽至始花

不能偏施氮肥，应根据土壤实际情况均衡施肥。此期葡萄对各养分的吸收速率中等，追肥宜选用普通化肥。

（二）始花至末花

是养分需求的临界期，以土施为主、叶面施肥为辅。此期葡萄对各养分的吸收速率较大，追肥宜选用速效水溶肥。

（三）末花至果实转色

是养分需求的最大期，注意各养分的均衡供应。此期葡萄对各养分的吸收速率较大，施肥时宜选用速效水溶肥。

（四）果实转色至采收

本阶段多施钾肥是普遍认识。但研究表明，此期葡萄对钾的需求量仅占全年需求量的14.3%，远小于末花至果实转色阶段的35.0%，因此钾肥的施用重点在前期，特别是末花至果实转色阶段。此期葡萄对各养分的吸收速率较大，施肥时宜选用速效水溶肥。

（五）果实采收至落叶

本阶段对各养分的吸收速率较低，宜有机肥和化肥配施，保证肥料充足与持续供应。

三、适用范围

适用于所有葡萄园。

四、注意事项

磷酸镁、磷酸钙和硫酸钙不溶于水，因此，在包装和施用时，含磷酸根的原料和含钙、镁离子的原料不能混合，含硫酸根的原料不能和含钙离子的原料混合。

第三节 "5416"测土配方精准施肥

一、技术原理和效果

（一）定义

基于葡萄养分的年需求规律，综合考虑土壤的养分释放特性和肥料的利用率，开展氮、磷、钾、钙和镁5因素、全年施肥量4水平、16个试验处理的"5416"正交田间试验，固定产量以生产优质果品（产品）为目标。首先借助相关分析等统计方法，明确葡萄植株和土壤营养诊断的最佳取样时期和部位（位置），然后借助CND等方法，制定出葡萄植株及土壤营养诊断的标准和施肥建议，进而实现在葡萄的各生育阶段，将准确种类和数量的氮、磷、钾、钙和镁等肥料施入正确的位置。为确保数据的可靠性，本试验至少需开展3年。结合树体解剖，通过"5416"测土配方田间试验，可明确葡萄园土壤的供肥特性和肥料利用率等基础数据。

（二）技术创新点

（1）基于系统思维，充分考虑了各生育阶段之间以及各营养元素之间的互作。

（2）基于满足人民对美好生活的需要，以生产优质果品（产品）为目标，明确了基于固定产量以品质指数为评价标准。

（3）基于市场导向，建立了消费者和经销商参与式的品质评价指标体系。

（4）基于根域管理理念，建立了土壤样品的取样标准。根据果树植株吸收根的分布情况，确定土壤样品采集的取样位置和不同位置土样的混合比例。

二、技术要点

基于葡萄"5416"测土配方施肥研究方案，国家葡萄产业技术体系养分管理岗位（中国农业科学院果树研究所）成功研发出葡萄"5416"测土配方精准施肥专家系统（图6-5，图6-6），为我国葡萄产业的个性化和定制化施肥提供了技术支撑。专家系统操作步骤如下：

（1）第一步：依次选择葡萄用途、栽培模式、葡萄品种和葡萄产区。

（2）第二步：依次输入待施肥葡萄园土壤的氮（碱解氮）、磷（有效磷）、钾（速效钾）、钙（交换性钙）和镁（交换性镁）的含量，单位毫克/克。

（3）第三步：输入待施肥葡萄园土壤的土壤容重率，单位克/厘米³。

（4）第四步：输入目标（预计）产量，单位千克/亩。

（5）第五步：点击计算配方，即显示推荐施肥方案。

研制单位：中国农业科学院果树研究所
北京富特森农业科技有限公司
项目资助：国家葡萄产业技术体系
中国农业科学院创新工程
国家重点研发专项

图6-5　葡萄"5416"测土配方精准施肥专家系统1.0

图6-6　葡萄"5416"测土配方精准施肥专家系统1.0操作界面

三、适用范围

适用于所有葡萄园。

四、注意事项

（1）图6-6中尿素和硝酸铵二选一即可。

（2）磷酸镁、磷酸钙和硫酸钙不溶于水，因此，在包装和施用肥料时，含磷酸根的原料和含钙、镁离子的原料不能混合，含硫酸根的原料不能和含钙离子的原料混合。

第四节　肥料种类

一、有机肥料

广义的有机肥料，俗称农家肥，包括各种动植物残体及其代谢物，如人畜粪便、秸秆、果园绿肥、动物残体、屠宰场废弃物等。常见农家肥的水分、有机质及矿质元素含量见表6-1。狭义的有机肥料是指主要来源于植物和（或）动物、经过发酵腐熟的含碳有机物料，其功能是改善土壤肥力、为植物提供营养、提高作物品质。合格有机肥的外观颜色为褐色或灰褐色，粒状或粉状，均匀，无恶臭，无机械杂质，其技术指标等见表6-2和表6-3。

表6-1　常见农家肥（商品有机肥常用原料）的水分、有机质及矿质元素含量

	水分/%	有机质/%	氮(N)/%	磷(P$_2$O$_5$)/%	钾(K$_2$O)/%	钙(CaO)/%	镁(MgO)/%	硫(SO$_2$)/%	氯(Cl)/%	铜(Cu)/毫克/千克	锌(Zn)/毫克/千克	铁(Fe)/毫克/千克	锰(Mn)/毫克/千克	硼(B)/毫克/千克
猪粪	72.0	25.0	0.45	0.19	0.60	0.68	0.08	0.08	0.068	6.97	20.1	700	72.8	1.43
牛粪	77.5	20.3	0.34	0.16	0.40	0.31	0.11	0.06	0.069	5.7	22.6	942.7	139.3	3.17
马粪	71.3	25.4	0.58	0.28	0.53	0.21	0.14	0.01	0.061	9.77	52.8	1 622	132	3.0
羊粪	64.6	31.8	0.83	0.23	0.68	0.33	0.28	0.15	0.089	14.2	51.7	2 581	268.4	10.3
鸡粪	52.3	25.5	1.63	1.54	0.85	1.35	0.26	0.16	0.13	14.4	65.9	3 540	164	5.41
鸭粪	51.1	26.2	1.10	1.40	0.62	2.90	0.24	0.15	0.084	15.7	62.3	4 518	373.96	12.99
鹅粪	61.7	23.4	0.55	1.50	0.95	0.73	0.20	0.12	0.05	14.2	48.4	3 343	173	10.6

表6-2　有机肥料的技术指标（参考NY 525—2012）

项目	指标
有机质的质量分数（以烘干基计），%	≥45
总养分（氮＋五氧化二磷＋氧化钾）的质量分数（以烘干基计），%	≥5.0
水分（鲜样）的质量分数，%	≤30
酸碱度（pH）	5.5 ～ 8.5
总砷（As）（以烘干基计），毫克/千克	≤15
总汞（Hg）（以烘干基计），毫克/千克	≤2
总铅（Pb）（以烘干基计），毫克/千克	≤50
总镉（Cd）（以烘干基计），毫克/千克	≤3
总铬（Cr）（以烘干基计），毫克/千克	≤150

表6-3 有机肥料的粪大肠菌群数和蛔虫卵死亡率指标（参考NY 884—2012）

项目	指标
粪大肠菌群数，个/克	≤100
蛔虫卵死亡率，%	≥95

二、微生物肥料

微生物肥料又称细菌肥料、生物肥料。复合微生物肥料是指特定微生物（如根瘤菌、解磷菌、解钾菌等）与营养物质（有机肥或无机肥）复合而成，能提供、保持或改善植物营养，提高农产品产量或改善农产品品质的活体微生物制品。微生物肥料具有增加土壤肥力、促进植物对营养元素的吸收，分泌多种生理活性物质刺激调节植物生长，对有害生物起到生物防治作用，产生抗病和抗逆作用并间接促进植物生长的功能。

按作用机理将微生物肥料分为固氮菌类肥料（根瘤菌肥料、自生固氮菌肥、固氮蓝藻等）、解磷菌类肥料、解钾菌类肥料（硅酸盐细菌）、抗生菌肥料、PGPR菌肥、堆肥菌剂和发酵菌剂、复合微生物肥料等。

使用的微生物菌种应安全、有效。生产者应提供菌种的分类鉴定报告，包括属及种的学名、形态、生理生化特性及鉴定依据等完整资料，以及菌种安全性评价资料。微生物肥料从外观上看为均匀的液体或固体。悬浮性液体产品应无大量沉淀，沉淀轻摇后分散均匀；粉状产品应松散；粒状产品应无明显机械杂质、大小均匀。技术指标和无害化指标见表6-4和表6-5。

表6-4 微生物肥料产品技术指标要求（参考NY 884—2012）

项目	剂型	
	液体	固体
有效活菌数（CFU）[a]，亿/克（毫升）	≥0.5	≥0.2
总养分（$N + P_2O_5 + K_2O$）[b]，%	6.0～20.0	8.0～25.0
有机质（以烘干基计），%	—	≥20
杂菌率，%	≤15.0	≤30.0
水分，%	—	≤30.0
pH	5.5～8.5	5.5～8.5
有效期[c]，月	≥3	≥6

注：[a] 含两种以上有效菌的复合微生物肥料，每一种有效菌的数量不得少于0.01亿/克（毫升）。

[b] 总养分应为规定范围内的某一确定值，其测定值与标明值正负偏差的绝对值不应大于2.0%；各单一养分值应不少于总养分含量的15.0%。

[c] 此项仅在监督部门或仲裁双方认为有必要时才检测。

表6-5 微生物肥料产品无害化指标要求（参考NY 884—2012）

项目	指标
粪大肠菌群数，个/克	≤100
蛔虫卵死亡率，%	≥95
总砷（As）（以烘干基计），毫克/千克	≤15
总汞（Hg）（以烘干基计），毫克/千克	≤2
总铅（Pb）（以烘干基计），毫克/千克	≤50

（续）

项目	指标
总镉（Cd）（以烘干基计），毫克/千克	≤3
总铬（Cr）（以烘干基计），毫克/千克	≤150

三、生物有机肥

生物有机肥是指特定功能微生物与主要以动植物残体（如畜禽粪便、农作物秸秆等）为来源并经无害化处理、腐熟的有机物料复合而成的一类兼具微生物肥料和有机肥料效应的肥料。

使用的微生物菌种应安全（符合NY/T 1109相关规定）、有效，有明确来源和种名。粉剂产品应松散、无恶臭味；粒状产品应无明显机械杂质、大小均匀、无腐败味。技术指标等见表6-6和表6-7。

表6-6 生物有机肥产品技术指标要求（参考NY 884—2012）

项目	指标
有效活菌数（CFU），亿/克	≥0.2
有机质的质量分数（以烘干基计），%	≥40
水分（鲜样）的质量分数，%	≤30
酸碱度（pH）	5.5～8.5
粪大肠菌群数，个/克	≤100
蛔虫卵死亡率，%	≥95
有效期，月	≥6

表6-7 有机肥料中重金属的限量指标（参考NY 884—2012）

单位：毫克/千克

项目	指标
总砷（As）（以烘干基计）	≤15
总汞（Hg）（以烘干基计）	≤2
总铅（Pb）（以烘干基计）	≤50
总镉（Cd）（以烘干基计）	≤3
总铬（Cr）（以烘干基计）	≤150

四、无机肥料

无机肥料为矿质肥料，也称化学肥料，主要成分为呈无机盐形式的肥料。所含的氮、磷、钾等营养元素都以无机化合物的形式存在（尿素是有机物，但它是无机肥料），大多数要经过化学工业生产。常见的有氮肥、磷肥、钾肥、钙肥、镁肥、微量元素肥等，例如硫酸铵、硝酸铵、普通过磷酸钙、氯化钾、磷酸铵、草木灰、钙镁磷肥、硝酸钙、硫酸镁、微量元素肥料等，也包括液氨和氨水。无机肥料具有如下特点：成分较单纯、养分含量高、大多易溶于水、发生肥效快，故又称"速效性肥料"，施用和运输方便。产品外观为粒状、条状或片状，无机械杂质。一般不含有机质，无改土培肥的作用。化学肥料种类较多，性质和施用方法差异较大。

（一）氮肥

（1）氮肥的种类和性质。氮肥可分为铵态氮肥、硝态氮肥和酰胺态氮肥三大类。其中铵态氮肥主要有氨水、碳酸氢铵、硫酸铵和氯化铵等，硝态氮肥主要有硝酸铵、硝酸钠和硝酸钙等，酰胺态氮肥主要有尿素和石灰氮等。

（2）氮肥在土壤中的转化。氮肥的种类不同，在土壤中的转化特点不同。①铵态氮肥。硫酸铵、碳酸氢铵和氯化铵中NH_4^+的转化相同，除被植物吸收外，一部分被土壤胶体吸附，另一部分通过硝化作用将转化为NO_3^-；硫酸铵和氯化铵中阴离子的转化相似，只是生成物不同，酸性土壤中两者分别生成硫酸和盐酸，增加土壤酸度，石灰性土壤中则分别生成硫酸钙和氯化钙，使土壤孔隙堵塞或造成钙的流失，导致土壤板结，结构被破坏；碳酸氢铵中的碳酸氢根离子则除了作为植物的碳素营养之外，大部分可分解为CO_2和H_2O，因此，碳酸氢铵在土壤中无任何残留，对土壤无不良影响。②硝态氮肥。如硝酸铵施入土壤后，NH_4^+和NO_3^-均可被植物吸收，对土壤无不良影响。NH_4^+除被植物吸收外，还可被胶体吸附，NO_3^-则易随水淋失，在还原条件下还会发生反硝化作用而脱氮。③酰胺态氮肥。如尿素施入土壤后，首先以分子的形式存在，在土壤中有较大的流动性，且不能被植物根系直接大量吸收，以后尿素分子在微生物分泌的脲酶的作用下，转化为碳酸铵，碳酸铵可进一步水解为碳酸氢铵和氢氧化铵。所以尿素施在土壤的表层也会有氨的挥发损失，特别在石灰性土壤和碱性土壤上损失更为严重。尿素的转化速度主要取决于脲酶活性，而脲酶活性受土壤温度的影响最大。通常10℃时尿素转化需7～10天，20℃时需4～5天，30℃时只需2天。因为尿素在土壤中需要转化为铵态氮以后，才能被植物大量吸收利用，故尿素作追肥时，要比其他铵态氮肥早几天施用，具体早几天应视温度而定。

（3）氮肥的合理分配和施用。研究氮肥合理施用的基本目的在于减少氮肥损失，提高氮肥利用率，充分发挥肥料的最大增产效益。氮肥在土壤中有氨的挥发、硝态氮的淋失和硝态氮的反硝化作用3条非生产性损失途径，因此氮肥的利用率是不高的。据统计，我国氮肥利用率在水田为35%～60%、旱田45%～47%，平均为50%，约有一半氮肥被损失，既浪费资源，又污染环境。因此，合理施用氮肥，提高其利用率，是生产上亟待解决的一个问题。①氮肥的合理分配。氮肥的合理分配应根据土壤条件、作物的氮素营养特点和肥料本身的特性来进行。一是依据土壤条件。土壤条件是进行肥料区划和分配的必要前提，也是确定氮肥品种及其施用技术的依据。首选必须将氮肥重点分配在中、低等肥力的地区，碱性土壤可选用酸性或生理酸性肥料，如硫酸铵等；酸性土壤上应选用碱性或生理碱性肥料，如硝酸钠、硝酸钙等。盐碱土不宜分配氯化铵，尿素适宜于一切土壤。铵态氮肥宜分配在雨量偏多的地区，硝态氮肥宜施在雨量偏少的旱地。在质地黏重的土壤上氮肥可一次多施，在沙质土壤上宜少量多次。二是根据葡萄需氮特性合理分配和施用氮肥。三是依据肥料特性。肥料本身的特性也和氮肥的合理分配密切相关，铵态氮肥表施易挥发，宜作基肥深施覆土。硝态氮肥移动性强，不宜作基肥。氯化铵不宜施在盐碱土和低洼地。干旱地区宜分配硝态氮肥，多雨地区或多雨的季节宜分配铵态氮肥。②氮肥的有效施用。一是氮肥要深施。氮肥深施不仅能减少氮素的挥发、淋失和反硝化损失，还可以减少杂草对氮素的消耗，从而提高氮肥的利用率。据测定，与表面撒施相比，氮肥深施利用率可提高20%～30%，且延长肥料的作用时间。二是氮肥要与有机肥及磷、钾、钙、镁肥等配合施用。作物的高产、稳产需要多种养分的均衡供应，单施氮肥，特别是在缺磷少钾、钙、镁等的地块上，很难获得满意的效果。氮肥与其他肥料特别是磷、钾、钙、镁肥等的有效配合对提高氮肥利用率和增产作用均很显著。氮肥与有机肥配合施用，可取长补短、缓急相济、互相促进，既能及时满足作物关键时期对氮素的需要，同时有机肥还具有改土培肥的作用，做到用地养地相结合。三是应用氮肥增效剂。氮肥增效剂又名硝化抑制剂，其作用在于抑制土壤中亚硝化细菌活动，从而抑制土壤中铵态氮的硝化作用，使施入土壤中的铵态氮肥能较长时间地以铵根离子的形式被胶体吸附，防止硝态氮的淋失和反硝化作用，减少氮素非生产性损失。目前，国内的硝化抑制剂效果较好的有：2-氯-6-三氯甲基吡啶，代号CP；2-氨基-4-氯-6-甲基嘧啶，代号AM；硫脲，代号TU；脒基硫脲，代号ASU等。氮肥增效剂对人的皮肤有刺激作用，使用时避免与人体皮肤接触，并防止吸入口腔。

（二）磷肥

（1）磷肥的种类和性质。根据溶解度的大小和作物吸收的难易，通常将磷肥划分为水溶性磷肥、弱酸溶性磷肥和难溶性磷肥三大类。凡能溶于水（指其中含磷成分）的磷肥，称为水溶性磷肥，如过磷酸钙、重过磷酸钙、磷酸二氢铵、磷酸氢二铵等；凡能溶于2%柠檬酸或中性柠檬酸铵或微碱性柠檬酸铵的磷肥，称为弱酸溶性磷肥或枸溶性磷肥，如钙镁磷肥、钢渣磷肥、偏磷酸钙等；既不溶于水，也不溶于弱酸而只能溶于强酸的磷肥，称为难溶性磷肥，如磷矿粉、骨粉等。

（2）磷肥在土壤中的转化。①过磷酸钙在土壤中的转化。过磷酸钙施入土壤后，最主要的反应是异成分溶解。即在施肥以后，水分向施肥点汇集，使磷酸一钙溶解和水解，形成一种磷酸一钙、磷酸和含水磷酸二钙的饱和溶液，这时施肥点周围土壤溶液中磷的浓度高达10 ~ 20毫克/千克，使磷酸不断向外扩散。在施肥点，其微域土壤范围内饱和溶液的pH可达1.0 ~ 1.5。在向外扩散的过程中能把土壤中的铁、铝、钙、镁等溶解出来，与磷酸根离子作用，形成不同溶解度的磷酸盐。在石灰性土壤中，磷与钙作用，生成磷酸二钙和磷酸八钙，最后大部分形成稳定的羟基磷灰石。在酸性土壤中，磷酸一钙通常与铁、铝作用形成磷酸铁、铝沉淀，而后进一步水解为盐基性磷酸铁铝。在弱酸性土壤中，磷酸一钙易被黏土矿物吸附固定。在中性土壤中，过磷酸钙主要是转化为$CaHPO_4 \cdot 2H_2O$及溶解的$Ca(H_2PO_4)_2$，是对作物供磷能力的最佳状态。$CaHPO_4 \cdot 2H_2O$是弱酸溶性的，残留在施肥点位置，故过磷酸钙在土壤中移动性很小，水平范围0.5厘米，纵深不过5厘米，其当年利用率也很低，通常为10% ~ 25%。②钙镁磷肥在土壤中的转化。钙镁磷肥可在作物根系及微生物分泌的酸的作用下溶解，供作物吸收利用。③磷矿粉在土壤中的转化。磷矿粉施入土壤后，在化学、生物化学和生物因素的作用下逐渐分解，改变原有状态而转化为新的磷化合物。影响这种转化的因素主要是土壤pH、Ca^{2+}浓度和$H_2PO_4^-$的浓度。很明显，在酸性条件下有利于磷矿粉的这种转化，因此磷矿粉以施在酸性土壤肥效较高。

（3）磷肥的合理分配和有效施用。磷肥是所有化学肥料中利用率最低的，当季作物一般只能利用10% ~ 25%。其原因主要是磷在土壤中易被固定，同时它在土壤中的移动性又很小，而根与土壤接触的体积一般仅占耕层体积的4% ~ 10%。因此，尽量减少磷的固定、防止磷的退化、增加磷与根系的接触面积、提高磷肥利用率，是合理施用磷肥、充分发挥单位磷肥最大效益的关键。

①根据土壤条件合理分配和施用磷肥。土壤的供磷水平、土壤N/P_2O_5值、有机质含量、土壤熟化程度以及土壤酸碱度等因素与磷肥的合理分配和施用关系最为密切。一是土壤供磷水平及N/P_2O_5值，土壤全磷含量与磷肥肥效相关性不大，而有效磷含量与磷肥肥效却有很好的相关性。一般认为有效磷（P_2O_5）在10 ~ 20毫克/千克（Olsen法）范围为中等含量，施磷肥增产；有效磷＞25毫克/千克，施磷肥无效；有效磷＜10毫克/千克时，施磷肥增产显著。磷肥肥效还与N/P_2O_5值密切相关，在供磷水平较低、N/P_2O_5值大的土壤上，施用磷肥增产显著；在供磷水平较高、N/P_2O_5值小的土壤上，施用磷肥效果较小；在氮、磷供应水平都很高的土壤上，施用磷肥增产不稳定；而在氮、磷供应水平均低的土壤上，只有提高施氮水平，才有利于发挥磷肥的肥效。二是土壤有机质含量与磷肥肥效。一般来说，在土壤有机质含量＞2.5%的土壤上，施用磷肥增产不显著，在有机质含量＜2.5%的土壤上施磷肥才有显著的增产效果。这是因为土壤有机质含量与有效磷含量呈正相关，因此磷肥最好施在有机质含量低的土壤上。三是土壤酸碱度与磷肥肥效。土壤酸碱度对不同品种磷肥的作用不同，通常弱酸溶性磷肥和难溶性磷肥应分配在酸性土壤上，而水溶性磷肥应分配在中性及石灰性土壤上。在没有具体评价土壤供磷水平数量指标之前，也可以根据土壤的熟化程度对具体田块分配磷肥。一般应优先分配在瘠薄的瘦田、旱田、新垦地和新平整的土地，以及有机肥不足、酸性土壤或施氮肥量较高的土壤上，因为这些田块通常缺磷，施磷肥效果显著、经济效益高。②根据葡萄需磷特性合理分配和施用磷肥。③根据肥料性质合理分配和施用。水溶性磷肥适宜大多数土壤，但以中性和石灰性土壤更为适宜。一般可作基肥、追肥集中施用。弱酸溶性磷肥和难溶性磷肥最好分配在酸性土壤上，作基肥施用。同时弱酸溶性磷肥和难溶性磷肥的粉碎细度也与其肥效密切相关，磷矿粉细度以90%通过100目筛孔，即最大粒径为0.149毫米为宜。钙镁磷肥的粒径在40 ~ 100目范围内，其枸溶性磷的含量随粒径变细而

增加，超过100目时其枸溶率变化不大，不同土壤对钙镁磷肥的溶解能力不同，不同作物利用枸溶性磷的能力不同，所以对细度要求也不同。在种植旱作作物的酸性土壤上施用，不宜小于40目；在中性缺磷土壤上施用，不应小于60目；在缺磷的石灰性土壤上施用，以100目左右为宜。④磷肥深施、集中施用。针对磷肥在土壤中移动性小且易被固定的特点，施用磷肥时，必须减少其与土壤的接触面积，增加与作物根群的接触机会，以提高磷肥的利用率。磷肥的集中施用，是一种最经济有效的施用方法，因集中施用在作物根群附近，既减少与土壤的接触面积而减少固定，同时还提高施肥点与根系土壤之间磷的浓度梯度，有利于磷的扩散，便于根系吸收。⑤氮、磷肥配合施用。氮和磷配合施用，能显著地提高作物产量和磷肥的利用率。在一般不缺钾的情况下，作物对氮和磷的需求有一定的比例，例如葡萄施磷肥时要求氮磷比例约为2∶1。⑥与有机肥料配合施用。首先，有机肥料中的粗腐殖质能保护水溶性磷，减少其与铁、铝、钙的接触而减少固定；其次，有机肥料在分解过程中产生多种有机酸，如柠檬酸、苹果酸、草酸、酒石酸等。这些有机酸与铁、铝、钙形成络合物，防止了铁、铝、钙对磷的固定，同时这些有机酸也有利于弱酸溶性磷肥和难溶性磷肥的溶解；最后，上述有机酸还可络合原土壤中磷酸铁、磷酸铝、磷酸钙中的铁、铝、钙，提高土壤中有效磷的含量。⑦磷肥的后效。磷肥的当年利用率为10%～25%，大部分的磷都残留在土壤中，因此其后效很长。据研究，磷肥的年累加表现利用率连续5～10年，可达50%左右，所以在磷肥不足时，连续施用几年以后，可以隔2～3年再施用，利用以前所施磷肥的后效就可以满足作物对磷肥的需求。总之，磷肥合理施用，既要考虑土壤条件、磷肥品种特性、作物的营养特性、施肥方法，还要考虑其与氮肥的合理配比及磷肥后效。当土壤中钾和微量元素不足时，还要充分考虑到这些元素的影响，使其不成为最小限制因子，这样，才能提高磷肥的肥效。

（三）钾肥

（1）钾肥的种类和性质。生产上常用的钾肥有硫酸钾、氯化钾、磷酸二氢钾和草木灰等。植物残体燃烧后剩余的灰，称为草木灰。长期以来，我国广大农村大多以秸秆、落叶、枯枝等为燃料，所以草木灰在农业生产中是一项重要肥源。草木灰的成分极为复杂，含有植物体内的各种灰分元素，含钾、钙较多，磷次之，所以通常将它看作钾肥，实际上，它发挥着多种元素的营养作用。草木灰中钾的主要存在形态是碳酸钾，其次是硫酸钾，氯化钾最少。草木灰中的钾大约有90%可溶于水，有效性高，是速效性钾肥。由于草木灰中含有K_2CO_3，所以它的水溶液呈碱性，是一种碱性肥料。草木灰因燃烧温度不同，其颜色和钾的有效性也有差异，燃烧温度过高，钾与硅酸形成溶解度较低的K_2SiO_3，灰白色，肥效较差。低温燃烧的草木灰，一般呈黑灰色，肥效较高。

（2）钾肥在土壤中的转化。硫酸钾和氯化钾施入土壤后，钾呈离子状态，一部分被植物吸收利用，另一部分则被胶体吸附。在中性和石灰性土壤中代换出Ca^{2+}，分别生成$CaSO_4$和$CaCl_2$。$CaSO_4$属微溶性物质，随水向下淋失一段距离后沉积下来，能堵塞孔隙，造成土壤板结；$CaCl_2$则为水溶性物质，易随水淋失，造成Ca^{2+}损失，同样使土壤板结；在干旱和半干旱地区施用，会增加土壤水溶性盐的含量。因此，在中性和石灰性土壤上长期施用硫酸钾和氯化钾，应配合施用有机肥；在酸性土壤中，两者都代换出H^+，生成H_2SO_4和HCl，使酸性土壤的酸度增加，应配合施用石灰和有机肥料。

（3）钾肥的合理分配和有效施用。钾肥的肥效取决于土壤性质、肥料配合、气候条件等，因此要想经济合理地分配和施用钾肥，就必须了解影响钾肥肥效的有关条件。①土壤条件与钾肥的有效施用。土壤钾素供应水平、土壤的机械组成和土壤通气性是影响钾肥肥效的主要土壤条件。一是土壤钾素供应水平。土壤速效钾水平是决定钾肥肥效的一个重要因素，速效钾的指标数值因各地土壤、气候和作物等条件的不同而略有差异。辽宁省通过多点试验，把速效钾（K）90毫克/千克（折合K_2O 108毫克/千克）作为土壤钾素丰缺的临界值。速效钾含量小于90毫克/千克，施钾肥效果显著；速效钾含量在91～150毫克/千克时，施钾肥效果不稳定，具体视作物种类、土壤缓效钾含量、与其他肥料配合情况而定；速效钾含量大于150毫克/千克时，施钾肥无效。需要指出的是，对于速效钾含量同样较低而缓效钾含量很不相同的土壤，单从速效钾来判断钾的供应水平是不够的，必须同时考虑缓效钾的贮量，才能较准确地估计钾的供应水平。二是土壤的机械组成。土壤的机械组成与含钾量有关。一般机械组成越细，含钾量越高，反之则越低。土壤质地不同，也影响土壤的供钾能力，所以有人提出不同土壤质地的缺钾临界指标（K_2O）：沙土-沙壤土为70毫克/千克，沙壤土-壤土为85毫克/千克，黏土为100毫克/千克；所以质地较粗的沙质土壤施用钾肥的效果比黏土高，钾肥最好优先分配在缺钾的沙质土壤。三是土壤通气性。土壤通气性主要通过影响植物根系呼吸作用来影响钾的吸收，以至于土壤本身不缺钾，但作物却表现出缺钾的症状，在生产实践中，要对作物的缺钾情况进行具体分析，针对存在的问题，采取相应的措施，提高作物对钾的吸收。②根据葡萄需钾特性合理分配和施用钾肥。③肥料性质与钾肥的有效施用。肥料的种类和性质不同，其施用方法也存在差异。对于硫酸钾，用作基肥、追肥和根外追肥均可。硫酸钾适用于各种土壤和作物，特别是施用在喜钾而对氯敏感的作物上效果更佳。氯化钾施用在对氯敏感作物上一定要注意，不能过量；其次，在排水不良的低洼地和盐碱地上也不宜施用氯化钾。对于草木灰，适合作基肥和追肥：作基肥时，可沟施或穴施，深度约10厘米，施后覆土；作追肥时，可叶面撒施，既能供给养分，也能在一定程度上减轻或防止病虫害的发生和危害。由于草木灰颜色深且含一定的碳素，吸热增温快，质地轻松，因此既可供给植株养分，又有利于提高地温；草木灰也可用作根外追肥，如在葡萄上喷施浓度2%～3%草木灰水浸液。草木灰是一种碱性肥料，因此不能与铵态氮肥、腐熟的有机肥料混合施用，也不能倒在猪圈、厕所中贮存，以免造成氨的挥发损失。草木灰在各种土壤上对多种作物均有良好的反应，特别是在酸性土壤上施用，增产效果十分明显。④钾肥与氮、磷肥配合施用。作物对氮磷钾肥的需要有一定比例，因而钾肥肥效与氮、磷供应水平有关。当土壤中氮和磷含量较低时，单施钾肥效果往往不明显，随着氮和磷用量的增加，施用钾肥才能获得增产效果，而氮磷钾的交互效应（作用）也能使氮磷促进作物对钾的吸收，提高钾肥的利用率。⑤钾肥的施用技术。钾肥应深施、集中施，钾在土壤中易于被黏土矿物特别是2∶1型黏土矿物所固定，将钾肥深施可减少因表层土壤干湿交替频繁所引起的晶格固定，提高钾肥的利用率。钾也是一种在土壤中移动性小的元素，因此，将钾肥集中施用可减少钾与土壤的接触面积而减少固定，提高钾的扩散速率，有利于作物对钾的吸收。沙质土壤上，钾肥一次施用量不宜过大，应分次施用，遵循少量多次的原则，以防钾的淋失。黏土上，钾肥则可作基肥一次性施用或每次的施用量大些。

（四）钙肥

钙肥指具有钙标明量的肥料。施入土壤能供给植物钙，并有调节土壤酸度的作用。钙肥主要有石灰（主要包括生石灰、熟石灰和石灰石粉）、石膏及大多数磷肥（如钙镁磷肥、过磷酸钙等）和部分氮肥（如硝酸钙、石灰氮等）。钙肥效果与土壤类型有关。在缺钙土壤施用石灰，除可使植物和土壤获得钙的补充外，还可降低土壤pH，从而减轻或消除酸性土壤中大量铁、铝、锰等离子对土壤性质和植物生理的危害。石灰还能促进有机质的分解。石灰施用量因土壤性质（主要是酸度）和作物种类而异，多用作基肥，常与绿肥作物同时耕翻入土，但施用过多会降低硼、锌等微量营养元素的有效性和造成土壤板结。

（五）镁肥

镁肥分水溶性镁肥和微溶性镁肥。前者包括硫酸镁、氯化镁、钾镁肥；后者主要有磷酸镁铵、钙镁磷肥、白云石和菱镁矿。不同类型土壤的含镁量不同，因而施用镁肥的效果各异。通常，酸性土壤、沼泽土和沙质土壤含镁量较低，施用镁肥效果较明显。在中国，华南地区由于高温多雨，岩石风化作用和淋溶作用强烈，土壤中含镁基性原生矿物分解殆尽，除石灰性冲积土、紫色页岩母质发育的土壤以及长期施用石灰的水稻土外，土壤含镁量都较低，如砖红壤的含镁量仅为0.2%；华中地区的土壤含镁量略高，可达0.4%；西北和华北地区则因土壤中含有大量的碳酸镁，供应镁的能力较强。

（六）微量元素肥料

微量元素肥料是指含有硼、锰、钼、锌、铜、铁等微量元素的化学肥料。近年来，农业生产上，微量元素的缺乏日趋严重，许多作物都出现了微量元素缺乏症。施用微量元素肥料，已经获得了明显的增产效果和经济效益，全国各地的农业部门都相继将微肥的施用纳入了议事日程。

（1）硼肥。①硼肥的主要种类和性质。目前，生产上常用的硼肥种类有硼砂、硼酸、含硼过磷酸钙、硼镁肥等，其中最常用的是硼酸和硼砂。②硼肥的施用。一是土壤条件与硼肥施用。土壤水溶性硼含量与硼肥肥效关系密切，是决定是否施硼的重要依据。据中国农业科学院油料作物研究所、上海市农业科学院、浙江省农业科学院等单位的研究，土壤水溶性硼含量在低于0.3毫克/千克时为严重缺硼状态，低于0.5毫克/千克时为缺硼状态，此时施硼肥都有显著的增产效果，硼肥应优先分配于水溶性硼含量低的土壤上。土壤硼含量也与硼肥的施用方法有关，当土壤严重缺硼时以基肥为好，轻度缺硼的土壤通常采用根外追肥的方法。二是硼肥的施用技术。硼肥可用作基肥和追肥。作基肥时可与氮磷肥配合施用，也可单独施用。一般每亩施用0.25～0.5千克硼酸或硼砂，一定要施得均匀，防止浓度过高而造成植物中毒。追肥通常采用根外追肥的方法，喷施浓度为0.1%～0.2%硼砂或硼酸溶液，用量为每亩50～75千克。

（2）锌肥。①锌肥的主要种类和性质。目前生产上常用的锌肥为硫酸锌、氯化锌、碳酸锌、螯合态锌、氧化锌等。②锌肥的施用。一是土壤条件与锌肥施用。土壤有效锌含量与锌肥肥效关系密切。据河南省土壤肥料站试验，土壤有效锌含量小于0.5毫克/千克时，有显著的增产效果。当土壤有效锌含量在0.5～1.0毫克/千克时，在石灰性土壤和高产田施用锌肥仍有增产效果，并能改善作物的品质。二是锌肥的施用技术。锌肥可用作基肥和追肥。通常将难溶性锌肥用作基肥，作基肥时每亩施用1～2千克硫酸锌，可与生理酸性肥料混合施用。轻度缺锌地块隔1～2年再行施用，中度缺锌地块隔年或于次年减量施用。作追肥时常用作根外追肥，葡萄一般喷施0.1%～0.3%的硫酸锌溶液。三是锌肥肥效与磷肥的关系。在有效磷含量高的土壤中，往往会发生诱发性缺锌，比如某些水稻土中锌的缺乏就是由有效磷含量高而造成的。其原因：一是磷-锌拮抗，二是提高了植物体内的P_2O_5/Zn值，为了保持正常的P_2O_5/Zn值，使得作物需要吸收更多的锌，在施用磷肥时，必须要注意锌肥的供应情况，防止因磷多造成诱发性缺锌。

（3）锰肥。①锰肥的主要种类和性质。生产上常用的锰肥是硫酸锰、氯化锰等。②锰肥的施用。一是土壤条件与锰肥施用。一般将活性锰含量作为诊断土壤供锰能力的主要指标，土壤中活性锰含量小于50毫克/千克为极低水平、含量50～100毫克/千克为低、100～200毫克/千克为中等、200～300毫克/千克为丰富、大于300毫克/千克为很丰富。在缺锰的土壤上施用锰肥，对于一般作物都有很好的增产效果。二是锰肥的施用技术。生产上最常用的锰肥是硫酸锰，一般用作根外追肥，难溶性锰肥一般用作基肥。葡萄根外追肥喷施浓度一般为0.1%～0.3%。

（4）铁肥。生产上最常用的铁肥是硫酸亚铁，目前多采用根外追肥方法。在葡萄上喷施浓度一般为0.1%～0.3%。也可以把硫酸亚铁与有机肥按1：（10～20）比例混合后施到果树下，每株50千克，肥效可达1年，使70%缺铁症复绿。高压注射法也是果树上的一种有效施铁方法，即将0.3%～0.5%的硫酸亚铁溶液直接注射到树干木质部内，再随液流运输到需要的部位。

（5）钼肥。①钼肥的主要种类和性质。生产上常用的钼肥有钼酸铵、钼酸钠、三氧化钼、钼渣、含钼玻璃肥料等。②钼肥的施用。一是土壤条件与钼肥施用。钼肥的施用效果，与土壤中钼的含量、形态及分布区域有关，中国科学院南京土壤研究所刘铮等将我国土壤中钼含量及肥效分为三区，即钼肥显著区、钼肥有效区和钼肥可能有效区。二是钼肥的施用技术。钼肥多用作根外追肥。葡萄一般喷施0.1%左右的钼酸铵溶液，每次每亩喷施50千克，喷施1～2次即可。

（6）铜肥。①铜肥的主要种类和性质。生产上常见铜肥有硫酸铜、炼铜矿渣、螯合态铜和氧化铜。②铜肥的施用。一是土壤条件与铜肥施用。我国土壤铜含量比较丰富，一般都在1毫克/千克以上。在华中丘陵区，发育在红砂岩上的红壤、江苏徐淮地区的沙质黄潮土、西北地区的风沙土及黄绵土，有效铜含量均较低，施用铜肥有较好的效果。二是铜肥的施用方法。铜肥可用作基肥和追肥。作基肥（硫酸铜）每亩用量为1～1.5千克，由于铜肥的有效期长，为防止铜的毒害作用，以每3～5年施用1次为宜。追肥通常以根外追肥为主，硫酸铜喷施浓度为0.1%～0.3%，并加配硫酸铜用量10%～20%的熟石灰，以防药害。

（7）施用微量元素肥料的注意事项。①注意施用量及浓度。作物对微量元素的需要量很少，而且从适量到过量的范围很窄，因此要防止微肥用量过大。施用时还必须要施得均匀，浓度要保证适宜，否则会引起植物中毒，污染土壤与环境，甚至进入食物链，有碍人畜健康。②注意改善土壤环境条件。微量元素的缺乏，往往不是因为土壤中微量元素含量低，而是其有效性低，通过调节土壤条件，如土壤酸碱度、氧化还原性、土壤质地、有机质含量、土壤含水量等，可以有效改善土壤的微量元素营养条件。③注意与大量元素肥料配合施用。微量元素和氮、磷、钾、钙、镁等营养元素都是同等重要不可代替的，只有在满足了植物对大量元素需要的前提下，施用微量元素肥料后才能充分发挥肥效，表现出明显的增产效果。

五、复混肥料

复混肥料包括复混肥料、复合肥料、掺混肥料和有机-无机复混肥料，其中复混肥料是指氮、磷、钾3种养分中，至少有两种养分标明量的、由化学方法和（或）掺混方法制成的肥料；复合肥料是指氮、磷、钾3种养分中，至少有两种养分标明量的、仅由化学方法制成的肥料，是复混肥料的一种；掺混肥料是指氮、磷、钾3种养分中，至少有两种养分标明量的、由干混方法制成的颗粒状肥料，也称BB肥；有机-无机复混肥料是指含有一定量有机质的复混肥料，即将人及畜禽粪便、动植物残体、农产品加工下脚料等有机物料经过发酵，进行无害化处理后，添加无机肥料而制成的肥料。复混肥料和有机-无机复混肥料的技术指标分别见表6-8和表6-9。肥料中的大量元素（主要养分）是对元素氮、磷、钾的通称，中量元素（次要养分）是对元素钙、镁、硫等的通称，微量元素（微量养分）是植物生长所必需的，但相对来说需要量较少的元素，例如硼、锰、锌、铁、铜、钼或钴等。注意肥料中大、中、微量元素的划分不同于根据葡萄植株对营养元素需求的划分，从葡萄植株对营养元素需求的角度来看，氮、钾和钙是大量元素，磷和镁是中量元素。

表6-8 复合肥料的技术指标（参考GB/T 15063—2020）

项目			指标		
			高浓度	中浓度	低浓度
总养分（N + P_2O_5 + K_2O）含量，%		≥	40.0	30.0	25.0
水溶性磷占有效磷百分率，%		≥	60	50	40
硝态氮，%		≥	1.5		
水分（H_2O），%		≤	2.0	2.5	5.0
粒度（1.00 ～ 4.75毫米或3.35 ～ 5.60毫米），%		≥	90		
氯离子，%	未标"含氯"的产品	≤	3.0		
	标识"含氯（低氯）"的产品	≤	15.0		
	标识"含氯（中氯）"的产品	≤	30.0		
单一中量元素（以单质计），%	有效钙	≥	1.0		
	有效镁	≥	1.0		
	总硫	≥	2.0		
单一微量元素（以单质计），%		≥	0.02		

（1）组成产品的单一养分含量不应小于4.0%，且单一养分测定值与标明值负偏差的绝对值不应大于1.5%。

（2）以钙镁磷肥等枸溶性磷肥为基础磷肥并在包装容器上注明为"枸溶性磷"时，"水溶性磷占有效磷百分率"项目 不做检验和判定。若为氮、钾二元肥料，"水溶性磷占有效磷百分率"项目不做检验和判定。

（3）包装容器上标明"含硝态氮"时检测本项目。

（4）水分以生产企业出厂检验数据为准。

（5）特殊形状或更大颗粒（粉状除外）产品的粒度可由供需双方协议确定。

（6）氯离子的质量分数大于30.0%的产品，应在包装容器上标明"含氯（高氯）"；标识"含氯（高氯）"的产品氯离子的质量分数可不做检验和判定。

（7）包装容器上标明含钙、镁、硫时检测本项目。

（8）包装容器上标明含铜、铁、锰、锌、硼、钼时检测本项目，钼元素的质量分数不高于0.5%。

注：本标准适用于复合肥料（包括冠以各种名称的以氮、磷、钾为基础养分的三元或二元固体肥料）。本标准不适用于磷酸一铵、磷酸二铵等复合肥料产品。

表6-9 有机无机复混肥料的技术指标要求(参考GB/T 18877—2020)

项目			指标		
			I型	II型	III型
有机质含量，%		≥	20	15	10
总养分(N + P_2O_5+K_2O)含量，%		≥	15.0	25.0	35.0
水分(H_2O)，%		≤	12.0	12.0	10.0
酸碱度(pH)			5.5 ~ 8.5		5.0 ~ 8.5
粒度(1.00 ~ 4.75毫米或3.35 ~ 5.60毫米)，%		≥	70		
蛔虫卵死亡率，%		≥	95		
粪大肠菌群数，(个/克)		≤	100		
氯离子含量，%	未标"含氯"的产品	≤	3.0		
	标明"含氯(低氯)"的产品	≤	15.0		
	标明"含氯(中氯)"的产品	≤	30.0		
砷及其化合物含量(以As计)，(毫克/千克)		≤	50		
镉及其化合物含量(以Cd计)，(毫克/千克)		≤	10		
铅及其化合物含量(以Pb计)，(毫克/千克)		≤	150		
铬及其化合物含量(以Cr计)，(毫克/千克)		≤	500		
汞及其化合物含量(以Hg计)，(毫克/千克)		≤	5		
钠离子含量，%		≤	3.0		
缩二脲含量，%		≤	0.8		

(1) 标明的单一养分含量不应低于3.0%，且单一养分测定值与标明值负偏差的绝对值不应大于1.5%。
(2) 水分以出厂检验数据为准。
(3) 粒度指出厂检验数据，当用户对粒度有特殊要求时，可由供需双方协议确定。
(4) 氯离子的质量分数大于30.0%的产品，应在包装袋上标明"含氯(高氯)"，标识"含氯(高氯)"的产品氯离子的质量分数不做检验和判定。

注：本标准适用于以人及畜禽粪便、动植物残体、农产品加工下脚料等有机物料经过发酵，进行无害化处理后，添加无机肥料制成的有机无机复混肥料。

六、水溶肥料

水溶肥料是指能够完全溶解于水的含氮、磷、钾、钙、镁、硫、微量元素、氨基酸、腐殖酸、海藻酸等的复合型肥料，是将工业级的磷酸二铵、尿素、氯化钾等易溶于水的肥料，按一定比例进行科学配比，并添加硼、铁、锌、铜、钼和螯合态微量元素，经过新的生产工艺组合而成的一种可以完全溶于水的化肥。与传统的造粒复合肥等品种相比，水溶性肥料具有明显的优势：是一种速效性肥料，水溶性好、无残渣，可以完全溶解于水中，能被作物的根系和叶面直接吸收利用；采用水肥同施，以水带肥，实现了水肥一体化，其有效吸收率高出普通化肥1倍多；而且肥效快，可解决高产作物快速生长期的营养需求；施肥作业几乎可以不用人工，大大节约了人力成本。因其具有提高肥效、省肥、省工、增产等特点，被誉为21世纪中国化肥产业发展的新方向。

（一）传统水溶肥料（营养元素）

（1）大量元素水溶肥料（技术指标见表6-10）。以大量元素氮、磷、钾为主要成分的，添加适量中量元素或微量元素的液体或固体水溶肥料。该类水溶肥料含氮、磷、钾三元素中的一种或两种以上。其中，氮肥一般采用酰胺态氮、铵态氮、硝态氮或者氨基酸等有机氮源。产品原料一般选择使用尿素、硝酸铵、硝酸钾、硫酸铵、氯化铵、硝酸、氨基酸等；磷源主要选用正磷酸盐、偏磷酸盐、多聚磷酸盐等，生产上一般选用磷酸二氢钾、磷酸氢二钾、磷酸铵（磷酸一铵、磷酸二铵）、磷酸以及一些偏磷酸盐与多聚磷酸盐等；钾肥一般选用硝酸钾、磷酸二氢钾、硫酸钾等作为水溶肥产品原料。按添加中量、微量营养元素类型可将大量元素水溶肥料分为中量元素型和微量元素型两种类型。

（2）中量元素水溶肥料（技术指标见表6-11）。以中量元素钙、镁等为主要成分的固体或液体水溶肥。其中，钙肥主要采用水溶性无机钙盐及螯合钙，产品原料可选用氯化钙、硝酸钙、硝酸铵钙、乙酸钙以及与EDTA、柠檬酸、氨基酸、糖醇等有机物螯合的钙；镁肥主要采用水溶性无机镁盐，一般选择氯化镁和硫酸镁；水溶性硅肥主要采用硅酸钠（主要指偏硅酸钠和五水偏硅酸钠）作为硅源，由于其呈碱性，且易与钙、镁、锌、铁等离子发生反应，形成絮状沉淀。因此，在水溶肥中一般单独使用。

（3）微量元素水溶肥料（技术指标见表6-12）。由铜、铁、锰、锌、硼、钼微量元素按所需比例制成的或单一微量元素制成的液体或固体水溶肥料。在我国农化市场中一般有单质元素型与复合元素型两种。一般选用易溶性无机盐类及螯合类微量元素等作为原材料。

表6-10 大量元素水溶肥料技术指标（参考NY/T 1107—2020）

项目		固体产品	液体产品
大量元素含量[a]		≥50.0%	≥400克/升
水不溶物含量		≤1.0%	≤10克/升
水分（H_2O）含量		≤3.0%	/
缩二脲含量		≤0.9%	≤0.9%
氯离子含量[b]	未标"含氯"的产品	≤3.0%	≤30克/升
	标识"含氯（低氯）"的产品	≤15.0%	≤150克/升
	标识"含氯（中氯）"的产品	≤30.0%	≤300克/升

a 大量元素含量指总N、P_2O_5、K_2O含量之和，产品应至少包含其中2种大量元素。单一大量元素含量不低于4.0%或40克/升。各单一大量元素测定值与标明值负偏差的绝对值应不大于1.5%或15克/升。

b 氯离子含量大于30.0%或300克/升的产品，应在包装袋上标明"含氯(高氯)"，标识"含氯（高氯）"的产品，氯离子含量可不做检验和判定。

注：（1）大量元素水溶肥料中汞、砷、镉、铅、铬限量指标应符合NY 1110《水溶肥料汞、砷、镉、铅、铬的限量要求》的要求。

（2）产品中若添加中量元素养分，须在包装标识注明产品中所含单一中量元素含量、中量元素总含量。①中量元素含量指钙、镁元素含量之和，产品应至少包含其中一种中量元素；②单一中量元素含量不低于0.1%或1克/升；③单一中量元素含量低于0.1%或1克/升不计入中量元素含量总含量；④当单一中量元素标明值不大于2.0%或20克/升时，各元素测定值与其标明值负相对偏差的绝对值应不大于40%，当单一中量元素标明值大于2.0%或20克/升时，各元素测定值与其标明值负偏差的绝对值应不大于1.0%或10克/升。

（3）产品中若添加微量元素养分，须在包装标识注明产品中所含单一微量元素含量、微量元素总含量。①微量元素含量指铜、铁、锰、锌、硼、钼元素含量之和，产品应至少包含其中一种微量元素；②单一微量元素含量不低于0.05%或0.5克/升，钼元素含量不高于0.5%或5克/升；③单一微量元素含量低于0.05%或0.5克/升不计入微量元素含量总含量；④当单一微量元素标明值不大于2.0%或20克/升时，各元素测定值与其标明值正负相对偏差的绝对值应不大于40%，当单一微量元素标明值大于2.0%或20克/升时，各元素测定值与其标明值正负偏差的绝对值应不大于1.0%或10克/升。

（4）固体大量元素水溶肥料产品若为颗粒形状，粒度(1.00 ~ 4.75毫米或3.35 ~ 5.60毫米)应≥90%；特殊形状或更大颗粒(粉状除外)产品的粒度可由供需双方协议确定。

表6-11 中量元素水溶肥料技术指标（参考 NY 2266—2012）

固体产品	
项目	指标
中量元素含量[a]，%	≥10.0
水不溶物含量，%	≤5.0
pH（1：250稀释）	3.0 ~ 9.0
水分（H_2O）含量，%	≤3.0

a 中量元素含量指钙、镁元素含量之和。产品应至少包含一种中量元素。含量不低于1.0%的钙或镁元素均应计入中量元素含量中。硫含量不计入中量元素含量，仅在标识中标注。

（续）

液体产品	
项目	指标
中量元素含量[a]，克/升	≥100
水不溶物含量，克/升	≤50
pH（1：250稀释）	3.0～9.0

a 中量元素含量指钙、镁元素含量之和。产品应至少包含一种中量元素。含量不低于10克/升的钙或镁元素均应计入中量元素含量中。硫含量不计入中量元素含量，仅在标识中标注。

备注：当中量元素水溶肥料中添加微量元素成分，微量元素含量应不低于0.1%或1克/升，且不高于中量元素的10%。微量元素含量指铜、铁、锰、锌、硼、钼元素含量之和。含量不低于0.05%或0.5克/升的单一微量元素均应计入微量元素含量中。

水溶肥料中汞、砷、镉、铅、铬限量要求（参考NY 1110—2010）	
砷（As）（以元素计，毫克/千克）	≤10
汞（Hg）（以元素计，毫克/千克）	≤5
铅（Pb）（以元素计，毫克/千克）	≤50
镉（Cd）（以元素计，毫克/千克）	≤10
铬（Cr）（以元素计，毫克/千克）	≤50

表6-12　微量元素水溶肥料技术指标（参考NY 1428—2010）

固体产品	
项目	指标
微量元素含量[a]，%	≥10.0
水不溶物含量，%	≤5.0
pH（1：250稀释）	3.0～10.0
水分（H_2O）含量，%	≤6.0

a 微量元素含量指铜、铁、锰、锌、硼、钼元素含量之和。产品应至少包含一种微量元素。含量不低于0.05%的单一微量元素均应计入微量元素含量中。钼元素含量不高于1.0%（单质含钼微量元素产品除外）。

液体产品	
项目	指标
微量元素含量[a]，克/升	≥100
水不溶物含量，克/升	≤50
pH（1：250稀释）	3.0～10.0

a 微量元素含量指铜、铁、锰、锌、硼、钼元素含量之和。产品应至少包含一种微量元素。含量不低于0.5克/升的单一微量元素均应计入微量元素含量中。钼元素含量不高于10克/升（单质含钼微量元素产品除外）。

水溶肥料中汞、砷、镉、铅、铬限量要求（参考NY 1110—2010）	
砷（As）（以元素计，毫克/千克）	≤10
汞（Hg）（以元素计，毫克/千克）	≤5
铅（Pb）（以元素计，毫克/千克）	≤50
镉（Cd）（以元素计，毫克/千克）	≤10
铬（Cr）（以元素计，毫克/千克）	≤50

注：本标准不适用于已有强制性国家或行业标准的肥料（如硫酸铜、硫酸锌）和螯合态肥料（如EDDHA-Fe）。

（二）功能水溶肥料

主要分为植物生长调节剂型水溶肥和含功能物质/载体型水溶肥两大类，其中植物生长调节剂型水溶肥中除了含有植物必需的矿质营养元素外，还加入了调节植物生长的物质，如赤霉素、三十烷醇、复硝酚钠、DA-6、萘乙酸（钠）、脱落酸（S-诱抗素）、6-BA、PP333等，具有调控作物生长发育的作用；含功能物质/载体型水溶肥中除了含有植物必需的矿质营养元素外，还含有从自然物质（如海藻、秸秆、动物毛发、草炭、风化煤等）中提取、发酵或代谢的产物如氨基酸、腐殖酸、核酸、海藻酸、糖醇、海胆素等物质，具有刺激作物生长、促进作物代谢、提高作物自身抗逆性等功能。含功能物质/载体型水溶肥又分为载体型功能水溶肥料、药肥型功能水溶肥料、稀土型功能水溶肥料、木醋液、海胆素等。

1. 载体型

（1）氨基酸（可为作物提供有机碳，因此属于有机碳肥的一种。含氨基酸水溶肥料技术指标见表6-13）。利用植物、动物残体、毛发等经过生物和化学工艺转化后富含游离氨基酸的能够促进作物生长和土壤生态平衡的固体和液体肥料品种，称为氨基酸肥料。①氨基酸生产工艺及特点。一般通过化学水解、酶解和生物发酵三种工艺获得。a.化学水解：主要是用强酸或强碱来水解蛋白质进一步加工成含氨基酸水溶性肥料，主要用于水解动物源的蛋白质。其中，酸解主要使用硫酸或盐酸在高温（＞121℃）和一定压力（220.6千帕）下强烈破坏蛋白质；碱解相对简单，把蛋白质加热后，加入碱如氢氧化钙、氢氧化钠或氢氧化钾，并保持温度至设定点。化学水解会打破蛋白质的所有肽键，导致蛋白质高度分解，所得到的游离氨基酸多，但同时也破坏了几种氨基酸，如色氨酸在酸解条件下会被全部破坏，半胱氨酸、苏氨酸也会部分损失，天冬氨酸和谷氨酸可能转化为酸式，在化学水解过程中，一些不耐热的化合物如维生素也会被破坏。另外，在水解过程中有一项特殊的过程，即一些游离氨基酸会从L型转为D型。由于活体生物蛋白仅为L型，在植物代谢中不能直接利用D型氨基酸参与代谢，这会使蛋白质水解物的有效性降低，甚至对植物有毒，同时，酸解、碱解的水解过程会增加蛋白质水解物的盐度。b.酶解：酶解通常适合于生产植物源的蛋白质水解物，蛋白酶主要来自动物植物和微生物。这种水解与化学水解相比，过程较温和，且不需要高温（＜60℃）。蛋白酶通常作用于精准的肽键，如胃蛋白酶只切苯基丙氨酸或亮氨酸处的键，木瓜蛋白酶仅切精氨酸和苯丙氨酸相邻的键，胰蛋白酶切精氨酸、赖氨基、酪氨酸、苯丙氨酸、亮氨酸的键。所以，来自酶解的蛋白质水解物是氨基酸和不同长度肽的混合物，盐分较低，成分相对稳定。蛋白质水解物中，蛋白质/肽和游离氨基酸分布很广，其含量分别为1%～85%和2%～18%，动物源蛋白质的氨基酸总量高于植物源蛋白质。以胶原蛋白为原料的通常含有较多的氨基糖和脯氨酸，豆科植物蛋白源的氨基酸主要是天冬氨酸和谷氨酸。同时，以鱼为蛋白源的也主要是天冬氨酸和谷氨酸。奶酪源蛋白质含有较多的谷氨酸和脯氨酸，在胶原蛋白中还含有两种非标准的氨基酸，即羟基谷氨酸和羟基脯氨酸，它在植物源蛋白中含量很少。蛋白质水解物能干扰植物内激素的平衡，因而影响植物发育，主要是影响肽类、植物激素合成前体物的形成。施用植物源的蛋白质水解物能诱导类生长素、类赤霉素的生成，从而影响植物的表现，改善营养状况、提高品质，还能帮助植物抵抗热、盐、碱、营养等的胁迫。蛋白质水解物的效果取决于作物种类、环境条件、作物生长时期、施用次数、施用方式和叶片的穿透性能。c.生物发酵：常用复合菌群在一定条件下对物料进行4～6周的发酵，发酵液经提炼后，可加工成含氨基酸水溶性肥料。②18种氨基酸在植物体内的作用。氨基酸为植物提供氮源、碳源和能量；参与作物生长发育过程中各种酶的形成和提高其活性，调节植物生长发育；提高作物抗逆（旱、涝、酸、碱、毒）和抗病能力；促进作物光合作用。18种氨基酸中的每一种氨基酸的功能不尽相同。其中甘氨酸（Gly），增加农作物对磷钾元素的吸收，提高植物抗逆性，对植物的生长特别是光合作用具有独特的促进作用，增加植物叶绿素含量，提高酶的活性，促进二氧化碳的渗透，提高作物品质，增加维生素C和糖的含量；亮氨酸（Leu），植物生长促进剂，对农作物的光合作用有着奇特的调节作用；蛋氨酸（Met），防止根菌的侵害，杀死许多寄生病菌；酪氨酸（Tyr），在植物中调控根尖生长和根细胞的维持；组氨酸（His），暂无报道；苏氨酸（Thr），有效提高植物的免疫机能；丙氨酸（Ala），具有抵抗和消灭农作物病菌的作用；异亮氨酸（Ile），暂无报道；色氨酸（Try），具有抵抗和消灭农作物病菌的作用，色氨酸经脱羧、脱氨、氧化生成内源生长素吲哚乙酸；胱氨酸（Cys），具有抵抗和消灭农作物病菌的作用；赖氨酸（Lyb），对农作物的光合作用有着奇特的调节作用；天冬氨酸（Asp），降低植物体内硝酸盐的含量；缬氨酸（Val），暂无报道；苯丙氨酸（Phe），参与植物的抗病反应；脯氨酸（Pro），在植物干旱胁迫下，能引起渗透压下降，在植物发育中起重要作用，与植物的发育阶段、器官类型有关；丝氨酸（Ser），参与植物衰老和木质素的合成、发芽、细胞组织分化、细胞程序性死亡、信号传导、蛋白质降解与加工、抑制植物生长；谷氨酸（Glu），在光呼吸氮代谢中具有重要作用，降低植物体内硝酸盐的含量，对农作物的光合作用有着奇特的调节作用；精氨酸（Arg），具有贮藏氮元素营养的功能、生成PA和NO等前体物质，参与植物的生长发育、提高植物抗逆性。

（2）海藻酸。主要原料是鲜活海藻，一般是大型经济藻类。如臣藻、海囊藻、昆布等。利用物理方法处理的海藻提取物具有较高的植物活性，含有丰富的维生素、海藻多糖和多种植物生长调节剂，如生长素、赤霉素、类细胞分裂素、多酚化合物及抗生素物质等，可刺激作物体内活性因子的产生和调节内源激素的平衡。

（3）糖醇类。天然糖醇是光合作用的初产物，可从植株韧皮部提取获得，其在植株韧皮汁液中的含量远高于氨基酸的含量。糖醇可作为硼、钙等营养元素的载体，携带矿质养分在植物韧皮部中快速运输。糖醇有很好的润湿和渗透作用，可以作为叶面肥料喷施。经糖醇螯合后的营养元素可被作物快速吸收利用，效果优于柠檬酸、氨基酸等螯合肥料。

（4）腐殖酸（可为作物提供有机碳，因此和氨基酸一样，也属于有机碳肥的一种。含腐殖酸水溶肥料技术指标见表6-14）。具有络（螯）合、吸附、渗透、黏结、交换、稀释、缓释、稳定、表面活性等理化特性，对作物具有增强呼吸代谢，提高抗旱性能（降低叶片气孔张开度，减少水分蒸腾，减少土壤水分消耗；表面活性大，使作物细胞渗透压和膨胀压增大），改善果实品质（增强糖化酶和磷化酶的活性），提高肥料利用率（抑制硝化酶活性，硝化抑制率≥30%；抑制脲酶活性，抑制率达8.8%～29.5%）的作用。①腐殖酸的种类。腐殖酸包括矿物源腐殖酸和生化腐殖酸。②腐殖酸的生产工艺。a.矿物源腐殖酸指由动植物残体经过微生物分解、转化以及地球化学作用等系列过程形成的，从泥炭、褐煤或风化煤提取而得的，含苯核、羧基和酚羟基等无定形高分子化合物的混合物。用苯或苯-醇溶剂抽提，得到可溶的沥青和不溶的残渣，残渣再用0.5%氢氧化钠溶液处理，即得到可溶的腐殖酸碱液，再用5%盐酸溶液和丙酮处理，可分离出黄腐酸、棕腐酸和黑腐酸。其中黄腐酸溶于酸和水而呈黄色溶液，棕腐酸溶于碱和乙醇但不溶于水而呈棕色溶液，黑腐酸仅溶于碱，不溶于酸、水、乙醇而呈黑色。b.生化腐殖酸是以农业固废发酵后产生的类腐殖酸物质，含有多种酶和氨基酸、微量元素、维生素、糖类及核苷酸等，多种组分共同作用。

2.药肥型 在水溶肥中，除了营养元素，还会加入一定数量不同种类的农药和除草剂等，使其具有防治病虫害和除草功能，通常可分为除草专用肥、除虫专用肥、杀菌专用肥等。注意：作物对营养调节的需求与病虫害的发生不一定同步，因此在开发和使用药肥时，应根据作物的生长发育特点，综合考虑不同作物的耐药性以及病虫害的发生规律、习性、气候条件等因素，制作作物专用型药肥，并特别注意施用方法，尽量避免药害。

3.木醋液 木醋（酢）液水溶肥是以木炭或竹炭生产过程中产生的木醋液或竹醋液为原料，添加营养元素而成的水溶肥料。木醋液中含有K、Ca、Mg、Zn、Mn和Fe等矿物质，此外还含有维生素B_1和维生素B_2以及近300种天然有机化合物。

4.海胆素 海胆素水溶肥富含多种无机盐、卤化物（如氟、溴、碘）、生物多糖、酚类、多胺类、多种天然维生素类及多烯类有机酸，能够被植物直接吸收利用，参与植物代谢，为其开花、结果提供能量支持。其活性功效是甲壳素的10倍、海藻素的20倍。

5.稀土型 农用稀土元素通常是指镧、铈、钕和镨等，最常用氯化稀土$REC1_3 \cdot 6H_2O$和硝酸稀土

RE（NO_3）· $6H_2O$。具有影响植物形态建成、促进根系吸收和光合作用及物质转运、提高作物抗逆性的作用。

表6-13 含氨基酸水溶肥料技术指标（参考NY 1428—2010）

中量元素型固体产品	
项目	指标
游离氨基酸含量，%	≥10.0
中量元素含量[a]，%	≥3.0
水不溶物含量，%	≤5.0
pH（1∶250稀释）	3.0～9.0
水分（H_2O）含量，%	≤4.0

a中量元素含量指钙、镁元素含量之和。产品应至少包含一种中量元素。含量不低于0.1%的单一中量元素均应计入中量元素含量中。

中量元素型液体产品	
项目	指标
游离氨基酸含量，克/升	≥100
中量元素含量[a]，克/升	≥30
水不溶物含量，克/升	≤50
pH（1∶250稀释）	3.0～9.0

a中量元素含量指钙、镁元素含量之和。产品应至少包含一种中量元素。含量不低于1克/升的单一中量元素均应计入中量元素含量中。

微量元素型固体产品	
项目	指标
游离氨基酸含量，%	≥10.0
微量元素含量[a]，%	≥2.0
水不溶物含量，%	≤5.0
pH（1∶250稀释）	3.0～9.0
水分（H_2O）含量，%	≤4.0

a微量元素含量指铜、铁、锰、锌、硼、钼元素含量之和。产品应至少包含一种微量元素。含量不低于0.05%的单一微量元素均应计入微量元素含量中。钼元素含量不高于0.5%。

微量元素型液体产品	
游离氨基酸含量，克/升	≥100
微量元素含量[a]，克/升	≥20
水不溶物含量，克/升	≤50
pH（1∶250稀释）	3.0～9.0

a微量元素含量指铜、铁、锰、锌、硼、钼元素含量之和。产品应至少包含一种微量元素。含量不低于0.5克/升的单一微量元素均应计入微量元素含量中。钼元素含量不高于5克/升。

备注：当中量元素含量和微量元素含量均符合要求时，产品类型归为微量元素型。

（续）

水溶肥料中汞、砷、镉、铅、铬限量要求（参考 NY 1110—2010）	
砷（As）（以元素计，毫克／千克）	≤ 10
汞（Hg）（以元素计，毫克／千克）	≤ 5
铅（Pb）（以元素计，毫克／千克）	≤ 50
镉（Cd）（以元素计，毫克／千克）	≤ 10
铬（Cr）（以元素计，毫克／千克）	≤ 50

注：含氨基酸水溶肥料是指以游离氨基酸为主体，按适合植物生长所需比例，添加适量钙镁中量元素或铜、铁、锰、锌、硼、钼微量元素而制成的液体或固体水溶肥料。

表 6-14　含腐殖酸水溶肥料技术指标（参考 NY 1106—2010）

大量元素型固体产品	
项目	指标
腐殖酸含量，%	≥ 3.0
大量元素含量[a]，%	≥ 20.0
水不溶物含量，%	≤ 5.0
pH（1：250 稀释）	4.0 ~ 10.0
水分（H_2O）含量，%	≤ 5.0

[a]大量元素含量指总 N、P_2O_5、K_2O 含量之和。产品应至少包含两种大量元素。单一大量元素含量不低于 2.0%。

大量元素型液体产品	
项目	指标
腐殖酸含量，克／升	≥ 30
大量元素含量[a]，克／升	≥ 200
水不溶物含量，克／升	≤ 50
pH（1：250 稀释）	4.0 ~ 10.0

[a]大量元素含量指总 N、P_2O_5、K_2O 含量之和。产品应至少包含两种大量元素。单一大量元素含量不低于 20 克／升。

微量元素型固体产品	
项目	指标
腐殖酸含量，%	≥ 3.0
微量元素含量[a]，%	≥ 6.0
水不溶物含量，%	≤ 5.0
pH（1：250 稀释）	4.0 ~ 10.0
水分（H_2O）含量，%	≤ 5.0

[a]微量元素含量指铜、铁、锰、锌、硼、钼元素含量之和。产品应至少包含一种微量元素。含量不低于 0.05% 的单一微量元素均应计入微量元素含量中。钼元素含量不高于 0.5%。

（续）

水溶肥料中汞、砷、镉、铅、铬限量要求（参考 NY 1110—2010）	
砷（As）（以元素计，毫克／千克）	≤ 10
汞（Hg）（以元素计，毫克／千克）	≤ 5
铅（Pb）（以元素计，毫克／千克）	≤ 50
镉（Cd）（以元素计，毫克／千克）	≤ 10
铬（Cr）（以元素计，毫克／千克）	≤ 50

注：含腐殖酸水溶肥料是指以适合植物生长所需比例的矿物源腐殖酸，添加适量氮磷钾大量元素或铜、铁、锰、锌、硼、钼微量元素而制成的液体或固体水溶肥料。

七、螯合型肥料

全世界缺乏中微量元素土壤面积达25亿公顷，中国中低产田占总耕地面积的70%以上，其中大部分缺乏中微量元素。当前，中国耕地中钙、镁、硫、硼、铁、锌、锰、铜、钼在缺素临界值以下的耕地比例分别占到64%、53%、40%、84%、31%、41%、48%、25%和59%。同时由于氮磷钾三要素肥料的大量使用，土壤中中微量元素缺乏日趋严重。中外学者研究发现：许多中微量元素不足是导致作物抗病力下降，引发病虫害的主要原因之一。通过增施中微肥，满足了农作物对各营养元素的需求，使得农作物能够正常地生长发育，从而获得理想的产量、品质和效益；同时，通过增施中微肥有效提高了肥料的利用率，减轻或避免了肥料浪费，减少了因肥料流失产生的环境污染，减少了作物因缺素引起的疾病和农药用量。

我国使用的中微量元素多数为简单无机盐，利用率受到一定限制。无机活性中微量元素一旦进入肥料和施入土壤，大部分将失去活性，能被植物吸收的很少，所以即使平衡施肥、平衡配肥，也不等于能被农作物平衡吸收。利用螯合剂将钙、镁、硼、铁、锌、锰、铜、钼、硒等中微量元素生成螯合型肥料，有效地提升了中微量元素的稳定性，提高了肥料的利用率，解决了平衡配肥与农作物平衡吸收的矛盾。

（一）定义

（1）螯合物。由中心离子和多齿配体结合而成的具有环状结构的配合物（又称络合物）。螯合物是配合物的一种，在螯合物的结构中，一定有一个或多个多齿配体提供多对电子与中心体形成配位键。螯合物通常比一般配合物（又称络合物）要稳定，其结构中经常具有的五元环或六元环结构更增强了稳定性。

（2）螯合剂（又称配体）。能与金属离子起螯合作用的有机分子化合物。

（3）螯合肥。通过生产工艺用螯合剂与植物必需的中微量营养元素（如钙、镁、硫、铜、锌、钼等）螯合制成的肥料。

（二）优缺点

（1）螯合肥中的螯合剂在植物的细胞中能有选择地捕捉某些金属离子，又能在必要时适量释放出这种金属离子。螯合剂具有对金属离子的"擒"（吞或捕捉）"纵"（吐或释放）能力，让作物吸收营养更容易，更加充分合理。所以，它在植物体内承担着"指挥部"的作用，平衡根、茎、叶、花、果实之间的营养供给，使植物苗壮生长。

（2）相比于传统型无机微量元素肥料，螯合肥养分全面均衡，在土壤中不易被固定，易溶于水，又不离解，能很好地被植物根系吸收利用，也可与其他固态或液态肥料混合施用而不发生拮抗化学反应，不降低任何肥料的肥效，预防作物因元素缺失发生生理性病害。总体而言，螯合剂在肥料生产上的应用是农业生产上的又一次革命。

（三）常用螯合剂

主要有EDTA、腐殖酸、氨基酸、酒石酸、柠檬酸、水杨酸、多磷酸盐等。其中，氨基酸本身可以直接被植物吸收，刺激植物生长，在无需光合作用情况下被植物直接利用；作为螯合物使用时，其又可保护金属离子不与其他物质发生副反应，在保护金属离子达到植物所需部位后本身也被农作物吸收利用。所以，氨基酸中微量元素螯合物是一种性能优良、价格低廉、螯合常数适中的有机螯合中微肥，氨基酸是一种优良的螯合剂。

（四）生产工艺注意事项

（1）合理控制螯合比。螯合比＝中心离子摩尔量／螯合剂摩尔量，其中双螯合剂具有容限效应，能提高稳定性、降低螯合比。

（2）注意抗絮凝。较高活性的腐殖酸，既是原液的胶体保护剂和分散剂，又是稀释液的有效抗絮凝剂。

（3）注意流动性和稳定性。①常用增稠剂。黏土类（膨润土、海泡石、硅镁土、斑脱土等）、黄原胶、阿拉伯树胶、改性纤维素、改性淀粉、聚乙烯吡咯烷酮等。②常用分散剂和润湿剂。硅系表面活性剂、十二烷基硫酸钠、藻酸、烷基磷酸酯、β-萘磺酸-甲醛缩合物，其中，添加烷基多糖苷、聚甘油酯和纤维素醚等助剂后的液肥胶体稳定性是很理想的。

（4）添加大分子阴离子型表面活性剂。①聚烯烃系列。马来酸与各类环戊二烯的聚合物钠盐，聚环烯磺酸盐，聚二烯磺酸盐，聚苯乙烯磺酸盐（PSS），用量一般为0.5%左右。②聚丙烯酸酯系列。丙烯酸与苯乙烯聚合物钠盐、丙烯酸与丙烯酰胺共聚物钠盐和聚丙烯磺酸盐等。

（五）性能比较

有机螯合中微肥的性能较无机化合中微肥更好，有机螯合中微肥中的氨基酸螯合中微肥性能更好，具体见表6-15和表6-16。

表6-15　无机化合中微肥与有机螯合中微肥性能比较

性能	无机化合中微肥性能特点	有机螯合中微肥性能特点
水溶性	好，易溶于水	好，易溶于水
有效性	差，易失效	好，不易失效，稳定性好
当季利用率	低，仅为5%～15%	高，是无机盐的5～10倍
农作物增产效果	不明显，增产1%～5%	明显，增产5%～50%
农产品品质提高	不明显，与无机肥相似	很明显，与有机肥相似
与其他肥料的混合性	不可与含磷肥相混	可与任何肥料混合使用
在土壤中的稳定性	不稳定，受土壤种类及pH的影响	稳定，不受土壤种类及pH的影响
对农作物的抗逆性	不明显	提高抗逆性，减少病害
投入产出比	低，1：（3～5）	高，1：（5～50）

表6-16　EDTA、黄腐酸、氨基酸三种螯合中微肥性能比较

性能	EDTA螯合中微肥性能特点	黄腐酸螯合中微肥性能特点	氨基酸螯合中微肥性能特点
螯合物稳定性	太稳定	较稳定	适中（介于前两者之间）
生产成本	高	高	低
刺激植物生长的功能	没有	有	有
对土壤肥力的影响	污染土壤	提高土壤肥力	提高土壤肥力

（续）

性能	EDTA螯合中微肥性能特点	黄腐酸螯合中微肥性能特点	氨基酸螯合中微肥性能特点
农作物的吸收方式	间接吸收	间接吸收	直接吸收
对农作物产量的影响	提高3%～5%	提高5%～10%	提高5%～50%
对农产品品质的影响	不明显	明显	很明显
补充微量元素的速度	太慢	快	很快
投入产出比	1：(4～6)	1：(5～10)	1：(10～50)

八、自制堆肥

堆肥堆制就是把类似家畜粪便、植物和食物垃圾等有机物，加入泥土和矿物质混合堆积，调整水分和空气流量让好氧性菌繁殖增多，并产生热来分解有机物的过程。

（一）堆肥的制作

（1）地点选择。堆制地块不能积水，肥堆要和土地接触，这非常重要。

（2）堆制。①在地面上铺一层约15厘米厚的落叶、枯草、果皮、菜叶或庄稼残梗等；然后，在上面再铺一层约5厘米厚的畜禽粪便、棉籽或豆子等含氮量高的材料；再在上面撒一层薄薄的腐殖土、草木灰，草木灰也可用石灰石粉或苦土石灰代替，这就堆好了第一层。②接着开始堆第二层，方法和第一层一样。这样一层层堆上去，堆到大约1.5米高为止。③在上面盖上一层厚厚的草或者土，以减少水分蒸发。肥堆的理想高度为1.5米，宽度为1.5～3.0米，长度则不限。注意堆肥的时候不要把材料踏实，要保持疏松透气。另外，堆的时候最好插几根粗木棍在肥堆中，堆完后拔出作气洞，这样会更透气些。肥堆堆好后，给肥堆浇水，要浇透，但不要变成稀烂。以后还要经常适当浇水，使肥堆保持湿润，这在炎热干燥的天气里尤其重要。

（3）翻拌。3个星期后，把肥堆翻一翻，将里面的材料翻到外面，把外面的材料翻到里面；再过5周，再把肥堆翻一翻；再过4周，所有的材料应该都已被充分腐烂分解了。这时，堆肥就做好了，前后总共需要2～3个月。

（二）堆肥堆制的改进方法

堆肥有许多改进的做法，经过长期实践证明，以下改进方法具有良好的效果。

（1）蚯蚓法。当肥堆温度下降后，可以放入几百只蚯蚓。它们会帮助腐化分解肥料，并且加上其排泄物，使堆肥的肥效更好。蚯蚓还能帮助消灭残留的野草籽和病菌，并且在肥堆里很快繁殖出更多的蚯蚓。

（2）无氧法。先把地面的泥土掘松，按通常的做法堆肥，浇透水，然后用一大张黑色塑料膜严密罩住，用土把塑料膜边角封住。不用再浇水，也不用翻搅，3个月后，堆肥就做好了。

（3）秸秆堆肥法。对于耕种大面积土地的农户，这是一种很好的办法。在收获后，把粪肥、干草、石灰石、磷灰石粉等肥料直接撒在田里，然后和庄稼残梗一起翻耕到土里，让它们在地里腐烂分解。

（三）发酵堆肥完成指标

（1）感官指标。颜色呈褐色或灰褐色；结构呈粒状或粉状，无大块结构；堆肥温度降低至常温；无臭味及氨味。

（2）检测指标。水分含量≤30.0%；pH5.5～8.5；有机质含量≥20.0%。

（四）堆肥堆制的注意事项

（1）水分。水分是微生物活动的必要条件，过干或过湿均会影响微生物活动。一般堆肥保持60%左右的水分，以用手捏紧刚能出水的程度较为合适。由于堆制过程中，堆肥温度上升会消耗水分，因此，在适当时候要添加水分。但对于南方沤肥或沼气肥而言，水分不是主要条件。

（2）空气。在好气性堆肥条件下，空气的不断加入是产生高温无害化的重要保证。但过快地通气又会导致发酵过猛，浪费资源。调节空气的方法，主要以调节堆肥原料的精料和粗料比例为主，即可增大空隙度；有的可设置地下避气沟，或地面、堆肥中都设有若干通气管以达到通气目的。农村堆肥用秸秆，秸秆即可作通气管。大中型堆肥工厂则可采用塑料、金属通气管。

（3）温度。堆内温度的升降，是反映堆肥微生物群落活动的标志。大部分好气性微生物在30～40℃环境中生存较好。但高温纤维素分解细菌和有些放线菌在65℃时，分解有机质能力最强，它们能在短时间内迅速分解纤维素，超过65℃后，其活动受到抑制。在50℃以下环境中，生长着大量中温性纤维分解菌。因此，在冬季或气温较低的北方制造堆肥，接种少量含有丰富高温纤维素分解菌的骡粪、马粪及其浸出液，是可以加速堆肥腐熟的；若温度过高，须通过翻堆或加水等办法降温。

（4）碳氮比。当含碳有机物被微生物分解利用时，必须同时消耗掉一部分氮素，以构成微生物的细胞成分。一般而言，微生物需要的碳氮比以（20～25）：1最为合适。对于像秸秆之类的有机物，碳氮比为（60～100）：1，因此，必须加入含氮丰富的人畜粪尿或一些氮素化肥，调节碳氮比为（20～25）：1时，堆肥能很快完成。

（5）酸碱度。调节好堆肥的酸碱度，是堆肥技术的重要因素之一。因为pH过高或过低均能抑制各种有益微生物的活动。一般pH为6～8较好。调节酸碱度的方法是加入极少量的石灰、草木灰等，加入堆肥重量2%～3%的量较合适。

九、肥料的发展趋势

肥料的发展理念正转向肥料与土壤生态环境的和谐，肥料承载着保障耕地质量、农产品质量安全和农业可持续发展的重任。未来肥料将从单纯营养型向功能型和免疫增强型发展，从常规营养释放形态向缓释、控释形态发展，从无机肥料向有机生化替代型发展。

因此，未来理想的复合肥料必须具备如下特点：①对于大量元素，要配比科学、增效处理；②对于氮肥形态，要速缓结合；③对于中量元素，要有效且满足需求；④对于微量营养元素，要形态螯合且高效。

第五节　水肥一体化

一、技术原理和效果

（一）定义

水肥一体化技术是将灌溉与施肥融为一体的农业新技术（图6-7），水肥一体化并非简单的"灌溉＋施肥"，而是按土壤养分含量、葡萄品种的需水需肥规律和特点，不同生长期的需水需肥规律情况，通

图6-7　水肥一体化（左：简易水肥一体化设备；右：规模化生产水肥一体化设备）

过可控管道系统供水、供肥，使水肥相融后，通过管道和滴头均匀定时定量浸润葡萄根系生长区域，使根系集中分布区域土壤始终保持疏松和适宜的含水量，把水分、养分定时定量，按比例直接提供给葡萄树。故水肥一体化有一句较为贴切的语言表达，那就是"灌溉与施肥于作物根区而非土壤"。

（二）优点

（1）水肥均衡，提高水肥利用率，增加产量，改善果实品质。传统的灌溉、施肥方式，葡萄"饿"几天再"撑"几天，不能均匀地"吃喝"。而采用水肥一体化的肥水管理方法，可以根据葡萄需水需肥规律随时供给，直接把作物所需要的肥料随水均匀地输送到植株的根部，作物"细酌慢饮"，保证作物"吃得舒服，喝得痛快"，大幅度地提高了肥料和水分的利用率，同时杜绝了缺素问题的发生，因而在生产上可达到增加葡萄产量和改善葡萄果实品质的目标。此外，水肥一体化可使葡萄园的水分均衡、按需供给，不至于过干过涝，有效解决葡萄裂果的问题。

（2）有效避免土壤理化性状变劣的问题。传统大水漫灌，对葡萄园土壤造成冲刷、压实和侵蚀，若不及时中耕松土，会导致严重板结、通气性下降，土壤结构受到一定程度破坏。要恢复被破坏的土壤结构，需要一个漫长的过程。采用水肥一体化技术，采用微量灌溉，水分缓慢均匀地渗入土壤，对土壤结构能起到保护作用，并形成适宜的土壤水、肥、热环境。

（3）省工省时，有效降低综合用工成本。传统的灌溉和施肥费工费时，需要开沟、施肥、覆土和灌水等操作；而水肥一体化不需开沟和覆土等操作，有效减少了用工成本。

（4）控温调湿，减轻病害。传统沟灌或大水漫灌，一方面会造成土壤板结、通透性差、地温降低，影响葡萄根系生长发育甚至发生沤根现象，另一方面会造成土壤病菌随水传播，增加环境湿度的同时加重病害的发生。而采用水肥一体化技术则可有效避免上述问题。

二、技术要点

（1）肥料的溶解与混匀。施用液态肥料时不需要搅动或混合，一般固态肥料需要与水混合搅拌成液肥，必要时分离，避免出现沉淀等问题。

（2）施肥量控制。施肥时要掌握剂量，注入肥液的适宜浓度大约为灌溉流量的0.1%。例如灌溉流量为50米^3/亩，注入肥液约为50升/亩；过量施用可能会使作物死亡以及造成环境污染。

（3）灌溉施肥的程序。第一阶段，选用不含肥的水浸润；第二阶段，施用肥料溶液灌溉；第三阶段，用不含肥的水清洗灌溉系统。

三、适用范围

所有葡萄园。

四、注意事项

（1）必须有适合灌溉的清洁水源。若遇干旱造成水源不便，可以自建储水池。

（2）必须建立一套管道灌溉施肥系统。根据地形、田块、单元、土壤质地、作物种植方式、水源特点等基本情况，设计管道系统的埋设深度、长度、灌区面积等。水肥一体化的灌水方式可采用普通管道灌溉、喷灌、微喷灌、泵加压滴灌、重力滴灌、渗灌、小管出流灌溉等，忌用大水漫灌，否则容易造成肥料损失，同时也降低水分利用率。

（3）肥料的纯度和可溶性好。可选液态或固态肥料，如氨水、尿素、硫酸铵、硝酸铵、磷酸一铵、磷酸二铵、氯化钾、硫酸钾、硝酸钾、硝酸钙、硫酸镁等肥料；固态以粉状或小块状为首选，要求水溶性强、含杂质少，一般不应该用颗粒状复合肥；如果用沼液或腐殖酸液肥，必须经过过滤，以免堵塞管道。

（4）合理混配肥料。磷酸镁、磷酸钙和硫酸钙不溶于水，因此，在选用肥料时，含磷酸根的原料和含钙、镁离子的原料不能混合，含硫酸根的原料不能和含钙离子的原料混合。

参考文献

史祥宾,刘凤之,王孝娣,等,2021.巨玫瑰葡萄不同生育阶段养分需求特性研究[J].果树学报,38 (10): 1708-1716.

史祥宾,王孝娣,冀晓昊,等,2018.'巨峰'葡萄必需矿质元素年需求规律研究[J].中国果树,194 (6): 29-32.

史祥宾,王孝娣,王宝亮,等,2019.'巨峰'葡萄不同生育期植株矿质元素需求规律[J].中国农业科学,52 (15): 2686-2694.

史祥宾,王孝娣,王宝亮,等,2021.'红地球'葡萄氮、磷、钾、钙、镁的年需求特性研究[J].园艺学报,48 (11): 2146-2160.

王海波,刘凤之,等,2020.中国设施葡萄栽培理论与实践[M].北京:中国农业出版社.

王海波,刘凤之,等,2020-06-05.一种确定果树配方肥配方的方法:ZL201710052213.2[P].

王海波,史祥宾,王孝娣,等,2020.设施葡萄植株不同生育阶段矿质营养需求特性研究[J].园艺学报,47 (11): 2121-2131.

第七章

水 分 管 理

第一节 灌溉原则

一、技术原理和效果

水是作物存活的生命保障，在葡萄果实品质和产量形成方面发挥决定性作用，应根据葡萄在不同生育期的需水规律，结合品种自身生物学特性、气候条件、土壤特点、栽培方式、预期产量和品质进行科学灌溉管理，通常需重点关注葡萄生长关键物候期的水分管理。

二、技术要点

（一）萌芽前

葡萄萌芽前灌水（简称"催芽水"）既能促使芽眼萌发整齐、新梢生长发育良好，又可促使花芽进一步分化，为当年生长结果奠定基础。此次灌水要求一次灌透，若该时期灌水次数过多会降低地温，不利于萌芽及新梢生长。

（二）开花前

一般在开花前5～7天灌水，亦称"花前水"或"催花水"。可为葡萄开花坐果创造良好的水分环境，并能促进新梢生长。

（三）开花期

从初花期至末花期的10～15天应停止灌水或用滴灌灌小水，否则会引起落花落果，造成减产。

（四）浆果膨大期

从开花后10天至果实着色前，果实迅速膨大，旺长，外界气温高，叶片蒸腾失水量大，植株消耗大量水分。对于鲜食葡萄生产，此时需要提供充足水分，一般间隔10～15天灌水1次，土壤相对含水量控制在65%～70%为宜，或葡萄叶片黎明前水势控制在$-0.4 \leqslant \varPsi_b \leqslant 0$兆帕，灌水量是蒸发量的70%～100%，无水分胁迫至轻度水分胁迫。但对于酿酒葡萄需要控制较小果粒，可适当控水至轻度水分胁迫（$-0.4 \leqslant \varPsi_b \leqslant -0.2$兆帕），土壤相对含水量控制在55%～70%为宜，灌水量是蒸发量的60%～100%，此时，葡萄枝条生长缓慢，结节变短，葡萄果实生长发育缓慢。对于气温较低和无霜期及霜期较短的地区，可在果实膨大后期控制水分（$-0.6 \leqslant \varPsi_b \leqslant -0.4$兆帕），土壤相对含水量控制在50%～60%为宜，灌水量是蒸发量的50%～60%，葡萄植株处于轻度水分胁迫，有利于葡萄果实提前1周进入转色期，促使提前成熟，避免早霜危害（图7-1）。

（五）浆果转色期

葡萄果实在转色期生长停滞，但果实内部正发生复杂的生理生化和结构变化，为果实糖分积累、花色苷的合成奠定基础，该时期不需要过多水分，适当缺水可缩短转色期。

图7-1 葡萄处于轻度水分胁迫（顶芽生长慢于叶片生长）

（六）浆果成熟期

浆果成熟期需要一定土壤水分来满足葡萄二次生长，但该时期葡萄根系需在一定干旱胁迫条件下，从土壤中吸收水分，有利于葡萄果实品质的形成，促进葡萄糖分、花色苷和风味物质的积累，尤其对于酿酒葡萄显得尤为重要。因此，在土壤水分保持较好的地区，无须灌水或适度少量灌水即可。

（七）采收后

由于采收前较长时间的控水，葡萄植株已受到一定水分胁迫，葡萄采收后需要有一定时间恢复树势，延迟叶片衰老、促进树体养分积累、新梢和芽眼成熟，为下一年生长发育奠定基础。因此，采收后应立即灌水，此次灌水也可与秋施基肥结合，因此又称"采后水"或"秋肥水"。9月是晚熟品种的成熟期，为了提高果实采收后的贮藏性，要控制水分，降水过后及时排水，干旱时在采前10～15天适当灌水，注意防裂果。另外，降水充沛地区为提高枝蔓质量，促进花芽分化，应注意排水、控水，以防枝蔓不能正常成熟。

（八）休眠期

冬剪后、埋土防寒前应灌一次透水，可使土壤和植株充分吸水，抵御漫长冬季低温和春季空气干燥，确保植株安全越冬，这一措施对于西北干旱埋土防寒区尤为重要，是保障第二年春季出土后葡萄萌芽整齐的关键因素。对于保水性较差的沙壤土或容易漏风的砾石土而言，埋土后，可在防寒取土沟内再灌一次水，以防根系侧冻，保证植株安全越冬。对于非埋土防寒区而言，也需适当灌水，避免因冬季缺水而引起枝蔓干裂死亡。

三、适用范围

全国各葡萄产区。

四、注意事项

是否浇水要依据树体的生长表现来定，主要观察嫩梢的生长情况。

（1）若嫩梢尖硬且弯曲为正常生长现象，顶梢幼叶生长速度低于顶芽生长速度，无须浇水。

（2）若嫩梢直立且柔软或顶芽停止生长，则表现为缺水，应立即灌水；但在成熟期，对于酿酒葡萄则继续胁迫至叶缘表现干枯、变黄再适当少量补水。

第二节 节水灌溉

节水灌溉（water-saving irrigation）是以最低限度的用水量获得最大的产量或收益，也就是最大限度地提高单位灌溉水量的葡萄产量和产值的灌溉措施。目前生产中节水灌溉技术措施主要包含滴灌、渗灌、微喷灌和根系分区灌溉等。

一、滴灌

（一）技术原理和效果

滴灌（drip irrigation）是通过低压管网系统，利用塑料管道将水和营养物质通过直径约10毫米毛管上的孔口或滴头均匀而又缓慢地呈点滴状输送到葡萄根系的局部灌溉（图7-2），具有以下效果：

（1）节约水资源。水分被直接输送到植物根部，减少水分浪费和蒸发。与传统灌溉相比，其可节约水资源50%以上。

（2）提高灌溉效率。降低土壤表层的水分蒸发，保证葡萄根系能够充分吸收水分，提高灌溉效率。

（3）减少土壤侵蚀。传统灌溉方式会使水流冲刷土壤表面，导致土壤侵蚀。滴灌可以减小水流速度，从而降低土壤侵蚀的风险。

（4）节约能源。减少水泵的运行时间和能源消耗，节约能源和成本。

（5）提高葡萄果实品质。滴灌可以将肥料和营养物质直接输送到葡萄根部，提高葡萄果实品质和产量。

（6）适应性强。适应不同土壤、气候和葡萄品种的需求，适用范围广泛。

图7-2 滴灌供水（肥）系统（左）和滴灌毛管（右）

（二）技术要点

滴灌系统主要技术要素包括：水源、供水系统、输配水管网、滴灌带（器）和灌溉制度。滴灌管的设置应根据葡萄品种和土壤条件而定。

（1）水源。选择江河、湖泊、水库、井泉水、池塘、沟渠等水源作为滴灌用水，其水质须符合滴灌要求，尤其要对池塘、沟渠的水质进行检测，避免将被农药、工厂污水污染的水源用于滴灌。

（2）供水系统。供水系统主要由水泵、动力机、压力蓄水容器、过滤器、肥液注入装置、测量控制仪表、自动化控制系统等组成，是整个滴灌系统操作控制中心，其供水能力应根据园区大小、供水频率而定。

（3）输配水管网。输配水管网是将供水系统处理过的水肥按照要求输送、分配到每个灌水单元。

（4）滴灌带（器）。滴灌带（器）是滴灌系统的核心部件，水由毛管流入滴头，滴头流量分为2升/时、4升/时和6升/时，滴头再在一定的工作压力下将水流注入土壤。

（5）灌溉制度。根据葡萄不同品种、生育期的需水规律和降水量确定灌水次数、灌溉周期、灌水持续时间、灌水定额。通常，葡萄露地滴灌灌水定额较沟灌减少50%，较大水漫灌减少80%；设施葡萄滴灌灌水定额较露地减少20%～30%。埋土防寒区葡萄露地滴灌一次滴水量以土壤湿润深度达到60～80厘米为宜。

（三）适用范围

全国各葡萄产区。

（四）注意事项

（1）防止堵塞。水质好坏决定滴灌系统管道和滴头是否堵塞，因此，供水系统中必须安装过滤器；同时，利用含杂质较多的水源时，必须定期清理过滤装置，清除杂质。

（2）注意水压。滴灌前合理分配灌溉区域，科学计算管道承受压力、条件灌溉压力，避免供水管道和滴灌毛管破裂。

（3）及时检修破损管道、毛管和滴头。滴灌过程中及时检修破损管道和毛管，并及时更换破损和堵塞滴头。

（4）科学制定灌溉制度。灌溉制度应根据葡萄品种需水需肥规律、土壤类型、冬季绝对低温和空气干燥程度而定。

二、渗灌

（一）技术原理和效果

渗灌是一种地下微灌形式，在低压条件下，通过埋在作物根系活动层的灌水器（微孔渗灌管），根据作物的生长需水量定时定量地向土壤中渗水（图7-3）。具有以下效果：

（1）具备优良节水效果和灌溉效率，直接将水分和养分输送到作物根部。

（2）大幅度降低化肥使用量，能够不用或少用除草剂，减少果实及环境污染。

（3）改善根系土壤的水、肥、气、热条件，减少空气湿度。

（4）有利于田间管理，减少杂草生长、病虫害和中耕工作量，霉菌及病虫害发生程度大幅度下降，减少农药使用量。

（5）节水、增产和保持耕层土壤结构，减少泥土压实，有利于泥土改良。

（6）灌溉进程不会降低地面温度，有利于葡萄生长和成熟。

图7-3　地下渗灌供水系统（左）和地下渗灌管渗水状况（右）

（二）技术要点

渗灌系统技术要素主要有：水源、供水系统、输配水管网、渗水管、渗水管深度、渗水管间距、渗水管长度、渗水管坡度、灌水定额。渗水管的设置一般根据葡萄品种和土壤条件通过试验确定，可以参考部分地区和国家的数据。

（1）水源、供水系统和输配水管网。水源、供水系统和输配水管网的要求与滴灌相同。

（2）渗水管。渗水管质量好坏是决定渗灌成败的关键，要求渗水均匀一致，渗水速度缓慢。

（3）渗水管深度。渗水管深度应依据渗水管的渗水作用对葡萄根系土壤进行充分湿润为宜，且渗漏最小。保水性较好的黏性土一般埋设深度40～50厘米；保水性较差的沙性土一般埋设深度30～40厘米。

（4）渗水管间距。既可在葡萄定植行正下方安装一条渗水管，也可在距葡萄定植行30厘米左右两侧安装两条渗水管。

（5）灌水定额。一次最小灌水量应满足葡萄根系得到充足湿润，一次最大灌水量应避免深层灌水发生渗漏和保持土壤表层湿润为宜，否则会影响渗灌的技术优势。

（6）管道长度。管道长度应该和它对应的坡度相适应，保证首尾范围内的土壤均匀湿润，渗漏现象与其流量大小均有关。

（三）适用范围

该项技术主要优势为节水。适用于降水少、高温干旱、土壤水分分布不均的地区，如贺兰山东麓及新疆产区等。

（四）注意事项

（1）渗灌滴水位置较低会导致表层土壤湿度较差，不利于葡萄幼苗生长，葡萄幼苗可以通过其他灌溉方式给予水分补充。

（2）由于施工复杂，在日常使用中维修困难，应注意避免管道堵塞或机械损伤。

（3）对透水性较强的轻质土壤，易产生深层渗漏，更容易产生渗漏损失，可适当调整安装深度或调节灌溉量。

（4）对于冬季气温较低且冻土层在80厘米以上的地区，冬季来临之前应排空所有管道水分，避免管道内结冰损伤渗灌管。

三、微喷灌

微喷灌是通过管道系统的运输，将水和肥料送到作物根部附近，利用折射式、旋转式、辐射式微型喷头将水喷洒到作物枝叶等区域的灌水形式（图7-4）。微喷的工作压力低、流量小，既可以增加土壤水分，又能提高空气湿度，起到调节局部小气候的功效。

图7-4 微喷供水（肥）系统（左）和喷雾吊头（右）

（一）技术原理与效果

微喷技术原理是利用低压水泵和管道系统输水，在低压水泵的作用下，通过微型喷雾头将水输送出去，水转化为小颗粒，且这种小颗粒可以均匀地散落到农作物的每一部位。具有以下效果：

（1）微喷既可以增加土壤的湿润程度，还可改善局部微环境，同时增加空气湿润程度。

（2）微喷一般射程较短，只能满足4米以内园地的灌溉。

（3）微喷灌溉的雾化程度高，雾滴细小、均匀，不会对葡萄叶片造成伤害。

（4）微喷对工作压力要求不高，一般在0.7～3千克/平方厘米的压力条件下即可正常运行。

（5）微喷喷头结构简单，造价低廉，安装方便，使用可靠。

（二）技术要点

微喷灌系统主要技术要素有水源、供水系统、输配水管网、微喷喷头和灌溉制度。

（1）水源、供水系统、输配水管网。水源、供水系统和输配水管网要求与滴灌相同。

（2）微灌喷头。微灌喷头一般又分为旋转微喷头、折射微喷头、"十"字形雾化微喷头和吊挂微喷头。旋转微喷头一般流量分为50升/时、60升/时、70升/时，喷洒半径3～4米；折射微喷头一般流量分为40升/时和50升/时，喷洒半径仅为1.2～1.5米；"十"字形雾化微喷头流量较大，一般在24～33升/时，但喷洒半径也仅为1.0～1.5米；吊挂微喷头一般用于温室葡萄育苗，是以微小流量的喷洒方式湿润土壤和葡萄幼苗叶面的一种微喷头。

（3）灌溉制度。通常，设施葡萄一般7～15天灌水1次，灌水量根据葡萄叶片水势而定。葡萄萌芽至转色前，一般不进行水分胁迫，保证黎明前叶片水势维持−0.2～0兆帕即可；转色前控制黎明前叶片水势维持−0.5～−0.2兆帕，可获得良好的果实产量和品质。

（三）适用范围

主要适用于葡萄苗圃、设施葡萄和空气湿度较大的南方鲜食葡萄园；特别不适用于西北地区空气干燥的葡萄园。

（四）注意事项

（1）由于微喷能显著提高环境空气湿度，会增加葡萄发病风险，因此需加强葡萄病害预防工作。

（2）结合当地条件，科学使用微喷灌溉，不宜扩大使用范围。

四、根系分区灌溉

根系分区灌溉（partial root-zone irrigation，PRI）是指仅对部分根系进行正常的灌溉，而对其余根系不进行灌溉，产生人为干旱胁迫，提高果实品质的灌溉方式。在生产中主要采取交替灌溉方式实现根系分区灌溉（图7-5），即交替产生根系灌溉区（湿润区）和非灌溉区（干旱区）。

图7-5　交替灌溉

（一）技术原理和效果

葡萄根系分区灌溉主要是通过在葡萄架上安装滴头位置相对交错的两条滴灌带，并分别在不同时间进行滴灌，使葡萄根域交替处于水分亏缺的状态。具有以下效果：

（1）调节根际微生态系统，诱导根系产生吸收补偿效应，从而提高根系对水分和养分的利用率。

（2）减少灌溉用水量和地面蒸发，节约灌水。

（3）使葡萄局部根系受到水分胁迫，诱导根系产生脱落酸（ABA），再通过ABA传送到地上部，诱导气孔形成最佳气孔开度，从而大幅度减少无效气孔蒸腾，但对光合速率影响不大。

（4）调控作物营养生长、生殖生长及同化物运输。干湿交替不仅抑制徒长，而且促进成花和果实发育，促进糖分向果实运转，提高果实品质。

（二）技术要点

根系分区灌溉技术要素主要有：水源、供水系统、输配水管网、滴灌带（器）、灌溉制度。

（1）水源和供水系统。水源和供水系统要求与滴灌相同。

（2）输配水管网。输配水管网要求与滴灌相同，主要是需要配备两条输配水管网，为同一行葡萄提供两套输配水系统，以满足两条滴灌带（器）在不同时间的灌水需求。

（3）滴灌带（器）。滴灌带（器）的要求与滴灌相同，只是滴头间隔较大。

（4）灌溉制度。根据葡萄需水需肥规律、土壤条件和预期的水分胁迫程度及葡萄产量品质而定。在葡萄的不同生育期可根据预期目标同时间隔开通两套供水系统，达到预期节水和品质提升的目标。

（三）适用范围

主要适用于以提高果实品质为目的的干旱半干旱的酿酒葡萄和鲜食葡萄生产，特别适用于酿酒葡萄水分管理。

（四）注意事项

（1）葡萄根系分区交替灌溉必须在充分研究基础上进行推广使用，切不可盲目使用造成部分葡萄根系严重缺水死亡，影响葡萄产量和质量。

（2）由于交替灌溉减少了葡萄灌水量，在有土壤次生盐碱化威胁的地区应用，可能会出现土壤盐分积累的问题，对植株造成盐害。

（3）土壤干湿交替变化是根系分区灌溉技术的关键，但是如何根据葡萄植株特性和自然条件来确定土壤干湿交替过程中的各个变量，也是交替灌溉技术的难点。交替灌溉周期和交替灌溉水量的确定是根系分区交替灌溉的2个重要因素，必须给予充分考虑。

五、根域靶向灌溉

根域靶向灌溉技术是国家葡萄产业技术体系水分生理与节水栽培岗位针对我国西北干旱埋土防寒区葡萄节水灌溉中存在的不足，通过传统滴灌系统将水分垂直靶向导入30～40厘米深的葡萄根际，避免传统滴灌条件下地表水分蒸发和因地表土层含水量较高而导致葡萄根系上浮受冻死亡的专利技术。

（一）技术原理和效果

通过传统滴灌毛管将水分导入垂直于葡萄根际的PVC管中，使水分传送至30～40厘米深的葡萄根际，实现靶向根域节水灌溉（图7-6），具有以下效果：

（1）通过将毛管水分直接传送至葡萄根际，避免传统滴灌所引起的地面蒸发和根系上浮造成的水分浪费和根系冻害等问题，提高水分利用率和苗木整齐度。

图7-6 根域靶向灌溉导水管与渗水PVC管（左）及葡萄结果状况（右）

（2）根据葡萄不同生长生育期对水分的需求和对果实品质的要求，可通过计算机系统每天进行精准灌溉，避免水肥流失。

（3）避免传统滴灌必须一次性大量灌水，否则就会出现根系上浮受冻死亡，传统滴灌难以进行精准滴灌，导致部分水分浪费和养分淋洗。

（4）引导葡萄根系向深层土壤生长，有利于矿质元素的吸收和葡萄品质的提升，也提高了葡萄根系的抗逆性。

（5）避免地下渗灌滴头被堵造成的灌水不均和维修困难的问题。

（6）避免传统滴灌湿润区大量生草和叶幕湿度较大而引起的病害加重，减少农药使用和降低根际除草的生产成本。

（二）技术要点

利用传统滴管系统，通过植入葡萄根际PVC导流管将毛管水分直接传送至葡萄根际，PVC导流管上部安装带孔PVC盖，以防冬季埋土防寒时土块掉入导致输水受阻。

（三）适用范围

主要适用于干旱埋土防寒区酿酒葡萄和鲜食葡萄生产，特别适用于酿酒葡萄水分管理。

（四）注意事项

（1）按照100～150厘米株距定植，在葡萄定植行正中、距葡萄主干30～50厘米处，垂直安装抗冻、抗老化PVC管，PVC管长度50～80厘米，安装深度30～40厘米，露出地面20～40厘米，确保灌水直接送入地表30厘米以下葡萄根际。

（2）安装传统水肥一体化给水系统，按高度40～50厘米安装毛管，毛管选用无眼毛管即可，按照PVC垂直导管距离，在毛管上安装补偿式滴头和导水管，将导水管插入PVC管盖的开孔中，确保滴水均匀一致。

（3）根据葡萄不同生长发育期对水分的需求，通过计算机控制系统，每天早晚进行自动化定额滴灌，以达到预期的葡萄植株水势，避免因过量灌水导致水肥淋失和品质下降，或因灌水过少而导致植株缺水减产。

第三节　精准灌溉

葡萄精准灌溉（precision irrigation）是指按照葡萄不同生长过程对水分的需求，通过现代化的监测手段，对作物的生长发育状态、过程以及环境要素现状实现数字化、网络化、可视化、智能化监控，并根据监控结果，采用最精准的灌溉设施（比如滴灌、微喷灌等）对葡萄进行严格有效的灌溉，从而获得优质、高效的葡萄果实。监控内容包括土壤水分、土壤温度、葡萄叶片水势、葡萄叶幕、果际微气候、葡萄负载、气象条件等。

一、技术原理和效果

精准灌溉的主要原理是利用传感器等设备对土壤水分、土壤温度、葡萄叶片水势、葡萄叶幕、果际微气候和葡萄负载等参数进行监测和采集，并结合计算机技术和控制技术，实现对葡萄植株灌溉水量、灌溉时间和灌溉方式等的精确控制，从而实现高效用水和生产优质高效葡萄的目的。

由国家葡萄产业技术体系水分生理与节水栽培岗位研发的"葡萄需水需肥规律性研究试验体系"，通过时控仪控制灌溉时长，并配合测定黎明前叶片水势调整灌溉程度，获得葡萄不同生育期精准需水规律，可达到节水节肥和优产高产的双重目的。

精准灌溉具有如下效果：

（1）减少用水量。可根据土壤水分情况和作物需水量，实现水分准确供应，避免浪费和过度灌溉，减少用水量。

（2）提高产量和品质。可根据葡萄生长发育需求，保证葡萄植株在适宜的水分条件下正常生长，从而提高产量和品质。

（3）节约成本。可减少用水量和化肥用量，降低灌溉成本和生产成本。

二、技术要点

精准灌溉技术要素主要包括灌溉系统、监控系统、数据处理和分析系统，以及控制实施系统。

（1）灌溉系统。可采用滴灌、喷灌、微喷灌、渗灌和小管出流等灌溉方式对葡萄植株进行灌溉，具体方式可根据果园的地形、地块、土壤质地、栽植模式、水源特点等基本情况进行设计使用。

（2）监控系统。主要包括水分、温度、盐度和影像等传感器对葡萄园土壤水分、土壤温度、葡萄叶片水势、葡萄叶幕和果际微气候及葡萄果实等参数实时采集，并利用现代通信技术（如物联网）实现对传感器数据的实时采集和传输。

（3）数据处理和分析系统。对传感器采集的数据进行处理和分析，通过计算机模型进行预测和决策，制定合理的灌溉方案。

（4）控制实施系统。根据制定好的葡萄灌溉方案，利用灌溉控制器和智能阀门等设备，实现对葡萄灌溉水量、灌溉时间和灌溉方式等的精确控制。通过基于水量平衡的葡萄精量灌溉决策模型研究和基于不同发育阶段葡萄水分需求规律进行水量平衡的精量灌溉决策模型研究，构建以主要根系吸水层为土壤计划湿润层的水量平衡模型，将葡萄园土壤墒情监测系统得到的土壤含水量数据作为输入项，同时以气象因子为参数修正作物系数，结合天气预报数据可决策未来时段内是否需要灌溉及灌溉量，为葡萄精量灌溉决策提供支持。

三、适用范围

（1）气候干燥地区。植物需要适量的水分才能生长和发展。精准灌溉可以确保每株葡萄树都能得到所需的水分，从而增加收成和提升品质。

（2）不同类型土壤。不同类型的土壤有不同的排水性和吸水能力。通过精准灌溉，可以为不同类型的土壤提供所需的水分，从而优化植物生长和产量。

（3）大规模种植。精准灌溉系统可以自动化运行，轻松管理大规模种植。对于大型葡萄种植园非常有效，可确保每株植物得到所需的水分，从而提高产量和质量。

（4）水资源稀缺地区。通过精准灌溉系统，可以最大限度地利用有限水资源，并将其有效地应用于植物的生长和发育，从而减少水的浪费。

四、注意事项

只有在充分了解种植区土壤条件、生产水平、施肥习惯和供水系统的基础上，根据作物需水、需肥特性和目标产量，确定灌溉制度（灌水定额、一次灌水时间、灌水周期、灌水次数及灌溉定额）和施肥制度（施肥时间、次数、数量、配比等），配合其他保水（覆盖、使用化学抗旱剂、增施有机肥等）、田间管理（划锄、喷药、疏果）措施，才能制定科学的葡萄园区灌溉技术规程。具体如下：

（1）了解土壤类型和水分含量。不同土壤类型有不同的保水能力，因此灌溉计划需要根据实际的土壤类型和水分含量来确定。

（2）控制灌溉量和频率。灌溉量和频率需要根据物候期和气候条件进行调整。在生长初期需要提供较多的水分，但在果实成熟期需要逐渐减少灌溉量，避免影响果实品质。

（3）定时灌溉。早晨和傍晚是最佳灌溉时间，避免高温时段灌溉、蒸发过快而导致水分流失。

（4）采用滴灌技术。滴灌技术是目前最常用的葡萄园灌溉方式，其不仅能够减少水分流失，还可以为葡萄生长提供充足的水分。

（5）监测土壤水分含量。使用土壤水分传感器可以帮助种植户实时监测土壤水分含量，从而进行精准灌溉。

（6）露地鲜食葡萄和设施葡萄栽培目的基本一致，水分管理大同小异。

①萌芽至落花。土壤相对含水量控制在60%～70%为宜，或葡萄叶片黎明前水势控制在$-0.2 \leqslant \Psi_b \leqslant 0$兆帕，灌水量是蒸发量的70%～100%，无水分胁迫。②坐果至果实转色（始熟）。土壤相对含水量控制在50%～70%为宜，或葡萄叶片黎明前水势控制在$-0.4 \leqslant \Psi_b \leqslant 0$兆帕，灌水量是蒸发量的55%～100%，无水分胁迫至轻度水分胁迫。③果实转色至成熟。土壤相对含水量控制在50%～70%为宜，或葡萄叶片黎明前水势控制在$-0.4 \leqslant \Psi_b \leqslant -0.2$兆帕，灌水量是蒸发量的50%～70%，葡萄植株处于轻度水分胁迫。④果实采收至落叶。土壤相对含水量控制在45%～70%为宜，或葡萄叶片黎明前水势控制在$-0.4 \leqslant \Psi_b \leqslant 0$兆帕，灌水量是蒸发量的45%～100%，葡萄植株处于无水分胁迫至中度水分胁迫。

（7）酿酒葡萄与鲜食葡萄栽培目标截然不同，水分管理区别较大。

①萌芽至落花。不进行水分胁迫，土壤相对含水量控制在60%～70%为宜，或葡萄叶片黎明前水势控制在$-0.2 \leqslant \Psi_b \leqslant 0$兆帕，灌水量是蒸发量的70%～100%，无水分胁迫。②坐果至果实转色（始熟）。土壤相对含水量控制在50%～60%为宜，或葡萄叶片黎明前水势控制在$-0.4 \leqslant \Psi_b \leqslant -0.2$兆帕，灌水量是蒸发量的50%～70%，葡萄植株处于轻度水分胁迫。③果实转色至成熟。土壤相对含水量控制在40%～55%为宜，或葡萄叶片黎明前水势控制在$-0.6 \leqslant \Psi_b \leqslant -0.3$兆帕，灌水量是蒸发量的40%～60%，葡萄植株处于中度水分胁迫。④果实采收至落叶。土壤相对含水量控制在45%～70%为宜，或葡萄叶片黎明前水势控制在$-0.4 \leqslant \Psi_b \leqslant 0$兆帕，灌水量是蒸发量的45%～100%，葡萄植株处于无水分胁迫至中度水分胁迫。

参考文献

蔡洁，2023.两种灌溉方式对酿酒葡萄水分利用及果实品质的影响[D].银川：宁夏大学.

陈祖民，校诺娅，张艳霞，等，2021.水分胁迫对'玫瑰香'葡萄果实挥发性化合物及相关基因表达的影响[J].园艺学报，48(5)：883-896.

董业雯，田晓燕，裴帅，等，2017.不同灌水量对风沙土葡萄园土壤全磷、速效磷淋洗作用的影响[J].北方园艺(13)：63-68.

胡宏远，李双岑，马丹阳，等，2016.水分胁迫对赤霞珠葡萄果实品质的影响研究[J].节水灌溉(12)：36-41，45.

胡宏远，马丹阳，李双岑，等，2016.水分胁迫对赤霞珠葡萄主要抗旱生理指标及品质的影响[J].灌溉排水学报(5)：79-84.

胡宏远，王振平，2016.水分胁迫对赤霞珠葡萄光合特性的影响[J].节水灌溉(2)：18-22，27.

康绍忠，张建华，梁宗锁，等，1997.控制性交替灌溉一种新的农田节水调控思路[J].干旱地区农业研究，15(1)：4-9.

李淑红，王振平，2016.我国葡萄水肥一体化技术研究与应用[J].中外葡萄与葡萄酒(7)：70-72.

吕丹桂，谢岳，徐伟荣，等，2019.水分胁迫对赤霞珠葡萄果实花色苷生物合成的影响[J].西北农业学报，28(8)：1274-1281.

宋立用，王鹏，2002.微喷灌技术在浅根性作物生产中的应用[J].排灌机械，20(5)：40-41.

王振平，李栋梅，王浩然，2023-10-03.一种葡萄抗寒节水灌溉系统及栽培方法：2023107192321[P].

王振平，李栋梅，王振莉，等，2020-07-14.一种研究葡萄需水需肥规律和养分生理实验体系及其使用方法：202010252768.3[P].

谢岳，王振平，董业雯，等，2018.不同灌水量对宁夏贺兰山东麓风沙土葡萄园土壤有效态微量元素的淋洗作用[J].西北农业学报，27(6)：871-879.

杨阿利，2011.设施葡萄延迟栽培调亏滴灌试验研究[D].兰州：甘肃农业大学.

张艳霞，吕丹桂，耿康奇，等，2022.水分胁迫对赤霞珠葡萄果实品质和甲氧基吡嗪含量的影响[J].果树学报，39(6)：1017-1028.

第八章

花 果 管 理

第一节　疏穗及花果穗整形

一、技术原理和效果

通过疏穗和花穗整形、果穗整形可以有效集中养分向有效花序供应，有助于提高坐果率、增大果粒；花穗整形还有助于调节花期的一致性，可以有效提高无核化、膨大处理的工作效率，另外花穗整形疏除小穗操作简便，可以有效降低后期疏果的工作强度；同时可以通过花穗和果穗整形控制果穗的大小和形状，符合标准化栽培的要求；通过果穗整形可以进一步保证养分集中供应，促使果粒大小均匀、整齐，提升外观品质；果穗松紧适中，避免因为果粒挤压导致裂果，以及运输导致落粒。

二、技术要点

（一）疏穗

1. 疏穗时期　通常疏穗越早越好，可以减少养分的浪费以便集中养分供应果粒的生长。对于生长势较强的树种来说，花前的除穗程度可以适当轻一些，花后的除穗程度可以适当重一些；对于生长势较弱的品种，花前的除穗程度可以适当重一些。对于易发生晚霜、大风等危害的地区，花前疏穗时可适当多保留一部分果穗，以应对可能出现的产量损失。

2. 果穗选留方法

（1）鲜食品种。大穗品种弱枝不留穗，强枝、中庸枝留1穗，果穗数量不足时，部分健壮果枝可以留2穗；小穗品种可留1～2穗。尽量选留大而充实、发育良好且靠近老蔓的花序，但巨峰系等结实性较差的品种应选留中庸或中庸偏弱结果枝上的果穗，以利于坐果。

（2）制干品种。基本原则与鲜食品种一致，可结合定梢进行果穗选留，负载量可适当增高，通常健壮果枝可保留2穗。

（3）酿酒品种。从用工成本角度考虑，一般不单独进行疏穗，主要根据目标产量，通过冬剪留芽量和春季抹芽定梢的方式确定最终的留穗量。

（二）花穗整形

1. 鲜食葡萄品种

（1）有核品种有核结实（图8-1）。如红地球、新郁等品种，一般于开花前7天进行花穗整形，疏去副穗，去除果穗上部几个小穗及穗尖1/5～1/3，开花前果穗长度控制在6～9厘米。

（2）有核品种无核结实（图8-2）。如阳光玫瑰、巨峰等品种，通常在开花前7～10天，根据品种特性和市场对穗形的要求进行花穗整形。巨峰系列品种，生产中要求成熟果穗呈圆球形或圆桶形、重400～500克，花穗整形时去除副穗及以下8～10个小穗，保留15～17段，去穗尖；花穗很大（花芽分化良好）保留下部15～17段，不去穗尖，开花前穗长5厘米左右。阳光玫瑰等品种，在开花前1周提前疏除副穗和果肩部过大的小穗，在开花前3天至开花当天，根据对果穗大小的要求采用保留穗尖的方式修整至需要长度，通常保留穗尖3～3.5厘米，成熟期穗重500克左右；保留穗尖5～6厘米，成熟期穗重600～800克。

（3）无核品种。无核紫、火焰无核等品种，于花前1周尽早疏除副穗和花穗基部2～3个小穗，去除基部过大的小穗顶端，部分疏除过密小穗，轻掐穗尖或不掐穗尖。夏黑等品种也可根据市场对穗形要求，保留穗尖4～5厘米，去除果穗其余部分。

图8-1　有核品种有核结实的花穗整形

图8-2　有核品种无核结实的留穗尖花穗整形

2.制干品种　从降低用工成本角度出发，一般不进行花穗整形，花穗过大时可采用疏除副穗和穗尖的方式，对花穗进行简单修整。

3.酿酒品种　从降低用工成本角度出发，一般不进行花穗整形。

（二）果穗整形

1.鲜食品种

（1）果穗整形时间。结实稳定后宜尽早进行，树势过强且落花落果严重的品种适当推后；对有种子果实来说，由于种子的存在对果粒大小影响较大，宜在落花后能区分出果粒是否含有种子时再进行，于盛花后15～25天完成。

（2）果穗整形方法。疏除病虫果、裂果、日灼果、畸形果及果穗内排列较紧密的果粒，过大果和无种子的小果也应疏除，尽量选留大小一致、排列整齐向外的果粒（图8-3，图8-4）。使果穗形成较整齐的圆形或圆锥形。不同品种疏粒的方法有所不同，主要分为除去小穗梗和除去果粒两种方法，对于过密的果穗要适当除去部分枝梗，以保证果粒生长有适当空间，对于每一枝梗中所选留的果粒数也不可过多，通常果穗上部可适当多一些，下部适当少一些，虽然每一个品种都有其适宜的疏粒方法，但只要掌握了留枝梗的数目和疏粒后的穗轴长短，一般不会出现太大问题。

（3）果穗整形标准。疏粒应根据品种特性和市场对穗重的要求确定相应标准。通常，平均粒重在6克以下的品种，每穗留80～100粒为宜；平均粒重在8～10克的品种，每穗留50～60粒为宜；平均粒重在11克以上的品种，每穗留40粒左右。

图8-3　阳光玫瑰果穗整形

图8-4　火焰无核果穗未整形（左）与整形处理（右）

A.果穗未整形　B.果穗整形处理

2.制干品种　从降低用工成本角度出发，一般不进行果穗整形。为避免果穗过于紧密导致裂果，可在花序分离期，通过植物生长调节剂处理拉长花序；也可通过肥水调控的方式，使一部分果实自然脱落，达到疏松果穗的目的。

3.酿酒品种　从降低用工成本角度出发，一般不进行果穗整形。为避免果穗过于紧密影响品质，可采用肥水调控的方式，使一部分果实自然脱落，达到疏松果穗、改善着色的目的。

三、适用范围

全国各葡萄产区。

四、注意事项

（1）需要进行无核化处理的品种，修穗时可以在花穗上部留一个小穗（图8-5），以上部小穗信使花开放作为进行无核化处理适宜时期的标志。

（2）后期需进行植物生长调节剂处理的品种，修穗时可以在果穗中上部留2个小花穗作为标志（图8-5），在进行无核化处理和膨大处理时，每次去除一个小穗，避免遗漏或重复处理。

（3）生产中一般用小剪刀疏果，不宜用手直接疏果。疏果时先剪除基部过多的穗轴和过长穗轴的前部，再按要求疏除该疏的果粒。

标记用，膨大处理后去除

标记用，无核化处理后去除

图8-5　修穗时可留小果穗作为标志

第二节　植物生长调节剂处理

一、技术原理和效果

植物生长调节剂在葡萄生产花果管理环节被广泛应用。植物生长调节剂为人工合成或通过微生物发酵浓缩获得的与植物内源激素化学结构相同或具有类似生理活性的物质。生产中通过施用植物生长调节剂，诱导植株生理生化功能发生改变，以达到拉长花穗、保花保果、膨大果粒、促进成熟和改善品质的目的。

二、技术要点

（一）拉长花序

1.鲜食品种　针对一些自然坐果率高且要求果粒大、穗型较松散的葡萄品种，可在葡萄花序分离期采用赤霉素进行花序拉长处理，提高果穗商品性，减少人工疏果成本。有核葡萄品种可在开花前7～15天（可通过花序分离状态确定处理时间，最佳处理时期花序状态如图8-6所示）采用低浓度（3～15毫克/升）的赤霉素拉长果穗；无核品种采用的赤霉素浓度应适当提高（30～90毫克/升）。如新疆产区红地球葡萄可在花前2周左右采用10～15毫克/升赤霉素溶液进行喷洒或蘸穗处理。

2.制干品种　生产制干用葡萄时，对果穗大小、形状无特殊要求，通常不进行花序、果穗整形，为避免果穗太紧导致裂果、影响制干效率，需要进行拉穗处理。如新疆产区无核白、无核紫、无核白鸡心等制干葡萄可在开花前7～15天（可通过花序分离状态确定处理时间，最佳处理时期花序状态如图8-6所示）采用30～90毫克/升的赤霉素溶液喷洒或浸蘸花序。

图8-6　葡萄拉穗处理最佳时期果穗状态（花序上部1/3小穗开展角度达到45°）

3.酿酒品种　酿酒品种通常不进行拉穗处理；果穗过于紧实的品种可利用水肥调控措施进行自然疏花，也可参考鲜食品种拉穗方法进行处理。

（二）果粒无核化及膨大

1.鲜食品种

（1）有核品种无核膨大处理。根据生产和市场需求，阳光玫瑰、巨峰等大粒品种需进行无核化处理。通常分两次进行处理：首先于满花至花后3天进行无核化处理，在花穗整形的基础之上，采用12.5～25毫克/升赤霉素（GA）加1～5毫克/升氯吡脲（CPPU）浸蘸果穗；盛花后10～15天进行膨大处理，用浓度为20～25毫克/升的赤霉素加0～5毫克/升的CPPU浸蘸果穗。

（2）无核品种膨大处理。无核紫葡萄可在满花后8～10天，用100～120毫克/升的赤霉素溶液处理果穗，此次处理后10天再用100～120毫克/升赤霉素加2～3毫克/升CPPU混合液喷洒或浸蘸葡萄果穗；夏黑可在开花80%～90%时用40～50毫克/升赤霉素喷洒或浸蘸葡萄果穗，10～15天后用50毫克/升赤霉素加0～5毫克/升CPPU混合液喷洒或浸蘸葡萄果穗。

2.制干品种　生产中通常采用植物生长调节剂处理膨大果粒，以实现增产增收。

（1）处理时期。果粒绿豆至黄豆粒大小时处理，无核白等品种宜在花后8～10天处理，无核白鸡心宜在花后15天左右处理，可以单次处理，也可以在第一次处理后7～10天进行二次处理。

（2）植物生长调节剂种类及浓度。可单独采用赤霉素，也可复配细胞分裂素类调节剂进行处理（图8-7）。无核白建议使用100 ~ 150毫克/升赤霉素进行膨大处理，无核白鸡心建议使用50毫克/升赤霉素复配1 ~ 2毫克/升CPPU（不建议使用TDZ，对香气品质形成不利，形成的果粒偏圆不符合市场需求）；处理方式以喷洒花序为主。

3. 酿酒品种 生产中酿酒葡萄通常无需进行果粒膨大处理。

图8-7 制干葡萄品种用不同浓度赤霉素膨大处理时果粒大小、果形差异

（三）保果

有些葡萄品种的自然坐果率低，落花落果严重，需进行保果处理，采用赤霉素与CPPU复配药剂保果效果好。如巨峰首先于谢花后5天左右进行保果处理（图8-8），采用10 ~ 15毫克/升赤霉素加1 ~ 3毫克/升CPPU浸蘸果穗；盛花后10 ~ 15天进行膨大处理，采用浓度20 ~ 30毫克/升赤霉素加1 ~ 5毫克/升的CPPU浸蘸果穗。

（四）促进成熟、改善品质

生产中还可使用胺鲜·乙烯利（200 ~ 300毫克/升）、脱落酸（ABA，100 ~ 500毫克/升）、茉莉酸丙酯（20 ~ 60毫克/升）、茉莉酸甲酯（MeJA，20 ~ 60毫克/升）、冠菌素（COR，0.006%原液稀释1 000 ~ 3 000倍）等植物生长调节剂于果实转色初期进行处理，以达到促进着色、提早成熟的目的（图8-9，图8-10）。

图8-8 巨峰葡萄保果效果对比
（右为未保果对照）

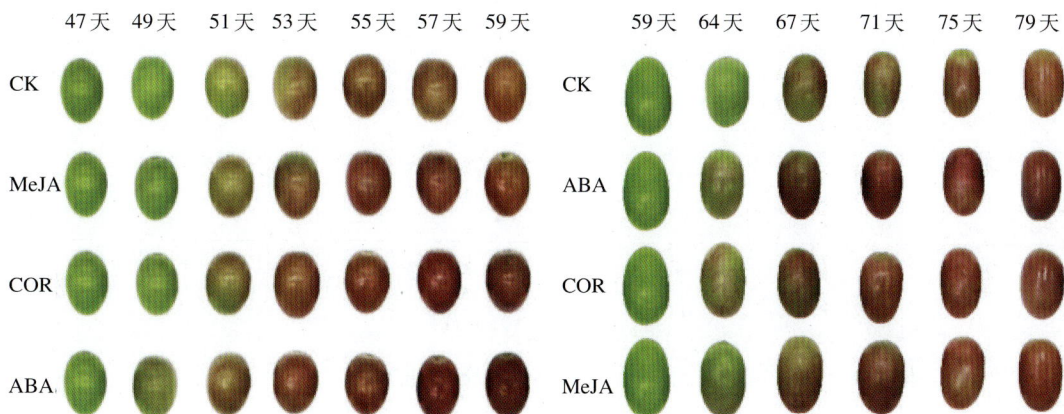

图8-9 不同植物生长调节剂处理葡萄果实着色差异（左为火焰无核葡萄；右为克瑞森无核葡萄）

图8-10   不同浓度的冠菌素处理火焰无核葡萄着色差异

COR 1 000倍   COR 2 000倍   COR 3 000倍   CK

三、适用范围

全国各葡萄产区。

四、注意事项

（1）用赤霉素进行花序拉长，同时也有强烈的疏花效果，因此对落花较重的巨峰系品种一般不要进行花序拉长处理，以防造成落花落果。在气候湿热的南方地区和进行设施栽培时，花序一般能自然拉长，也不需要进行拉长处理。

（2）植物生长调节剂应在温度较低的早晚期间处理，药液长时间附着于果实表面易形成药害，处理后要抖动果穗以抖落多余的药液。

（3）不同葡萄品种的处理效果，受药剂种类、处理时期、处理浓度、处理方式的影响非常大，因此生产中必须通过调查或在前期试验的基础上确定适宜本地的处理技术后才可大面积处理，以避免药害损失（图8-11）。同时，处理效果也受产区环境和管理水平影响，只有在树体生长状态中等以上、养分供给充足的条件下，植物生长调节剂处理才能达到理想或较理想效果。

图8-11   植物生长调节剂处理不当引发的药害
A.果面药疤   B.拉穗不当失去商品性   C.大小粒   D.穗轴木质化

（4）赤霉素、苄氨基嘌呤、乙烯利、吲哚丁酸、吲哚乙酸、芸薹素内酯、1–甲基环丙烯、氯吡脲、萘乙酸、S–诱抗素等植物生长调节剂可用于绿色果品的生产；而噻苯隆等其他植物生长调节剂在以生产绿色食品为目的的葡萄园不适用。

第三节　果实套袋

一、技术原理和效果

果实套袋是葡萄优质栽培的一项重要措施。果实套袋能够有效防止或减轻黑痘病、白腐病、炭疽病、日灼病等病害和蜂、蝇、粉蚧、蓟马、金龟子、夜蛾等虫害，以及鸟害等；能有效避免或减轻果实被药物污染和残毒积累；使果皮光洁细嫩，果粉浓厚，提高果色鲜艳度，使果实美观、商品性高。

二、技术要点

（一）果袋选择

葡萄专用袋的纸张应具有较大的强度，耐风吹雨淋、不易破碎，具有较好的透气性和透光性，避免袋内温度、湿度过高；纸袋最好具有一定的杀虫和杀菌作用。应根据品种和产区气候条件选择适宜纸袋（图8-12），一般着色品种宜选用白色纸袋，黄绿色品种宜选用蓝色或绿色纸袋，容易日灼的品种可利用打伞栽培以减轻日灼，鸟害严重时可选用无纺布果袋防鸟。如阳光玫瑰，选用浅蓝色或浅绿色纸袋可以有效降低果锈发生程度（图8-13），选择渐变色果袋可有效保证果穗不同部位果粒成熟度的一致性。

图8-12　生产中应用的不同套袋形式

A.有色品种套白色纸袋　B.无纺布袋　C.打伞防日灼

图8-13　阳光玫瑰采用蓝色渐变果袋

（二）套袋时间

一般在花后20～30天，即葡萄生理落果后果实似黄豆大小时进行套袋，如果为了促进果粒对钙元素的吸收，提高果实耐贮运性，可将套袋时间延迟至果实刚开始着色或软化时进行。套袋一般应在上午和下午的凉爽时段进行，注意避开雨后高温天气。为减轻幼果期病菌侵染，套袋宜早不宜迟。

（三）套袋方法

根据当地主要病害种类选择适宜的水溶性杀菌剂喷洒果穗，待果穗上药液干燥后及时套袋。套袋前将整捆果袋放于潮湿处，使之返潮、柔韧；选定幼穗后，小心地除去附着在幼穗上的杂物，左手托住纸袋，右手撑开袋口，令袋体膨起，手执袋口下2～3厘米处，袋口向上或向下套入果穗，套上果穗后使果柄置于袋的开口基部（勿将叶片和枝条装入袋子内）；然后从袋口两侧依次按"折扇"方式折叠袋口于切口处进行捆扎，扎袋口材料可用细铁丝，也可用钉书钉。套袋时要使幼穗处于袋体中央，并在袋内悬空以防止袋体摩擦果面，袋口应扎在新梢上或果柄上。捆扎时要小心，防止折断果穗。套袋时用力方向要始终向上，以免拉掉幼穗，用力宜轻，尽量不触碰幼穗。袋口要扎紧，以免害虫爬入袋内危害果穗，并防止纸袋被风吹落。

（四）摘袋时间和方法

一般来说深色葡萄品种在采收前1～2周摘袋，以促进浆果着色，其余葡萄品种采收前不去袋。但具体情况还要视成熟期的天气而定。如葡萄果实即将成熟时天气无雨晴好，可提前2～3天除袋或撕破袋；如成熟期天气连续阴雨，以不提前除袋或破袋为宜，直至果实成熟连纸袋一起采下运至室内拆袋整穗。摘袋宜在上午和下午的凉爽时段进行，上午去除南侧的纸袋，一定要避开中午日光最强的时段，以免果实日灼。摘袋时间过早或过晚都达不到套袋的预期效果。

三、适用范围

全国各葡萄产区。

四、注意事项

（1）要避免雨后高温天气或连续阴雨后突然放晴的天气进行套袋，一般要再等2～3天，待果实适应高温环境后再套袋。

（2）套袋时，袋口一定要扎紧，防止雨水、病菌或虫进入，预防各种病害、虫害。

（3）套袋后密切观察袋内病虫害发生情况，发生严重时可以解袋喷药。

（4）注意铁丝以上要留1～1.5厘米长的纸袋，不要将捆扎丝直接缠在果柄上。

第四节　合理负载

一、技术原理和效果

合理负载是在充分利用环境资源的基础之上，根据品种特性、生产管理水平确定合理的产量目标，通过冬季修剪、新梢管理、花果管理等栽培措施调控植株生殖生长与营养生长的平衡关系，实现连年优质丰产。负载量过低时，不仅影响产量和收益，还会因树体营养生长过旺，导致枝条徒长，进而降低果实品质。负载量过高时（图8-14），会因光合产物供应不足，导致成熟期推迟，果实着色不良、次生代谢产物及干物质积累不足，影响新鲜果粒及葡萄酒、葡萄干等产品质量；同时还会导致树体当年生枝条成熟和花芽分化不良，影响枝条抗寒性和翌年产量，产生大小年结果问题。

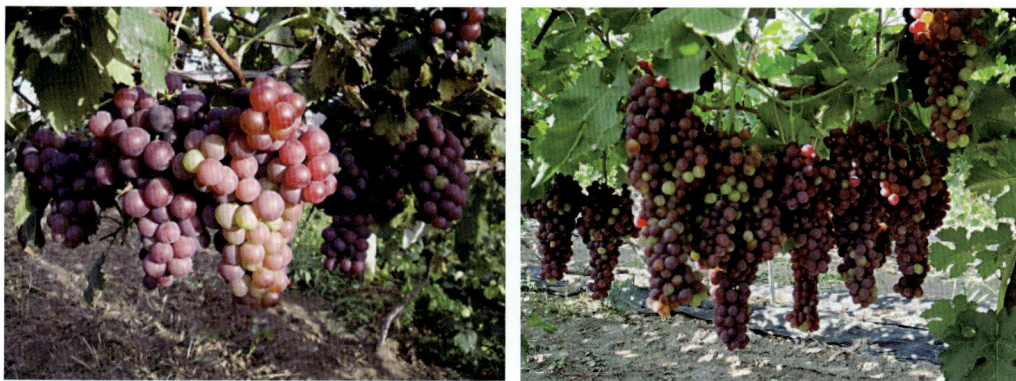

图8-14　负载量过高导致成熟期延迟和果实着色不良

二、技术要点

葡萄单位面积产量＝单位面积果穗数×穗重，穗重＝单穗粒数×单粒重。因此，根据目标产量和品种特性就可以确定单位面积留穗数。通常花前疏穗后预留花穗数以目标产量的2～3倍为宜，花后疏穗后预留果穗以目标产量的1.5～2倍为宜，以最终达到目标产量的1.2倍为宜。适宜的负载量需根据品种特性、生产需求和产区环境确定。

1.**鲜食品种**　合理的产量目标需要根据品种特性、产区生态气候特点及栽培管理水平综合分析确定。光照良好地区产量以1 500～2 000千克/亩为宜，光照一般地区产量以1 000～1 500千克/亩为宜，光照较差地区产量以750～1 000千克/亩为宜。

2.**酿酒品种**　负载量要根据品种特性和产区生态条件确定，应控制在1 500千克/亩以内。土质瘠薄的西北地区产量宜控制在1 000千克/亩以下，对于生产优质葡萄酒的酒庄，产量宜控制在500千克/亩左右。对于地力肥沃、水分充足地块，可酌情提高单产，反之应酌情减少。

3.**制干品种**　制干葡萄对果实可溶性固形物含量要求较高，制干产区在9月上旬前，可溶性固形物含量能达到20％的产量即为适宜产量，在吐鲁番、哈密等制干主产区，无核白等制干品种产量宜控制在3 000千克/亩以内。

三、适用范围

全国各葡萄产区。

四、注意事项

（1）易发生晚霜、大风等自然灾害的产区，定穗时可根据目标产量适当多留，以应对可能出现的产量损失。

（2）目标产量较高时，须加强肥水管理，以保证树势健壮。

参考文献

宫磊，王珊，苏玲，等，2020.不同负载量及花穗整形方式对'户太八号'葡萄果实品质的影响[J].中国果树(2): 81-83.

郭淑萍，杨顺林，杨玉皎，等，2022.GA3和CPPU对无核翠宝葡萄果实品质的影响[J].果树学报，39(10): 1834-1844.

郭淑萍，杨顺林，杨玉皎，等，2022.单氰胺及摘叶对"阳光玫瑰"葡萄二次果花芽分化及品质的影响[J].北方园艺(6): 39-45.

郝燕，朱燕芳，王元元，等，2022.不同负载量下摘叶对'美乐'葡萄果实着色的影响[J].中外葡萄与葡萄酒(1): 48-52.

季晨飞,郑焕,陶建敏,2013.GA3和CPPU对红宝石玫瑰葡萄果实无核率及品质的影响[J].中国果树 (3): 47-49.

贾玥,季晨飞,余晓娟,等,2014.不同花穗整形长度对'魏可'葡萄果实品质的影响[J].安徽农业科学,42(11): 3212-3213.

贾玥,刘学平,任俊鹏,等,2013.'夏黑'葡萄花穗的不同整穗长度对果实生长及品质的影响[J].中国农学通报, 29(28): 189-194.

贾玥,陶建敏,2014.不同花穗整形长度对"亚历山大"葡萄果实品质的影响[J].中国南方果树,43(5): 95-97.

贾玥,陶建敏,2015.4种夏黑葡萄花穗整形方法的比较[J].江苏农业科学,43 (2): 173-176.

贾玥,张雷,陶建敏,2014.不同花穗整形长度对宝满葡萄果实品质的影响[J].中国果树 (5): 41-43,86.

贾玥,张雷,陶建敏,2014.不同花穗整形长度对美人指葡萄果实品质的影响[J].中外葡萄与葡萄酒 (3): 35-38.

江苏省质量技术监督局(陶建敏,章镇,高志红,等,起草),2012.葡萄花穗果穗整形技术规程:DB32/T 2092—2012 [S].

刘三军,贺亮亮,宋银花,等,2016.植物生长调节剂在葡萄上的应用 [C]// 中国园艺学会,中国园艺学会果树专业委员会.第五届全国现代果业标准化示范区创建暨果树优质高效生产技术交流会论文汇编: 30-33.

刘三军,宋银花,章鹏,等,2016.葡萄品种阳光玫瑰栽培技术规程[J].果农之友 (7): 36-40.

任晨琛,任俊鹏,陶建敏,2014.不同套袋处理对美人指葡萄果实生长的影响[J].江苏农业学报,30(1): 178-183.

任俊鹏,李小红,宋新新,等,2013.GA3和TDZ对夏黑葡萄果实生长及品质的影响[J].江西农业学报,25(9): 21-25,30.

陶建敏,2014.长三角地区葡萄花果标准化管理技术简要[J].中外葡萄与葡萄酒 (2): 34-37.

陶建敏,章镇,许宽勇,等,2008-04-30.魏可葡萄的无核化栽培技术:CN200610085257.7[P].

王海波,王孝娣,陶建敏,等,2020.鲜食葡萄"一优二改三准四高"绿色高质量生产技术体系[J].中外葡萄与葡萄酒 (1): 58-65.

王继源,冯娇,侯旭东,等,2017.不同果袋对'阳光玫瑰'葡萄香气组分及合成相关基因表达的影响[J].果树学报, 34(1): 1-11.

王鹏,吕中伟,张晓锋,等,2015.不同负载量对'巨玫瑰'葡萄果实品质的影响 [C]// 中国园艺学会.中国园艺学会 2015年学术年会论文摘要集: 1.

王咏梅,张正文,宫磊,等,2017.不同负载量对贵人香葡萄果实香气物质的影响[J].西北园艺 (综合) (5): 61-64.

王振平,王国珍,陈卫平,等,2015.酿酒葡萄实用栽培技术[M].银川:黄河出版传媒集团阳光出版社.

谢周,李小红,程媛媛,等,2010.赤霉素对魏可葡萄果穗及果实生长的影响[J].江西农业学报,22(1): 50-53.

新疆维吾尔自治区市场监督管理局(张雯,潘明启,韩守安,等,起草),2022.特色林果鲜食葡萄绿色生产技术规范: DB65/T 4608—2022[S].

杨国顺,2015.葡萄花果管理[J].湖南农业 (10): 36-37.

余阳,陶建敏,2016.不同类型果袋对"魏可"葡萄果实生长的影响[J].中国南方果树,45(1): 82-85.

余阳,袁月,王继源,等,2015.套袋及喷钙对魏可葡萄矿质元素和果实品质的影响[J].江苏农业学报,31(5): 1134-1139.

余智莹,张萌,陶建敏,2010.GA3和CPPU对凉玉葡萄果实品质的影响[J].中外葡萄与葡萄酒 (7): 49-51.

张静,任俊鹏,杨庆文,等,2013.CPPU对夏黑葡萄果实生长的影响[J].中国南方果树,42(2): 22-25,29.

张静,任俊鹏,杨庆文,等,2013.花前GA3处理对夏黑葡萄果穗生长的影响[J].中外葡萄与葡萄酒 (2): 48-50.

张雷,贾玥,王继源,等,2014.套袋对'美人指'葡萄花色苷组分及合成相关基因表达的影响[J].果树学报,31(6): 1032-1039.

张萌,余智莹,谢周,等,2010.GA3和CPPU用于黄玉葡萄生产无核化果实的效应[J].中国南方果树,39(4): 62-63.

张雯,潘明启,努里阿·阿合买提,等,2022.西北干旱产区葡萄新梢与花果生长期管理技术要点[J].农村科技(6): 39-42.

郑焕,季晨飞,陶建敏,2013.GA3和CPPU对钟山红葡萄果实品质的影响[J].中国南方果树,42(1): 22-24.

第九章

防 灾 减 灾

第一节　旱害的防灾减灾

旱灾是指长期缺水或降水不足，导致农作物对水分的需要量或从土壤中汲取的水量在一个相当时期内不相适应，从而使作物生长受限或死亡，产量下降或绝收的气象灾害。葡萄作为较抗旱果树在世界各地广泛栽培，但也时常受到干旱威胁，导致植株减产或死亡。

一、旱灾的成因

（一）全球气候变化

根据政府气候变化专业委员会（IPCC）的系列报告，在20世纪的100年中，全球地面空气温度平均上升了0.4 ～ 0.8℃。随着全球变暖，全球降水量重新分配，直接造成葡萄植株蒸腾量和土壤蒸发量剧增，土壤水分减少，从而导致旱灾发生。

（二）降水减少

长时间无降水或降水偏少，河流、湖泊干枯，致使葡萄园土壤得不到有效水分补给，土壤含水量迅速降低，难以满足葡萄正常生长，造成植株枯萎死亡。

（三）园地地势与土壤特性不适

园地向阳，坡度较大，土壤保水性较差，土壤水分渗漏严重，导致降雨灌水流失、地表水分大量蒸发，葡萄园干旱成灾。

（四）葡萄种植密度过大

长期以来，部分科学家和葡萄种植户为了提高葡萄单产面积，无限制地提高葡萄种植密度，导致植株间争夺土壤水分，促进营养生长以获得生长空间，叶幕过大；如遇到高温干旱天气，很容易发生局部旱灾。

（五）葡萄水肥管理技术不当

近年来诸多葡萄园采用水肥一体化滴灌系统，许多葡萄园水肥管理参照国外标准，采用少量多次的滴灌管理制度，导致葡萄根系较浅；如遇到干旱天气，缺乏足够的水分补偿，地表土壤水分很快被消耗殆尽，根系吸水能力减弱，葡萄植株吸水小于失水，造成干旱。

二、技术要点

（一）旱灾的防御

1.葡萄砧木和品种选择　选用抗旱性能较好的砧木品种如1103P、5BB和3309C等，以及抗旱能力较强的品种如无核白、木纳格、和田红和新郁等欧亚种的东方品种群品种。

2.限根栽培　根域限制栽培技术是一种有效预防水肥渗漏的节水节肥栽培技术，在有限的水资源条件下就能满足葡萄正常生长，可在干旱少雨地区推广使用。

3. 覆膜覆草栽培 采用地膜、作物秸秆、杂草、树叶等覆盖葡萄根际，能有效减少土壤水分蒸发，提高蓄水保墒能力；采取行间生草或种植绿肥以改良葡萄园小气候，降低地表蒸发，达到改良土壤团粒结构和肥力的效果。

4. 采用合理定植密度和叶幕管理 在干旱少雨地区，选用行距大于3米、株距大于1米的定植密度定植，减少单位面积定植株数，避免因定植过密导致干旱发生。同时，通过合理整枝，控制葡萄叶幕，减少叶面蒸腾，提高葡萄抗旱性。

5. 穴贮肥水 穴贮肥水技术（图9-1）是山东农业大学束怀瑞院士为沂蒙山区土层瘠薄、砾质、无灌溉条件的苹果园发明的抗旱施肥技术，适用于干旱的山区丘陵或沙地、黄土塬地，特别适用于大棚架栽培，或在非适宜土地进行客土集中栽培，即占天不占地的葡萄园。具体方法是根据树体或种植区的大小，在树的周围挖4个深50～70厘米、直径40～50厘米的坑穴；其内竖直填上用玉米或高粱等秸秆做成的草把，玉米秸秆需要拍裂，最好在沼液或液体肥料中浸泡，穴内可填充有机肥、枯枝杂草等各种有机物料，撒上复合肥，覆土，浇透水，使穴的中央保持最低；覆盖薄膜，并在薄膜的中间用手指抠一个洞，便于雨水流入穴内。当需要浇水施肥时掀开薄膜施入，即形成多个固定的营养供应点，局部改良树体的水肥气热条件，使根系集中到穴周边，优化植株的生存空间，有利于丰产稳产。

图9-1 穴贮肥水示意图及实景图

6. 科学灌溉 在有条件的葡萄产区，可最大限度地采用滴灌、渗灌、交替灌溉等节水灌溉制度（图9-2），可最大限度地减少水分浪费，提高水分利用率。

图9-2 根系分区交替灌溉示意图及实景图

7. 施用保水剂 近年来保水剂作为一种化学抗旱节水材料在农业生产中已得到广泛应用（图9-3）。保水剂是利用强吸水性树脂做成的一种具有超高吸水能力的高分子聚合物，可吸收自身重量数百倍的水分，吸水后可缓慢释放供植物吸收利用，且具有反复吸水功能，从而增强土壤的持水性，减少水的深层渗漏和土壤养分流失，特别是对土壤中的 NO_3^--N 有一定的保持能力。田间试验结果证明，成年果树第一次使用保水剂时，建议选用颗粒大的保水剂型号，每亩用量5千克，随基肥施入沟内。保水剂寿命4～6年，其吸放水肥的效果会逐年下降，因此每年施化肥时还需要再混施入1～2千克保水剂。但也有试验结果表明，保水剂的持水力会因为磷钾等肥料的施入而有明显降低，建议保水剂单独使用。

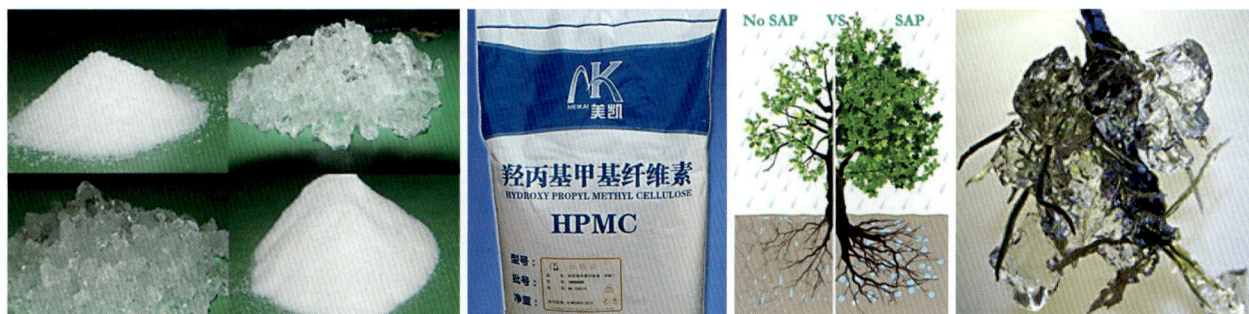

图9-3 保水剂及其应用

（二）旱灾发生后的补救

1.人工补水 没有灌溉条件，又遇到发生干旱的特殊年份，旱灾持续时间长必须人工补水。广辟水源，及时补灌，充分发挥蓄水池、库井、塘坝等一切可以利用的水源条件，采取移动补灌等措施，扩大灌溉面积、优化灌溉时间，能灌尽灌，以水补旱。

2.合理修剪，减少蒸腾 及时修枝整形，修剪掉多余的枝条，以减少营养消耗和水分蒸腾。

3.喷施抗蒸腾剂 抗蒸腾剂是指喷施于叶面后能够降低植物蒸腾速率、减少水分散失的一类化学物质。通常把抗蒸腾剂分为3类：一类是代谢型抗蒸腾剂，也叫气孔关闭剂，如ABA等植物生长调节剂等；第二类是成膜型抗蒸腾剂，由各种能形成薄膜的物质组成，如硅酮类、聚乙烯、聚氯乙烯、蔗糖酯和石蜡乳剂，这些物质能在植物表面形成一层薄膜，封闭气孔口，阻止水分透过，从而降低蒸腾；第三类是反射型抗蒸腾剂，这类物质中被研究最多的是高岭土。

4.中耕松土保墒 及时中耕，以切断土壤毛细孔隙，减少土壤水分蒸发，达到保墒作用。

5.根际覆盖 中耕保墒后，可用秸秆或地膜顺葡萄行向覆盖葡萄根际，采用秸秆覆盖，覆盖厚度一般控制在10～20厘米，并适当压土，防止风刮和失火。如用地膜覆盖，在葡萄行两边各铺一行，用土压严。也可采用行间取土直接压埋葡萄根际，能有效减少根际土壤水分蒸发，保持土壤湿度，提高葡萄的抗旱性。

6.加强病虫害防治 干旱发生后，病虫害会偏重发生，特别是虫害大量发生会给植株造成很多新生伤口，使水分大量损失。因此，在干旱发生后要及时防治病虫害。

三、适用范围

全国各葡萄产区。

四、注意事项

（1）覆盖地膜后可有效减少地面蒸发和水分消耗，保持膜下土壤湿润和相对稳定，但在春霜冻发生频繁的地区，需要霜冻期过后覆膜，以免早覆膜后树体生长较快而受冻。

（2）干旱发生后，病虫害会偏重发生，要及时防治病虫害。

第二节 涝害的防灾减灾

随着全球气候变暖，极端天气事件频繁发生，洪涝灾害已经上升为农业生产的重要灾害之一。突发性暴雨、季节性降水、地下水位高加之排灌系统不畅是葡萄生产中发生涝渍灾害的主要原因。因此，涝害的防灾减灾技术在于预防涝害出现以及涝害发生后更好地采取补救措施，从而使经济损失降到最低，是葡萄生产中的重要措施之一。

一、涝害的成因

涝害对植物最直观的伤害是生长受到阻碍，表现为植株生长缓慢、新叶形成受阻、叶片萎蔫及过早衰老、叶柄偏上性生长等。淹水胁迫后，植株新陈代谢受到影响，生长势减弱，生物量积累减少。大部分葡萄品种在淹水环境中均表现出明显的伤害，甚至死亡。但水分过多的危害并不在于水自身，而是由于水分过多引起缺氧，从而诱导次生胁迫造成危害。一方面，水涝胁迫阻断了细胞内正常的电子链传递，造成超氧阴离子等活性氧（ROS）的积累，过量的ROS会导致膜脂过氧化；另一方面，水涝胁迫下植株会启动无氧呼吸代谢，丙酮酸脱羧酶（PDC）、乙醇脱氢酶（ADH）、乳酸脱氢酶（LDH）的活性增加，产生乙醛、乙醇、乳酸等中间产物，这些产物积累到一定程度会对细胞产生毒害。

二、技术要点

（一）涝灾的防御

1.选用耐涝品种资源　选用SO4、5BB、5C、520A、101－14M、3309C、3306C和贝达等耐涝砧木品种。

2.完善园区排水设施　健全排水系统，设置明沟和暗沟，加强排水设施建设，提高排水管网覆盖率，防止内涝发生。

3.采用避雨栽培模式　葡萄避雨栽培是南方葡萄设施栽培的一种主要形式，通过覆盖天棚，改变小环境，使其适合葡萄生长。葡萄避雨栽培的优点是能控制土壤水分；防止生理落果；减轻真菌病害传播，降低喷药次数，利于优质葡萄生产。

4.采用限根栽培模式　限根栽培是采用一定的容器如水泥池，或一定的材料如塑料布、无纺布、木条箱等，将葡萄根系限定在一定的生长空间里，抬高葡萄根系，同时配套排水管道和精准灌溉施肥技术，一方面限制了根系的冗长生长，提高了肥水利用效率；另一方面，限制了根系的向下伸长并避免了高水位的浸润。南方地区雨水多，推广限根栽培技术，既可通过限根控制葡萄营养生长，又可规避涝害。

5.采用台田栽培模式　对于地下水位较高、排水条件差的土地采用台田法栽植利于排水防涝。栽植前一年修筑台田，台田高1米左右，台田间形成排水沟。

（二）涝灾发生后的补救

1.及时排涝　在有可能情况下采取强排措施，尽可能排除葡萄园积水。及时清理疏通排水沟渠，对于地势低洼或平地葡萄园，果园里围沟、中沟和畦沟要相互贯通，有条件的葡萄园可用水泵排水，尽快排出园内积水，同时揭除防草布、地膜，提高土壤透气性。

2.改良土壤　水淹后果园土壤板结，同时土壤空隙充满水分，氧气含量少，会造成根系缺氧。土壤稍干后应及时松土，增加土壤通气性，以利葡萄根系呼吸，促发须根，避免根系腐烂、叶片黄化。

3.减轻负载量　根据葡萄品种、树龄大小、受淹程度等对园区的葡萄适当剪除果穗，减轻负载量。建议对于早熟品种，水淹超过24小时园区，负载量（产量）减少1/3以上；中晚熟品种，水淹超过24小时园区，负载量（产量）减少1/2以上；水淹超过72小时园区，负载量（产量）减少3/4以上，特别严重的可全部剪除。对一些裂果严重品种，疏除裂果，减少损失。

4.恢复树势　为确保当年产量，水灾后应尽快恢复树势，包括恢复地上部分树势和根系活力。长期浸水葡萄园，除摘果减负载外，还要注意适当剪除部分枝条或叶片，由于长时间浸水，容易出现根系损伤或部分根系死亡；特别是雨后出现晴天高温，更容易出现地上部和地下部的水分失衡，适当剪除部分枝叶有利树势恢复。对于地上部分，应减少水分蒸腾确保树体成活，可剪去尚未转色成熟的结果枝或过细、过粗扁的徒长枝、病枝；副梢、主梢摘心。及时扶正、加固被冲倒的葡萄树、葡萄立柱、葡萄棚，培土保护根系，促发新根，恢复生长。由于长期浸水，根系损伤或部分死亡，水灾后不宜立即施肥，待树体恢复一段时间后适当补施一些复合肥或适量低浓度叶面肥，以利于恢复树势，不可大块翻土，否则会加剧枝叶的萎蔫程度。

5. 根外追肥　葡萄受涝后根系受损，吸收肥水的能力较弱，不宜立即根施肥料，可结合病虫害防治，在药液中加 0.1%～0.3% 磷酸二氢钾或尿素喷施叶片。每隔 10 天左右喷 1 次，连喷 2～3 次。

6. 加强病虫害防治　涝害发生后容易引起葡萄病虫害大面积暴发。注意及时防治炭疽病、霜霉病、黑痘病等。果农在涝害后须及时进行全园清洗消毒，建议使用一次具有内吸、广谱特性的杀菌剂细致均匀地喷施叶片，用于杀菌清园。枝叶被洪水冲击后，会留下许多断枝伤叶，这些枯伤枝叶要及时剪除，不过分消耗树体养分，也减少病害的滋生。注意在防病治虫过程中必须确保产品质量安全，严格按规定使用农药。对正在销售的品种，用生物农药或植物源农药防治病虫害；用黄色粘板诱杀叶蝉、蓝色粘板诱杀蓟马和醋蝇、用糖醋液诱杀吸果夜蛾、金龟子，用性诱剂诱杀斜纹夜蛾等。对未成熟的中晚熟品种可用化学农药防治。酸性较重土壤地区每亩地可选用 50～100 千克生石灰全园地面撒施；如果根系已霉变发黑的，半月内未能上市的品种，用 70% 甲基硫菌灵 600 倍液或 15% 噁霉灵（土菌消）水剂 500 倍液浇施消毒。对于易感霜霉病的品种应及时喷施一次霜霉病治疗药剂，3～5 天后补施一次以铜制剂为主的预防药，药剂可选用 50% 烯酰吗啉 600～800 倍液加 75% 百菌清 600～800 倍液加 70% 甲基硫菌灵 800 倍液防治，在以上的农药中，可加入 0.2% 的磷酸二氢钾，以提高抗病能力。发现酸腐病要及时清除烂粒，用 80% 灭蝇胺 5 000 倍液和 20% 乙酸铜 500 倍液淋洗式喷洒果穗。

三、适用范围

全国各葡萄产区。

四、注意事项

涝害后果园应及时松土，提高土壤通气性，以利于葡萄根系呼吸，促发须根，避免根系腐烂、叶片黄化。

第三节　盐碱胁迫的防灾减灾

一、盐碱胁迫对葡萄的影响和危害

盐碱胁迫下，植株生长受到抑制，以叶片最为明显，不同品种的葡萄砧木会出现叶片失绿、干枯、脱落等不同症状。随着盐分的积累，离子毒害随之发生。当植株体内的离子平衡被打破、植株受到活性氧胁迫，其光合作用、生长发育被抑制，甚至死亡。

二、技术要点

（一）选择耐盐碱的葡萄品种

选择耐盐碱的砧木品种如 1616C、1202C、1103R、5BB、520A、225Ru 和光荣（Riparia Gloire）等，以及耐盐碱能力较强的品种如红地球、玫瑰香、美人指、巨峰、碧玉香、紫丰和无核早红等。

（二）土壤改良

在建园前 2～4 年种植苜蓿、油葵、小麦、豌豆等，增加土壤有机质含量，抑制土壤中的盐碱含量上升。掺施草炭、沙子、炉灰等降低土壤容重，改善土壤通气透水性状，促进土壤养分转化。

（三）栽前整地

地下水位较高、排水条件差和盐碱较重的土地用台田法栽植，栽植前一年开深沟，重施腐熟有机肥，修筑台田，高1米左右，栽植行间形成排盐沟。地势较高、表土含盐多的土地采用沟垄法栽植，苗木植于沟中，整成小畦，便于灌溉和管理，沟深50厘米左右，行向一般取南北向，使葡萄树两侧都能均匀地接收光照。

（四）小苗定植

1.定植季节　春季积盐重、地温低，栽植不易成活。夏季雨水大，可有效淋洗土壤盐分，但水分蒸发量大，也不利于成活。以秋季（10月初）定植为宜，秋季盐碱被雨水冲刷后残留量小，苗木根系受害轻，易成活。

2.定植技术　在中、重度盐碱土地区，挖直径50厘米、深1米的树穴，表层土与下层土分别放置。在定植沟底铺一层腐熟的鸡粪、稻麦草、碎麦秸麦糠或锯末等混合物，铺匀压实，形成一层厚10～20厘米的隔盐层。按原层次回填掺入有机肥的土，立即浇水。

三、适用范围

全国各葡萄产区

四、注意事项

（1）葡萄缺铁性黄化是盐碱地栽培时的常见特征病害，主要表现为新梢先端叶片呈鲜黄色，叶脉两侧呈绿色脉带。症状发生后，每隔4～5天叶面喷施0.3% Fe_2SO_4，共喷3～4次，并采用柠檬酸或食醋精细灌根3～4次。

（2）灌水后和雨后，特别是在返盐季节，及时耕地松土，一般每年要中耕松土7～8次。

第四节　冬季冻害的防灾减灾

冬季冻害是指休眠期温度低于0℃发生的冻害。随着全球气候变暖，极端温度事件频繁发生，冬季冻害发生频率也越来越高。

一、冬季冻害的成因

当休眠季节的低温达到葡萄器官能忍耐的临近点之后，细胞内开始结冰，细胞膜破裂，外观上经常可以看到芽组织或枝干皮层甚至木质部变褐，或呈水渍状（图9-4）；在显微镜下观测，当葡萄枝干所处环境的温度从0℃降到−20℃，含水丰富的组织形成的冰晶可使体积膨胀8%～9%，冰晶将拉伸应力传导给树干组织，从而导致皮层以及韧皮部的细胞壁和筛管破裂，即产生裂纹。葡萄木质疏松，在空气相对湿度较低的条件下，裂纹往往随着强劲的春风变得越来越明显，最终树体脱水发生生理干旱，导致枝蔓开裂干枯甚至死亡。

图9-4　葡萄枝干冬季冻害

二、技术要点

(一) 冬季冻害的防御

1.采用抗寒嫁接苗 目前推广的抗根瘤蚜砧木,其抗寒性都优于欧亚种栽培品种自根系。不同类型砧木的根的半致死温度为 $-16 \sim -7.3℃$,能适应的土壤低温在 $-5℃$ 以上。不同类型砧木的抗寒性与其遗传性有关,如山葡萄、贝达、河岸葡萄、山河系抗寒性较强;也与其根系类型有关,如同一砧木粗根的抗寒性比细根高很多;同时也与砧木根系在土壤中的空间分布有关,田间试验发现,沙地葡萄冬葡萄的杂交砧木,由于以粗根为主,而且扎根于深土层,故在同样温度下反而比浅层根系的河岸葡萄杂交砧木抗寒。因此,在冬季寒冷地区栽培,建议选择深根性的砧木,如110R、140Ru、1103P,尽量避开根系主要分布在表层的砧木。在冬季气温变化剧烈、容易发生裂干的地区栽培,建议用砧木高接苗建园,即以砧木形成主干。气象学家研究发现,晴天果园贴地气层内的温度以1.5米处为最高,0.1米处为最低,其次是0.5米,目前大部分嫁接苗根颈贴地表,此高度正处在温度最低、低温持续时间最长的气层内,不利于果树的避冻御寒。因此建议砧木的高度最好超过0.5米。

2.种植抗寒品种 在冬季严寒的地区栽培,可选择抗寒的种间杂种。山葡萄、河岸葡萄及美洲葡萄是抗寒性很强的种,其杂交后代抗寒性大多数较强。需要注意的是,山葡萄萌芽所需要的温度低,比欧亚种葡萄萌芽早20天以上,在容易发生春霜冻的地区不适宜引种纯种山葡萄品种,可以试种山欧杂交种如华葡1号等。国外育成的抗寒种间杂种很多,如摩尔多瓦在我国已经广泛栽培。目前在寒区栽培较多的如:法国育成的种间杂种威代尔(Vidal)、香百川(Chambourcin)、香赛罗(Chancellor)、美国育成河岸葡萄杂交品种Frontenac,可抗 $-35℃$ 低温。德国在抗寒葡萄育种方面更趋向于培育欧亚种亲缘关系的品种,如育成的酿酒葡萄品种紫大夫(Dornfelder)、解百纳米特(Cabernet Mitos)等,其原产的欧亚种品种雷司令是欧亚种中最抗寒的品种,其次是意大利雷司令,即贵人香、霞多丽、黑比诺等原产于北方的品种。

3.采取覆盖或埋土防寒 在最低温度高于或临近 $-15℃$ 的地区栽培的欧美杂交种葡萄冬季大部分都不进行覆盖或埋土防寒;栽培的欧亚种葡萄过去大多数进行覆盖或埋土防寒,随着暖冬出现和劳动力短缺,现在越来越少进行覆盖或埋土防寒。在最冷月低温常年低于 $-15℃$ 的严寒地区,大部分栽培品种都需要下架覆盖或埋土防寒(图9-5)。

(1)防寒时间。覆盖或埋土防寒应在气温下降到0℃以后、土壤尚未封冻前进行。覆盖或埋土过早,植株未得到充分抗寒锻炼,会降低植株的抗寒能力;覆盖或埋土过晚,根系在覆盖或埋土时就有可能受冻,而且取土困难,不易盖严植株,起不到防寒作用。

(2)覆盖物或防寒土撤除时间及方法。埋藏处的温度达10℃前完成揭除覆盖物或除土,或在树液开始流动后至芽眼膨大前撤除防寒土或揭除覆盖物。揭除覆盖物或除土过早,根系未开始活动,枝芽易被风抽干;过晚则芽眼在覆盖物底下或土中萌发,上架时很容易被碰掉。一般华北地区揭除覆盖物或除土时间在3月末至4月上旬。通常防寒物一次撤完,但在较寒冷的地方,可根据气温条件分次撤除防寒覆盖物或土。揭除覆盖物或除土后枝蔓要及时上架。

4.采取抗寒定植方式 ①宽行种植。在埋土防寒地区建议种植行距最好3.0米以上(东北和西北等冬季寒冷产区行距最好4.0 ~ 8.0米),以便于机械在行间取土而不伤及根系。品种自根系和分根角度小的砧木根系往往水平延伸到行间的80厘米左右,因此埋土区取土部位距离种植部位至少100厘米,取土越多距离根系就要越远,避免靠近根系取土造成根系主要分布区土层变薄或透风散气。②深沟种植。在寒冷地区提倡深沟种植法,沟的深度和宽度与需要取土的体量有关,以方便取土掩埋或便于覆盖为准,同时还要兼顾生长季节的操作便利性。挖宽80 ~ 100厘米、深70 ~ 100厘米的定植沟,开沟时按5 ~ 8米³/亩有机肥与表土混合放在定植沟一侧,心土放在另一侧,将混合土填入定植沟中,再填入部分心土使定植沟深度保留20 ~ 25厘米,灌水,沉实后可定植。

5.选择简约树形 埋土防寒区选择树形时需要考虑方便下架和出土上架,因此提倡简约树形,如具"鸭脖弯"的斜干单层单臂水平龙干形（又称厂形），同时尽量减少对枝蔓的扭伤，以免导致开裂的枝干失水或诱发根癌病、白腐病等；此外，建议二次修剪，即冬季长剪，待春季出土后再定剪。

6.调控水分　秋后需要控制灌水，及时排水，促进枝条成熟。为了提高产量在果实成熟时大量灌溉的方法是不明智的。枝条越冬时含水量越高越容易遭受冻害。埋土防寒前视土壤墒情灌封冻水，封冻水在干旱地区葡萄园是不可或缺的，但要注意等表土干后再进行埋土防寒，防止土壤过湿造成芽眼霉烂。春季，葡萄从树液开始流动到发芽一般需1个月，但出土前后根系已恢复活动。为了防止抽条，需要密切关注土壤水分和空气相对湿度情况，及时进行土壤灌溉。

7.枝干涂白或简易覆盖　对于栽培在埋土防寒临界区的葡萄，枝干涂白或简易覆盖是抗冻栽培的重要技术措施（图9-5）。

图9-5　葡萄埋土越冬防寒（左1至左3）和枝干涂白（左4）

（二）冬季冻害发生后的补救

1.防止冻害加剧的措施　发现冻害后不要着急修剪或刨树，保持土壤适宜的墒情，等待树体自然萌发和恢复，亦不必加大地面灌溉，以免降低地温推迟发芽。当仅仅发生裂干而无芽体枝条冻伤褐变时，规模小的鲜食葡萄园可以对树干进行黑色薄膜包裹（鲜食葡萄园也可以在冬季来临前就进行包裹），防止失水并促其愈合；规模大的葡萄园可以实施喷灌，如软管带喷、移动喷灌，以增加树体周围的湿度，防止进一步抽干；也可以结合病虫害防治喷布石硫合剂、柴油乳剂等，以及具有成膜作用的物质，如喷施2次羧甲基纤维素200倍液、石蜡乳液5～10倍液，以及高岭土等，都对防止树体进一步抽干有一定作用。

2.不同冻害程度区别对待

（1）萌芽后，对于地上部死亡、萌生根蘖的葡萄园，关键要采取控制树势、控制主梢徒长的技术措施。包括保留大量副梢以分散水肥供应势；前期不施氮肥，适当控水，叶面喷氨基酸系列叶面肥或甲壳素类促进叶片厚实，也可以喷布生长延缓剂如ABA或烯效唑；中后期增加喷施氨基酸硼和氨基酸钾等叶面肥，土壤施肥除氮磷钾外，增加钙镁等中微量元素。进行病虫害防治时注意选择同时具有生长调节剂作用的药物，如三唑酮、烯唑醇、丙环唑等三唑类，不仅是高效广谱内吸杀菌剂，而且对植株生长有一定的调节作用，可延缓植物地上部生长，增加叶厚，提高光合作用效率，增强抗逆性；但已结果的植株在膨大处理之前不宜喷施上述药物，以免抑制果实膨大造成裂果。

（2）对于地上部结果母枝受一定冻害，主干及枝蔓基部的副芽、隐芽还可以萌发的葡萄园，以及枝蔓受轻微冻害，芽体发育不良，萌芽迟缓的葡萄园，需要加大水肥管理。除了结合灌水追施尿素和磷酸二铵，还需要增加叶面喷肥，如喷0.2%～0.5%尿素与0.2%～0.5%磷酸二氢钾，或喷氨基酸等叶面肥促进枝叶生长。

（3）对于冻害后产量较低的葡萄园，采用二次结果弥补产量。于一茬果坐果期或稍后，诱发未木质化的第6～8节冬芽结二次果。受冻园需要加强病虫害综合防治，特别是要防控好霜霉病，防止早期落叶导致枝条成熟不良而再次影响越冬，造成恶性循环。

三、适用范围

全国各葡萄产区。

四、注意事项

发现冻害后不要着急修剪或刨树，保持土壤适宜的墒情，等待树体自然萌发和恢复，根据冻害程度不同区别对待。

第五节 冰雹灾害的防灾减灾

冰雹是严重的自然灾害，是从发展强盛的积雨云中降落到地面的冰球或冰块，是一种季节性明显、局地性强，且来势猛、持续时间短，以机械性伤害为主的天气灾害。

我国冰雹分布的特点是高原山地多于平原，内陆多于沿海。青藏高原为冰雹多发区，年冰雹日数一般有3～15天，部分地区超过15天；云贵高原、黄土高原、内蒙古高原、东北大部及新疆西部和北部山区年冰雹日数有1～3天；渭河至黄河下游及其以南大部地区，以及新疆大部、青海西北部、甘肃西部、内蒙古西部、宁夏北部、辽宁南部、吉林西部、黑龙江西南部等地为冰雹少发区，年冰雹日数在1天以下。春季，青藏高原中东部、云贵高原及黑龙江北部、吉林东南部、新疆的西部和北部山区为多雹区，冰雹日数一般有0.5～3.0天；中国其余大部地区有0.1～0.5天。夏季，冰雹主要集中在青藏高原、华北北部至大兴安岭一带及新疆西部山区，冰雹日数一般在1天以上，其中青藏高原大部有3～10天，西藏的班戈地区达21天；长江中下游及其以南地区和四川盆地、贵州大部、云南南部等地很少有冰雹出现。

一、冰雹对葡萄园的灾害性影响

近年来，在葡萄生长季各地葡萄产区常有冰雹灾害发生（图9-6）。冰雹可导致葡萄植株枝断叶碎、花序果穗脱落、树体衰弱及白腐病、霜霉病的发生。灾后处理不当会严重影响之后的葡萄产量和质量。

图9-6 2020年5月17日山东莱西葡萄园冰雹灾害

二、技术要点

（一）冰雹灾害的预防

(1) 架设防雹网，预防冰雹效果显著（图9-7）。

(2) 在冰雹灾害频繁发生地区，每年夏季易发冰雹灾害天气时，当地农业气象部门通过打炮可驱散冰雹。

(3) 冰雹灾害发生时，与单臂篱架相比，Y形架栽培葡萄冰雹灾害明显减轻（图9-8）。冰雹发生时伴有强降雨和大风，单臂篱架架面郁闭，挡风阻力大，因此，架面倒塌严重，损失惨重。

（二）冰雹灾害发生后的补救

1.清理果园 冰雹受灾后，第一时间及早疏除树体上受雹灾严重的残次果、果穗、折断枝条部分、受损叶片等，对于所有新梢叶片被冰雹打光秆的葡萄植株，及早将光秆新梢剪除至结果母枝上的基部芽眼或者老蔓上的隐芽，促使其重新萌发；及时清理果园内沉积的残枝落叶及落果等；果园积水应及时排出积水，清除淤泥。

2. 新梢管理 全园采用尿素和碧护灌根，每隔10天用1次，连续用2～3次。尿素用量为每株25克，碧护每亩按照5 000倍液施用，保留的新梢、叶面喷施氨基酸钙、磷酸二氢钾等促进叶面生长的叶面肥，连续喷施2～3次。

3. 病害防控 冰雹过后，要尽快将葡萄套袋去掉（特别是迎风面葡萄），早晨或傍晚，尽早使用杀菌剂对园中葡萄植株从下到上喷洒一遍，药剂应选用广潜性杀菌剂（如苯醚甲环唑、醚菌酯等）。同时，叶片喷施氨基酸、碧护等叶片营养保护剂，加强植株营养。全园喷施一次杀菌剂，选择10%苯醚甲环唑800～1 000倍液或50%福美双500倍液＋40%嘧霉胺800～1 000倍液，连续喷施2次。

图9-7 架设防雹网

单臂篱架迎风面葡萄100%受冰雹灾害

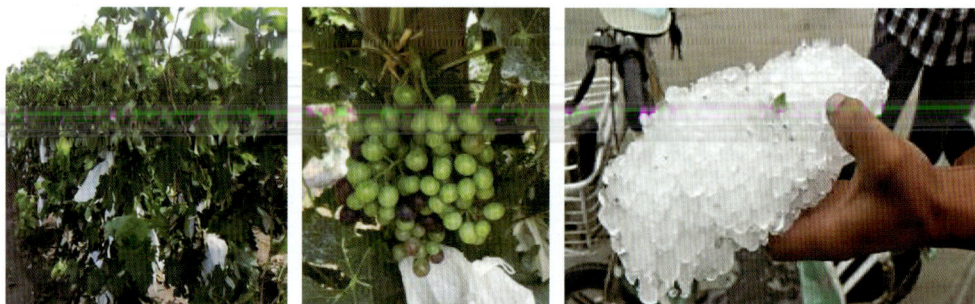

Y形架葡萄受冰雹灾害较轻

图9-8 2019年7月14日天津滨海新区葡萄园冰雹灾害

三、适用范围

全国各葡萄产区。

四、注意事项

发现雹灾后注意加强病害防控。

第六节 霜冻灾害的防灾减灾

霜冻是指空气温度突然下降，地表温度骤降到0℃以下，使农作物受到损害甚至死亡的一种农业气象灾害。葡萄霜冻通常出现在春、秋两季，葡萄正处于萌芽期或成熟后至落叶期。由于冷空气入侵、地面辐射或二者共同作用，地表温度短时间下降到0℃以下，葡萄植株地上部分遭受低温冻害，是我国葡萄生产中常见的自然灾害。

1. **按发生时间分为春霜冻和秋霜冻** 春霜冻又称晚霜冻，春季最晚出现的一次霜冻称终霜冻。秋霜冻又称早霜冻，秋季最早出现的一次霜冻称初霜冻。葡萄的霜冻在春季和秋季均可发生，相比秋季的早霜冻，春季的晚霜冻对葡萄的危害更大（图9-9）。随着全球气候变暖，春季气温升高，葡萄萌芽提前，晚霜冻对葡萄的危害风险增大。

图9-9 霜冻危害

（A-C.春季晚霜危害；D.秋季早霜危害）

2. **按霜冻的成因可分为平流型霜冻、辐射型霜冻和平流辐射型霜冻**

（1）平流型霜冻。由强冷空气入侵引起的剧烈降温而发生的霜冻。冷空气呈水平流动，常伴随强风。平流型霜冻昼夜均可出现，可连续几天。

（2）辐射型霜冻。在寒冷、晴朗无风（或微风）的夜间或早晨，地表和作物表面向外强烈辐射热能，致使地面空气冷却到0℃以下而产生的霜冻。辐射型霜冻出现在夜晚至清晨，每次可持续4～6小时，可连续几个夜晚。一般低洼地较易发生，山坡地北部较易发生。

（3）平流辐射型霜冻（混合型霜冻）。受到冷空气和地面辐射双重作用而产生的霜冻。通常先有冷空气入侵，气温明显下降，夜间地面有效辐射加强，地面温度下降而造成霜冻，每次持续数小时，可连续1～2个夜晚。

3. **按霜冻的程度分类，一般分为轻霜冻、中霜冻和重霜冻3个类型**

（1）轻霜冻。轻霜冻的温度指标为最低气温在3～4℃，即在晴朗无云静风之夜最低气温达3～4℃就可能有霜冻出现。此类霜冻发生一般较轻，但对葡萄影响较大，可使葡萄花序、叶片尖部冻伤，对葡萄植株枝蔓影响较小。

（2）中霜冻。中霜冻的温度标准为最低气温在1.2～2.9℃，多在较强冷空气过境后天气晴朗的静风之夜形成。在此条件下，地面温度最低可达-4℃左右，葡萄叶幕周围温度也可达0℃以下，对葡萄生长影响较大。除地势较高的地区，如高坡岗地外，多数地区均会出现此类霜冻，对此类霜冻必须采取相应的预防措施。

（3）重霜冻。重霜冻的气温指标为最低气温≤1.1℃，地面温度可达−5℃以下。此类霜冻一般会引起毁灭性灾害，一旦出现就必须采取一切可能的措施以达到防灾减灾的目的。

一、霜冻对葡萄的危害

（一）霜冻的伤害机理

（1）温度下降到0℃以下时，葡萄植株，特别是幼嫩器官中细胞间隙的水分形成冰晶，细胞内液泡逐渐脱水、凝固，或形成的冰晶体积足够大，直接刺破细胞质膜，细胞质液外渗，导致细胞死亡。

（2）葡萄受冻后在解冻阶段，细胞间隙中的冰晶融化成水后会很快蒸发，原生质体失水使植株细胞缺水致死。

（二）霜冻危害的表现

霜冻一般在几小时内形成。葡萄在遭受霜冻以后，叶片呈黄褐色，状似灼伤；受冻部分在解冻后呈水烫状，后转黄干枯。早霜冻会造成葡萄树叶枯萎，葡萄果实和果穗失水，葡萄品质下降。晚霜冻会造成刚萌发的绿色枝叶和花序细胞脱水而枯萎死亡，严重的晚霜会导致所有花序死亡甚至绝产。

二、技术要点

（一）霜冻的测报

1.依据温度预测预判　密切关注天气预报，及时观察当地小气候温度变化，尤其是空气温度的变化。一旦出现激烈降温、温度接近或低于0℃，需要适时采取预防措施。

2.规律法　掌握当地历年春、秋季出现霜冻的规律。主要通过调查了解当地历年霜冻，特别是初霜冻和终霜冻出现的规律，包括平均、最早、最晚出现日期，形成原因，霜冻类型及出现的天气条件，掌握不同地形地势霜冻危害的轻重程度。

3.谚语法　通过总结验证当地群众中有关霜冻谚语及物候反应进行预测。如"雁过十八天来霜""三场白露一场霜"，这是从天象方面总结了混合型霜冻出现前的天气条件；"寒夜风云少，霜冻快来了"则是总结了辐射型霜冻出现前的天气条件；"霜降见霜，清明止霜"是某些地区初、终霜冻出现日期的气候性描述；"霜打洼地"着重指明了地形对霜冻的影响等。据此可进行霜冻的预测和预防。

4.观察试验法　如果入夜后露水小、天气又晴朗，当夜就可能出现霜冻；如果当夜露水特别浓，天气虽晴，一般也不会有霜冻出现。为了准确掌握霜冻出现的时间，可在田里插一块铁板，由于金属降温快，若铁板上先出现霜，表明将会有霜冻出现，此时需立刻采取防霜措施。

（二）霜冻灾害的预防

1.品种及栽培生境的选择　在频繁发生晚霜冻的地区，需要避免选择发芽早的葡萄种类，如山葡萄的各种类型，适宜选择发芽晚的葡萄品种。虽然大部分鲜食品种遭受霜冻后副梢及隐芽还会有相当的产量，但还是需要注意选择容易萌生二次果的品种，如巨峰、夏黑无核、华葡黑峰、华葡紫峰、华葡玫瑰、华葡翠玉、巨玫瑰、摩尔多瓦、玫瑰香等，以便遭受霜冻后有比较可观的产量补偿。在容易发生春霜冻的地区需要格外重视防风林的设置，同时要避免把葡萄种植在谷底或低洼地等冷空气容易沉积的环境。

2.杀灭冰核细菌防霜冻　研究发现，在植物体表面附生着肉眼看不见的细菌，这些细菌具有成冰晶核活性。当植物体表面附生众多冰核细菌时，植物细胞内水分出现结冰时的温度为−2～−1℃，均高于植物体表面没有附生冰核细菌的作物，这就是冰核细菌加重霜冻发生的原因。农业科技人员经过多年研究，已经从各类药物中筛选出抗霜剂1号、抗霜素1号和抗霜保等防霜药剂。向作物表面喷洒防霜药剂，可以消除植物体表面的众多冰核细菌，提高植物的抗霜冻能力。

3.灌水法 灌水可增加近地面空气相对湿度，延缓温度的下降速率，提高空气温度（可使空气升温 2℃左右）。由于水的热容量大，田间温度下降减慢，所以，在霜冻来临前对葡萄园实施灌溉，可有效降低霜冻危害。

4.喷水（雾）法 对于小面积的葡萄园或具备喷灌条件的葡萄园采用喷水法防霜，效果十分理想（图9-10）。其方法是在霜冻来临前1小时，利用喷灌设备对葡萄园喷水或雾。因水温比气温高，且水温高于冰点，遇冷时会延缓降温，加上近地层空气相对湿度增大，降温减缓，以此来防霜冻，效果较好。

5.遮盖法 利用稻草、麦秆、草木灰、杂草、尼龙、塑料薄膜等覆盖葡萄植株（图9-10），既可防止外面冷空气的袭击，又能减少地面热量向外散失，一般能提高气温1～2℃，该方法防霜冻时间长。

6.熏烟法 利用能够产生大量烟雾的柴草、牛粪、锯末、废机油、赤磷或其他尘烟物质，在霜冻来临前半小时或1小时点燃（图9-10）。这些烟雾能够阻挡地面热量的散失，而烟雾发生时也伴随一定的热量，一般能使近地面的空气温度提高1～2℃。该方法虽成本低，但易污染大气环境，适用于短时霜冻的预防，实践证明效果良好。

7.加热法 应用煤、木炭、柴草、重油、蜡等燃烧使空气和植物体表面的温度升高，防止冷空气在近地面凝集以达到防霜冻的作用，是一种广泛使用的方法（图9-10）。国内有些果园为了防御霜冻，在霜冻出现之前挖"地灶"，将干草、树枝等放在"地灶"内燃烧，释放出热量，使周围环境温度升高，植物不会出现霜冻，效果很好。法国普遍采用葡萄行间点燃蜡桶防霜，效果十分理想。

8.施肥法 在寒潮来临前早施有机肥，特别是用半腐熟的有机肥作基肥，可改善土壤结构，增强其吸热保暖的性能；也可利用半腐熟的有机肥在继续腐熟的过程中散发出热量，提高土温。常用的暖性肥料有厩肥、堆肥和草木灰等。

9.扰动法 局部地区夜间出现辐射冷却，地面温度低，而距地面10～20米高度气温高，此类气象称作逆温，这时也常常出现霜冻。生产中常用大的风扇使上暖下冷的空气混合，提高地面温度以防霜冻（图9-10）。澳大利亚人曾将直径6.4米的大风扇，安装在10米高的铁架上，霜冻之夜，开动风扇扰动使冷暖空气混合，15米半径内升温3～4℃，防霜冻效果很好。

另外，近年来试验一种增热物质。在霜冻出现之前，将增热剂撒播在植物垄沟内，使夜间增温2.5℃。常用的增热剂是石灰，它能够释放出热量，促使植物体周围温度升高1～2℃。

图9-10 各种预防霜冻的技术措施

A-B.熏烟 C.点火 D.喷灌 E.覆盖 F.风机搅拌

（三）霜冻后的补救

1.葡萄植株处理

（1）轻霜冻。具体表现是新梢顶部幼叶轻微受冻，花序尚完好。可在霜冻结束后，将新梢顶部受害死亡的梢尖连同幼叶剪除，促使剪口下叶芽尽快萌发，恢复正常生长。

（2）中霜冻。具体表现是新梢上部50%左右的嫩梢及叶片受冻，花序基本完好。可在霜冻结束后，将新梢受冻死亡的部分剪除，促使剪口下叶芽尽快萌发，恢复正常生长。

（3）重霜冻。具体表现是整个新梢、叶片及花序几乎全部受冻，或萌动冬芽变为棉絮状。霜冻结束后，将新梢从基部全部剪除，促使剪口下结果母枝原芽眼副芽或隐芽尽快萌发，如果肥水管理得当，还会有一定产量，可减少灾害损失。研究表明，对主芽全部受冻死亡的健壮酿酒葡萄赤霞珠进行科学管理，利用副芽（预备芽）进行结果，没有减产，可达到预期产量；对于部分鲜食葡萄品种，副芽花芽分化程度差，新形成的花序少，只能加强管理，恢复树势，尽量减少当年损失。

2.叶面喷施

（1）叶面施肥。按照说明书喷施氨基酸、海藻酸等功能性叶面肥，以恢复树势，保护幼小及受伤的叶片，促进花序的生长发育，增加坐果率，挽救葡萄损失。

（2）喷施修复剂。对于受冻较轻的葡萄园，可喷施5 000～20 000倍碧护，或10 000倍硕丰481，或5 000倍爱多收等产品进行霜冻灾后修复，减轻冻害损失。

3.施肥灌水

（1）增施有效氮。葡萄霜冻后，要及时穴施有效氮，可使用碳酸氢铵，用量每亩20～30千克。

（2）少量灌水。灌水可促进氮肥溶解，有利于养分吸收，但不可过量灌溉，否则不利于提高地温。

4.土壤管理

（1）深翻土壤。深翻行间土壤，一方面改善葡萄根系的通透性，提高根系呼吸，另一方面，也具有提高沙壤土质地温的作用。对于不再铺设地膜提高地温的葡萄园，可采取多次深翻措施，效果会更好。

（2）增加地温。树盘覆盖地膜或在主干基部沿行向搭设塑料小拱棚，是提高地温、降低霜冻危害、促使副芽（预备芽）萌发结果的有效措施。

（3）加强病虫害防治。受灾后，及时对葡萄进行防治保护，避免因霜冻而引起病虫害大面积发生。

三、适用范围

全国各葡萄产区。

四、注意事项

发现霜冻后的补救措施应根据灾害程度区别对待。

第七节　枝条抽干的防灾减灾

我国北方春季空气干燥，枝条水分不断从皮孔及导管蒸发损失，如果根系不能及时给枝条供应水分，枝条便会失水干枯导致抽干的发生，表现为枝条皱皮或干枯（图9-11）；轻者导致萌芽晚、不整齐、长势弱，严重时造成根冠重新萌蘖、没有产量，影响葡萄的安全生产。

一、影响葡萄枝条抽干发生的因素

（一）树种特性

葡萄为藤本果树，木质部具有粗大的长导管，因此较苹果等木本果树，葡萄更容易发生抽干。

图9-11　发生抽干的葡萄枝条

（二）品种特性

一些容易发生枝条抽干的品种皮孔大，而不容易发生枝条抽干的品种皮孔小，皮孔总面积少，角质层、木栓层等保护组织较发达；一些发芽早的品种根系活动早，能够及时供给枝条水分，进而缓解枝条的水分损失。

（三）根系供水晚

一些晚发芽的品种根系积温需求与地上部不同步，根系供水晚；此外，欧亚种葡萄品种根系分布浅，多集中分布在0～20厘米土层，而采用起垄栽培的葡萄根系则主要分布在垄上。但越冬期土壤表层温度容易低于0℃，导致表层土壤区域的细根受冻脱落，甚至粗一点的根系也发生冻害，早春地温回升时缺少吸收水分的细根，导致供水滞后，枝条失水和根系供水延迟共同导致枝条抽干发生。因此，做好越冬防寒，保护好表层根系至关重要。

（四）枝条越冬时的营养状态

枝条越冬时的营养状态受枝条健壮充实程度影响。在生长季节，健康的叶片、合理的负载量、平衡的营养生长及生殖生长能够促进枝条健壮充实。因此，在生长季节做好叶片病虫害防控、及时管理新梢、确定合理负载对促进枝条贮存营养具有重要作用。

（五）春季干旱

土壤中水分含量少，根系无法吸收足够水分供给枝条，树体在得不到水分支持的情况下易出现抽干。

二、技术要点

（一）枝条抽干的预防

1.选用抗寒抗抽干品种　欧亚种品种耐抽干能力较差，有抽干发生风险的地区应避免种植发芽晚的欧亚种品种如赤霞珠、红地球等。在经常发生抽干的地区建议种植抗寒抗抽干品种，如摩尔多瓦、寒香蜜、福客（Frontenac）、白维拉（Villard Blanc）、威代尔（Vidal）、香百川（Chambourcin）等。

2.采用抗寒且根系活动早的砧木嫁接　经常发生抽干的地区可采用抗寒且根系活动早的砧木进行高位嫁接栽培，嫁接高度可在结果部位高度以下10～20厘米处，以缩短水分从砧木到枝条的供应距离，使枝条防抽干保护区域可缩减在嫁接口以上部位。砧木可选择深根性砧木如1103P、140Ru及110R等，以及根系活动早且抗寒的砧木，具有山葡萄特性的品种如山欧杂种或山葡萄种间杂种SA15，这些砧木根系活动早，在早春温度回升时提早进行根系呼吸供水，及时补充枝条水分散失。

三、适用范围

适用于往年发生过抽干的地区及容易发生抽干的品种。

四、注意事项

枝条抽干后的补救措施应根据抽干程度区别对待。

第八节　高温灾害的防灾减灾

近年来，随着全球气候的变化，温室效应加剧，全球气温逐年攀升，高温天气不断增多，高温成了一种较常见的气象灾害。就葡萄生产而言，开花期最适宜的温度为 20 ～ 28℃，生长结果最适宜的温度是 25 ～ 30℃，超过 35℃ 生长就会受到抑制，高温热害对葡萄正常生长影响非常大，如造成花芽分化困难、影响果实着色、影响果品质量及产量。因此，要采取相应措施，预防高温热害对葡萄产生不良影响。

一、高温热害的成因及产生的生理症状与危害

（一）高温热害的成因

在气象学上，一般以日最高气温达到或超过 35℃ 作为高温标准，高温酷暑通常是指持续多天的 35℃ 以上的高温天气。高温热害主要与高温有关，同时与光照强度、空气相对湿度、风速、日照时数、土壤含水量等因素也密切相关，光照强度大、气温高、空气相对湿度低、风速低、日照时间长、土壤含水量低、果园管理粗放时容易受高温危害。随着全球平均气温的不断升高，高温事件发生的频率和持续时间不断增加，对葡萄生产的影响日趋显著。

（二）高温热害对葡萄生理症状的影响

1. **呼吸作用增强**　高温初期，葡萄叶肉细胞中线粒体较正常条件下增多，加强了呼吸消耗，减少了树体的养分积累。长时间的高温会使线粒体被膜破损，胞内电解质外渗透，包裹叶绿体并破坏其结构，叶片衰老速度加快。

2. **光合作用受到抑制**　高温会削弱葡萄叶片对光能的有效利用，主要与类囊体膜上光合电子传递功能被削弱有关。持续高温时，气孔长时间不闭合，会发生过度蒸腾而导致水分亏缺，引起叶片或果实脱水。

3. **细胞正常代谢受阻**　植物体对高温热害的响应并不是被动的，也会有相应的响应机制来降低胁迫造成的伤害，如高温时，葡萄正常的蛋白合成会受到抑制，转而合成热激蛋白，时间过长可导致生长发育终止或者细胞死亡。

（三）高温对葡萄产生的伤害

1. **对叶片的危害**　高温热害使葡萄叶片大量枯黄脱落，或在枝梢叶片局部呈灼伤枯焦斑，往往在叶缘部分连片枯焦呈火烧状，严重影响葡萄正常生长（图9-15）。同时在高温条件下，光合作用产生的营养难以运输到穗部，并且酶的活性降低，最终造成花期开花推迟、授粉减少、浆果生长发育不良等严重后果。

2. **对根系的危害**　当土壤温度超过 28℃ 时，葡萄根系生长受到抑制，甚至停止活动。土壤表面无覆盖物，高温加上过度干旱，土壤盐分升高，导致根系死亡。

3. **对浆果的危害**　浆果的高温伤害统称为日烧病，主要有污点症、气灼病、日灼病、皱缩等症状（图9-16）。浆果在硬核期最易受到高温伤害，尤以缩果病的危害最大。

（1）污点症。开花后 1 个月左右的浆果，受高温伤害时出现多数芝麻状黑褐色小斑点，称为污斑。污斑由果实表皮下极小范围的果肉与维管束褐变形成，一直到葡萄成熟既不扩大也不脱落，但影响了外观和表皮光洁度。

（2）气灼病。在浆果的中后期至转色期容易发病。受害浆果最初果实表皮出现淡褐色或暗灰色、大小不等的烫伤状色斑，后干缩下陷呈深褐或紫黑色斑。病斑的表层果肉和维管束褐变，病块果肉干硬呈木栓化，木栓化部分与内层果肉有空隙，病斑凹陷但不脱落。病斑会伴发真菌性病害如炭疽病等，影响品质，但一般不会引起脱粒或裂果。

（3）日灼病。阳光直接照射下的果穗向阳部位，果皮表面出现软化褐变，似被开水浸烫或像火燎伤一样，先从果粒基部呈淡褐色病变，随后迅速扩大至整个果粒呈红褐色至暗红色，病果的果皮不下陷也不干缩，大多成为僵果脱落。日灼与盛夏烈日的阳光暴晒相关，在浆果的硬核期、转色及第二次浆果迅速生长期均会发生。在一个果穗上，日灼与缩果会同时出现，会引起大量僵果，最后脱落，造成较大的损失。

（4）皱缩。高温促进叶片蒸腾作用加强，加上土壤干旱、水分供应不足、叶片向果实争夺水分，引起葡萄浆果内水分回抽。当处于第二次浆果迅速生长期或转色期时，果实膨大缓慢。如长时间处于此状态，果实内细胞组织被损伤，果实逐渐皱缩，不能恢复，失去商品性。皱缩对中晚期品种影响较大。

4.对植株的危害 叶片、果实、根系受到危害，植株水分养分供应不足，导致植株生长减缓，枝蔓发育不良，成熟枝减少，花芽分化不良，产量和品质下降。有的植株水分逐渐抽干，部分枝蔓枯死，甚至整个植株死亡。

图9-15 高温对叶片的危害

图9-16 高温对浆果的危害

A-B.气灼病 C-D.日灼病 E-F.皱缩

二、技术要点

（一）高温热害的防御

1.树体管理 保持中度的树势，适量修剪枝叶，培养合理的树体；枝条均匀分布，及时进行摘心、整枝、缚蔓等，保持叶幕结构合理。在温度较高的情况下，保证葡萄的内膛有效通风，不宜疏叶过多造成葡萄的叶片过少，否则会出现温度过高，叶片发黄、病虫害发生等。易受高温危害的品种多留果穗旁叶片以遮挡阳光。生产中除顶部 1～2 个副梢适当长留外，其余副梢留 1 片叶，这样既不至于发生冠内郁闭，又能有效降低果穗周围的光照强度，减轻高温危害。

2.遮阳防晒 通过遮阳网遮阴、膜上盖草毡、果实套袋等措施可预防高温热害。果实套袋可以避免强光直射，有效减少高温危害，套袋时果袋上口应保留空隙口，避免袋内温度升高。

3.地面覆盖 在田间留草或播种绿肥可起到调节田间小气候环境、增强土壤保水能力、降低土温、提升土壤有机质、养护根系等多重作用；也可进行覆草，减缓地面蒸腾失水。

4.补水降温 高温热害期对葡萄适时合理地灌溉，既可改善土壤的水分供应和果园温湿状况，还能满足叶片蒸腾和果实膨大对水分的需求，以降低地温，促进根系对养分和水分的吸收，缓解干旱和高温热害对葡萄树的危害。但不可大水漫灌，会引起葡萄气灼。气温高于35℃时，可于下午6时对树冠喷水降温增湿，改善果园小气候，缓解高温和太阳直射对树体和果实的伤害，高温天中午禁止浇水降温。

5.肥水管理 氮、磷、钾、钙和镁等肥料合理搭配使用，结合土壤深翻施用有机肥，提高土壤的保水保肥能力，改善土壤结构。注重钾肥和钙肥的使用，防止氮肥过量使用，多施有机肥，提高土壤保水保肥能力，促进葡萄根系发展，提高抗旱能力，进而减轻高温危害。

6.加强田间通风 大棚及温室栽培时，设施上方应设置放风口，四周墙面的通风口应高于叶幕层；提高干高；均匀摆布新梢；避免园区周围有挡风设施。

7.喷施药物 叶面喷施磷酸二氢钾和氨基酸钙等可增加果树叶重、提高光合速率及蒸腾速率，在叶面和果穗上喷施 0.2%磷酸二氢钾或氨基酸钙或 5%草木灰浸出液 2～3 次，对预防高温有一定作用。

（二）高温热害发生后的补救

1.高温热害发生后需要采取一定的补救措施，保证田间持水量稳定是根本，采用滴灌替代生长期大水漫灌，并选在傍晚至清晨进行。园区覆盖遮阳网，采用透气性好的袋子进行果实套袋，以减轻高温的伤害。

2.发生危害后，及时清除叶片、果实；在高温干旱的情况下，葡萄树体抗性弱，需注意葡萄炭疽病、葡萄白腐病、葡萄灰霉病等病害的侵染危害，及时发现并合理用药。

3.喷施碧护＋磷酸二氢钾或氨基酸等叶面肥，补充葡萄养分，缓解高温对于葡萄光合作用的抑制程度，并提高细胞膜的稳定性，提升其抗晒能力。

三、适用范围

全国各葡萄产区。

四、注意事项

高温热害发生后应及时防控病害的发生。

第九节　台风灾害的防灾减灾

台风是指中心持续风速在12级至13级（即32.7～41.4米/秒）的热带气旋。我国是世界上少数几个受台风严重影响的国家之一。每年7—9月，台风频繁袭击中国，沿海地区受灾尤其严重。由于台风往往波及范围大，每年都会造成巨额的经济损失和大量的人员伤亡，因此台风危害的防灾减灾技术对于我国葡萄生产的健康可持续发展非常重要。

一、台风对葡萄的影响

台风对葡萄（园）带来破坏的主要因素有强风、暴雨和风暴潮，大多沿海区域的高标准海堤和有地区特色的沿海防护林体系构建等，可避免沿海区域葡萄园因风暴潮的侵袭而遭到毁灭性破坏，故台风的影响集中体现在强风（8级以上）和暴雨带来的风害与涝害（图9-17）。

葡萄园受台风灾害主要表现：①设施栽培的果园中设施严重受损；②时值发育期或成熟期的葡萄发生裂果，受损严重；③葡萄枝条折断、叶片破损，甚至树体倾斜、倒伏；④葡萄园受淹，根系腐烂或缺氧，营养吸收能力、叶片光合能力明显下降，引起树体早衰；⑤葡萄园病害流行等。其中前三种类型均为风害带来的机械损伤，后两种类型则是涝害带来的生理损伤。

图9-17 台风对葡萄（园）的侵袭

二、技术要点

（一）台风灾害的防御

1.设计抗台风棚型 大棚的迎风面设计为缓坡而非垂直立面，并且在塑料膜内外两侧加尼龙网可提高大棚塑料膜的抗台风能力（图9-18）。

2.设置防风屏障 在台风登陆方向设置防台风网（图9-18），可以有效降低风速，减少危害。

图9-18 浙江台州临海市的抗台风大棚与尼龙压膜网（右1、右2）及防台风网（右3）

3.排灌设施建设 为了能够将台风带来的积水迅速排除，减轻涝害损失，需要在园内建立起良好的排灌系统。低洼地果园，建立规避积水的栽培模式；平地果园，修建排水沟渠，保证畅通；山地果园，修通四周防护沟。为了避免或减少受淹时间，还需建立与园外河道独立的排水系统，添置机械排水设备等。

4.耐涝砧穗布局 在台风多发、多雨易涝和地下水位较高地区可选用耐湿性较强的SO4、5BB、101-14M、3309C、华佳8号等砧木进行嫁接栽培，一定程度上可以保证接穗品种的正常生长发育。

5. 控根器模式根域限制　采用控根器模式进行根域限制种植，根域位于地表之上，台风后积水可以快速下降，不会使根域长时间积水，不会导致烂根，也不会发生裂果，可以减少台风的次生危害（图9-19）。

图9-19　2019年6月19日摄于广西兴安洪灾后的常规栽培巨峰葡萄树（左）和二年生控根器栽培阳光玫瑰葡萄树（右）

6. 双天膜促早熟模式栽培　在我国南方区域登陆的台风主要从7月开始，若在台风入侵前完成葡萄采收销售，则可大大减轻台风对葡萄果实、棚架、棚膜等的危害，达到减灾、保值的目的。合理运用设施葡萄双天膜促早熟栽培技术，提早成熟销售，不仅可减轻台风灾害损失，而且早熟增效明显。浙江温岭的双天膜促早避台技术就取得了非常好的效果。

（二）台风灾害前的紧急措施

1. 密切关注　及时收听、收看或上网查阅台风预警信息，密切关注台风动态，做到提前介入。

2. 灾前抢收　抢收已成熟的葡萄，减轻落果等造成的损失，并做好采收葡萄的贮藏保鲜等工作，以延长市场供应。

3. 灾前加固　加固不牢固的葡萄棚架和枝蔓，以防台风或暴雨后倒塌压坏树枝、树干。必要时，可揭膜保棚。

4. 疏通沟渠　开好田间排水沟，确保排水顺畅。

5. 人员撤离　在台风登陆期间，田间作业人员尽快撤离，保证人员安全。

（三）台风灾害发生后的补救

1. 修固设施　台风过后，很多大棚设施和葡萄架式倒地，要及时修缮加固大棚设施。棚架完好、薄膜受损的葡萄园，先清除破损的薄膜，覆盖新膜；棚架倾斜、内部支柱基本完好的设施，连体拉回，重新深扎地锚、填实支柱、修正拱棚等；严重损毁的要拆除重新搭建。

2. 排涝松土　台风伴随的暴雨带来大量降水，葡萄园往往受淹严重，长期积水会造成葡萄植株死亡。因此，台风过后需及时疏通沟渠，清理排水沟内淤积的杂物，确保各排水沟及种植沟等连接及排水通畅，并借助水泵等尽快排出园内积水，加速表土干燥。同时揭除地膜，及时翻耕松土，增加土壤通气性，以利葡萄根系呼吸，促发须根。

3. 树体管理　台风过后，很多葡萄树体被风刮倒、叶片刮落、果实损毁，需及时清除葡萄园病株、枯枝与烂果，及时清理枝条叶片，减少水分蒸发，确保树体成活。若叶片被吹光或所剩无几，则对枝条顶端摘心，促其萌发，待长至5叶时留4叶摘心，顶副梢留2～3叶反复摘心，9月下旬统一摘心促进枝条成熟。根据品种种类、树龄、砧木和受淹时间剪除20%～100%的果穗以减轻负载量保树。

4. 病虫害防治　葡萄受灾后，树体、枝叶、果实伤口多，易受病害侵染，炭疽病、白腐病、灰霉病等易流行，可选用保护剂＋治疗剂防治。例如10%苯醚甲环唑水分散粒剂1 500倍液＋40%嘧霉胺1 000倍液＋50%啶酰菌胺1 000倍液，或43%戊唑醇4 000倍液＋20%多菌灵·异菌脲600倍液，或氟硅唑＋代森锰锌＋50%乙烯菌核利600倍液喷雾，或喷0.3～0.5波美度石硫合剂。各地可根据用药习惯，灵活选用农药喷施。但要慎重用药，避免选用对果粉生成有不良影响的药剂，同时严禁使用催熟剂。

5.翌年春季增施萌芽肥　从翌年春萌芽期开始，葡萄花芽进入第二阶段分化期，台风灾后果园前年树体营养积累减少，翌年春季营养供应不足会导致花芽退化，因此，台风灾后葡萄园春季应增施氮肥，肥水结合，保持高湿，休眠需冷量不足的浙东南沿海一带可以采用石灰氮或单氰胺等打破休眠，提高萌芽率和整齐性，保证花芽质量。

6.保花保果　新梢生长期花序展现后，花序少且小的受灾葡萄园可以采用7叶1心期提早摘心、花序分离期喷施20%的禾丰硼2 000倍液补施硼肥、花前10～15天用3～5毫克/升赤霉素拉长花序、开花后8～12天用赤霉素等调节剂做无核化处理等措施，以增大果穗和提高坐果率，保证产量。坐果后增施钾肥，追施叶面肥，及时补充营养促进果实增大。

三、适用范围

台风易发的葡萄产区。

四、注意事项

台风灾害发生后应及时防控病害的发生。

第十节　大风灾害的防灾减灾

大风，特别是葡萄生长季8级以上的大风对葡萄生长与结果影响很大，轻者会造成葡萄叶片损伤、脱落，果实表面产生疤痕，严重时会造成果实穗形不完整、减产严重，甚至绝产。为保证葡萄产量和品质，必须高度重视大风灾害预案对策，减少或避免葡萄园大风灾害造成的损失，提高葡萄种植效益。

一、大风对葡萄的危害及影响因素

大风对葡萄的危害主要是对葡萄叶片、果实产生机械损伤及损伤后带来的养分消耗与吸收障碍、光合作用减弱带来的负面影响。大风危害程度与其发生时期、风力大小与持续时间，以及伴随的降雨量密切相关。

（一）大风发生时期

葡萄休眠期发生大风在埋土防寒区和非埋土区会产生不同的影响。在北方埋土防寒区，葡萄休眠期发生8级以上大风会吹散葡萄越冬防寒的土壤，降低防寒土的厚度或刮散越冬覆盖物，造成葡萄越冬冻害；在非埋土区域，葡萄休眠期发生大风会造成葡萄枝蔓和冬芽失水，萌芽率降低或枝蔓抽干。萌芽和新梢生长期发生大风会造成萌芽不整齐，叶片损伤、脱落。开花前、后发生大风会使葡萄叶片损伤或脱落，造成落花、落粒，导致葡萄穗形不完整，甚至吹落果穗。果实膨大期和成熟期发生大风会造成葡萄叶片损伤或脱落，果粒表面出现伤痕或果粒、果穗脱落，严重降低葡萄产量与果实商品品质。叶片大量损失造成葡萄生长发育的叶面积不足、光合产物减少，也可造成花芽分化不良，影响第二年的产量与品质。

（二）风力大小与持续时间

风灾发生时，一般风力越大、持续时间越长，葡萄受灾损失越严重。葡萄开花期对风灾最敏感，5级大风（8.0～10.7米/秒）即可造成葡萄落花、落果。6级（10.8～17.1米/秒）以上大风会造成大量叶片、花序或果粒损伤或脱落。8级（17.2～20.7米/秒）风力可以造成葡萄枝蔓折断、葡萄架倒塌，葡萄果实脱落或损伤严重，品质下降、产量降低，防护林树木倒伏。10级（24.5～28.4米/秒）以上大风会造成防护林树木倒伏、葡萄架大面积倒塌、绝产毁园。

（三）大风伴随的降雨

大风时常伴随着强降雨，造成葡萄园涝灾。大量降水会使葡萄园积水，导致葡萄根系缺氧影响根系呼吸。轻者造成葡萄叶色变淡、萎蔫，重者造成叶片损伤、脱落，果实裂果或脱落，甚至树体死亡。盐碱地葡萄园在大量降雨时会溶解地表盐碱，含盐碱的雨水流入葡萄种植沟内会造成葡萄园盐碱危害，表现为叶缘枯焦，严重时会造成叶片死亡、果穗干枯甚至树体死亡。

二、技术要点

（一）建园时的减灾防灾措施

1. 葡萄园建园地址选择　新建葡萄园时，结合气象资料，根据大风出现的地点、频率，避免在经常发生大风危害的地块建葡萄园。

2. 营造防护林带　防护林建设是规模葡萄园必需的建园内容之一，防护林体系完整的葡萄园可以减轻或避免10级左右大风的危害，有效防护距离一般为树高的15～20倍。在偶然发生大风灾害的地区种植防护林方法：葡萄园主风迎风面种植3～5行、副风方向种植1～2行以高大乔木为主的防护林。确需在大风区域建园时，防护林体系必须加强，葡萄园主风迎风面种植8～10行、副风方向种植2～4行以高大乔木为主、低矮灌木为辅的混交防护林；而且，种植区域采用长、宽各200～300米的葡萄种植小区设计，网格化的防护林建设可减轻或避免大风危害；同时，葡萄园进出口应注意避开主风方向。

（二）大风来临前的应急准备

1. 及时关注大风预报，做好风灾防御　加强大风天气下的安全生产知识培训，提高防灾自救意识，增强自身防护能力。在葡萄生长季密切关注天气变化，得到大风气象信息后，及时向葡萄园负责人、技术管理人员及相关人员发送预报和预警信息，加强内部信息沟通，必要时提前做好农机、化肥和农药等农资准备。

2. 风灾隐患排查与值班备勤　得到大风信息后，要加强对葡萄架、广告牌、室外悬挂物、危房简屋和易倒伏行道树等的安全防范检查，排除风险隐患。在大风到来之前安排人员值班，及时发现问题。

（三）大风灾害发生后的补救

1. 灾情调查与理赔

（1）灾情调查与上报。大风灾害后，要及时对葡萄园灾害损失进行调查、评估与核实，重大灾害须按县、乡有关部门的要求及时上报灾害损失报告。

（2）保险理赔。投保大风灾害保险的葡萄园，及时向保险公司申请灾情调查，按照保险理赔要求，提交灾情损失报告，确保理赔流程顺利推进，促使农户尽早获得理赔款。

2. 不同受灾程度葡萄园的减灾技术措施

（1）轻度受灾葡萄园。对于葡萄受灾主要集中在叶片及部分嫩梢，对葡萄果实、产量影响不大的葡萄园，以恢复产量，保证效益为主。①灌水追肥。结合灌水追施以尿素为主、配合少量磷钾肥及少量微量元素肥料的化肥，以补充养分，促使新叶生长发育，保证葡萄果实正常生长发育。②防病。尽快喷洒广谱性农药或结合当地葡萄发病情况喷洒农药，防止病害发生。

（2）中等受灾葡萄园。对于叶片和果实受到一定影响，尚可保持一定产量和品质的葡萄园，在弥补产量损失、提高品质和效益的基础上，要保持与恢复树形，修复受损的葡萄架到正常状态。①修剪清园。剪去折断的新梢，促使剪口下的芽萌发，同时清除葡萄园落叶、枯枝，减少葡萄园病虫害的发生。②灌水追肥。结合灌水追施以尿素为主、配合少量磷钾肥及少量微量元素肥料的化肥，以补充树体养分，促使新叶生长发育，保证葡萄正常生长发育。③防病。尽快喷洒广谱性农药或结合当地葡萄发病情况喷洒农药，防止病害发生。④疏去伤粒、残穗。疏去果穗上受伤的果粒，保持正常果粒不受伤病粒影响。部分严重受伤的果穗可直接剪去，维持正常果穗生长。⑤二次结果处理。当葡萄品种具备二次结果能力，且无霜期可以满足二次果成熟要求时，可进行二次结果处理，弥补经济损失。具体方法：对没有果穗的营养枝进行摘心，保留摘心口下的2个夏芽副梢，同时抹去其余副梢，以延缓主梢上的冬芽萌发，促进花序分化；待保留的2个副梢半木质化以后，再从基部剪去，刺激主梢上的冬芽萌发产生二次果。或对营养枝在夏芽未萌发的部位剪截，促使副梢萌发，待副梢生长至4～6叶时进行1～2次连续摘心，即有花序出现。

（3）严重受灾、几乎绝产的葡萄园。①修复葡萄园。修复葡萄架到正常状态，扶正倒伏的葡萄枝蔓，清理防护林倒伏树木，清理葡萄园至正常状态。②二次结果处理。当葡萄品种具备二次结果能力，且受灾后的无霜期可以满足二次结果成熟要求时，可进行二次结果处理，适当恢复部分产量，减少经济损失。萌芽期至开花期之前受灾的葡萄园，早、中熟品种葡萄可以剪去嫩梢，促使结果母枝的隐芽或副芽萌发，形成部分产量，弥补经济损失。果实膨大期受灾的葡萄园可对没有果穗的营养枝进行摘心，保留摘心口下的2个夏芽副梢，同时抹去其余副梢，以延缓主梢上的冬芽萌发，促进花序分化；待保留的2个副梢半木质化以后，再从基部剪去，刺激主梢上的冬芽萌发产生二次果。或对营养枝在夏芽未萌发的部位剪截，促使副梢萌发，待副梢生长至4～6叶时进行1～2次连续摘心，即有花序出现。由于二次果发育较快、果穗较小，需要增加肥水、喷洒植物生长调节剂进行保花保果，提高产量与品质。③树形恢复。生长期较短、二次果无法成熟的地区，只能对葡萄园进行重剪，以恢复树形为目的，保证翌年正常结果。

3.大风伴随强降雨葡萄园的减灾防灾措施

（1）一般涝灾葡萄园。按照葡萄园防减涝灾措施进行管理，主要为排水、松土、扶正树体、剪去损伤枝蔓、疏除损伤果粒和小穗、适当降低产量，以及根据病虫害发生情况喷洒农药，降低病虫害对葡萄产量与品质的影响。

（2）西北盐碱地葡萄园。西北地区盐碱地葡萄园的降雨会溶解地表盐碱，大量含盐碱的雨水流入葡萄种植沟，会提高根系范围的盐碱含量，造成葡萄园盐碱危害。发生这种情况的葡萄园在雨后要马上大水灌水1～2次，稀释土壤中盐碱含量，避免盐碱危害。

三、适用范围

大风易发的葡萄产区。

四、注意事项

大风灾害发生后根据受灾程度不同应区别对待。

第十一节　沙尘暴灾害的防灾减灾

沙尘暴是我国北方常见的一种气象灾害。沙尘暴（sand-dust storm）是沙暴（sand storm）和尘暴（dust storm）的总称，是指强风从地面卷起大量沙尘，使水平能见度小于1千米，概率小、危害大的灾害性天气现象，具有突发性和持续时间较短的特点。其中沙暴是指大风把大量沙粒吹入近地层所形成的挟沙风暴；尘暴则是大风把大量尘埃及其他细颗粒物卷入高空所形成的风暴。沙尘暴，特别是葡萄生长季发生的强沙尘暴灾害对葡萄生长与结果影响很大。为保证葡萄产量和品质，必须高度重视沙尘暴灾害预案对策，减少或避免损失，提高葡萄种植效益。

一、沙尘暴对葡萄的危害

沙尘暴对葡萄的危害主要是对葡萄叶片、果实产生机械损伤，及损伤后树体养分含量降低、叶片光合作用减弱带来的不良影响，同时，沙尘暴所带的细沙可部分或全部填平葡萄种植沟，影响灌水等下一步田间等作业。沙尘暴对葡萄的危害程度与其发生时期、强度与持续时间密切相关。

（一）沙尘暴发生时期

在北方埋土防寒区，葡萄休眠期发生8级以上沙尘暴会吹散葡萄越冬防寒的土壤，降低越冬防寒土的厚度或刮散越冬覆盖物，造成葡萄枝蔓全部或部分裸露导致冻害。萌芽与新梢生长期发生沙尘暴会造成发芽不整齐，叶片损伤、脱落，葡萄种植沟被掩埋。开花前、后的沙尘暴会造成葡萄叶片损伤或脱落，造成葡萄果穗落花、落粒，穗形不完整或脱落。果实膨大期、成熟期发生沙尘暴会造成葡萄叶片损伤、脱落，影响花芽分化，果粒表面出现伤痕，或果粒、果穗脱落，严重降低产量与果实商品品质。

（二）沙尘暴强度与持续时间

沙尘暴灾害等级越高、持续时间越长，葡萄损失越大。弱沙尘暴（4级≤风速≤6级，500米≤能见度≤1 000米）会造成大量叶片、果粒损伤或脱落；中等强度沙尘暴（6级＜风速≤8级，200米≤能见度＜500米）可以造成防护林树木倒伏、葡萄枝蔓出现大量伤痕甚至折断、葡萄架倒塌、葡萄果粒表面损伤严重甚至脱落，品质下降、产量降低，葡萄种植沟被细沙部分或全部填平，附属的房屋被损伤。强沙尘暴（风速≥9级，50米≤能见度＜200米）和特强沙尘暴（黑风暴）（瞬时最大风速≥25米/秒，能见度＜50米，甚至降低到0米）会造成防护林树木倒伏、葡萄架大面积倒塌、绝产毁园。

二、技术要点

（一）建园时的减灾防灾措施

1.葡萄园建园地址选择　新建葡萄园时，结合气象资料，根据沙尘暴出现的地点、频率，避免在经常发生沙尘暴危害的地块建葡萄园。

2.营造防护林带　建设防护林是规模葡萄园必需的建园内容之一，防护林体系完整的葡萄园可以减轻或避免10级左右大风的危害。一般有效防护距离为树高的15～20倍。在有可能发生沙尘暴危害的区域建园时，防护林体系必须加强，葡萄园沙尘暴主风迎风面种植8～10行、副风方向种植2～4行以高大乔木为主、低矮灌木为辅的混交防护林；而且，种植区域可采用长、宽各200～300米的葡萄种植小区设计，网格化的防护林建设可减轻或避免沙尘暴危害；同时，葡萄园进出口应注意避开沙尘暴主风方向。

（二）沙尘暴来临前的应急准备

1.及时关注大风预报，做好沙尘暴的防御　加强沙尘暴天气下的安全生产知识培训，提高防灾自救意识，增强自身防护能力。在得到沙尘暴气象信息后，及时向葡萄园负责人、技术管理人员及相关人员发送预报、预警信息，加强内部信息沟通，必要时提前做好农机、化肥、农药等农资准备。

2.沙尘暴隐患排查与值班备勤　得到沙尘暴信息后，要加强对葡萄架、广告牌、室外悬挂物、危房简屋和易倒伏行道树等的安全防范检查，排除风险隐患。在沙尘暴到来之前安排人员值班，及时发现问题。

（三）沙尘暴灾害发生后的补救

1.灾情调查与理赔

（1）灾情调查与上报。沙尘暴灾害后，要及时对葡萄园灾害损失进行调查、评估与核实，重大灾害须按照各有关部门的要求及时上报损失报告。

（2）保险理赔。投保相关灾害保险的葡萄园，及时向保险公司申请灾情调查，按照保险理赔要求，提交灾情损失报告，确保理赔流程的顺利推进，促使农户尽早获得理赔款。

2.不同受灾程度葡萄园的减灾技术措施

（1）轻度受灾葡萄园。对于葡萄受灾主要集中在叶片及部分嫩梢，对葡萄果实、产量影响不大的葡萄园，以恢复产量，保证效益为主。①震落葡萄架面叶片上的尘土，减少沙尘对葡萄光合作用的影响；同时，清理葡萄种植沟内淤积的沙尘，保持葡萄沟顺畅，避免对葡萄园灌水的影响。②灌水追肥。结合灌水追施以尿素为主、配合少量磷钾肥及少量微量元素肥料的化肥，以补充养分，促使新叶生长发育，保证葡萄果实正常生长发育。③防病。尽快喷洒广谱性农药或结合当地葡萄发病情况喷洒农药，防止病害发生。

（2）中等受灾葡萄园。在弥补产量损失、提高品质、提高效益的基础上，要保持与恢复树形，清理风沙填埋的葡萄沟。①震落葡萄架面叶片上的尘土，清理葡萄沟内淤沙。人工摇动葡萄架面铁丝，震落大部分叶片上的尘土，减轻沙尘对葡萄光合作用的影响；同时，清理葡萄种植沟内淤积的沙尘，保持葡萄沟顺畅，避免对葡萄园灌水的影响。②修剪清园，整理恢复受损葡萄架。剪去折断的新梢，促使剪口下的芽萌发，同时清除葡萄园落叶、枯枝，对受损葡萄架进行修复。③灌水追肥。结合灌水追施以尿素为主、配合少量磷钾肥及少量微量元素肥料的化肥，以补充树体养分，促使新叶生长发育，保证葡萄果穗正常生长发育。④防病。尽快喷洒广谱性农药或结合当地葡萄发病情况喷洒农药，防止病害发生。⑤疏去伤粒、残穗。疏去果穗上受伤的果粒，剪去受伤严重的果穗，维持正常果穗、果粒正常生长。⑥二次结果处理。当葡萄品种具备二次结果能力，且无霜期可以满足二次果成熟要求时，可进行二次结果处理，弥补经济损失。具体方法：对没有果穗的营养枝进行摘心，保留摘心口下的2个夏芽副梢，同时抹去其余副梢，以延缓主梢上的冬芽萌发，促进花序分化；待保留的2个副梢半木质化以后，再从基部剪去，刺激主梢上的冬芽萌发产生二次果。或对营养枝在夏芽未萌发的部位剪截，促使副梢萌发，待副梢生长至4～6叶时进行1～2次连续摘心，即有花序出现。

（3）严重受灾、几乎绝产的葡萄园。①修剪清园，整理恢复受损葡萄架。清理风沙填埋的葡萄沟，清理葡萄园落叶、枯枝，扶正倒伏的葡萄枝蔓，修复受损的葡萄架至正常状态。②加强肥水管理。结合灌水追施以尿素为主、配合少量磷钾肥及少量微量元素肥料的化肥，以补充养分，促使新叶生长发育，保证树体正常生长发育。③二次结果处理。当葡萄品种具备二次结果能力，且受灾后的无霜期可以满足二次果成熟要求时，可进行二次结果处理，适当恢复部分产量，减少经济损失。萌芽期至开花期受灾的葡萄园，早、中熟品种葡萄可以剪去嫩梢，促使结果母枝的隐芽或副芽萌发，形成部分产量，弥补经济损失。果实膨大期受灾的葡萄园，可对没有果穗的营养枝进行摘心，保留摘心口下的2个夏芽副梢，同时抹去其余副梢，以延缓主梢上的冬芽萌发，促进花序分化；待保留的2个副梢半木质化以后，再从基部剪去，刺激主梢上的冬芽萌发产生二次果。或对营养枝在夏芽未萌发的部位剪截，促使副梢萌发，待副梢生长至4～6叶时进行1～2次连续摘心，即有花序出现。由于二次果发育较快、果穗较小，需要增加肥水、喷洒植物生长调节剂进行保花保果，提高产量与品质。

三、适用范围

沙尘暴易发的葡萄产区。

四、注意事项

沙尘暴灾害发生后根据受灾程度不同应区别对待。

参考文献

杜远鹏，高振，孙庆华，等，2023. 葡萄枝条防抽干技术[J]. 果树实用技术与信息 (4): 16-19.

房玉林，王振平，孟江飞，等，2023. 霜冻防灾减灾技术[J]. 果树实用技术与信息 (4): 8-11.

高扬，田淑芬，2008. 盐碱地玫瑰香葡萄栽培技术[J]. 北方园艺 (1): 103.

黄建全，田淑芬，商佳胤，等，2014. 行间生草对玫瑰香葡萄品质及土壤性状的影响[J]. 天津农业科学，20(5): 77-80.

李颖华，田淑芬，马闯，等，2021. 不同葡萄品种根系解剖结构及其水力特性分析[J]. 果树学报，38(5): 714-724.

李兆君，潘明启，赵全胜，等，2023. 葡萄园沙尘暴灾害的防灾减灾技术[J]. 果树实用技术与信息 (4): 30-32.

潘明启，张雯，钟海霞，等，2023. 葡萄园大风灾害的防灾减灾技术[J]. 果树实用技术与信息 (4): 27-29.

商佳胤,田淑芬,李树海,等,2011.冬春季低温对葡萄越冬防寒及物候期的调查分析[J].北方园艺(5): 44-46.

孙洋,田淑芬,热汗古丽·艾海提,等,2022.盐处理及套袋处理对'摩尔多瓦'葡萄果实品质及花色苷合成相关基因的影响[J].天津农业科学,28(8): 14-19.

陶建敏,郑焕,2023.葡萄涝害的防灾减灾技术[J].果树实用技术与信息(4): 19-21.

田淑芬,李世诚,王世平,等,2008.南方强降雪天气对我国葡萄产业影响及灾后春季恢复生产措施[J].中外葡萄与葡萄酒(2): 26-28.

田淑芬,王荣,王超霞,等,2023.葡萄冰雹灾害的防灾减灾技术[J].果树实用技术与信息(4): 4-7.

王海波,刘凤之,史祥宾,等,2023.葡萄冬季冻害的防灾减灾技术[J].果树实用技术与信息(4): 13-16.

王磊,蒋爱丽,吴江,等,2023.葡萄台风危害的防灾减灾技术[J].果树实用技术与信息(4): 24-27.

王振平,张艳霞,李栋梅,2023.葡萄旱灾防灾减灾技术[J].果树实用技术与信息(4): 11-12.

杨国顺,王美军,许延帅,等,2023.葡萄高温防灾减灾技术[J].果树实用技术与信息(4): 21-24.

第十章

熟 期 调 控

第一节 熟期调控的概念、意义和类型

一、熟期调控的概念

熟期调控，也称产期调控，即达到改变葡萄成熟期目的的各种手段和措施。广义的熟期调控概念包括品种和区域差异导致的成熟期差异，以及通过技术措施调控葡萄成熟期等3个方面。目前，通过品种选择、区域布局和技术措施调控葡萄的成熟期，实现了我国葡萄鲜果的周年供应。狭义的熟期调控概念，是指以市场为导向，基于栽培区域的自然资源和气候条件，提早或延后葡萄的开花结果或果实的成熟发育，主要包括利用栽培设施调控葡萄的生长发育环境，结合修剪和植物生长调节剂与肥料的使用等综合技术措施调控葡萄的开花结果或果实发育。

二、熟期调控的意义

1.**增产增收** 基于市场需求，通过葡萄一年两熟或多熟制，可增加单位面积年产量，增加农民的收入。

2.**调市增效** 目前，我国鲜食葡萄栽培面积已达1 000余万亩，且成熟期相对集中，主要在7—10月上市，造成了季节性相对过剩，导致价格下跌甚至烂市。通过葡萄促早或延后栽培，调控鲜果的上市期，填补市场供应空缺，可满足消费者对葡萄鲜果的周年需求，并使生产者获取更佳的经济效益。

3.**避害减损** 我国气候多样极端天气频发，导致葡萄少收绝产，严重影响葡萄种植效益。通过熟期调控可规避霜冻等不良气候带来的风险。同时，通过二次结果可实现诸如冰雹、干旱、洪涝、病虫鸟害等灾害出现后的补救，以挽回经济损失。

4.**改善品质** 通过利用秋、冬季光热资源，利用葡萄熟期调控的二次果和延后栽培技术使葡萄错季成熟，可以提高葡萄果实品质。目前，世界气候变化显著，气候变暖给葡萄酒品质带来影响，部分葡萄酒产区开始尝试利用二次果酿酒。

三、熟期调控的类型

按照预定葡萄成熟期与常规栽培的比较来划分，熟期调控主要分为促早栽培、延迟栽培和一年两熟/收栽培3种形式（图10-1）。

品种布局：在不同地区，不同品种葡萄熟期具有差异

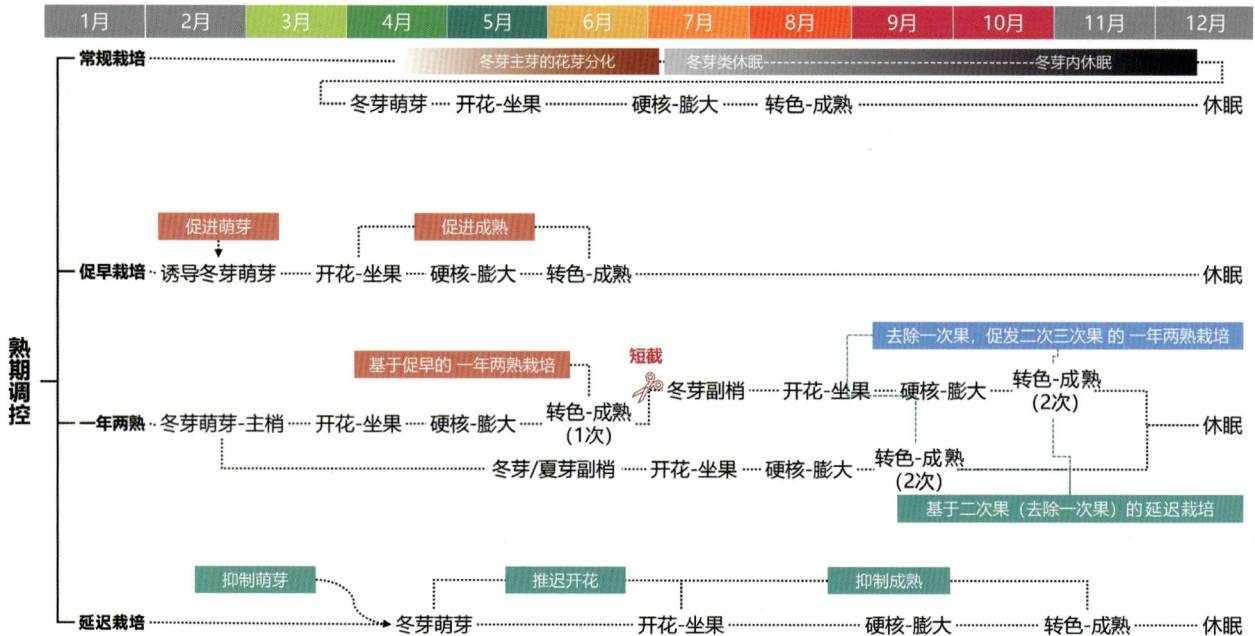

图 10-1　葡萄熟期调控的主要类型（白描　提供）

（一）促早栽培

促早栽培是指利用设施塑料薄膜等透明覆盖材料的增温保温效果，辅以温湿度和二氧化碳浓度等环境因子控制，创造葡萄生长发育的适宜条件，使其比露地提早萌芽、生长和发育，提早浆果成熟，实现淡季供应，提高葡萄栽培效益的一种栽培类型。设施促早栽培模式分布在辽宁、山东、河北、宁夏、北京、内蒙古、新疆、陕西、山西、甘肃、广西、江苏和云南等地，分布范围广，栽培技术较为成功，亦是葡萄设施栽培的主要方向。截至目前，全国促早栽培面积超过3.0万公顷。根据催芽开始期的不同，通常将促早栽培分为冬促早栽培、春促早栽培和秋促早栽培3种栽培模式。

1. 冬促早栽培　冬促早栽培（图10-2）利用温室和塑料大棚等保护设施的增温保温效果，于冬季开始升温催芽，辅以环境因子控制，使其冬芽比露地栽培提早萌发，进而使果实提前成熟。该促早栽培模式常用日光温室作为栽培设施，根据各地气候条件和日光温室的保温能力确定是否需要进行加温。辽宁省一般于12月中旬至翌年1月上旬开始加温或升温，冬季1月中旬至2月上旬萌芽，3月上旬至月末左右开花，早中熟品种在4月下旬至5月下旬成熟、中晚熟品种在6月下旬至7月上旬左右成熟，比露地提前60～130天。若结合采用化学破眠剂，该栽培方式开始加温或升温的时间还可提前15～20天，而早中熟品种成熟期可提前到3月下旬至4月上旬左右。

图 10-2　冬促早栽培

近年，阳光玫瑰大面积种植导致供应期过于集中，给种植者带来巨大销售压力。种植者为抢占市场，在全国各地都兴起促早栽培。在我国长江流域如贵州、湖北、湖南、江西和江苏等地，促早栽培设施多改自简易避雨栽培大棚，这些设施对抗大雪冰冻能力差。而这些地区受季风气候影响，冬季存在短时冰冻大雪危害的可能，将会给葡萄园带来严重损失，需要种植者引起重视。

2.春促早栽培 春促早栽培（图10-3）利用温室和塑料大棚等保护设施的增温保温效果，于春季开始升温催芽，辅以环境因子控制，使其冬芽比露地栽培提早萌发，进而使果实提前成熟。该促早栽培模式常用塑料大棚作为栽培设施，由于没有加温和保温设备，所以开始升温时间相比冬促早栽培延后，一般延后30～60天。较温暖地区如山东省一般于2月下旬至3月初开始升温，春季3月末至4月初萌芽，5月初至中下旬开花，早中熟品种一般于7月中旬左右成熟，晚熟品种一般于8月中下旬左右成熟，比露地提前20～30天。较寒冷地区如黑龙江省，常有春季回寒冻害，催芽期更晚，一般于4月中旬左右开始升温，4月下旬萌芽，6月上中旬开花，早熟品种在8月上中旬成熟，中晚熟品种在9月以后成熟。

图10-3 春促早栽培（栽培设施为塑料大棚）

3.秋促早栽培（错季栽培） 秋促早栽培（图10-4）通过栽培措施促使葡萄主梢或者夏芽副梢的冬芽提前于秋季萌发并形成花序，然后利用温室和塑料大棚等保护设施的增温保温效果，辅以环境因子控制，使果实成熟期提前到当年11月至翌年3月。由于该栽培模式采用了当季冬芽结二次果，在有些地区也称之为两年三收栽培；若当季一次果不要只用二次果结果，这种模式又称为错季栽培或去除一次果的延后栽培。在冬季温暖的地中海地区将这种迫使当季葡萄冬芽萌发结果的模式称为"crop forcing"。该促早栽培模式在日本和我国台湾省开展较早，相关的研究和技术已经比较成熟。目前，我国采用此栽培模式的地区以广西壮族自治区面积最大，广东和湖南南部等冬季温暖的地区也有少量实施。该栽培模式的关键是掌握好诱发冬芽萌发的时期和技术，使浆果在预定的时期成熟，并达到预期产量和品质。葡萄虽然具有一年多次开花结果的习性，但一般多数品种夏芽副梢上自然形成的二次果不能满足人们对成熟期、产量和质量的要求。因此，生产上多采用强迫主梢或副梢冬芽萌发形成二次果。

图10-4 秋促早栽培（栽培设施为日光温室或塑料大棚或避雨棚）

该技术的关键及注意问题如下：①短截时注意剪口下的芽要饱满、呈黄白色才能萌发出较大的花序。变褐的芽不易萌发，新鲜带红的芽虽易萌发，但不易出现结果枝。有条件的可通过解剖冬芽，用显微镜观察花芽分化和主芽坏死情况后再实施短截。②短截时间因生态区域不同而异，南方如广西等地以8—9月为宜；而北方如山东、辽宁等地以花后60～90天为宜。过早，花序发育小；过晚，萌芽率降低。③老叶去留。在进行新梢短截逼迫冬芽萌发处理时，根据处理时期的早晚确定老叶的去留。处理时期早，冬芽呈黄白色时可保留老叶；而如果处理时期晚，冬芽呈褐色时则需去除老叶，一般采用人工剪除或喷施化学药剂如石灰氮上清液、单氰胺或浓尿素溶液去除老叶。④促芽整齐萌发。在短截新梢逼迫冬芽萌发处理后，如剪口冬芽已经成熟变褐，为了保证冬芽萌芽率高且整齐，一般需对冬芽涂抹破眠剂，在傍晚空气湿度较高时处理最佳，处理时土壤最好能保持潮湿状态，如土壤干燥需立即灌溉，使空气相对湿度保持在80%以上。⑤人工补光。由于受短日环境影响，葡萄新梢停长过早，新梢叶面积生长不足并且相当部分的叶面积未能达到正常生理标准，光合作用效果差，妨碍果实继续膨大，严重影响果实产量和品质，所以必须进行人工补光。具体做法是：8月底前后（辽宁兴城），日照时数小于13.5小时开始，至果实收获时结束，每天下午于光照强度低于1 666.7勒克斯时开启红色植物生长灯补光，至24：00关闭，或于24：00至凌晨2：00开启红色植物生长灯补光即可有效克服短日环境对葡萄生长发育造成的不良影响。一般在1 000米^{2}大棚内设置100个左右的植物生长灯为宜，植物生长灯位于树体上方约1米处。据测试结果，夜间设施内光照强度在20勒克斯以上即可达到长日照标准。⑥温度调控。12～18℃是诱导葡萄进入休眠的最适温度范围，如果设施内最低气温高于18℃，则葡萄保持正常生长发育而不进入休眠。具体的温度调控标准是：从每年9月下旬（辽宁兴城）开始将夜间设施内温度提高到18℃以上；到坐果膨大期的10月期间，设施内温度则要连续保持在20℃左右；即使是在初冬的11月，夜间设施内温度亦应维持在15℃以上，这样一方面可以避免葡萄被诱导进入休眠，另一方面还可以延缓叶片衰老和落叶；12月收获时，为保证果实成熟，其室内温度应保持在10℃上下。采收结束后，无须加温，以便加快叶落过程。

（二）延迟栽培

延迟栽培（图10-5），又称延后栽培，是指在春天气温回升时利用人工措施（如利用草帘覆盖、添加冰块、安装冷风机等）保持设施内的低温环境，使最高气温低于生物学零度（葡萄生物学零度为气温10℃），延迟葡萄萌芽和开花，同时采取调控果树成熟发育的技术措施推迟果实成熟，最终使浆果在常规季节之后成熟，实现葡萄果品的淡季供应，提高葡萄经济效益的一种栽培类型。延迟栽培成功的关键：一是春季萌芽延迟时间的长短。根据浆果计划收获期确定延迟时间的长短，一般情况下延迟时间越长越好，但随着延迟时间的延长，保持低温的成本显著增加。二是秋季避霜保温覆盖（一般于初霜前10天左右覆膜避霜）后设施内的温湿度管理，此期温度不宜过高，一般白天不超过20℃，晚间不低于2℃即可；同时此期避免空气湿度过高，一般相对空气湿度保持在60%左右为宜，通常采用覆盖地膜的措施降低设施内湿度。三是延长叶片寿命，延缓叶片衰老，保持葡萄的良好品质。该模式在我国主要集中在甘肃、河北、辽宁、江苏、内蒙古、青海和西藏等地，截至目前全国延迟栽培面积大

图10-5　延迟栽培

约300公顷，以甘肃省面积最大，约占全国延迟栽培的90%以上。

（三）一年两熟栽培

葡萄一年两熟栽培，又称一年两收栽培，是指利用葡萄可一年多次开花结果的特性，通过调控葡萄生长周期，在当年达到一年多次（一般收获两次）结果并成熟目的的栽培技术。由于通常二次果与一次果成熟期具有差异，所以一年两熟也属于熟期调控范畴。

在第一茬果成熟前，葡萄冬芽当年可完成生理分化，在保障良好的土、肥、水、温、光、热等条件的基础上，通过修剪和破眠处理，冬芽可以萌发抽生花序结二次果；部分葡萄品种成花力强，夏芽也易成花，成花周期短，利用夏芽的花做二次果也可获得一定的产量；而在热带或部分亚热带温、热资源充足的地区，葡萄基本上一年四季均可生长，中晚熟葡萄品种在高温条件下又可缩短生育期，这些地区通过修剪可以实现葡萄一年两熟或两年三熟（这与秋促早栽培概念有所重叠）。

根据两次成熟的葡萄生育期是否有重叠，将葡萄的一年两收，分为"两代同堂"即生育期重叠和"两代不同堂"即生育期完全不重叠的两种模式。通过修剪、化学调控等手段进行催芽，采用适宜的综合配套栽培技术，两代同堂栽培模式的第一茬果与第二茬果分别可在7—8月和10—11月正常成熟；两代不同堂栽培模式的第一茬果（夏果）与第二茬果（冬果）分别可在6—7月和12月正常成熟。

第二节　花芽分化的调控

一、技术原理和效果

葡萄的花芽分化是指葡萄茎生长点经过生理和形态变化，最终形成花器官原基的过程，是植物由营养生长向生殖生长转变的生理和形态标志。葡萄的花芽分化一般指从成花诱导开始到花器官分化的过程，可分为成花诱导、花的发端、花的成熟和开花等过程。葡萄花芽分化的好坏首先取决于树体内的营养水平，包括芽生长点细胞液的浓度和体内物质的代谢过程；同时又受赤霉素、细胞分裂素、生长素和糖信号等内源调节物质的影响，而内源调节物质的多少与运转方向又受体内物质代谢和营养水平及外界自然条件和栽培技术措施的影响。另外，赤霉素抑制剂（如调环酸钙、多效唑、缩节胺和矮壮素等）、乙烯利、生长素、细胞分裂素等外源生长调节剂的使用也可显著影响葡萄的花芽分化。

二、技术要点

葡萄的花芽分化能力与品种和栽培区域有关，而同一地区，同一品种因栽培条件不同也会出现花芽分化差异，管理技术的优劣在葡萄花芽分化中起着重要作用。

（一）改善光照条件

光照强度、光照时间和光质均对葡萄花芽分化有显著影响，特别是冬促早栽培等设施栽培条件下，光照强度低、光照时间短、紫外线含量低等弱光环境是设施葡萄"隔年结果"现象发生的根本原因。因此，采取增强光照强度、延长光照时间、改善光质（通过覆盖分光膜或安装紫外线灯等措施增加紫外线含量）的技术措施和越夏更新修剪促生冬芽新梢避开不良光照环境等措施，可有效促进冬促早栽培等设施葡萄的花芽分化，实现连年丰产。

（二）合理负载，科学施肥

严格实施控产栽培，及时疏花疏果，合理负载，避免大小年结果现象的发生。综合优质果生产考虑，光照良好地区（如辽宁等东北地区、新疆和甘肃等西北及黄土高原地区、云南元谋和四川西昌等干热河谷地区）葡萄的负载量以每亩1 500 ～ 2 000千克为宜，光照一般地区（如山东、河南、河北、天津等地区）葡萄的负载量以每亩1 000 ～ 1 500千克为宜，光照较差地区（如上海、浙江、安徽等）葡萄的负载量以每亩750 ～ 1 000千克为宜。采取按需施肥与测土配方精准施肥（具体操作按照第一部分葡萄高质量生产关键技术"六、养分管理"的要求进行），可有效促进花芽分化、提高花芽质量，为葡萄的丰产稳产打下良好基础。

（三）调控温度，科学灌水

葡萄成花对气温敏感的时期是在原基形成的前三周内（幼果发育前期），其成花的最适气温为30℃左右。地温对花芽分化也具有调控作用，适宜的地温（20～23.5℃）利于根系合成和运输细胞分裂素，进而促进花芽形成。在葡萄花芽分化期内，适当控水可促进葡萄的花芽分化，具体操作按照第一部分葡萄高质量生产关键技术"七、水分管理（三）精准灌溉"的要求进行。

（四）适时适度摘心

摘心是调控营养生长和生殖生长的重要措施，在保障源（成熟叶片）向目标库（花序）优先供应营养的前提下，尽可能消除竞争库（梢尖和副梢）对营养的消耗。摘心的时间和程度不仅影响当年花序和果实发育，也会显著影响主梢上冬芽的花芽分化进程。一般早摘心、重摘心会提早花芽分化进程，但过早过重摘心可能加速主芽坏死，另外由于提供营养叶片不足，花芽分化质量也会受到影响，因此需要适时适度摘心。一般建议在花前一周至始花期，待主梢长到8～10叶时摘心，摘至成熟叶片1/4大小的叶片处比较适宜，留6～8叶，副梢留1～2叶绝后。具体摘心时间和程度因品种和熟期调控的目的而异。

（五）植物生长调节剂使用

外施赤霉素可减少花序原基或叶原基数目，增加节间长度。此外，高浓度赤霉素会造成主芽坏死，从而使副芽代替主芽而间接影响成花，因此，新梢旺长时坏死芽增多。鉴于赤霉素在成花过程中特别是花序原基形成的负调控作用，在花芽分化的关键阶段，通过控梢药剂抑制植株内源赤霉素的合成是有效提高花芽率的有效手段。

三、适用范围

适用于所有葡萄园。

四、注意事项

（1）根据熟期调控技术模式和成花能力选择适合的品种，注意品种的区域适宜性。

（2）在进行一年两收栽培时，为促进主梢冬芽花芽分化采用赤霉素抑制剂时，需要注意喷施部位和浓度，防止全株喷施影响一次果发育或造成高浓度药害。

第三节　休眠调控

一、技术原理和效果

休眠是一种植物组织结构（包括分生组织）形态生长的暂时性中止，休眠分为三个阶段：内休眠（生理休眠，endo-dormancy）、类休眠（para-dormancy）和生态休眠（eco-dormancy）。内休眠发生在冬季，是由植物休眠结构内部的生理因素所控制的休眠。处于内休眠阶段的芽，即使在有利的环境条件，且没有附近器官的限制，也不能萌动，只有达到一定的低温积累后才能解除休眠；类休眠是由外部生理因素（如顶端优势等）造成的生长停止现象。植株处于类休眠阶段时，即使在有利生长环境条件下，植株依然保持休眠，但如果除去限制源（相邻叶或芽），则迅速恢复生长；生态休眠则是由一种或多种不利于生长的环境因子（如水分或者营养缺乏、极端温度等）所引起的休眠，当植物处于正常环境条件下，可重新恢复生长。

二、技术要点

（一）促进休眠解除

葡萄冬芽的内休眠需要在经历一定的低温积累（需冷量）后才能自然打破。在热带及亚热带露地栽培条件下或在设施栽培条件下，通常用促成栽培或一年多收栽培模式。这两种栽培模式，常发生因需冷量不足造成的萌芽率低，萌芽不整齐等现象。为了促进葡萄提前萌芽，提高萌芽率以及树形养成过程中的萌芽整齐度，常通过人工打破休眠补充缺失的需冷量，该技术措施在促进萌芽、提高萌芽率、培养树形及成熟期调控过程中十分重要。

1. 葡萄需冷量 葡萄常用品种的需冷量见表10-1，供参考。

表10-1 不同需冷量估算模型估算的不同品种群品种的需冷量（2013年）

品种或品种群	0～7.2℃模型（小时）	≤7.2℃模型（小时）	犹他模型（C·U）	品种或品种群	0～7.2℃模型（小时）	≤7.2℃模型（小时）	犹他模型（C·U）
87-1	573	573	917	布朗无核	573	573	917
红香妃	573	573	917	莎巴珍珠	573	573	917
京秀	645	645	985	香妃	645	645	985
8612	717	717	1 046	奥古斯特	717	717	1 046
奥迪亚无核	717	717	1 046	藤稔	756	958	859
红地球	762	762	1 036	矢富萝莎	781	1 030	877
火焰无核	781	1 030	877	红旗特早玫瑰	804	1 102	926
巨玫瑰	804	1 102	926	巨峰	844	1 246	953
红双味	857	861	1 090	夏黑无核	857	861	1 090
凤凰51	971	1 005	1 090	优无核	971	1 005	1 090
火星无核	971	1 005	1 090	无核早红	971	1 005	1 090

2. 促进休眠解除的物理措施

（1）三段式温度管理人工集中预冷技术（图10-6）。①人工集中预冷前期（从覆盖草苫或保温被始到最低气温低于0℃止）。夜间揭开草苫或保温被并开启通风口，让冷空气进入，白天盖上草苫或保温被并关闭通风口，保持棚室内的低温。②人工集中预冷中期（从最低气温低于0℃始至白天大多数时间低于0℃止）。昼夜覆盖草苫或保温被，防止夜间温度过低。③人工集中预冷后期（从白天大多数时

预冷前期　　　　　　　　　　　预冷中期　　　　　　　　　　　预冷后期

图10-6 三段式温度管理人工集中预冷技术

间低于0℃始至开始升温止）。夜晚覆盖草苫或保温被，白天适当开启草苫或保温被，让设施内气温略有回升，升至7～10℃后覆盖草苫或保温被。三段式温度管理人工集中预冷的调控标准：使设施内绝大部分时间气温维持在0～9℃，一方面使温室内温度保持在利于解除休眠的温度范围内，另一方面避免地温过低，以利于升温时气温与地温协调一致。

（2）带叶休眠技术（图10-7）。在人工集中预冷过程中，与传统去叶休眠相比，采取带叶休眠的葡萄植株提前解除休眠，而且葡萄花芽质量显著改善。因此，在人工集中预冷过程中，一定要采取带叶休眠的措施，不应采取人工摘叶或化学去叶的方法，即在叶片未受霜冻伤害时扣棚，开始进行带叶休眠三段式温度管理人工集中预冷处理。

图10-7　带叶休眠技术（叶片被霜冻打坏之前扣棚进行集中预冷带叶休眠，叶片自然脱落后冬剪）

3.促进休眠解除的化学措施

（1）石灰氮 [Ca(CN)$_2$]。在使用时，一般是调成糊状进行涂芽或者经过清水浸泡后取高浓度的上清液进行喷施。石灰氮水溶液的配制：将粉末状药剂置于非铁容器中，加入4～10倍的温水（40℃左右），充分搅拌后静置4～6小时，然后取上清液备用。为提高石灰氮溶液的稳定性及其破眠效果，减少药害的发生，适当调整溶液的pH是一种简单可行的方法。在pH为8时，药剂表现出稳定的破眠效果，而且贮存时间也可以相应延长，调整石灰氮的pH可用无机酸（如硫酸、盐酸和硝酸等）或有机酸（如醋酸等）。石灰氮打破葡萄休眠的有效浓度因处理时期和品种而异，一般情况下是1份石灰氮兑4～10份水。

（2）单氰胺（H$_2$CN$_2$）。一般认为单氰胺对葡萄的破眠效果比石灰氮更好。目前在葡萄生产中，主要采用经特殊工艺处理后含有50%有效成分（H$_2$CN$_2$）的稳定单氰胺水溶液，其在室温下贮藏有效期很短，若在1.5～5℃条件下冷藏，有效期可以保持一年以上。单氰胺打破葡萄休眠的有效浓度因处理时期和品种而异，一般情况下浓度是0.5%～3.0%。配制H$_2$CN$_2$水溶液时需要加入非离子型表面活性剂（一般为0.2%～0.4%的比例）。一般情况下，H$_2$CN$_2$不与其他农用药剂混用。

（3）破眠剂1号（图10-8）。在葡萄休眠解除机制研究的基础上，中国农业科学院果树研究所研制出破眠综合效果优于石灰氮和单氰胺的葡萄专用破眠剂——破眠剂1号，破眠剂1号处理后葡萄的萌芽时间介于石灰氮和单氰胺处理之间，但萌发新梢健壮程度均优于石灰氮和单氰胺处理。

（4）5波美度石硫合剂与0.25毫克/毫升1-氨基环丙基-1-羧酸（ACC）的复配液。湖南农业大学采用石硫合剂和ACC的复配液进行破眠试验，发现该破眠剂可替代单氰胺的处理，该配方安全无毒。

4.科学升温

（1）冬促早栽培。据各品种需冷量确定升温时间，待需冷量满足后方可升温。葡萄的自然休眠期较长，一般自然休眠结束的时间大多在12月初至1月中下旬。如果过早升温，葡萄需冷量得不到满足，造成发芽迟缓且不整齐、卷须多，新梢生长不一致，花序退化，浆果产量降低，品质变劣。

（2）春促早栽培。春促早栽培升温时间主要根据设施保温能力确定，一般情况下扣棚升温时间为在当地露地栽培葡萄萌芽时间的基础上提前2个月左右。

图 10-8　葡萄破眠剂及施用效果

A、B.葡萄破眠剂的施用　C.葡萄专用破眠剂（破眠剂1号）　D-F.葡萄专用破眠剂（破眠剂1号）的施用效果

（二）促进休眠逆转

促进休眠逆转即避开休眠是秋促早栽培模式的关键技术措施之一，该技术措施是否运用得当直接关系到秋促早栽培的成败。

1.促进休眠逆转的物理措施——新梢短截　在冬芽花芽分化完成后至生理休眠发育到深休眠状态前进行新梢短截，辽宁兴城一般于7月下旬至9月上旬进行。一般留4～6节（如保留第一次果则留6～8节）短截，同时将剪口芽的主梢和副梢叶片剪除，剪口芽饱满、呈黄白色为宜，变褐的芽不易萌发，新鲜带红的芽虽易萌发，但不易出现结果枝。一般新梢剪口粗度大于0.8厘米时更有利于诱发大穗花序，利用葡萄低节位花芽分化早的特点，对长势中庸的发育枝，应降低修剪节位使其剪口粗度达到要求。

2.促进休眠逆转的化学措施——破眠剂使用　如剪口芽呈黄白色，则剪口芽不须涂抹破眠剂进行催芽处理冬芽即可整齐萌发；如剪口芽已经变褐，则剪口芽需涂抹破眠剂如石灰氮、破眠剂1号或单氰胺等进行催芽处理以逼迫冬芽整齐萌发，在傍晚空气湿度较高时处理最佳，处理后24小时不下雨效果更好，处理时土壤最好能保持潮湿状态，如果土壤干燥需立即进行灌溉。空气干燥（相对湿度＜80%）时以单氰胺效果最佳，空气湿润（相对湿度＞80%）时以破眠剂1号效果最佳。

3.配套措施——环境调控

（1）人工补光。在温带地区的设施葡萄秋促早栽培期间，受短日环境影响，葡萄新梢停长过早，新梢叶面积生长不足导致相当部分的叶面积未能达到正常生理标准，并且叶片早衰，光合作用效果差，妨碍果实继续膨大，严重影响果实的产量和品质，所以必须进行人工补光。具体做法是：当日照时数小于13.5小时开始启动红橙植物生长灯进行补光，使日光照时数达到13.5小时以上即可有效克服短日环境对葡萄生长发育造成的不良影响。一般在1 000米²设施内设置100～150个植物生长灯为宜，植物生长灯位于树体上方0.5～1米处，夜间设施内光照强度在20勒克斯以上即可达到长日照标准。每天于天黑前0.5小时或保温被等外保温材料覆盖前开启植物生长灯开始人工补光，至晚上12：00时结束人工补光。

（2）温度控制。12～18℃是诱导葡萄进入休眠的最适温度范围，如果设施内最低气温高于18℃，则秋促早栽培葡萄保持正常生长发育而不进入休眠。具体的温度调控标准是：从夜间最低气温低于18℃时（辽宁兴城一般9月上中旬），开始将栽培设施覆盖塑料薄膜，使设施内夜间气温提高到18℃

发育减缓的自然条件推迟果实成熟上市时间，目前在辽宁沈阳地区和甘肃兰州地区已获得了极大成功。

4.植物生长调节剂 葡萄属非呼吸跃变型果实，在其"转熟"前有赤霉素（ABA）的上升，而乙烯在此前水平极低。外用乙烯利反而有延迟成熟的作用。因此，ABA是葡萄成熟的主导因子。Singh和Weaver在托考伊（Tokay）葡萄坐果后6周果实慢速生长期施用一种生长素类物质BTOA（benzothiazole-2-oxyacetic acid）50毫克/升，使浆果延迟15天成熟。Hale对西拉葡萄的试验也得到相同结果。Intrieri等研究表明在盛花后10天施用细胞分裂素类物质CPPU使莫斯卡托（Moscatual）葡萄浆果成熟延迟。喷施适宜浓度的ABA可有效促进设施葡萄的果实成熟，一般可使葡萄果实成熟期提前10天左右。中国农科院果树所研制的葡萄成熟延缓剂可使果实成熟期推迟30～50天。

5.其他措施 适当过载、水分氮肥偏多等都会延迟果实成熟期。利用果实活体挂树贮藏技术可有效推迟果实的上市期间，在有足够绿叶的情况下，红地球、黄意大利、克瑞森无核和秋黑等品种果实成熟后，能够挂树活体贮藏而保证品质良好，一般可使果实采收时间推迟50～90天。利用果实套袋技术也可有效调控果实成熟时期。坐果后，将果穗套绿色或黑色果袋，可显著推迟果实成熟。

三、适用范围

适用于所有葡萄园。

四、注意事项

务必在保证能够生产出优质果的前提下，采取遮光、适当过载、偏施氮肥和多灌溉等栽培技术措施延迟果实成熟。

参考文献

丛深，2014.葡萄芽自然休眠诱导和解除期间呼吸代谢研究[D].北京：中国农业科学院.

丛深，王海波，王孝娣，等，2013.带叶休眠对休眠解除期间葡萄芽呼吸代谢的影响[J].园艺学报，40（10）：1983-1989.

樊绍刚，吴胜，朱明涛，等，2019.葡萄冬芽生理休眠机理研究进展[J].东北农业大学学报，50（10）：88-96.

李琪，徐丰，白描，等，2019.葡萄冬芽主芽坏死规律调查与解剖分析[J].中国南方果树，48（1）：62-65.

刘慧，马靖，王荣，等，2022.阳光玫瑰秋延后栽培的控梢促花与花果管理技术[J].湖南农业科学（12）：40-42.

刘路，2020.夏黑无核葡萄不同熟期果实管理技术研究[D].长沙：湖南农业大学.

毛曦，郑辉艳，彭勃，等，2018.避雨栽培下红地球花芽分化特征研究[J].中国南方果树，47（5）：87-93.

王海波，刘凤之，等，2022.中国设施葡萄栽培理论与实践[M].北京：中国农业出版社.

王海波，刘凤之，韩晓，等，2017.葡萄需冷量和需热量估算模型及设施促早栽培品种筛选[J].农业工程学报，33（17）：187-193.

王海波，王孝娣，史祥宾，等，2015.葡萄休眠的自然诱导因子及其对休眠诱导期冬芽呼吸代谢的调控[J].应用生态学报（12）：3707-3714.

王海波，王孝娣，史祥宾，等，2016.破眠剂1号对葡萄冬芽休眠解除及萌芽过程中呼吸代谢的影响[J].中国果树（4）：5-10.

王海波，王孝娣，赵君全，等，2016.设施促早栽培下耐弱光能力不同的葡萄品种冬芽的花芽分化[J].园艺学报，43（4）：633-642.

夏龙腾，2021.夏黑无核去除一次花的延后栽培技术研究[D].长沙：湖南农业大学.

夏龙腾，周虹，周晴，等，2023.不同时期主梢修剪对夏黑葡萄二次结果生长习性及果实品质的影响[J].中国南方果树，52（5）：142-145.

张克坤，2014.设施葡萄果实品质发育及调控技术研究[D].北京：中国农业科学院.

张克坤，刘凤之，王孝娣，等，2017.不同光质补光对促早栽培瑞都香玉葡萄果实品质的影响[J].应用生态学报，28

(1): 115-126.

张克坤, 王海波, 王孝娣, 等, 2016. 意大利葡萄延迟栽培挂树贮藏期间果实品质的变化[J]. 园艺学报, 43 (5): 853-866.

赵君全, 2014. 设施葡萄花芽分化规律及其影响因子研究[D]. 北京: 中国农业科学院.

赵君全, 王海波, 王孝娣, 等, 2014. 设施栽培条件下夏黑葡萄花芽分化规律及环境影响因子研究[J]. 果树学报, 31 (5): 842-847.

周敏, 杨国顺, 毛永亚, 等, 2012. 湖南避雨栽培条件下红地球葡萄负载量研究[J]. 湖南农业科学 (11): 107-109.

第十一章

环 境 调 控

第一节　光照调控

一、技术原理与效果

葡萄是喜光植物，对光的反应敏感。其中光照强度、光照时间、光质和光分布等对葡萄的生长发育影响较大。

1.光强　葡萄对光照变化比较敏感，其光饱和点为30 000 ~ 50 000勒克斯，光补偿点为833.3 ~ 2 000勒克斯。光照充足时，枝叶健壮，树体贮藏养分增加、生长势强健，果实产量和品质提高。光照不足时，枝条徒长，叶片变薄，叶色变黄，光合能力下降，着色差，品质低劣。

2.光质　太阳光谱由红外线、可见光和紫外线三部分组成，太阳光投射到地面的辐射线是可见光和红外线，紫外线在通过大气层后绝大部分被臭氧吸收。红外线的能量约占太阳辐射总量的50%，其中15%被反射掉，12.5%透过叶片，只有约22.5%被叶片吸收成为树体生理活动的能源；可见光也占太阳辐射总量的50%左右，其中，5%被反射掉，2.5%透过叶片，约42.5%被叶片吸收。被叶片吸收的部分约40%用于蒸腾，2%左右通过叶片辐射而损失，仅有0.5%~ 1.0%的能量实际用于光合生产。

3.光分布　葡萄群体叶片的光照包括两类，一类是照射到树冠上部和侧面的直射光；另一类是反射到下层叶片的散射光。其中，直射光是葡萄树冠吸收太阳光获得能量的主要部分，散射光则更容易被树冠吸收利用，且树冠吸收散射光的面积比直射光要大得多。

二、技术要点

设施栽培光环境的典型特点为光照强度弱、光照时间短、光照分布不均匀；蓝、紫和紫外等短波光线比例低，必须采取措施改善设施内的光照条件。

1.从设施本身考虑，提高透光率　建造方位适宜、采光结构合理的设施，同时尽量减少遮光骨架材料并采用透光性能好、透光率衰减速度慢的透明覆盖材料（例如分光膜、醋酸乙烯—乙烯共聚棚膜EVA和PO棚膜等）并经常清扫（图11-1）。

图11-1　帆布条随风飘动，具有经常清扫棚膜的作用

2.**从环境调控角度考虑，延长光照时间，增加光照强度，改善光质** 正确揭盖草苫和保温被等保温覆盖材料并使用卷帘机等机械设备以尽量延长光照时间；挂铺反光膜（图11-2）或将墙体涂为白色（冬季寒冷的东北、西北等地区考虑到保温要求墙体需涂黑）以增加散射光；人工补光以增加光照强度并改善光质（蓝光促进果实成熟并提高果实含糖量，紫外光显著增大果粒并使香气更加浓郁）；覆盖分光棚膜改善光强和光质等措施可有效改善设施内光照条件（图11-3）。

图11-2 采用分光棚膜，改善光强和光质

图11-3 改善光照的技术措施

A.铺反光膜 B.卷帘机卷放保温被 C.墙体涂白 D.安装植物生长灯

3.**从栽培技术角度考虑，改善光照** 植株定植时采用采光效果良好的行向；合理密植，并采用高光效树形和叶幕形；采用高效肥水利用技术，提高叶片质量，增强叶片光合效能；合理恰当的修剪可显著改善植株光照条件，提高植株光合效能。

三、适用范围

我国各葡萄产区。

四、注意事项

无。

第二节 温度调控

一、技术原理与效果

温度是葡萄生存分布的限制因子，也是葡萄生长发育速度和质量最重要的指标之一。葡萄生长发育的"三基点"温度指标为：最低温度10℃，最适温度20～30℃，最高温度35℃，死亡温度49.5℃。葡萄在适宜温度下，可以不间断地生长和一年多次开花结果。设施条件下，因室温与地温的易调节性，既能促成栽培，提早上市，又可延迟成熟，甚至一年多次开花结果，实现葡萄鲜果周年供应市场。

1.**萌芽期** 升温节奏与葡萄花序发育及开花、坐果等密切相关。升温过快，引起气温与地温不协调，严重影响葡萄花序发育及开花坐果。

2.**开花期** 气温低于14℃时，会引起授粉受精不良，子房大量脱落，而35℃以上的持续高温，则会造成花粉、柱头、胚珠活力降低，导致严重的落花落果。

3.**果实发育期** 温度对果实发育速度影响最为显著，若热量累积缓慢，则果实可溶性固形物积累与成熟过程等也会迟缓。

4.果实转色/软化成熟期　昼夜温差会影响果实品质形成，通常来说，温差大，果实含糖量高，品质好，尤其当昼夜温差大于10℃条件下，葡萄果实含糖量显著提高。

5.休眠期　葡萄同其他落叶果树一样，具有自然休眠的习性，只有在经历一定稳定的冷量积累之后，才能正常生长发育，如果冷量积累不足，则会引起葡萄发芽不整齐、花器官发育不完全、开花结果不正常，进而直接影响产量和质量。

二、技术要点

1.调控标准

（1）休眠解除期。尽量使温度控制在0～9℃。从扣棚降温开始到休眠解除所需日期因品种差异很大，一般为25～60天。

（2）催芽期。缓慢升温，使气温和地温协调一致。第一周白天15～20℃，夜间5～10℃；第二周白天15～20℃，夜间7～10℃；第三周至萌芽白天20～25℃，夜间10～15℃。从升温至萌芽一般控制在25～30天。特例：如设施葡萄的需冷量没有满足（破眠剂处理没有满足品种需冷量的2/3）就开始升温，为避免由于需冷量不足造成萌芽不整齐问题的发生，则需将温度调高，增加有效热量累积，一般情况下白天气温控制在30～45℃，待60%～80%冬芽萌发再将温度调至正常即白天气温控制在20～25℃，夜间10～15℃。

（3）新梢生长期。白天20～25℃；夜间10～15℃，不低于10℃。从萌芽到开花一般需40～60天。

（4）花期。避免夜间低温，还要注意避免白天高温的发生。白天22～26℃；夜间15～20℃，不低于14℃。花期一般维持7～15天。

（5）浆果发育期。白天25～28℃；夜间20～22℃，不宜低于20℃。

（6）果实转色/软化成熟期。白天28～32℃；夜间14～16℃，不低于14℃；昼夜温差10℃以上。

2.调控技术（图11-4）

（1）气温调控。

①保温技术。优化棚室结构，强化棚室保温设计。日光温室方位南偏西5°～10°；墙体采用异质复合墙体。内墙采用蓄热载热能力强的建材如石头和红砖等，并可采取穹形结构或蜂窝墙体增加内墙

图11-4　温度调控技术

A-C.人工加温（A为煤炉，B为热风炉，C为火道）　D.覆盖分光膜棚膜，提高夜温　E.高温日烧　F.边行地温过低，植株生长异常

面积以增加蓄热面积，同时将内墙涂为黑色以增加墙体的吸热能力；中间层采用保温能力强的建材如泡沫塑料板；外墙为砖墙或采用土墙等；选用保温性能良好的保温覆盖材料并正确揭盖、多层覆盖；挖防寒沟；人工加温；选用具有减轻红外辐射散热的棚膜如分光膜，可有效提高夜温。

②降温技术。通风降温，注意通风降温顺序为先放顶风，再放底风，最后打开北墙通风窗/孔进行降温；喷水降温，注意喷水降温必须结合通风降温，防止空气湿度过大；遮阴降温，这种降温方法只能在催芽期使用。

(2) 地温调控。设施内的地温调控技术主要是指提高地温技术。

①起垄栽培结合地膜覆盖。该措施切实有效。

②建造地下火炕或地热管和地热线。该项措施对于提高地温最为有效，但成本过高，目前我国很少应用。

③合理控温。在人工集中预冷过程中合理控温，防止地温低于0℃。

④生物增温器。利用生物反应堆的秸秆发酵释放热量提高地温。

⑤挖防寒沟。防止温室内土壤热量传导到温室外。

⑥将温室建造为半地下式。

三、适用范围

我国各葡萄产区。

四、注意事项

无。

第三节　湿度调控

一、技术原理与效果

葡萄浆果、叶片、枝蔓和根系中含水量约为80%、70%、50%、50%。葡萄植株各器官新陈代谢只有在水分饱和状态下才能协调进行，水多时，细胞原生质呈溶胶状态，代谢活动旺盛；水少时，原生质胶体分散程度低，代谢过程减弱。同时，空气中水分含量也是影响葡萄生长发育的重要因素之一。相对湿度过高，葡萄的蒸腾作用受到抑制，继而影响根系对矿质元素的吸收及体内养分的输送。同时持续的高湿环境，还会影响开花结果，并造成多种病害频发。

1.萌芽期 土壤水分充足、空气湿度适宜，开花整齐、畸形花少，花粉活力高；而土壤水分和空气湿度不足，则引起开花延迟、花器官发育不良等。

2.新梢快速生长期 土壤水分和空气湿度过高，葡萄新梢容易旺长，并引发多种病害；而土壤水分和空气湿度不足，则既影响葡萄新梢正常生长，又影响花序发育。

3.开花期 土壤水分含量过高，葡萄新梢生长过旺，营养生长消耗过多的养分，不利于开花坐果，导致坐果率下降，同时引起树体郁闭；土壤水分含量过低，则新梢生长缓慢，光合速率下降，严重影响授粉受精和坐果。空气湿度过高，则蒸腾作用受阻，不利于根系吸收利用矿质元素，易造成花药开裂慢、花粉破裂，病害蔓延；空气湿度过低，则柱头易干燥，有效授粉时间缩短，不利于授粉受精和坐果。

4.果实发育期 果实生长发育过程同水分管理密切相关，水分供应充足，则有利于果肉细胞分裂和膨大。

5.果实转色/软化成熟期 适当水分控制既可以促进糖分积累，提高果实品质、提早成熟期，还能抑制新梢旺长，提高枝条成熟度。但过度控水，也会影响果实膨大，甚至降低果实含糖量。

二、技术要点

1.调控标准

（1）萌芽期。土壤相对湿度70%～80%，空气相对湿度90%以上。

（2）新梢快速生长期。土壤相对湿度70%～80%，空气相对湿度60%左右。

（3）开花期。土壤相对湿度65%～70%，空气相对湿度50%左右。

（4）果实发育期。土壤相对湿度70%～80%，空气相对湿度60%～70%。

（5）果实转色/软化成熟期。土壤相对湿度55%～65%，空气相对湿度50%～60%。

2.调控技术

（1）降低空气湿度。

①通风换气。通风换气是经济有效的降湿措施，尤其是室外湿度较低的情况下，通风换气可以有效排除室内的水汽，使室内空气湿度显著降低。

②全园覆盖地膜（图11-5）。土壤表面覆盖地膜可显著减少土壤表面的水分蒸发，有效降低室内空气湿度。

③改革灌溉制度。改传统漫灌为膜下滴/微灌或膜下灌溉，可有效减少土壤表面的水分蒸发。

④升温降湿。冬季结合采暖需要进行室内加温，可有效降低室内相对湿度。

⑤防止塑料薄膜等透明覆盖材料结露。为避免结露，应采用无滴消雾膜或在透明覆盖材料内侧定期喷涂防滴剂，同时在构造上，需保证透明覆盖材料内侧的凝结水能够有序流到前底角处。

⑥行间覆盖秸秆。秸秆可以在设施内湿度高时吸收空气中的水分，保持设施内湿度相对稳定，减少病害发生。

（2）增加空气湿度。喷水增湿。

（3）土壤湿度调控。主要采用控制浇水的次数和每次灌水量来解决。

图11-5　全园覆盖地膜，膜下灌溉

三、适用范围

我国各葡萄产区。

四、注意事项

无。

第四节　二氧化碳调控

一、技术原理与效果

设施条件下，由于保温需要，常使葡萄处于密闭环境，通风换气受到限制，造成设施内CO_2浓度过低，影响光合作用。研究表明，当设施内CO_2浓度达室外浓度的3倍时，光合速率提高2倍以上，而且在弱光条件下效果明显。而天气晴朗时，从上午9时开始，设施内CO_2浓度明显低于设施外，使葡萄处于CO_2饥饿状态，因此，CO_2施肥技术对于葡萄设施栽培而言非常重要（图11-6）。

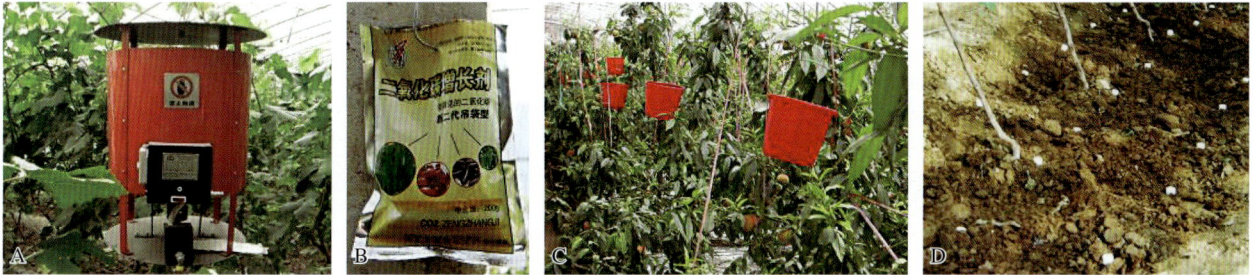

图11-6 二氧化碳施肥
A.燃烧法　B、C.化学反应法　D.固体CO_2气肥

二、技术要点

1.增施有机肥　在我国目前条件下，补充CO_2比较现实的方法是土壤中增施有机肥，而且增施有机肥同时还可改良土壤、培肥地力。

2.施用固体CO_2气肥　由于对土壤和使用方法要求较严格，所以该法目前应用较少。

3.燃烧法　燃烧煤、焦炭、液化气或天然气等产生CO_2，该法使用不当容易造成CO中毒。

4.干冰或液态CO_2　该法使用简便，便于控制，费用也较低，适合附近有CO_2副产品供应的地区使用。

5.合理通风换气　在通风降温的同时，使设施内外CO_2浓度达到平衡。

6.化学反应法　利用化学反应法产生CO_2，操作简单，价格较低，适合广大农村的情况，易于推广。目前应用的方法有：盐酸—石灰石法、硝酸—石灰石法和碳铵—硫酸法，其中碳铵—硫酸法成本低、易掌握，在产生CO_2的同时，还能将不宜在设施中直接施用的碳铵，转化为比较稳定的可直接用作追肥的硫酸铵，是现在应用较广的一种方法，但使用硫酸等具有一定危险性。

7.二氧化碳生物发生器法　利用生物菌剂促进秸秆发酵释放CO_2气体，提高设施内的CO_2浓度。该方法简单有效，不仅释放CO_2气体，而且增加土壤有机质含量，并且提高地温。具体操作如下：在行间开挖宽30～50厘米，深30～50厘米，长度与树行长度相同的沟槽，然后将玉米秸、麦秸或杂草等填入，同时喷洒促进秸秆发酵的生物菌剂，最后秸秆上面填埋10厘米厚的园土，园土填埋时注意两头及中间每隔2～3米留出一个宽20厘米左右的通气孔为生物菌剂提供氧气通道，促进秸秆发酵发热，园土填埋完后，从两头通气孔浇透水。

三、适用范围

我国各葡萄产区。

四、注意事项

于叶幕形成后开始进行CO_2施肥，一直到棚膜揭除后为止。一般在天气晴朗、温度适宜的天气条件下于上午日出1～2小时后开始施用，每天保证连续施用2～4小时以上，全天施用或单独上午施用，并应在通风换气之前30分钟停止施用较为经济；阴雨天不能施用。施用浓度以700～1000微升/升以上为宜。

第五节　有毒（害）气体调控

一、氨气（NH₃）

1.来源

（1）施入未经腐熟的有机肥。葡萄栽培设施内氨气的主要来源包括鲜鸡（禽）粪、鲜猪粪、鲜马粪和未发酵的饼肥等；这些未经腐熟的有机肥经高温发酵后产生大量氨气，由于栽培设施相对密闭，氨气逐渐积累。

（2）施肥不当。大量施入碳酸氢铵化肥，也会产生氨气。

2.毒害浓度和症状

（1）毒害浓度。当浓度达5～10毫克/升时氨气就会对葡萄产生毒害作用。

（2）毒害症状。氨气首先危害葡萄的幼嫩组织如花、幼果和幼叶等。氨气从气孔侵入，受毒害的组织先变褐色，后变白色，严重时萎蔫枯死。

3.氨气积累的判断　检测设施内是否有氨气积累可采用pH试纸法。具体操作：在日出之前（放风前）把塑料棚膜等透明覆盖材料上的水珠滴加在pH试纸上，呈碱性反应就说明有氨气积累。

4.减轻或避免氨气积累的方法　设施内施用充分腐熟的有机肥，禁用未腐熟的有机肥；禁用碳酸氢铵化肥；在温度允许的情况下，开启风口通风。

二、一氧化碳（CO）

1.来源　加温燃料的未充分燃烧。我国葡萄设施栽培中加温温室所占比例很小，但在冬季严寒的北方地区进行的超早期促早栽培，常常需要加温以保持较高的温度；另外，利用塑料大棚进行的春促早栽培，如遇到突然寒流降温天气，也需要人工加温以防冻害。

2.防止危害　主要是指防止一氧化碳对生产者的危害。

三、二氧化氮（NO₂）

1.来源　主要来源是氮素肥料的不合理施用。土壤中连续大量施入氮肥，使亚硝酸向硝酸的转化过程受阻，而铵向亚硝酸的转化却正常进行，从而导致土壤中亚硝酸的积累，挥发后造成二氧化氮危害。

2.毒害症状　二氧化氮主要从叶片的气孔随气体交换而侵入叶肉组织，首先使气孔附近细胞受害，然后毒害叶片的海绵组织和栅栏组织，进而使叶绿体结构破坏，最终导致叶片呈褐色，出现灰白斑。一般葡萄的毒害浓度为2～3毫克/升，浓度过高时葡萄叶片的叶脉也会变白，甚至全株死亡。

3.防止危害的方法

①合理追施氮肥，不要连续大量地施用氮素化肥。②及时通风换气。③若确定亚硝酸气体存在并发生危害时，设施内土壤施入适量石灰可明显减轻二氧化氮气体的危害。

参考文献

刘凤之，段长青，2013.葡萄生产配套技术手册[M].北京：中国农业出版社.

王海波，刘凤之，2020.中国设施葡萄栽培理论与实践[M].北京：中国农业出版社.

王世平，许文平，张才喜，等，2013.南方葡萄安全生产技术指南[M].北京：中国农业出版社.

第十二章

栽培设施设计与建造

第一节　日光温室设计与建造

日光温室（图12-1）是以太阳能为主要能源，特殊情况可适当安装其他热源和光源，由保温蓄热墙体（北后墙和两侧山墙）、北向保温屋面（后屋面）和南向采光屋面（前屋面）构成，采用塑料薄膜或其他材料作为透光材料，并安装有活动保温被的单坡（屋）面温室。日光温室可充分利用太阳能，夜间用保温材料对采光屋面外覆盖保温，可以进行作物的越冬生产。日光温室是具有中国自主知识产权的一种高效节能型生产温室，起源于20世纪30年代，80年代中后期形成发展高潮。在不加温条件下，一般可保持温室内外温差达20℃以上。日光温室的跨度一般为6.0～10.0米，脊高2.8～3.5米，随纬度升高，温室跨度逐步缩小。温室长度多在60米以上，对配置电动保温被卷放装置的温室，长度可延长至100米以上。日光温室室内获得的光照总量优于其他任何类型温室，一般其透光率在70%左右，但地面光照均匀度较差。日光温室的最大优点是可就地取材，建造成本低；保温能力强，加温负荷小或不需要附加能源，日光温室的保温比一般大于1，而一般温室总小于1，故其有很强的保温性能（保温比为温室内蓄热面积与围护结构散热面积之比。对于日光温室，山墙、后墙和后屋面，因其保温热阻大，均可视为蓄热面积，加上土地面积，与透光面面积的比值一般大于1）。由于日光温室的可持续发展性强，今后仍将保持发展势头，而且近来的发展趋势越来越向大型化、组装式发展。

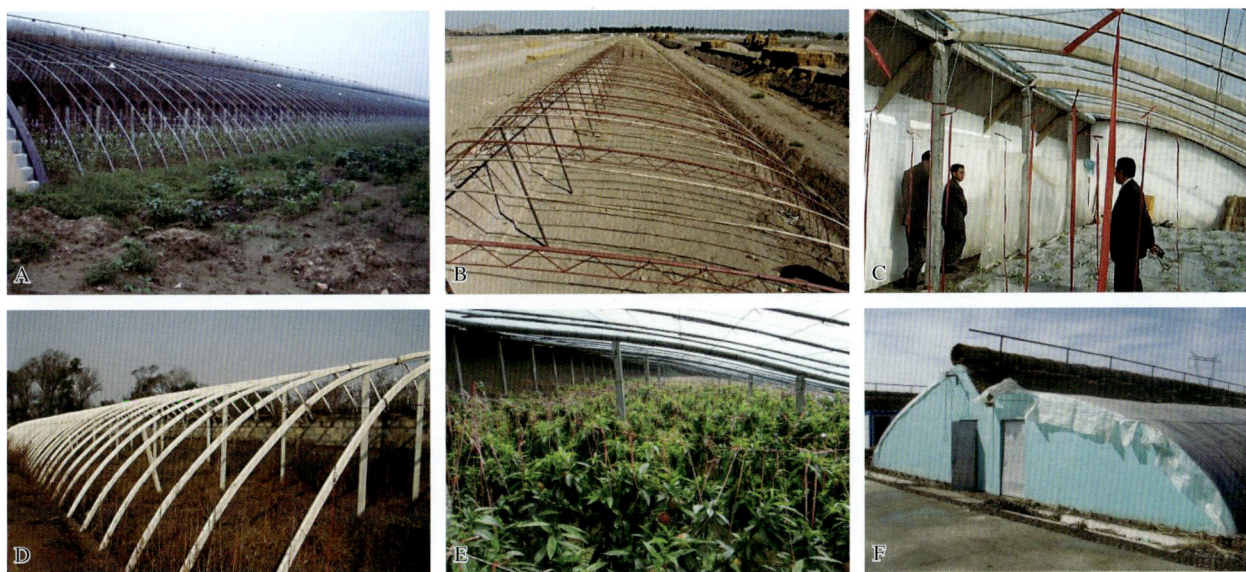

图12-1　各种类型的日光温室

A.钢骨架日光温室　B.钢与竹木混合骨架日光温室　C.菱镁土骨架日光温室
D.玻璃纤维骨架日光温室　E.竹木骨架日光温室　F.阴阳棚结构日光温室

一、采光设计

（一）技术原理与效果

光照是葡萄生命活动的最基本环境条件，光照不仅影响葡萄的树体发育、开花和授粉受精，而且影响葡萄的坐果和果实发育。因此，光照是日光温室设计中必须考虑的重要因素。建造方位、高度、跨度、采光屋面角、采光屋面形状、后坡仰角、后坡水平投影长度、日光温室间距和透明覆盖材料选择等是日光温室采光设计和建造时的重要参数。

（二）技术要点

1.建造方位　温室的建造方位是指温室屋脊的走向。日光温室建造方位以东西延长、坐北朝南（这里说的南和北，是指真南、真北，而不是磁南、磁北），南偏东或南偏西最大不超过10°为宜，且不宜与冬季盛行风向垂直。建造方位偏东或偏西要根据当地气候条件和温室的主要生产季节确定。一般说来，利用严冬季节进行生产的温室，如当地早上晴天多，少雾且气温不太低，可充分利用上午阳光，以强阳为好，这是因为葡萄上午的光合作用强度较高，建造方位南偏东，可提早0~40分钟接收到太阳的直射光，对葡萄的光合作用有利；但是高纬度地区冬季早晨外界气温很低，提早揭开草苫，温室内温度下降较大，所以北纬40°以北地区如辽宁、吉林、黑龙江、河北北部、新疆北部和内蒙古等地以及宁夏、西藏和青海等高原地区，为保温而揭苫时间晚，日光温室建造方位南偏西，有利于延长午后的光照蓄热时间，为夜间储备更多的热量，利于提高日光温室的夜间温度。北纬40°以南，早晨外界气温不是很低的地区如山东、北京、江苏、天津、河北南部、新疆南部和河南等地区，日光温室建造方位可采用南偏东朝向，但若沿海或离水面近的地区，虽然温度不是很低，但清晨多雾，光照不好，需采取正南或南偏西朝向。建造方位的确定可用罗盘仪或标杆法确定，其中利用罗盘仪确定虽然操作迅速，但需磁偏角校正，这是因为罗盘仪所指的正南是磁南而不是真南，真子午线（真南）与磁子午线（磁南）之间存在磁偏角，而磁偏角数据不易查询；而标杆法简单易行，准确度高。标杆法的具体操作：在地面将标杆垂直立好，地方时（真正午时）11：30—12：30或北京时间10：00—15：00每5分钟观测一次标杆投影的长度和位置，长度最短的投影方向为当地真子午线（即当地的真南、真北方向），再用"勾股法"做真子午线的垂直线，便是真东、真西方向线。

2.高度　在日光温室内，光照强度随高度变化明显，以棚膜为光源点，高度每下降1米，光照强度降低10%~20%，空气湿度越大，光照强度降低越明显，因此，日光温室高度要适宜，并不是越高越好，一般以2.8~4.0米为宜。

3.跨度　温室跨度等于温室采光屋面水平投影与后坡水平投影之和，影响温室的光能截获量和土地利用率，跨度越大截获的太阳直射光越多，但温室跨度过大温室保温性能下降且造价显著增加。实践表明：在使用传统建筑材料、透明覆盖材料并采用草苫保温的条件下，在暖温带的大部分地区（山东、山西南部、陕西、江苏、安徽北部、河南、河北、北京、天津和新疆南部等）建造日光温室，其跨度以8米左右为宜；暖温带的北部地区和中温带南部地区（辽宁、内蒙古南部、甘肃、宁夏、山西北部、新疆中部和东部等），跨度以7米左右为宜；在中温带北部地区和寒温带地区（吉林、新疆北部、黑龙江和内蒙古北部等）跨度以6米左右为宜。上述跨度有利于使日光温室同时具备造价低、高效节能和实现周年生产三大特性。

4.长度　从便于管理且降低温室单位土地建筑成本和提高空间利用率考虑，日光温室长度一般以最短60米、最长200米为宜。

5.采光屋面角

（1）阳光入射角与透光率的关系。阳光照射到采光屋面上以后，一部分被采光屋面吸收掉，一部分反射掉，大部分投入温室内。我们把吸收、反射和透过的光线强度与入射光线强度的比分别叫作吸收率、反射率和透过率。它们三者的关系是：吸收率＋反射率＋透过率＝100%。对于某种棚膜来说，它对入射光线的吸收率是一定的。因此，光线的透过率就决定于反射率的大小。只有反射率小，透过率才高。反射率的大小与光线的入射角（光线与被照射平面的法线所成的交角）大小有直接关系。入射角越小，透光率越高，反之则透光率越低（图12-2）。当入射角在0°～40°范围内时，随入射角的加大，光的反射率也加大，但变化并不明显（入射角为30°时，反射损失仅2.7%，40°时为3.4%）；当入射角处在40°～60°范围内时，透光率随入射角加大而明显下降；当入射角处在60°～90°范围内时，透光率随入射角加大而急剧下降。

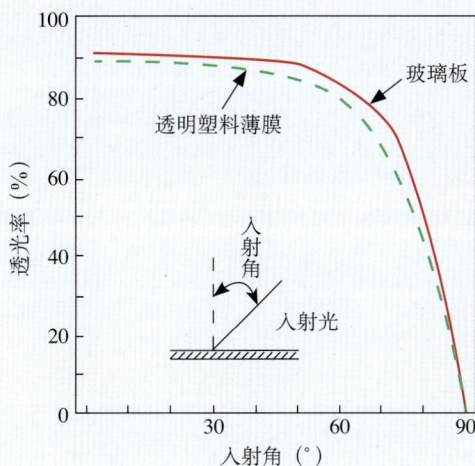

图12-2 覆盖材料光入射角与透光率

（2）太阳高度角。太阳光线与日光温室采光屋面构成的入射角，既取决于太阳的高度，又取决于屋面的倾角。所谓太阳的高度，是以太阳的高度角（也就是以太阳为一点，与地面上某一点所作的连线和通过该点的水平线所形成的夹角）来表示的。根据球面三角，任意纬度（ψ）、任意季节（δ）、任意时刻（t）的太阳高度角（h）可由公式 $\sinh = \sin\psi \cdot \sin\delta + \cos\psi \cdot \cos\delta \cdot \cos t$ 计算得出。式中t代表太阳的位置与当地真午时的偏角，即时间角，简称时角，等于15×偏离正午的小时数，当地时间12：00时的时角为零，前后每隔1小时，增加360°/24 = 15°，如10：00和14：00均为15°×2 = 30°；时角从中午12：00到午夜为正，从午夜到中午12：00为负；ψ代表地理纬度，计算时北半球取正值；δ代表太阳赤纬（太阳所在纬度，见表12-1），在夏半年即太阳位于赤道以北时取正值（如夏至日$\delta = 23.5°$），在冬半年即太阳位于赤道以南时取负值（如冬至日$\delta = -23.5°$），位于赤道时δ取值为0°（春分和秋分日）；h代表任意时刻太阳高度，$h < 0$意味着太阳在地平线以下即夜间。

（3）合理采光时段屋面角。日光温室采光屋面角是指日光温室采光屋面与水平面的夹角，如日光温室采光屋面是曲面，则日光温室采光屋面角在不同的高度位置是变化的，底部较大，顶部较小。日光温室的采光屋面角根据合理采光时段理论（张真和等原农业部全国农业技术推广总站的技术人员与有关专家商榷后提出）确定，即要求日光温室在冬至前后每日要保持4小时以上的合理采光时间，即在当地冬至前后，保证10：00—14：00时（地方时）太阳对日光温室采光屋面的投射角均要大于50°（太阳对日光温室采光屋面的入射角小于40°）。确定公式（中国农业科学院果树研究所采光屋面角公式）如下：$tg\alpha = tg(50° - h_{10})/\cos t_{10}$；$\sinh_{10} = \sin\psi \cdot \sin\delta + \cos\psi \cdot \cos\delta \cdot \cos t_{10}$。式中$h_{10}$代表冬至上午10：00时的太阳高度角；$\psi$代表地理纬度，$\delta$代表赤纬，即太阳所在纬度，冬至日$\delta = -23.5°$；$t_{10}$代表上午10：00太阳的时角，为30°；$\alpha$代表合理采光时段屋面角（表12-2）。我国的东北和西北地区冬季光照良好，日照率高，因此日光温室的采光屋面角可在合理采光时段屋面角的基础上下调3°～6°。

表12-1 各季节的太阳赤纬δ

季节	夏至	立夏	立秋	春分	秋分	立春	立冬	冬至
日/月	21/6	5/5	7/8	20/3	23/9	5/2	7/11	22/12
赤纬δ	+23°27′	+16°20′		0°		−16°20′		−23°27′

表 12-2　不同纬度地区的合理采光时段屋面角 α

北纬	h_{10}	α	北纬	h_{10}	α	北纬	h_{10}	α
30°	29.23°	23.65°	31°	28.38°	24.59°	32°	27.53°	25.53°
33°	26.67°	26.47°	34°	25.81°	27.42°	35°	24.95°	28.36°
36°	24.09°	29.29°	37°	23.22°	30.23°	38°	22.35°	31.17°
39°	21.49°	32.10°	40°	20.61°	33.04°	41°	19.74°	33.97°
42°	18.87°	34.89°	43°	17.99°	35.82°	44°	17.12°	36.74°
45°	16.24°	37.67°	46°	15.36°	38.58°	47°	14.48°	39.49°

　　6.采光屋面形状　温室采光屋面形状与温室采光性能密切相关。当温室的跨度和高度确定后，温室采光屋面形状就成为日光温室截获日光能量多少的决定性因素，平面形、椭圆拱形和圆拱形屋面三者以圆拱形屋面采光性能为最佳（图12-3）。在圆拱形采光屋面的基础上，中国农业科学院果树研究所葡萄课题组在不改变采光屋面角和温室高度的前提下，将温室采光屋面形状由一段弧的圆拱形改为"两弧一切线"的三段式曲直形，简称"曲直形"（即上下两段弧，中间为两弧的切线）（图12-4），可大大改善温室主要采光屋面的采光效果。"两弧一切线"三段式曲直形采光屋面形状的确定（图12-5）：①中段切线与水平面夹角等于采光屋面角 α，中切线长度为 $[(b-c)/2-1+f]/\cos\alpha$，其中 f 取值范围为 0 ~ 1.0，f 值越小，采光屋面采光效果越差，f 值越大，采光屋面采光效果越好。②下段圆弧水平投影长度为1米，1米处高度定为1.3米，该弧半径 $r=0.82/\sin(52.43°-\alpha)$，相应前底角处该圆弧切线与水平面夹角 $\beta=104.86°-\alpha$，该段圆弧长度 $d=2\pi r \cdot 2(52.43°-\alpha)/360°$。③上段圆弧最顶端屋脊处切线与水平夹角 $\beta'=2\varepsilon-\alpha$，取值范围必须 ≥5°；其中 ε 由公式 $\text{tg}\varepsilon=\{a-[(b-c)/2-1+f]\cdot\text{tg}\alpha-1.3\}/\{b-c-1-[(b-c)/2-1+f]\}$ 确定，其中 f 可在 0 ~ 1.0 之间取值，f 值越小，采光屋面采光效果越差，f 值越大，采

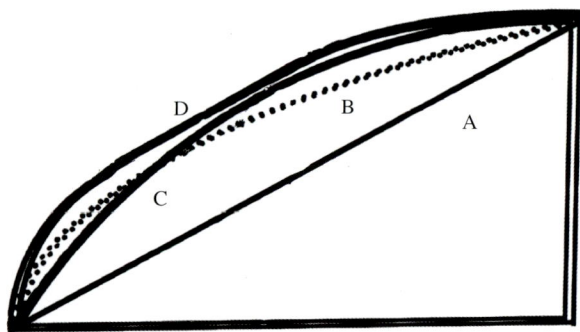

图 12-3　日光温室采光屋面形状示意
A.平面形　B.椭圆拱形　C.圆拱形　D."两弧一切线"曲直形

图 12-4　"两弧一切线"曲直形采光屋面

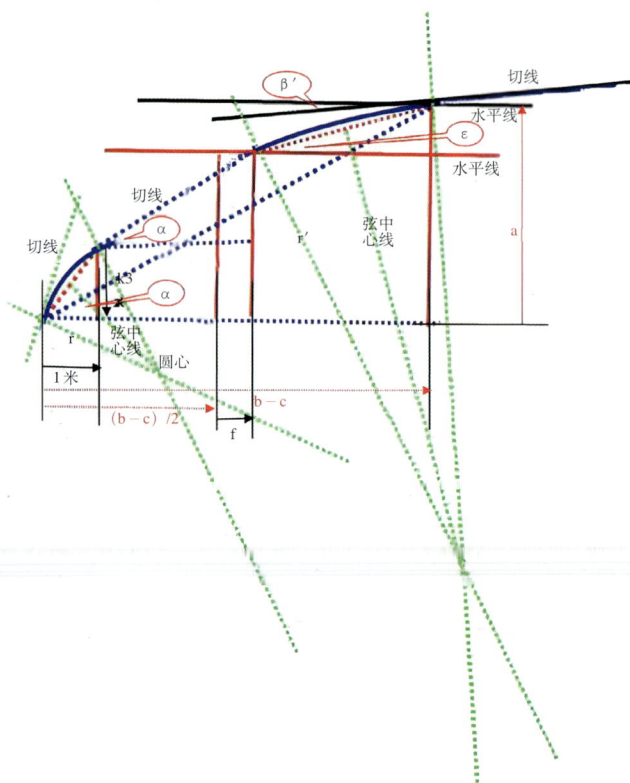

图 12-5　"两弧一切线"曲直形采光屋面绘制图

光屋面采光效果越好，f取值大小由公式$\beta' = 2\varepsilon - \alpha$确定，$f$取值确保该圆弧最顶端屋脊处切线与水平夹角$\beta' \geq 5°$；上段圆弧半径$r' = \{a-[(b-c)/2-1+f]\cdot tg\alpha - 1.3\}/[2sin\varepsilon \cdot sin(\alpha-\varepsilon)]$，该圆弧弧长为$d' = 2\pi r' \cdot 2(\varepsilon-\alpha)/360$。式中$\alpha$为采光屋面角，a为温室高度，b为温室跨度，c为后坡水平投影长度，β为温室前底角处采光点圆弧切线与水平面的夹角，r为下段圆弧的半径，$2(52.43°-\alpha)$为下段圆弧对应的圆心角，d为下段圆弧弧长；β'为屋脊处采光点圆弧切线与水平面的夹角，必须$\geq 5°$，ε为上段圆弧的弦与水平面的夹角，r'为上段圆弧半径，d'为上段圆弧弧长；f为一常数，介于$0 \sim 1.0$，f值越小，采光屋面采光效果越差，f值越大，采光屋面采光效果越好，f取值大小由公式$\beta' = 2\varepsilon-\alpha$确定。

7. 后坡仰角 后坡仰角是指日光温室后坡面与水平面的夹角，其大小对日光温室的采光性能有一定影响。后坡仰角大小应视日光温室的使用季节而定，在冬季生产时，尽可能使太阳直射光能照到日光温室后坡面内侧；在夏季生产时，则应避免太阳直射光照到后坡面内侧。对后坡仰角中国农业科学院果树研究所葡萄课题组将以前的短后坡小仰角进行了调整，调整为长后坡高仰角，后坡仰角以大于当地冬至正午太阳高度角15°～20°为宜，可以保证10月上旬至翌年3月上旬之间正午前后后墙甚至后坡接受直射阳光，受光蓄热，大大改善了温室后部光照（表12-3）。

表12-3 不同纬度地区的合理后坡仰角

北纬	h_{12}	α	北纬	h_{12}	α	北纬	h_{12}	α
30°	36.5°	51.5°～56.5°	36°	30.5°	45.5°～50.5°	42°	24.5°	39.5°～44.5°
31°	35.5°	50.5°～55.5°	37°	29.5°	44.5°～49.5°	43°	23.5°	38.5°～43.5°
32°	34.5°	49.5°～54.5°	38°	28.5°	43.5°～48.5°	44°	22.5°	37.5°～42.5°
33°	33.5°	48.5°～53.5°	39°	27.5°	42.5°～47.5°	45°	21.5°	36.5°～41.5°
34°	32.5°	47.5°～52.5°	40°	26.5°	41.5°～46.5°	46°	20.5°	35.5°～40.5°
35°	31.5°	46.5°～51.5°	41°	25.5°	40.5°～45.5°	47°	19.5°	34.5°～39.5°

注：h_{12}为冬至正午时刻的太阳高度角，α为合理后坡仰角。

8. 后坡水平投影长度 日光温室后坡长短直接影响日光温室的保温性能及其内部的光照情况。当日光温室后坡长时，日光温室的保温性能提高，但这样当太阳高度角较大时，就会出现温室后坡遮光现象，使日光温室北部出现大面积阴影；而且日光温室后坡长，其前屋面的采光面将减小，造成日光温室内部白天升温过慢。反之，当日光温室后坡面短时，日光温室内部采光较好，但保温性能却相应降低，形成日光温室白天升温快，夜间降温也快的情况。实践表明：日光温室的后坡水平投影长度一般以1.0～1.5米为宜。

9. 日光温室间距 日光温室间距的确定原则：保证后排温室在冬至前后每日能有6小时以上的光照时间，即在上午9时至下午3时（地方时），前排温室不对后排温室构成遮光（表12-4）。计算公式如下：$L = [(D_1+D_2)/tgh_9]\cdot cost_9-(l_1+l_2)$；式中$L$代表前后排温室的间距；$D_1$代表温室的脊高；$D_2$代表草苫或保温被等保温材料卷的直径，通常取0.5米；h_9代表冬至上午9时的太阳高度角；t_9代表上午9时的太阳时角，为45°；l_1代表后坡水平投影；l_2代表后墙底宽。

表12-4 不同纬度地区的合理日光温室间距

北纬	D_1（米）	h_9	L（米）	北纬	D_1（米）	h_9	L（米）	北纬	D_1（米）	h_9	L（米）
30°	3～4	21.24°	4.9～6.7	36°	3～4	16.88°	6.7～9.0	42°	3～4	12.42°	9.7～12.9
31°	3～4	20.51°	5.1～7.0	37°	3～4	16.13°	7.1～9.5	43°	3～4	11.67°	10.5～13.9
32°	3～4	19.79°	5.4～7.3	38°	3～4	15.40°	7.5～10.0	44°	3～4	10.92°	11.3～15.0
33°	3～4	19.07°	5.7～7.7	39°	3～4	14.66°	8.0～10.7	45°	3～4	10.17°	11.8～15.7
34°	3～4	18.34°	6.0～8.1	40°	3～4	13.92°	8.5～11.3	46°	3～4	9.42°	12.9～17.2
35°	3～4	17.61°	6.3～8.5	41°	3～4	13.17°	9.1～12.1	47°	3～4	8.66°	14.2～18.9

10. 透明覆盖材料——塑料薄膜 目前生产上应用的塑料棚膜主要有聚乙烯棚膜、聚氯乙烯棚膜、乙烯—醋酸乙烯共聚物棚膜、PO棚膜和氟素棚膜等五大类。此外，由于具有调节光强和光质等突出优点，分光膜目前应用面积增加迅速。

（1）聚乙烯（PE）棚膜。具有密度小、吸尘少、无增塑剂渗出、无毒、透光率高等特点，是我国当前主要的棚膜品种。其缺点是：保温性差，使用寿命短，不易黏结，不耐高温日晒（高温软化温度为50℃）。要使聚乙烯棚膜性能更好，必须在聚乙烯树脂中加入许多助剂改变其性能，才能适合生产的要求，主要产品如下：①PE普通棚膜。它是在聚乙烯树脂中不添加任何助剂所生产的膜。最大缺点是使用年限短，一般使用期为4～6个月。②PE防老化（长寿）膜。在PE树脂中按一定比例加入防老化助剂（如紫外线吸收剂、抗氧化剂等）吹塑成膜，可克服PE普通膜不耐高温日晒、不耐老化的缺点，目前我国生产的PE防老化棚膜可连续使用12～24个月，是目前设施栽培中使用较多的棚膜品种。③PE耐老化无滴膜（双防膜）。是在PE树脂中既加入防老化助剂（如紫外线吸收剂、抗氧化剂等），又加入流滴助剂（表面活性剂）等功能助剂吹塑成膜。该膜不仅使用时间长，而且可使露滴在膜面上失去亲水作用性，水珠向下滑动，从而增加透光性，是目前性能安全、适应性较广的棚膜品种。④PE保温膜。在PE树脂中加入保温助剂（如远红外线阻隔剂）吹塑成膜，能阻止设施内的远红外线（地面辐射）向大气中的长波辐射，从而把设施内吸收的热能阻挡在设施内，可提高保温效果1～2℃，在寒冷地区应用效果好。⑤PE多功能复合膜。是在PE树脂中加入防老化助剂、保温助剂、流滴助剂等多种功能性助剂吹塑成膜，目前我国生产的该膜可连续使用12～18个月，具有无滴、保温、使用寿命长等多种功能，是设施冬春栽培理想的棚膜。⑥漫反射棚膜。是PE树脂中掺入调光物质（漫反射晶核），使直射的太阳光进入棚膜后形成均匀的散射光，使作物光照均匀，促进光合作用；同时减少设施内的温差，使作物生长一致。

（2）聚氯乙烯（PVC）棚膜。在聚氯乙烯树脂中加入适量的增塑剂（增加柔性）压延成膜。其特点是透光性好，阻隔远红外线，保温性强，柔软易造型，易黏结，耐高温日晒（高温软化温度为100℃），耐候性好（一般可连续使用1年左右）。其缺点是随着使用时间的延长增塑剂析出，吸尘严重，影响透光；密度大，一定重量棚膜覆盖面积较聚乙烯棚膜减少24%，成本高；不耐低温（低温脆化温度为零下50℃），残膜不能燃烧处理，因为会有有毒氯气产生。可用于夜间保温性要求较高的地区。①普通PVC膜。不加任何助剂吹塑成膜，使用期仅6～12个月。②PVC防老化膜。在PVC树脂中按一定比例加入防老化助剂（如紫外线吸收剂、抗氧化剂等）吹塑成膜，可克服PVC普通膜不耐高温日晒、不耐老化的缺点，目前我国生产的PVC防老化膜可连续使用12～24个月，是目前设施栽培中使用较多的棚膜品种。③PVC耐老化无滴膜（双防膜）。在PVC树脂中既加入防老化助剂（如紫外线吸收剂、抗氧化剂等），又加入流滴助剂（表面活性剂）等功能助剂吹塑成膜。该膜不仅使用时间长，而且可使露滴在膜面上失去亲水作用性，水珠向下滑动，从而增加透光性。该膜的其他性能和PVC普通膜相似，比较适合冬季和早春自然光线弱、气温低的地区。④PVC耐候无滴防尘膜。是在PVC树脂中加入防老化助剂、保温助剂、流滴助剂等多种功能性助剂吹塑成膜。经处理的薄膜外表面，助剂析出减少，吸尘较轻，提高了透光率，同时还具有耐老化、无滴性的优点，对冬春茬生产有利。

（3）乙烯—醋酸乙烯共聚物（EVA）棚膜。一般使用厚度为0.10～0.12毫米，在EVA中，由于醋酸乙烯单体（VA）的引入，使EVA具有独特的特性：树脂的结晶性降低，使薄膜具有良好的透明性；具有弱极性，使膜与防雾滴剂有良好的相容性，从而使薄膜保持较长的无滴持效期；EVA膜对远红外线的阻隔性介于PVC和PE之间，因此保温性能为PVC＞EVA＞PE；EVA膜耐低温、耐冲击，因而不易裂开；EVA膜黏结性、透光性、爽滑性等都强于PE膜。综合上述特点，EVA膜适用于冬季温度较低的高寒山区。

（4）PO农膜。PO系特殊农膜是以PE、EVA树脂为基础原料，加入保温强化助剂、防雾助剂、抗老化助剂等多种助剂，通过2～3层共挤工艺生产的多层复合功能膜，克服了PE、EVA树脂的缺点，使其具有较高的保温性；具有高透光性，且不沾灰尘，透光率下降慢；耐低温；燃烧不产生有害气体，安全性好；使用寿命长，可达3～5年。缺点有：延伸性小，不耐磨，形变后复原性差。

（5）氟素农膜。氟素农膜是由乙烯与氟素乙烯聚合物为基质制成，是一种新型覆盖材料。主要特点有：超耐候性，使用期可达10年以上；超透光性，透光率在90%以上，并且连续使用10～15年，不变色，不污染，透光率仍在90%；抗静电力极强，超防尘；耐高低温性强；可在－180～100℃温度范围内安全使用，在高温强日下与金属部件接触部位不变形，在严寒冬季不硬化、不脆裂。氟素膜最大缺点是不能燃烧处理，用后必须由厂家收回再生利用；另外，价格昂贵。该膜在日本大面积使用，在欧美国家应用面积也很大。

（6）分光膜。由中国农业科学院果树研究所与山东宽力新材料有限公司联合研发，是我国首款设施农业专用棚膜（图12-6）。以高透明、高强度的MLLDPE（茂金属）和EVA为基础原料，添加了改性高分子材料的功能母料，采用五层共挤吹膜设备制成，具有耐老化，消雾期、流滴期、光谱波段与薄膜寿命同步的特点。分光膜具有如下优点：①利用昆虫的向味特性，分光膜中添加纯天然的玫瑰香味驱避苍蝇、蚊子等害虫；利用昆虫的向色特性，分光膜中添加助剂形成红色，诱导多种昆虫粘在薄膜表面，减少了昆虫对植物侵害；利用昆虫的向光特性，分光膜中添加助剂使其透过600～700纳米的

图12-6 分光膜应用场景

红橙光，不利白粉虱和蓟马生存。上述特性，减少了农药使用，为绿色农业奠定了基础。②在分光膜中添加了光感材料和热敏材料，当光照强度超过7万勒克斯时，分光膜就会变为半透明状态，低于3.5万勒克斯时，处于透明状态；上述特性，减轻了对作物的强光和高温危害并有效减轻了光合午休。③依据植物生长需求，分光膜中添加助剂使棚膜透过光谱主要包括220～380纳米的紫外光、400～500纳米的蓝紫光和600～700纳米的红橙光。其中220～380纳米紫外光具有抑菌和杀菌作用，并减缓作物旺长，利于蜜蜂授粉和果实着色；400～500纳米蓝紫光，叶绿素与类胡萝卜素对其吸收比例最大，对光合作用的影响也最大。600～700纳米红橙光，叶绿素对其吸收率低，但其对光周期效应有显著影响。④分光膜能够有效阻隔土壤红外辐射散热，因此可有效提高设施夜间的气温和地温；同时由于分光膜具有调节光照强度的功能，因此可有效防止中午气温过高，避免或减轻高温伤害。

（三）适用范围

日光温室主要适用于我国西北、东北和华北等地区，目前推广范围已扩展到北纬30°—47°地区。

（四）注意事项

日光温室建造方位的南和北是指真南和真北，而不是磁南和磁北。

二、保温设计

（一）技术原理与效果

葡萄的生长发育、开花结实全部过程实质上是生物个体内部的生物化学反应过程，这种过程必须在一定温度条件下进行。当气温或地温越过某个低值或高值，葡萄生化反应会停止，葡萄个体便死亡，这是两个极限。因此，与光照一样，温度是葡萄生命活动的最基本环境条件。在自然界中，温度因

地区、季节和昼夜的不同，其变化范围最大，最易出现不满足葡萄生长条件的情况，这是露地不能进行葡萄周年生产的最主要原因。温室内部的温度受外界影响，也很易出现不能满足葡萄生长要求的情况，尤其是在我国北方的冬季。如何在寒冷的室外条件下，保证温室内适于葡萄生长的温度条件，是温室设计、建造和使用中最重要的问题。所以，温度是日光温室设计中必须考虑的重要因素之一。

（二）技术要点

1. 日光温室的热量平衡 热量平衡是日光温室小气候形成的物理基础，也是日光温室建造设计和栽培管理的依据。日光温室内白天的热量平衡方程：$q = q_t + q_u + q_s + q_l + q_f$。式中，$q$ 代表到达室内地面的净辐射量。q_t 代表从覆盖面外表面散失到室外的热量，即贯流放热量。q_u 代表从缝隙散失的热量，即缝隙放热量；因为是随湿空气逸出，所以热量中包括显热及潜热。q_s 代表土壤吸收的热量（去除了土壤中横向传导损失的热量），即地中传热量。q_l 代表土壤水分蒸发及植物体蒸腾所消耗的潜热传热量。q_f 代表室内物体及空气等的增温吸热量。上述表达式只是日光温室内热量收支的简单概括，像植物光合作用所固定的能量等并未估算在内。从表达式可以看出，白天从日光温室内散失的热量主要是贯流放热量和缝隙放热量。至于地中传热量，除少部分由于室内外土温存在着差异而通过横向传导失之于室外，大部分热量只是暂时储存在地面以下的土层之中。其次，由于一天中正午前后入射到室内的太阳辐射最多，温室的热也最多，所以室温最高。早晨日出揭苫后，室温逐渐上升，至大约14：00起，温度逐渐下降。夜间（或者说自盖上草苫、保温被等保温覆盖材料之后），日光温室内热量平衡的特点是：太阳辐射已经变为零，但室内地面有效辐射仍在进行而使地面降温，直到低于下层土壤的温度，这时白天储存在下层土壤中的热量就向上传给地面，再从地面进行辐射和通过对流作用而把热量补充到温室空间中去；白天蓄积在墙体和后坡的热量，也能部分补充到室内空间中去，以缓和空气和地面的降温。室内空气降温，使空气中的水蒸气凝结，放出潜热（凝结热），也可以缓和室内气温和地面降温的速度。夜间外界气温较低，加大了室内外温差，使贯流放热量加大，但由于在夜间通风口已全部关闭，加上覆盖了草苫和保温被等保温覆盖材料，又起到了减少贯流放热和缝隙放热的作用，从而进一步缓和了室温的下降。一个保温良好的日光温室，夜间温度的下降相当缓慢（冬季室内气温一般一夜只降5～7℃），直到翌日揭苫前，仍能保持作物生长所必需的适宜温度。

（1）贯流放热。就是透过覆盖面（包括温室的前屋面、后屋面、后墙和山墙）的放热过程。当室内温度高于室外温度时，覆盖面的内表面吸收了室内的辐射热和对流热量，就在内表面与外表面之间形成温差，于是热量就以传导传热的方式在覆盖材料的分子之间自内向外传递。传递到外表面后又以对流和辐射的方式将热量释放到外界空气之中。贯流放热的表达式：$Q_t = A_w \cdot h_t \cdot (t_r-t_o)$，式中 Q_t 代表贯流放热量（千焦/小时）；A_w 代表放热面的表面积（米²）；h_t 代表热贯流率 [千焦/（米²·时·℃）]；t_r 代表温室内的气温（℃）；t_o 代表温室外的气温（℃）。从上式可以看出，日光温室贯流放热量的大小和室内外的气温差、维护结构（墙和后坡）与前屋面等覆盖表面积的大小、维护结构及覆盖材料的热贯流率等成正比，因此，日光温室的保温设计最重要的是选择热贯流率小的材料。

所谓热贯流率（h_t），也叫贯流放热系数、传热系数，是指每平方米的覆盖或维护表面积，在室内外温差为1℃的情况下每小时所放出的热量，单位为千焦/（米²·时·℃）。一般常用的温室建造材料的热贯流率见表12-5。热贯流率是一项和建材物质的导热率及材料厚度等有关的数值。

导热率又叫导热系数，符号为λ，单位为千焦/（米·时·℃），它的物理意义是在1米²的面积上，壁厚为1米，两侧温差为1℃时，每小时所传导的热量。它的表达式为：$h_t = 1/（1/a_n + d/λ + 1/a_w）$，式中 h_t 代表热贯流率 [千焦/（米²·时·℃）]；a_n 代表覆盖材料或维护结构内表面的吸热系数，可按31.40千焦/（米²·时·℃）取值；a_w 代表覆盖材料或维护结构外表面的放热系数，可按83.72千焦/（米²·时·℃）取值；λ 代表材料的导热率 [千焦/（米·时·℃）]；d 代表材料的厚度（米）。上式是计算由单一材料构成的壁体热贯流率所用的公式。但一般常用建材的导热率从有关建筑材料的热特性资料中可以查到（表12-6）。日光温室的墙体、后屋面等一般都是由两种或两种以上材料构成的复合体，它的热贯流率可以用下式求出：$h_t = 1/(1/\alpha_n + \sum d/\lambda + 1/\alpha_w)$，式中$\sum d/\lambda$为各层材料的厚度/导热率之和。凡是导热率小的材料，都有较好的绝热性能，通常我们把导热率小于0.837千焦/（米·时·℃）的材料称为绝热材料。可见，在建造日光温室时，后墙、山墙、后屋面多用导热率小、保温好的材料并加大厚度，或者用多层保温材料组合在一起构成复合体，就可以减小热贯流率，增加保温能力。对于前屋面，因为白天要采光，所以只有在夜晚用草苫、保温被等覆盖，以减少贯流放热量。应当着重指出的是，贯流放热量在温室的全部放热量中占绝大部分，特别是前屋面的贯流放热量很大，在设计建造及管理中应当予以足够重视。

（2）缝隙放热。日光温室的门窗缝隙、覆盖屋面或墙体、屋顶的裂缝以及破损、各种放风孔口，都会由于空气的对流而将热量传至室外。缝隙放出的热量包括显热热量和潜热热量两部分。显热失热量可按下式计算：$Q_v = R \cdot V \cdot F(t_r - t_o)$，式中$Q_v$代表整栋日光温室单位时间内的缝隙放热量（千焦/小时）；R代表每小时换气次数（即每小时通风换气之空气体积与温室体积之比），日光温室在密闭不通风时可暂以1.5次/小时计算；V代表日光温室之体积（米^3）；F代表空气比热，按1.30千焦/（米^3·℃）取值；t_r、t_o分别为室内及室外气温（℃）。尽管缝隙放热量（在密闭情况下）一般只有贯流放热量的10%左右，但尽量减少缝隙，注意门窗朝向，对于温室冬春季节的保温仍然具有较大的实际意义。而且，门窗的缝隙放热量与风速关系密切，风速由1米/秒增至6米/秒，缝隙冷风渗入量将增大约7倍。因此，减缓风速，对于减少缝隙放热量至关重要。

（3）土壤传导失热。日光温室的土壤温度白天升高，夜间降低，只是出现最高及最低温度的时间比气温晚些。土壤温度的变化，也是由于土壤得热和失热的结果。土壤的传导失热包括土壤上下层之间垂直方向的传热和水平方向的横向传热。土壤中垂直方向的热传导，表层土温日变化剧烈，得热失热量也大，到了40～50厘米深处，土温的日变化已经很小。白天，由于地面得到的太阳辐射热通常总比其有效辐射出去的热量要多，因此，地面会升温。当地面温度因升温而高于下层土壤时，就会有热量以热传导的方式传往下层土壤。反之，到了夜间，地面已得不到太阳辐射热而仍在继续向外辐射热量，所以就逐渐降温。当地面温度降到下层土壤温度以下时，下层土壤又以传导方式将热量传至地面。所以说，土壤中垂直方向交换的热量并不直接传到室外，真正传送到室外的，是土壤中横向传导的那部分热量。在冬春季节，由于室外冷土温低，室内土温较高，所以，土壤中经常有一部分热量向室外流失，而垂直向下贮存在土壤中的热量则成为夜间和阴天维持室温的热量来源。关于土壤传导失热量的计算，可参照我国工业民用建筑所使用的土壤传导热量计算公式：$Q_s = \sum K_{df} \cdot F(t_r - t_o)$，式中$Q_s$代表土壤传导失热量（千焦/小时）；$K_{df}$代表各地段地面传热系数（千焦/米^2·时·℃），可按表12-7取值）；F代表各地段的面积（米^2）。第一地段拐角处应重复计算；t_r、t_o代表分别为室内及室外气温（℃）。由表12-7可以看出，距温室四周围愈近，地面传热系数愈大，其主要原因是室内土壤与室外土壤存在着较大的温差。实际上，由于目前我国的日光温室一般跨度都在6～10米，因此，室内地面大部分属于第一和第二地段，其传热系数至少在0.837千焦/（米^2·时·℃）以上。也就是说，它的土壤横向传导热损失在地面总传热量中占有相当大的比重。所以我国目前日光温室土温往往偏低。为了增加白天由地面向地中的传热量，加大夜间由地中经由地面流向室内空间的热量，最重要的一是要减少土壤热量的横向传导损失，二是要提高土壤的导热率。减少土壤热量的横向传导损失，可以采用"开沟隔冻法"，也就是在温室四周挖防寒沟；或采用"室内地面下凹"的方法。提高土壤的蓄热量，首先应增强温室的采光性能，以增加太阳辐射的入射量，但从土壤本身来看，重要的是提高土壤的导热率。土壤过干则导热率低，因为水的导热率要比空气大20倍，所以加大土壤湿度，可使土壤导热率加大（表12-8）。而土壤湿度过大，又会增大土壤热容量而使土壤温度上升缓慢。所以，保持适中的土壤湿度是十分必要的。

表 12-5　日光温室常用建材的贯流传热系数（热贯流率）

序号	结构材料及厚度	热贯流率	
		千卡/（米²·时·℃）	千焦/（米²·时·℃）
1	玻璃 2.5 毫米	5.0	20.9
2	玻璃 3.0～3.5 毫米	4.8	20.1
3	玻璃 4.0～5.0 毫米	4.5	18.8
4	聚氯乙烯膜 0.1 毫米（单层）	5.5	23.0
5	聚氯乙烯膜 0.1 毫米（双层）	3.0	12.6
6	聚乙烯膜 0.1 毫米	5.8	24.3
7	合成树脂板（FRA、FRP、MMA 板）1.0 毫米	5.0	20.9
8	砖墙（一面抹灰）厚 38 厘米	1.4	5.8
9	一砖墙（厚 24 厘米），内表面抹灰 2 厘米	1.7	7.5
10	一砖清水墙（厚 24 厘米，不抹灰）	1.9	8.0
11	1/2 砖清水墙（厚 12 厘米，不抹灰）	1.4	5.9
12	50 厘米土墙	1.0	4.2
13	块石或乱石墙 厚 50 厘米	1.9	8.0
14	块石或乱石墙 厚 60 厘米	1.8	7.5
15	厚空心墙（外 24 厘米砖墙，中空 12 厘米，内 24 厘米砖墙，抹灰）厚 61 厘米	0.6	2.5
16	木板墙（2 层 2 厘米厚木板，中间距离 15 厘米填炉渣，内抹灰）厚 21 厘米	1.0	4.2
17	草苫	3.0	12.6
18	钢筋混凝土 5 厘米	4.4	18.5
19	钢筋混凝土 10 厘米	3.8	16.0
20	实体木质外门一层	4.0	16.7
21	带玻璃外门一层	5.0	20.9
22	木框外窗天窗一层	5.0	20.9
23	金属框外窗天窗一层	5.5	23.0

表 12-6　日光温室常用建材的导热率（λ）

材料名称	导热率		材料名称	导热率	
	千卡/（米·时·℃）	千焦/（米·时·℃）		千卡/（米·时·℃）	千焦/（米·时·℃）
碳素钢材	46.0	192.60	混凝土板	1.20	5.02
干木板	0.05	0.21	聚氯乙烯膜	0.11	4.60
聚乙烯膜	0.29	1.21	平板玻璃	0.68	2.85
干木屑	0.06	0.25	玻璃纤维	0.036	0.15
黏土砖砌体	1.00	4.19	油毡纸	0.15	0.63
铝材	180.0	753.48	芦苇	0.12	0.50

（续）

材料名称	导热率		材料名称	导热率	
	千卡/（米·时·℃）	千焦/（米·时·℃）		千卡/（米·时·℃）	千焦/（米·时·℃）
草泥或黏土墙	0.80	3.35	土坯墙	0.60	2.51
空气（20℃）	0.02	0.08	矿渣棉	0.04	0.17
干土（20℃）	0.20	0.84	湿土（20℃）	0.57	2.39
稻壳	0.17	0.71	稻草	0.08	0.33
切碎稻草填充物	0.04	0.17	水（20℃）	0.50	2.14
水（0℃）	1.94	8.12	铸铁（20℃）	54.00	226.04
干沙（20℃）	0.28	1.17			

表 12-7　室内不同位置地面的传热系数

地段名称	与外墙距离（米）	传热系数（K_{df}）[千焦/（米²·时·℃）]	地段名称	与外墙距离（米）	传热系数（K_{df}）[千焦/（米²·时·℃）]
第一地段	0～2	1.967	第二地段	2～4	0.896
第三地段	4～6	0.594	第四地段	＞6	0.272

表 12-8　土壤的导热率与含水量的关系

土壤	含水量（%）	导热率（10℃）[千焦/（米·时·℃）]	土壤	含水量（%）	导热率（10℃）[千焦/（米·时·℃）]
沙	20	1.80	黏土	20	5.86
沙	30	2.76	黏土	30	7.74
沙	40	3.98	黏土	40	9.84

2.墙体与后坡的材料、构造与厚度　日光温室的墙体和后坡，既可以支撑、承重，又具有保温蓄热的作用（图12-7，图12-8）。因此，在设计建造墙体和后坡时，除了要考虑承重强度外，还要考虑材料的导热、蓄热性能和建造厚度、结构等。一般来说，日光温室墙体和后坡的保温蓄热是主要问题，为了保温蓄热的需要，一般都较厚，承重一般容易满足要求。现在日光温室和后坡多采用复合构造，在墙体和后坡内层采用蓄热系数大的材料，外层为导热系数小的材料，这样就可以更加有效地保温蓄热，改善温室内环境条件。

（1）墙体和后坡的材料与构造。节能型日光温室的墙体和后坡以三层异质复合结构较为合理，其保温蓄热性能更好。经研究表明：白天在温室内气温上升和太阳辐射的作用下，墙体和后坡内层成为吸热体，而当温室内气温下降时，墙体和后坡内层成为放热体。①墙体的构造。由3层不同材料构成，其中内层起蓄热和承重作用，采用蓄热能力高的材料如红砖、石块或碎石等，在白天能吸收更多的热量并储存起来，到夜晚即可放出更多的热量；为进一步增强内层的蓄热能力，将其内表面用黑色外墙漆或涂料涂为黑色，同时将内层建造成穹形或蜂窝状墙体。中间层起隔热保温作用，一般使用隔热材料如蛭石、珍珠岩、炉渣或聚苯乙烯泡沫保温苯板填充或空心，阻隔温室内热量向外流失。外层起承重和保护中间保温隔热层的作用，一般采用砖或加气混凝土砌块等。②后坡的构造。一般由防水层、保温隔热层、承重蓄热层等组成，其中防水层在最顶层，起保护中间保温隔热层的作用；承重蓄热层

图12-7 日光温室的墙体

A、B.三层异质复合墙体两层异质复合结构墙体 C.单层结构墙体 D.穹形墙体 E.蜂窝墙体 F.黑色墙体

图12-8 日光温室的后坡

在最底层，起承重和蓄热放热作用；中间层为保温隔热层，阻隔温室内热量向外流失，通常用秸秆、稻草、炉渣、珍珠岩、聚苯乙烯泡沫板等材料填充。墙体和后坡材料的吸热、蓄热和保温性能主要从其导热系数、比热容和蓄热系数等几个热工性能参数判断（表12-9），导热系数小的材料保温性能好，比热容和蓄热系数大的材料蓄热性能好。

（2）墙体和后坡的厚度。①墙体厚度。三层夹心饼式异质复合结构：内层为承重和蓄热放热层，一般为蓄热系数大的砖石结构，厚度以24～37厘米为宜；中间为保温层，一般为空心或添加蛭石、珍珠岩或炉渣（厚度20～40厘米为宜）或保温苯板（厚度以5～20厘米为宜），以保温苯板保温效果最佳；外层为承重层或保护层，一般为砖结构，厚度12～24厘米为宜。两层异质复合结构：内层为承重和蓄热放热层，一般为砖石结构（厚度要求24厘米以上）；外层为保温层，一般为堆土结构，堆土厚度最窄处以当地冻土层厚度加20～40厘米为宜。单层土墙结构：墙体为土壤堆积而成，墙体最窄处厚度以当地冻土层厚度加30～80厘米为宜。②后坡厚度。三层夹心饼式异质复合结构：内层为承重和蓄热放热层，一般为水泥构件或现浇混凝土构造（厚度5～10厘米为宜）；中间为保温层，一般为珍珠岩或炉渣（20～40厘米厚为宜）或保温苯板（5～20厘米厚为宜）；外层为防水、保护层，一般为水泥砂浆构造并做防水处理，厚度以5厘米左右为宜。两层异质复合结构：内层为承重和蓄热放热层，一般为水泥构件或混凝土构造（厚度5～10厘米为宜）；外层为保温层，一般为秸秆或草苫、芦苇等，厚度以0.5米左右为宜，秸秆或草苫、芦苇等外面最好用塑料薄膜包裹，然后再用草泥护坡。单层结构：后坡为玉米等秸秆、杂草或草苫、芦苇等堆积而成，厚度一般以0.8～1.0米为宜，以塑料薄膜包裹，外层常用草泥护坡。

表12-9 日光温室墙体或后坡材料的热工性能参数

材料名称	密度ρ（千克/米²）	导热系数λ [瓦特/（米·℃）]	蓄热系数S_{24} [瓦特/（米²·℃）]	比热容c [千焦/（千克·℃）]
钢筋混凝土	2 500	1.74	17.20	0.92
碎石或卵石混凝土	2 100～2 300	1.28～1.51	13.50～15.36	0.92
粉煤灰陶粒混凝土	1 100～1 700	0.44～0.95	6.30～11.40	1.05
加气、泡沫混凝土	500～700	0.19～0.22	2.76～3.56	1.05
石灰水泥混合砂浆	1 700	0.87	10.79	1.05
砂浆黏土砖砌体	1 700～1 800	0.76～0.81	9.86～10.53	1.05
空心黏土砖砌体	1 400	0.58	7.52	1.05
夯实黏土墙或土坯墙	2 000	1.1	13.3	1.1
石棉水泥板	1 800	0.52	8.57	1.05
水泥膨胀珍珠岩	400～800	0.16～0.26	2.35～4.16	1.17
聚苯乙烯泡沫塑料	15～40	0.04	0.26～0.43	1.6
聚乙烯泡沫塑料	30～100	0.042～0.047	0.35～0.69	1.38
木材（松和云杉）	550	0.175～0.350	3.9～5.5	2.2
胶合板	600	0.17	4.36	2.51
纤维板	600	0.23	5.04	2.51
锅炉炉渣	1 000	0.29	4.40	0.92
膨胀珍珠岩	80～120	0.058～0.07	0.63～0.84	1.17
锯末屑	250	0.093	1.84	2.01
稻壳	120	0.06	1.02	2.01

3. 前屋面的保温覆盖 前屋面是日光温室的主要散热面，散热量占温室总散热量的73%～80%，所以，前屋面的保温十分重要。第一，前屋面除覆盖透明覆盖材料——塑料棚膜外，还要覆盖草苫和保温被等保温覆盖物（图12-9）。保温覆盖材料铺设在日光温室的采光屋面的塑料薄膜上方，主要用于日光温室的夜间保温，所以具有良好的保温性能是对保温覆盖材料的首要要求。第二，保温覆盖材料要求卷放，因而对应的保温系统也是一种活动式卷放系统，所以，要求保温覆盖材料必须为柔性材料。第三，保温覆盖材料安装后将始终处于室外露天条件下工作，为此，要求其能够防风、防水、耐老化，以适应日常的风、雨、雪、雹等自然气候条件。第四，保温覆盖材料还应有广泛的材料来源，低廉的制造加工成本和市场售价。

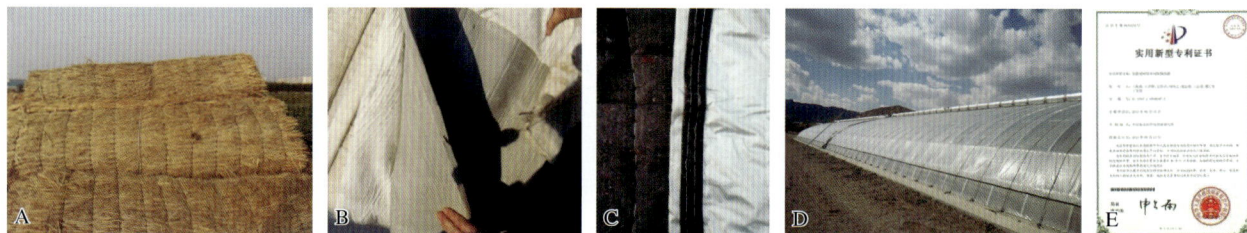

图12-9　日光温室的前屋面保温覆盖

A.草苫　B、C.泡沫保温被　D.中国果树所研发的新型保温被　E.专利证书

（1）草苫。草苫是用稻草、蒲草或芦苇等材料编织而成。草苫（帘）一般宽1.2～2.5米，长为采光面之长再加上1.5～2米，厚度为4～7厘米。盖草苫一般可增温4～7℃，但实际保温效果与草苫的厚度、材料有关，蒲草和芦苇的增温效果相对较好一些，制作草苫简单方便，成本低，是当前设施栽培覆盖保温的首选材料，一般可使用3～4年。但草苫等保温覆盖材料笨重，卷放费工、费力，被雨雪浸湿后，既增加了重量，又使保温性能下降，而且对薄膜污染严重，容易降低透光率。

（2）纸被。在寒冷地区或季节，为了弥补草苫保温能力的不足，进一步提高保温防寒效果，可在草苫下边增盖纸被。纸被系由4层旧水泥袋或6层牛皮纸缝制成和草苫大小相同的覆盖材料。纸被可弥补草苫缝隙，保温性能好，一般可增温5～8℃，但冬春季多雨雪地区，易受雨淋而损坏，应在其外部包一层薄膜可达防雨的目的。

（3）保温被。一般由3～5层不同材料组成，外层为防护防水层（塑料膜或经过防水处理的帆布、牛津布和涤纶布等），中间为保温层（主要为旧棉絮或纤维棉、废羊毛绒、工业毛毡、聚乙烯发泡材料等），内层为防护层（一般为无纺布或牛津布等，为进一步提高保温被的保温效果，还可在保温被内侧粘贴铝箔反光膜用以阻挡设施内的远红外长波辐射）。其特点是重量轻、蓄热保温性高于草苫和纸被，一般可增温6～8℃，在高寒地区可达10℃，但造价较高。如保管好可使用5～6年。保温被由于中间保温芯所采用材料不同，产品的保温性能差异较大。同时缝制保温被时的针眼是否进行防水处理也严重影响保温被的保温性能。由于保温被针眼处的渗水，在遇到下雨或下雪天后，雨水很容易进入保温被的保温芯，使保温芯受潮降低其保温性能，而且由于缝制保温被的针眼较小，所以，进入保温芯的水汽很难再通过针眼排出，而保护保温芯的材料又是比较密实的防水材料，因此，长期使用后保温被将会由于内部受潮而失去保温性能，或者内部受潮发霉，完全失去其使用功能。①针刺毡保温被。中间保温芯材料为针刺毡，采用缝合方法制成。"针刺毡"是用旧碎线（布）等材料经一定处理后重新压制而成的，造价低，防风性能和保温性能好，但防水性较差。但如果表面用上牛津防雨布，就可以做成防雨的保温被，另外，在保温被收放保存之前，需要大的场地晾晒，只有晾干后才能保存。②塑料薄膜保温被。采用蜂窝塑料薄膜、无纺布和化纤布缝合制成。它具有重量轻、保温性能好的优点，适于机械卷放。它的缺点是里面的蜂窝塑料薄膜和无纺布经机械卷放碾压后容易破碎。③腈纶棉保温被。采用腈纶棉或太空棉等作中间保温芯的主要材料，用无纺布做面料，采用缝合方法制成。在保温性能上可满足要求，但其结实耐用性差。无纺布几经机械卷放碾压，会很快破损。另外，因它是采用缝合方法制成，下雨（雪）时，水会从针眼渗到里面。④棉毡保温被。以棉毡作防寒的主要材料，两面覆上防水牛皮纸，保温性能与针刺毡保温被相似。由于牛皮纸价格低廉，所以这种保温被价格相对较低，但其使用寿命较短。⑤泡沫保温被。采用微孔泡沫作防寒材料，上下两面采用化纤布作面料。主料具有质轻、柔软、保温、防水、耐化学腐蚀和耐老化的特性，经加工处理后的保温被不仅保温性持久，且防水性极好，容易保存，具有较好的耐久性。它的缺点是自身重量太轻，需要解决好防风问题，同时经机械卷放碾压很快变薄，保温效果急剧下降。⑥防火保温被。在中间保温芯的上下两面分别黏合了防火布和铝箔构成，具有良好的防水防火保温性、抗拉性、可机械化传动操作、省工省力、使用周期长。⑦羊毛保温被。中间保温芯材料为羊毛绒，具有质轻、防水、防老化、保温隔热等功能，使用寿命更长，保温效果最好。羊毛沥水，有着良好的自然卷曲度，能长久保持蓬松，在保温上当属第一，但价格较高。⑧新型保温被。根据日光温室采光屋面热量散失的特点，中国农业科学院果树研究所研发出新型保温被并获专利，该保温被由6层组成，其中中间层为保温芯（材料根据各地情况可选择针刺毡、腈纶棉或太空棉、微孔泡沫或羊毛绒等），紧贴中间层的上下两层为抗拉无纺布（防止中间保温芯变形），抗拉无纺布上层为牛津布防护层，抗拉无纺布下层为反光铝箔/镀铝牛津布，最外层为活动防水膜（保温被覆盖在日光温室上时活动防水膜套到保温被的最外层起防水作用）；当保温被从日光温室撤下保存时将活动防水膜先撤下存放，而保温被等晒干后再保存防止保温被受潮腐烂。

（4）前屋面保温覆盖材料配套卷放设备——卷帘机（图12-10）。卷帘机是用于卷放保温被等保温覆盖材料的配套设备。目前生产中常用卷帘机主要有三种类型，一种是顶卷式卷帘机，一种是中央底卷式卷帘机，一种是侧卷式卷帘机。其中顶卷式卷帘机卷帘绳容易叠卷，导致保温被卷放不整齐，需上后坡调整，容易将人卷伤；而侧卷式卷帘机设置于温室一头，一头受力，容易造成卷帘不整齐，导致一头低一头高，容易损毁机器；中央底卷式卷帘机克服了上述缺点，操作安全方便，应用效果最好，但普通中央底卷式卷帘机下方的保温被不能同时卷放，需人力卷放，影响工作效率。中国农业科学院果树研究所针对上述情况，研发出能同时卷放卷帘机下方保温被的中央底卷式卷帘机并获专利，有效解决了中间保温被的机械卷放问题。

图12-10　前屋面保温覆盖材料卷放的配套设备——卷帘机

A.顶卷式卷帘机　B.侧卷式卷帘机　C、D.中央底卷式卷帘机（左导轨式，右屈臂式）
E、F.中国农业科学院果树研究所研发的新型中央底卷式卷帘机（实现了中间保温被的机械卷放）

4.减少缝隙冷风渗透　在严寒冬季，日光温室的室内外温差很大，即使很小的缝隙，在大温差下也会形成强烈对流交换，导致大量散热。特别是靠进出口一侧，管理人员出入开闭过程中，难以避免冷风渗入，应设置缓冲间（图12-11）。缓冲间一般设置在东、西山墙，室内靠门处挂门帘保温。与进出口相通的缓冲间不仅具有缓冲进出口热量散失，作为住房或仓库用外，还可让管理操作人员进出温室时先在缓冲间适应一下环境，以免影响身体健康。墙体、后屋面建造都要无缝隙，夯土墙、草泥垛墙，应避免分段构筑垂直衔接，应采取斜接的方式。后屋面与后墙交接处，前屋面薄膜与后屋面及山墙的交接处都应注意不留缝隙。前屋面覆盖薄膜不用铁丝穿孔，薄膜接缝处、后墙的通风口等，在冬季严寒时都应注意封闭严密。

图12-11 缓冲间和蓄水池

A、B.进出口与缓冲间 C.蓄水池

5.减少土壤散热

（1）防寒沟（图12-12左）。在温室四周设置防寒沟，对于减少温室内热量通过土壤外传，阻止外面冻土对温室内土壤的影响，保持温室内较高的地温，以保证温室内边行葡萄植株的良好生长发育特别重要。据中国农业科学院果树研究所测定：在辽宁兴城，设置防寒沟的日光温室2月日平均5～25厘米地温比未设置防寒沟的日光温室高4.9～6.7℃。防寒沟要求设置在温室四周0.5米内为宜，以紧贴墙体基础为佳。防寒沟如果填充保温苯板厚度以5～10厘米为宜，如果填充秸秆杂草厚度以20～40厘米为宜；防寒沟深度以大于当地冻土层深度20～30厘米为宜。

（2）半地下式温室（图12-12右）。建造半地下式温室（即温室内地面低于温室外地面）可显著提高温室内的气温和地温，与室外地面相比，一般将温室内地面降低0.5米左右为宜。需要注意的是半地下式温室排水是关键问题，因此夏季需揭棚的葡萄品种如果在夏季雨水多的地区栽培不宜建造半地下式温室。

（3）蓄水池/袋/桶。北方地区冬季严寒，直接把水引入温室内灌溉作物会大幅度降低土壤温度，甚至使作物根系遭受冷害，严重影响作物生长发育和产量及品质的形成，因此在温室内山墙旁边修建蓄水池/袋/桶以便冬季用于预热灌溉用水，对于设施葡萄而言具有重要意义。

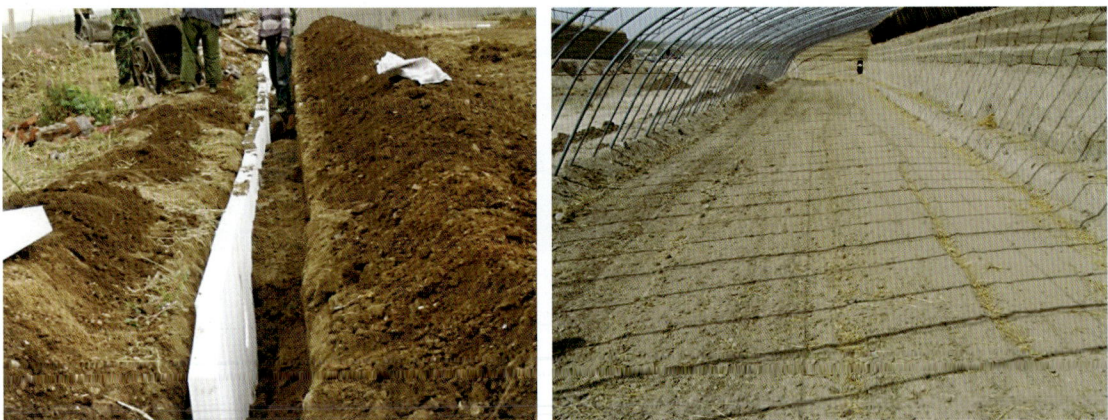

图12-12 防寒沟（左）和半地下式温室（右）

（三）适用范围

日光温室主要适用于我国西北、东北和华北等地区，目前推广范围已扩展到北纬30°—47°地区。

（四）注意事项

半地下式温室排水是关键问题，因此夏季需揭棚的葡萄品种如果在夏季雨水多的地区栽培不宜建造半地下式温室。

三、通风设计

（一）技术原理与效果

通风换气是调控温室内环境的重要技术手段。温室使用的目的是创造适于植物生长的、优于室外自然环境的条件，但在相对封闭的条件下，室外热作用和室内植物等对室内环境的影响容易积累起来，易产生高温、高湿和不适的空气成分环境。这时，通风换气往往是最经济有效的环境调控措施，具有排除多余热量，补充CO_2、提高室内CO_2浓度，排除室内水汽、降低空气湿度，排除室内有害气体的作用。

（二）技术要点

1. 温室通风设计的基本要求　根据温室通风换气的目的，其设计的基本要求首先是通风系统应能够提供足够的通风量，具有有效调控室内气温、湿度、补充CO_2和排除有害气体的足够能力，以达到满足温室内植物正常生长发育要求的环境条件。根据温室内环境调控的需要确定的单位时间内温室内外交换的空气体积称为必要通风量，而通风系统的设计通风能力称为设计通风量或设计换气量，设计中一般应满足：设计通风量≥必要通风量。设计通风量与必要通风量的单位为米³/秒或米³/小时。在生产应用中，有时也采用换气次数来表示通风量的大小，换气次数n与通风量的关系为：$n = L/V$（次/时或次/分钟），式中L代表通风量，单位为米³/秒或米³/分钟；V代表温室内部空间体积，单位为米³。同时温室通风换气的要求随植物的种类、生长发育阶段、地区和季节的不同，以及一日内不同的时间、不同室外气候条件而异，因此要求根据不同需要，通风量在一定范围内能够有效方便地进行调节。为保证植物具有适宜的叶温和蒸腾作用强度以及有利CO_2扩散和吸收，室内要求具有适宜的气流速度，一般应为0.3～1米/秒，高湿度、高光强时气流速度可适当高一些。温室内空气的流动也有利于室内的空气温度和湿度均匀分布，通风系统的布置应使室内气流尽量分布均匀，冬季避免冷风直接吹向植物。从经济性方面考虑，通风系统的设备投资费用要低，设备耐用，运行效率高，运行管理费用低。在使用和管理方面，要求通风设备运行可靠，操作控制简便，不妨碍温室内的生产管理作业，遮阴面积要小。

2. 温室的必要通风量　温室的必要通风量需根据其所在地区气候、季节、温室建筑和栽培植物要求等方面条件确定。温度条件常是环境调控中首要的调控目标，并且除寒冷的时期外，一般抑制高温的必要通风量最大，通风量满足抑制高温方面要求时，也能够相应地满足排湿与补充CO_2方面的要求。因此，在通风系统以抑制高温为目的运行时，通风量的确定可不考虑排湿与补充CO_2方面的要求。而在温室内没有抑制高温方面要求时，应根据排湿与补充CO_2方面的要求确定合适的通风量。在寒冷的时期，通风会引起较大热量损失时，尽可能不进行通风，这时应采取其他措施降低室内的湿度，并采用CO_2施肥的方法补充CO_2。抑制高温的必要通风量通常是通风系统配置的重要依据。

根据室内热量平衡关系得出抑制高温的必要通风率［单位温室地面面积的通风量，单位为米³/（米²·秒）为：$L_0 = [\alpha \tau E_0 (1-\varrho)(1-e) - KW(t_i - t_0)]/c_p \varrho_a (t_p - t_j)$；式中，$E_0$代表室外水平面太阳总辐射照度，单位为瓦特/米²，一般夏季最大可达900～1 000瓦特/米²；ϱ代表室内对太阳辐射的反射率，一般取为0.1；τ代表温室透明覆盖层对太阳辐射的透过率，无遮阳时一般为0.6～0.7，有室外遮阳网时可取0.2～0.3，有室内反射型材料遮阳幕时可取为0.3～0.4；α代表温室受热面积修正系数，一般取为1.0～1.3，温室地面面积大时取较小值；e代表蒸腾蒸发吸收潜热与室内吸收的太阳辐射热之比，一般为0.5～0.7；K代表全部透明覆盖层的平均传热系数，一般取为4～6瓦特/（米²·℃）；W代表散热比，为温室的覆盖表面面积与地面面积之比，一般为1.2～1.8；t_i和t_0代表分别为室内与室外气温，单位为℃；t_j代表进入室内的空气温度，当未对进风进行降温处理时，$t_j = t_0$，单位为℃；t_p代表排风温度，当通风量不大，室内温度分布较均匀时可近似取$t_p = t_i$，单位为℃；c_p代表空气的定压质量比热，可取作1 030焦耳/（千克·℃）；ϱ_a代表空气的密度，单位为千克/米³，近似取353/（t_0 + 273）。在通风率较小时，通风率的较少增加即可显著减少室内外温差（即降低室内气温）。随着通风率逐渐增大，室内气温的降低速率逐渐减缓。当通风率达到0.10米^3/（米^2·℃）左右时，温室内外气温差已减少至1～2℃，则继续增加通风率时室内气温降低很小，却使风机的运行耗能与运行费用不必要地增加。因此，从经济性的角度考虑，一般通风率宜在0.08米^3/（米^2·℃）以下，约相当于换气次数低于1.5次/分钟（90次/小时）。根据必要通风率则可得面积为As（米^2）的温室的必要通风量为：$L = AsL_0$（米^3/秒）。

补充CO_2的必要通风率与温室内栽培植物的种类、生长发育阶段和茂密程度、室内光照和气温等环境状况等有关，还与设定的CO_2调控浓度目标有关。在环境条件较为适宜、植物较为茂密、光合作用较为旺盛时，必要通风率要求较高。通常在温室内CO_2调控浓度设定为270毫克/千克左右时，补充CO_2的必要通风率为0.01～0.03米^3/（米^2·秒）。

排除水汽、降低室内空气湿度的必要通风率，与温室内栽培植物的种类和茂密程度、室内光照、气温和湿度等环境状况、土壤表面潮湿状况，以及室外空气的水汽含量有关，也与设定的室内空气相对湿度的调控目标有关。当温室内植物较为茂密，环境较为潮湿，且光照较强，气温较高，室内植物蒸腾旺盛，以及室外空气的水汽含量也较高时，必要通风量要求较高。在一般情况下，白昼要控制温室内相对湿度在85%以下时，所需必要通风率为0.01～0.035米^3/（米^2·秒）。

在同一时期，根据以上的分析计算，可以分别确定排热降温、补充CO_2以及排除室内水汽所需的三个必要通风量，一般取其中最大值作为该时期的必要通风量。在设计中，使设计通风量大于该必要通风量，则可满足三方面的要求。

3. 温室的自然通风

（1）热压作用下的自然通风。热压通风是利用室内外气温不同而形成的空气压力差促使空气流动。当室内气温高于室外气温时，室内空气密度小于室外空气密度。这是由于室内空气浮力的作用，空气将向上流动，形成下部通风口内部空气压力低于外部，空气从室外向室内流动，上部通风口内部压力高于外部，空气从室内向外流动的情况，这种上、下窗口的内外压力差即为热压。

（2）风压作用下的自然通风。室外自然风经过建筑物时，气流将发生绕流，在建筑物四周呈现变化的空气压力分布。在迎风面气流受阻，形成滞流区，流速降低，静压升高；而侧面和背风面气流流速增大和产生涡流，静压降低。外部空气将从迎风墙上的开口处进入室内，从侧面或背风面开口处流出。

（3）自然通风系统的布置。自然通风系统为保证热压通风效果，一般在温室前底角处设置进风口/窗，采光屋面顶部设置排风口/窗，尽可能加大进风口/窗和排风口/窗的高差。为获得较大的通风口/窗的面积，进风口/窗和排风口/窗多采用通长设置的方式。塑料薄膜日光温室通常采用卷膜式通风口，通风面积大，且开闭的卷膜结构较简单，造价低廉（中国农业科学院果树研究所根据实际需求，研发出自然通风卷膜装置并获专利）（图12-13）。为使风压和热压的效果叠加，避免相互抵消，通风口/窗的设置应尽可能使风压和热压通风的气流方向一致，如使排风口/窗方向位于当地主导风向的下风方向，避免风从排风口处倒灌。另外，为提高夏季温室内的通风效果，必须在后墙上设置圆形通风口，圆形通风口在冬季密封效果好。

4. 温室的机械通风　机械通风系统一般有进气通风、排气通风和进排气通风3种基本形式。

排气式通风又称为负压通风，风机布置在排风口，由风机将室内空气强制排出，室内呈低于外部空气压力的负压状态，外部新鲜空气由进风口吸入。排气通风系统换气效率高，易于实现人风量的通风，室内气流分布均匀，因此，在温室中目前使用最为广泛。但排气通风要求设施有较好的密闭性，否则不能实现预期的室内气流分布要求。

进气式通风系统是由风机将外部空气强制送入室内，形成高于室外空气压力的正压，迫使室内空气通过排气口排出，又称正压通风系统。其优点是对温室的密闭性要求不高，且便于对空气进行加热、冷却、过滤等预处理，室内正压可阻止外部粉尘和微生物随空气从门窗等缝隙处进入污染室内环境。但室内气流不易分布均匀，易形成气流死角，为此，往往需设置气流分布装置，如在风机进风口连接塑料薄膜风管，气流通过风管上分布的小孔均匀送入室内。

图12-13 中国农业科学院果树研究所研发的温室卷膜通风装置与后墙通风口
A.顶部通风口卷膜装置 B.专利证书 C、D.底部通风口卷膜装置（右伸缩式，右折叠式） E.后墙圆形通风口

进排气通风系统又称联合通风系统，是一种同时采用风机送风和风机排风的通风系统，室内空气压力可根据需要调控。因使用设备较多、投资费用较高，实际生产中应用较少，仅在有较高特殊要求，而以上通风系统不能满足时使用。

（1）风机设备。通风机是机械通风系统中最主要的设备，有轴流式和离心式两种基本类型，均主要由叶轮和壳体组成。风机的技术性能主要有风量和静压，静压用于克服通风系统的通风阻力。风机使用时的风量与通风系统阻力大小有关，一般阻力增大时风量减小。①离心式风机。离心式风机的工作原理是依靠叶轮旋转使叶片间跟随旋转的空气获得离心力，机壳内空气压力升高并沿叶片外缘切线方向的出口排出，叶轮中心部分的压力降低，外部的空气从该处吸入。离心式风机的叶轮旋转方向和气流流向不具逆转性，其性能特点是风压大（1 000 ~ 3 000帕以上），空气流量相对较小。离心式风机适用于采用较长的管路送风，或通风气流需经过加热或冷却设备等通风阻力较大的情况。②轴流式风机。轴流式风机的叶片倾斜与叶轮轴线呈一定夹角，叶轮转动时，叶片推动空气沿叶轮轴线方向流动。其性能特点是流量大而压力低，压力一般在几百帕以下。温室通风系统很多情况下通风阻力较小，通常在50帕以下，而要求通风量大，轴流式风机的特性可以很好地满足这种要求，由于工作在低静压下，耗能少、效率高。轴流式风机在温室中应用最为广泛。农业设施专用的低压大流量轴流式风机系列产品的叶轮直径范围为560 ~ 1 400毫米，适用于工作静压10 ~ 50帕的工况，单机的风量可达8 000 ~ 55 000米³/小时。

（2）机械通风系统的配置。轴流风机的选型依据主要是温室的必要通风量和通风阻力。关于必要通风量的确定见"三、通风设计（二）技术要点2.温室的必要通风量"。对于温室通风系统的通风阻力，在不采用空气处理设备和不经过管道输送，即风机直接连通温室内外空间大多数进气与排气通风系统中，其通风阻力Δp一般为10 ~ 30帕，可根据下式计算：$\Delta p = \rho_a/2 \cdot (L/\mu F)^2$，式中$\rho_a$代表空气密度，单位为千克/米³；$L$代表通风量，单位为米³/秒；$\mu$代表通风口流量系数；$F$代表通风口面积，单位为平方米。如由上式计算出的通风阻力过大，说明通风口面积不够，应予加大。在通风口装有湿垫时，通风阻力为20 ~ 40帕。如果室外自然风力影响风机通风时，应按总通风量增加10% ~ 15%的数值选择和确定风机及其数量。选择风机的型号和数量时，一是考虑总风量应满足必要通风量的要求，同时为使室内气流分布均匀，风机的间距不能太大，一般不能超过8米。尤其是风机与进风口间距离较短时，风机的间距应更小一些。另外，较大直径的风机其效率一般比小直径风机高，也易达到风量较大时的要求，从这个角度考虑选用大风机是有利的。但是通风系统在一年不同季节、一天之内不同室外气象等方面条件下，需要方便地调节风量，风机单台风量过大、台数过少时，不便按通风要求调节风量。所以应综合考虑各种因素，合理选择风机型号、数量，可以采用多台大小风机，适当分组控制运行，以满足不同情况下的通风要求。在风机工作条件方面，由于温室排风湿度大，应考虑防潮和防腐蚀方面的要求。机械通风通常采用排气通风系统，风机安装在温室一面侧墙（后墙）或山墙上，进气口设置在远离风机的相对墙面上。较多采用风机安装在山墙的方式，与安装在侧墙（后墙）的情况相比，因其室内气流平行于屋面方向，通风断面固定，通风阻力小，气流分布均匀。另外，应使室内气流平行于植物种植行的方向，以减少室内植物对通风气流的阻力。风机和进风口间距离一般在30～70米，过小不能充分发挥通风效率，过大则从进风口至排风口的室内气温上升过大。要对进风进行加温等处理时，可考虑采用进气通风系统。为使室内气流分布均匀，多在风机出口连接塑料薄膜风管，由风管上分布的小孔将气流均匀分配输送入室内。

（三）适应范围

日光温室主要适用于我国西北、东北和华北等地区，目前推广范围已扩展到北纬30°—47°地区。

（四）注意事项

半地下式温室排水是关键问题，因此夏季需揭棚的葡萄品种如果在夏季雨水多的地区栽培不宜建造半地下式温室。

四、建筑设计

（一）技术原理与效果

温室的建筑设计主要是温室的平、立、剖面设计以及细部构造设计，需要遵循如下原则。

1.满足温室建筑功能要求 科学性、超前性与实用性相结合，全面考虑温室的使用功能，合理选择配套设备。

2.满足生产工艺要求 合理确定设计标准，生产工艺、主要设备和主体工程要先进、适用、可靠。采用先进的自控手段实现温室设备的自动运行，提高控制水平，降低管理工作量。

3.经济适用要求 从实际出发，坚持节能高效、因地制宜的原则。

4.符合总体规划和建筑美观要求 温室单体建筑是总体规划的组成部分，应满足园区总体规划的要求，建筑设计要充分考虑与周围环境的关系。

5.设计依据

①温室的使用功能，作物的农艺要求；②人体操作空间与植物种植空间的要求；③配套设备尺寸和必需的空间要求；④当地气候条件和种植的环境要求；⑤当地的地质勘探报告和地形图；⑥相关温室标准：《温室通用技术条件》（Q/JBAL 1—2000）、《温室电气布线设计规范》（JB/T 10296—2013）、《温室控制系统设计规范》（JB/T 10306—2013）和《湿帘降温装置》（JB/T 10294—2013）等。

（二）技术要点

1.场地选择 场地选择的好坏与温室的结构性能、环境调控及经营管理等方面关系很大，主要考虑气候、地形、地质、土壤以及水、电、暖、交通运输等条件。

（1）气候条件。

①气温。重点是冬季和夏季的气温，对冬季所需的加温以及夏季降温的能源消耗进行估算。

②光照。考虑光照强度和光照时数，其状况主要受地理位置、地形、地物和空气质量等的影响，选择南面开阔、高燥向阳、无遮阴且平坦的地块建造温室。要尽量避免在早晚容易产生阳光遮挡的北面斜坡上建造温室。

③风。风速、风向以及风带的分布在选址时也要加以考虑。对于主要用于冬季生产的温室或寒冷

地区的温室应选择背风向阳的地带建造；全年生产的温室还应注意利用夏季的主导风向进行自然通风换气。避免在强风口或强风地带建造温室，以利于温室结构的安全；避免在冬季寒风地带建造温室，以利于温室的保温节能。由于我国北方冬季多西北风，建造温室要选在北面有天然或人工屏障如丘陵、山地、防风林或高大建筑物等挡风的地方，而其他三面屏障应与温室保持一定的距离，以避免影响光照。

④雪。从结构上讲，雪载是温室的主要载荷，特别是对排雪困难的大中型连栋温室，要避免在大雪地区和地带建造。

⑤冰雹。冰雹危害普通玻璃温室的安全，要根据气温资料和局部地区调查研究确定冰雹的可能危害性，避免普通玻璃温室建在可能造成冰雹危害的地区。

⑥空气质量。空气质量的好坏主要取决于大气的污染程度。大气污染物主要是臭氧以及二氧化硫、二氧化氮、氟化氢、乙烯、氨等。这些由城市、工矿带来的污染分别对植物不同的生长期有严重的危害。燃烧煤的烟尘、工矿的粉尘以及土路上的尘土飘落到温室上，会严重减少温室的透光性。寒冷天火力发电厂上空的水汽云雾会造成局部的遮光。因此，在选址时应尽量避开城市污染地区，选在造成上述污染的城镇、工矿的上风向，以及空气流通良好的地带。调查了解时要注意观察该地附近建筑物是否受公路、工矿灰尘影响及其严重程度。

（2）地形与地质条件。平坦的地形便于节省造价和便于管理。为使温室的基础牢固，有必要进行地质调查和勘探，选择地基土质坚实的地方，避开土质松软的地方，以防为加大基础或加固地基而增加造价。在山区，可在丘陵或坡地背风向阳的南坡梯田构建温室，并直接借助梯田后坡作为温室后墙，这样不仅节约建材，降低温室建造成本，而且温室保温效果良好，经济耐用。

（3）土壤条件。对于进行葡萄有土栽培的温室，对地面土壤要进行选择，应选择土壤改良费用较低的土壤，最好选择土壤质地良好、土层深厚、便于排灌的肥沃沙壤土地片构建温室，切忌在重盐碱地、低洼地和地下水位高及种植过葡萄的重茬地建园。值得注意的是，排水性能不好的土壤比肥力不足的土壤更难以改良。

（4）水、电及交通。水量和水质也是温室选址时必须考虑的因素，特别是对大型温室群，这一点更为重要。要避免将温室置于污染水源的下游，同时要有排、灌方便的水利设施。对于大型温室而言，电力是必备条件之一，特别是有采暖、降温、人工光照、营养液循环系统的温室，应有可靠、稳定的电源，以保证不间断供电。温室应选择在交通便利的地方，但应避开主干道，以防车来车往，造成尘土污染覆盖材料和汽车尾气污染葡萄。

（5）地理与市场区位。设施葡萄生产的高投入特点，必须有高产出和高效益作为其持续发展的保障条件，否则项目从一开始就面临失败的危险，而地理与市场区位条件是影响其效益的重要因素。在我国不同的地域，具有不同的市场需求、产品定位和产品销售渠道与方式，因此在不同地区发展设施葡萄就会有不同的生产模式、产品标准、工程投入和管理方式。

（6）非耕地高效利用（图12-14）。为提高土地利用率，挖掘土地潜力，结合换土与薄膜限根及容器栽培模式或采用无土栽培模式，可在戈壁滩等荒芜土地上构建温室，如在中国农业科学院果树研究

图12-14 栽培设施建造的场地选择

A、B.山坡地建造温室　C.盐碱地建造温室　D.戈壁地建造温室

所的指导下，新疆等地在戈壁滩上构建日光温室，不仅使荒芜的戈壁滩变废为宝，而且充分发挥了戈壁滩的光热资源优势。

2. 总体布局 建造单栋温室，只要方位正确，不必考虑场地规划，如建造温室群，就必须合理地进行温室及其辅助设施的布置，以减少占地，提高土地利用率，降低生产成本。

（1）布局原则。

①明确园区定位，合理布置各功能区。

②园区北侧、西侧设置防护林，距离温室建筑30米以上，既可阻挡冬季寒风，又不影响温室光照。

③合理确定各建筑物的间距，避免遮挡，保证温室良好的光照和通风环境。连栋温室尽可能将管理与控制室设在生产区北侧，有利于温室北侧的保温和便于管理。

④因地制宜利用场地，种植区尽量安排在适宜种植地或土地规划的地带，辅助建筑尽量安置在土壤条件较差地带，并且集中紧凑布置，减少占地，提高土地利用率。

⑤场区布局要长远考虑，留有扩建余地。

（2）建筑组成与布局。一定规模的温室群，除了温室种植区外，还必须有相应的辅助设施，主要有水、暖、电等设施，控制室、加工室、保鲜室、消毒室、仓库以及办公休息室等。在进行总体布置时，应优先考虑种植区的温室群，使其处于场地的采光、通风等的最佳位置。烟囱应布置在其主导风向的下方，以免大量烟尘飘落于覆盖材料上，影响采光。加工室、保鲜室以及仓库等既要保证与种植区的联系，又要便于交通运输。

（3）温室的方位和间距。具体见本节"一、采光设计（二）技术要点1.建造方位9.日光温室间距"。

（4）园区道路。有主、次道路之分，可划分为主路、干路、支路3级。主路与场外公路相连，内部与办公区、宿舍区相通，同时与各条干路相接，一般主路和干路宽4～6米，支路宽2米，支路通常为手推车或电动车设计。干路与支路彼此形成网状布置，推荐使用混凝土、沥青路面或砂石路面。

（5）场区给排水、供电和供暖。

①给排水。生产、生活用水应与消防用水分系统设置，均直埋于冻土层以下，分支接口处应设置给水井及明显标识。一般灌溉方式，微喷灌、滴灌或渗灌等灌溉用水应满足《农田灌溉水质标准》（GB 5084—2021）。生活用水则应符合市政饮用水要求或单独设置水处理设施。雨水可明渠排放，但明排雨水渠除放坡外，渠上沿应与道路或温室/缓冲间外墙皮保持一定距离，一般1～2米；暗排雨水可节省占地面积。污水管道不应与雨水管道混用，应在单独无害处理后排放，或无害处理后回收利用。

②供电。供电网的电缆允许架空、直埋或沟设，但必须按规范规划设计与施工。配电站（室）应以三相五线输入，三相四线输出，输出应为380伏特（单相220伏特），50赫兹，电压波动小于5%；用电设施配电应符合《用电安全导则》（GB/T 13869—2017）。

③供暖。北纬41°以南地区，如冬季最冷月平均气温不低于−5℃，且极端最低温度不低于−23℃时，则节能日光温室冬季运行一般可以不加温。在北纬41°以北地区或连栋温室，所种植的作物要求较高的气温时，应设置加温设施。应按经济性和环保等方面要求，根据当地条件选择加温能源种类和补温方式。供暖管网允许直埋或沟设，均应符合有关规范。

（三）适应范围

日光温室主要适用于我国西北、东北和华北等地区，目前推广范围已扩展到北纬30°—47°地区。

（四）注意事项

日光温室的建筑设计从实际出发，坚持节能高效、因地制宜的原则。

五、中国农业科学院果树研究所低碳、高效、节能日光温室

（一）技术原理与效果

与传统日光温室相比，中国果树所高效节能型日光温室（以Ⅱ型为例）（图12-15）：中部中间1.5米高度位置光照强度增加20%左右，保温被揭开前的8：00空气温度提高7～10℃，温室中部中间位置5～25厘米地温提高4.9～6.7℃（2011年2月初测定）。

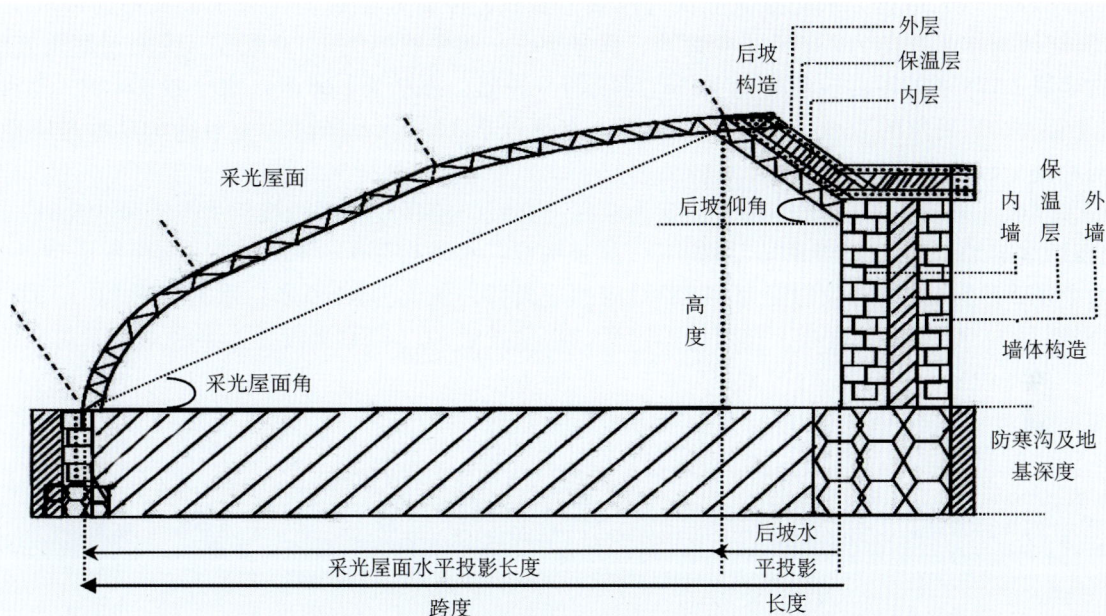

图12-15 中国农业科学院果树所低碳、高效、节能日光温室结构示意图

（二）技术要点

1.基本参数

（1）建造方位。北纬31°—37°地区，南偏东0°—10°（沿海雾大地区，为正南或南偏西0°—5°）；北纬38°—48°地区，南偏西0°—10°。

（2）温室长度。单栋长度80—100米，两栋连建长度160—200米（东西两侧分别设置进出口）。

（3）温室脊高和跨度。北纬31°—37°地区，脊高3.8米，跨度8.5米；北纬38°—43°地区，脊高3.5米，跨度7.5米；北纬44°—48°地区，脊高3.5米，跨度6.5米。

（4）温室采光屋面角。北纬31°—37°地区，27.50°；北纬38°—43°地区，30.25°；北纬44°—48°地区，34.99°。

（5）温室后坡仰角。北纬31°—37°地区，56.31°；北纬38°—43°地区，45°；北纬44°—48°地区，45°。

（6）温室后坡水平投影长度。北纬31°—37°地区，1.2米；北纬38°—48°地区，1.5米。

2.采光屋面

（1）骨架材料。采光屋面骨架为钢架竹木混合结构（或钢骨架或菱镁土骨架），其中钢架梁间距为3.0米，中间每60～100厘米设置一根竹竿或钢架、菱镁土骨架，钢架梁及竹竿等用不锈钢钢线连接成网状，钢线上下间距30～40厘米；若为钢骨架，则钢架梁与钢骨架之间用3～4道钢管连接；钢架梁材料选用电镀锌国标钢管，直径2.5～3.5厘米，下弦及拉筋用直径10毫米螺纹钢，拉筋与下弦组成等边三角形，拉筋采用折弯法弯到需要角度与钢管和下弦焊接，增加焊接面加强牢固度；对于风或雪大的地方，钢架竹木混合结构需在温室采光屋面南北向的中间和屋脊处立支柱防止风或雪将温室压塌，风或雪小的地方不需立水泥支柱。

（2）屋面形状。采光屋面形状为两弧一直线。

①北纬31°—37°地区。屋脊处屋面切线与水平夹角为5.08°，前底角处屋面切线与水平夹角为77.38°，由如下三部分构成：水平投影0～1.0米段（南面前底角处定为0米），为半径1.944米的圆对应角度为49.86°对应的一段弧，弧长为1.692米；水平投影1.0～3.8米段，为与水平面呈27.50°夹角的直线，长度为3.157米；水平投影3.8～7.3米段，为半径9.639米对应角度为21.84°对应的一段弧，弧长为3.674米。

②北纬38°—43°地区。采光屋面形状为两弧一直线，屋脊处屋面切线与水平夹角为5.08°，前底角处屋面切线与水平夹角为73.56°，由如下三部分构成：水平投影0～1.0米段（南面前底角处定为0米），为半径2.178米的圆对应角度为43.56°对应的一段弧，弧长为1.66米；水平投影1.0～3.5米段，为与水平面呈30°夹角的直线，长度为2.88米；水平投影3.5～6.0米段，为半径6.07米对应角度为24.92°对应的一段弧，弧长为2.64米。

③北纬44°—48°地区。采光屋面，形状为两弧一直线，屋脊处屋面切线与水平夹角为8.61°，前底角处屋面切线与地面夹角为69.89°，由如下三部分构成：水平投影0～1.0米段（南面前底角处定为0米），为半径2.736米的圆对应角度为34.88°对应的一段弧，弧长为1.665米；水平投影1.0～3.0米段，为与水平面呈34.99°夹角的直线，长度为2.44米；水平投影3.0～5.0米段，为半径4.72米对应角度为26.38°对应的一段弧，弧长为2.172米。

3.山墙高度值 不同纬度地区日光温室山墙高度见表12-10。

表12-10 不同纬度地区日光温室山墙高度值

北纬31°—37°地区				北纬38°—43°地区				北纬44°—48°地区			
距前底角距离（米）	山墙高度（米）	距前底角距离（米）	山墙高度（米）	距前底角距离（米）	山墙高度（米）	距前底角距离（米）	山墙高度（米）	距前底角距离（米）	山墙高度（米）	距前底角距离（米）	山墙高度（米）
0.000	0.000	4.750	3.189	0.000	0.000	6.000	3.500	0.000	0.000	3.500	3.005
0.250	0.607	5.000	3.282	0.250	0.550	6.500	3.000	0.250	0.508	3.750	3.128
0.500	0.926	5.250	3.368	0.500	0.870	7.000	2.500	0.500	0.846	4.000	3.234
0.750	1.144	5.500	3.446	0.750	1.100	7.500	2.000	0.750	1.100	4.250	3.323
1.000	1.300	5.750	3.517	1.000	1.270			1.000	1.300	4.500	3.396
1.500	1.560	6.000	3.581	1.500	1.560			1.250	1.475	4.750	3.460
2.000	1.820	6.250	3.637	2.000	1.850			1.500	1.650	5.000	3.500
2.500	2.080	6.500	3.687	2.500	2.140			1.750	1.825	5.250	3.250
3.000	2.340	6.750	3.729	3.000	2.420			2.000	2.000	5.500	3.000
3.500	2.600	7.000	3.766	3.500	2.720			2.250	2.175	5.750	2.750
3.800	2.758	7.300	3.800	4.000	2.940			2.500	2.350	6.000	2.500
4.000	2.839	7.500	3.500	4.500	3.130			2.750	2.525	6.250	2.250
4.250	2.978	8.000	2.750	5.000	3.280			3.000	2.700	6.500	2.000
4.500	3.087	8.500	2.000	5.500	3.380			3.250	2.863		

4.墙体构造

（1）三层异质复合结构。

①内层。蓄热系数大的砖石结构。北纬31°—37°地区厚度24厘米，并用白色涂料涂抹；北纬

38°—43°/44°—48°地区厚度24厘米/37厘米，并用黑色涂料涂抹，为增加受热面积，可采用穹形/蜂窝构造。

②中间层。保温苯板，北纬31°—37°/38—43°/44—48°地区厚度分别为5～10厘米/10～15厘米/15～20厘米。

③外层。砖石结构，北纬31°—37°/38—43°/44—48°地区厚度分别为厚度12厘米/12～24厘米/24厘米。

（2）两层异质复合结构。

①内层。蓄热系数大的砖石结构。北纬31°—37°地区厚度24厘米，并用白色涂料涂抹；北纬38°—43°/44—48°地区厚度24厘米/37厘米，并用黑色涂料涂抹，为增加受热面积，可采用穹形/蜂窝构造。

②外层。堆土结构。堆土厚度最窄处北纬31°—37°/38°—43°/44°—48°地区分别以当地冻土层厚度增加10～20厘米/20～40厘米/40～60厘米为宜。

（3）单层结构。

墙体为土墙，用链轨车压实园土做成墙体，墙体呈梯形，墙体最窄处厚度北纬31—37°/38°—43°/44°—48°地区分别以当地冻土层厚度加30～60厘米/60～80厘米/80～100厘米为宜。

5. 后坡

（1）三层异质复合结构。

①内层。蓄热系数大的钢筋混凝土结构。北纬31°—37°地区厚度5～10厘米，并用白色涂料涂抹；北纬38°—48°地区厚度5～10厘米，并用深色涂料涂抹。

②中间层。保温苯板。北纬31°—37°/38°—43°/44—48°地区厚度分别为5～10厘米/10～15厘米/15～20厘米。

③外层。水泥砂浆或沥青防水保护层。北纬31°—48°地区厚度为5厘米左右。

（2）两层异质复合结构。

①内层。蓄热系数大的钢筋混凝土结构，厚度5～10厘米，北纬31°—37°地区用白色涂料涂抹，北纬38°—48°地区用深色涂料涂抹。

②中间层。麦草或秸秆等保温材料，北纬31°—37°/38°—43°/44—48°地区厚度分别为40～60厘米/50～70厘米/60～90厘米，用塑料薄膜包裹；塑料薄膜外面为10厘米左右厚度的草泥护坡。

（3）单层结构。屋脊处用钢管作为横梁，后坡用间距30～40厘米的不锈钢钢线连成网格状，上面铺设5厘米左右厚度的芦苇板（可不用），然后中间铺设麦草或玉米秸秆等保温材料，北纬31°—37°/38°—43°/44—48°地区厚度分别为40～60厘米/50～70厘米/60～90厘米，用塑料薄膜包裹；最后用10厘米左右厚度的草泥护坡。

6. 防寒沟

在日光温室四周0.5米内设置防寒沟（如果墙体为土墙或砖石与土混合墙体，只需在温室南端前底角处设置防寒沟），以紧贴墙体基础为佳。防寒沟如果填充保温苯板，北纬31°—37°/38°—43°/44°—48°地区厚度分别为5厘米/10厘米/15厘米，如果填充秸秆杂草（外面需包裹塑料薄膜）北纬31°—37°/38°—43°/44°—48°地区厚度分别为20厘米/30厘米/40厘米；防寒沟深度北纬31°—37°/38°—43°/44°—48°地区分别大于当地冻土层深度20厘米/30厘米/40厘米。

7. 温室地坪

温室内地坪为−0.5米，但夏季雨水多或容易发生积水的地区温室内地坪大于或等于0.0米。

8. 温室间距

北纬31°—37°/38°—43°/44°—48°地区分别以6～10米/8～14米/15～20米为宜。

9. 蓄水池/袋/桶

于温室山墙一侧或北墙设置蓄水池/袋/桶，容积为每亩3～5米^{3}为宜。

10. 荫棚

为了进一步提高土地利用率、增强温室保温能力，可在温室后面搭建荫棚用于食用菌生产或养殖。荫棚脊高与温室北墙等高，屋面为拱圆形。荫棚山墙值，从前底角（0.0米处）向北墙（4.0米处）：0.0米处，高度为0.0米；0.25米处，高度为0.227米；0.5米处，高度为0.469米；0.75米处，高度为0.680米；1.0米处，高度为0.875米；1.25米处，高度为1.055米；1.5米处，高度为1.219米；1.75米处，高度为1.367米；2.0米处，高度为1.50米；2.25米处，高度为1.617米；2.5米处，高度为1.719米；2.75米处，高度为1.805米；3.0米处，高度为1.875米；3.25米处，高度为1.727米；3.5米处，高度为1.969米；3.75米处，高度为1.992米；4.0米处，高度为2.0米。

（三）适应范围

日光温室主要适用于我国西北、东北和华北等地区，目前推广范围已扩展到北纬30°—47°地区。

（四）注意事项

日光温室的建造参数受建造地的纬度影响很大。

第二节　塑料大棚设计与建造

以太阳能为主要能源，用塑料薄膜作为透明覆盖材料，特殊情况可安装活动保温被的单跨拱屋面结构温室（单栋拱棚）称为塑料大棚，这是一种简易的保护地栽培设施，由于其建造容易，使用方便，投资少，国内外均大量采用。我国最早于20世纪60年代出现，80年代后大量推广，尤其在消化吸收日本大棚技术，国内能够自行生产制造镀锌钢管大棚骨架和大棚塑料薄膜后，发展迅速。塑料大棚是在塑料中小拱棚的基础上发展而来，由于空间的增大，大棚结构的强度要求也相应提高。最早的大棚骨架为钢筋焊接桁架或钢筋混凝土骨架，这种类型的骨架目前在生产中还有大量应用。镀锌钢管装配式塑料大棚骨架是一种工厂化生产的产品，结构强度高，材料防腐蚀能力强，一般使用寿命可达到15～20年。塑料大棚跨度一般6.0～12.0米，脊高2.2～3.5米。主要配置的设备有手动卷膜机构、滴灌系统，在北方地区使用也有配置加温系统。地下热交换储热系统用在塑料大棚中有非常成功的实例。塑料大棚的主要优点是建设方便、造价低廉；当年换膜，室内采光好；卷膜开窗，自然通风效果佳。主要缺点是空间小、保温差，北方不能越冬生产。塑料大棚在北方地区主要用于春/秋提早、秋延迟栽培，一般比露地栽培可春提早或秋延后各1个月。塑料大棚在南方地区可周年生产，亦可用作避雨棚或遮阳棚等使用。塑料大棚一般室内不加温，靠温室效应积聚热量，其最低气温一般比室外气温高1～2℃，平均气温高3～10℃。塑料大棚透光率一般在60%～75%，塑料薄膜特性和骨架阴影率对大棚的透光率有较大的影响。东西延长大棚南侧光照强度高，北侧低；南北延长大棚，上午东侧光照强度高，下午西侧光照强度高，全天平均光照基本平衡，所以，大棚平面布局多为南北延长形式。

一、单栋塑料大棚

（一）技术原理与效果

单栋塑料大棚是以塑料薄膜为覆盖材料的不加温单跨拱屋面结构温室，中高和肩高直接影响大棚结构的强度、采光、保温和管理操作等性能，随着大棚高度增加，抗风能力下降，早春季节升温越慢；随着棚高度降低，棚面弧度越小，冬季易积雪造成坍塌，夏季降温慢易发生日灼。棚内气温、相对湿度等环境条件是影响作物生长的关键要素。此类棚结构简单，成本低，施工难度小，管理方便，较适合家庭式生产。

（二）技术要点

1.结构　单栋塑料大棚一般采用钢架架构，南北方向，面积通常600～1 500米²，脊跨比（脊高/跨度）0.4～0.5（图12-16）。

2.高度　适宜葡萄栽培使用的高规格单栋塑料大棚以中高4.0～4.5米、肩高2.0～3.0米为宜。

3.跨度　单栋塑料大棚宽8.0～12.0米，棚间距2.0～2.5米。

4.长度　以30.0～50.0米为佳，实际可根据立地条件而定，拱杆间距0.5～0.7米，同时棚内可设置一排或多排立柱支撑棚体，立柱间距4.0～5.0米。

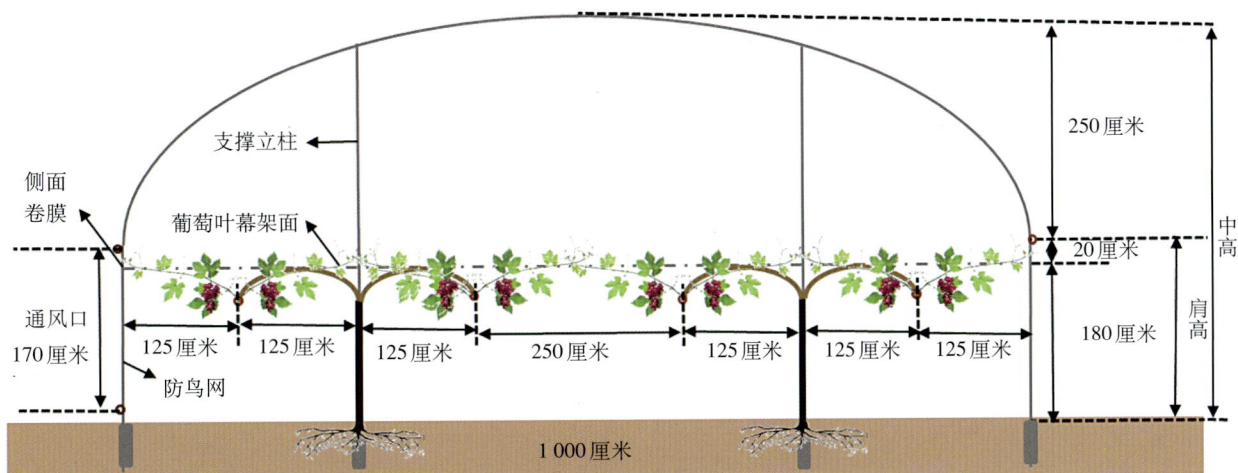

图 12-16　单栋塑料大棚与葡萄宜机化栽培模式示意图

（三）适用范围

单栋塑料大棚是我国南方大量使用的具有原创性结构特色的温室，北方冬季比较温暖、少雪的地区可在大棚外覆盖保温被，安装卷帘机，变成保温大棚。

（四）注意事项

单栋塑料大棚通常没有顶窗，夏季的高温强光容易造成棚顶部空间局部高温。

二、连栋塑料大棚

（一）技术原理与效果

连栋塑料大棚一般是将2拱及以上屋面大棚的天沟连接起来，连接处由支柱取代，骨架以镀锌钢架为主体，以棚膜为单一覆盖的简易保护地栽培设施。连栋塑料大棚脊较高，侧面和顶棚侧面设有通风口，有利于通风降温。同时，连栋塑料大棚可配套较多的环境控制设备，在夏季高温强光的南方区域，还可以顶部架设遮阳网，内部安装环流风机，有利于棚内光照、温度、湿度等均匀。连栋塑料大棚是现代化大型温室的一种类型，同单栋塑料大棚比较，具有土地利用率高、保温性能好、设施空间大，更适合机械化作业等优点。此类棚一次性投资大，适合公司、合作社等应用。

（二）技术要点（图12-17，图12-18）

1. **结构**　连栋塑料大棚一般采用钢架结构，南北行向，单拱面积大多在2 000 ~ 10 000米²。
2. **高度**　适应葡萄叶幕生长的高度，棚的肩高通常在2.5 ~ 3.0米，脊高4.0 ~ 4.5米。
3. **跨度**　一般单拱棚宽6.0 ~ 9.0米，以8.0米为主，棚宽为8.0米的整数倍。
4. **长度**　根据立地条件调节，以30.0 ~ 50.0米为佳，便于通风，其中，大棚开间4.0米。

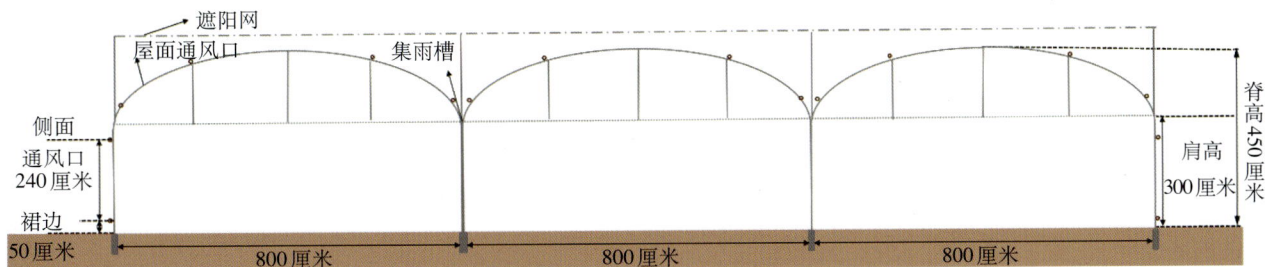

图 12-17　连栋塑料大棚示意图

A

133厘米　　266厘米　　266厘米　　133厘米

40厘米

160厘米

主蔓

葡萄棚架面

葡萄树主干

800厘米

B

266厘米　　266厘米　　266厘米

40厘米

160厘米

主蔓

葡萄棚架面

葡萄树主干

800厘米

C

133厘米　　266厘米　　266厘米　　133厘米

40厘米

160厘米

主蔓

葡萄棚架面

葡萄树主干

800厘米

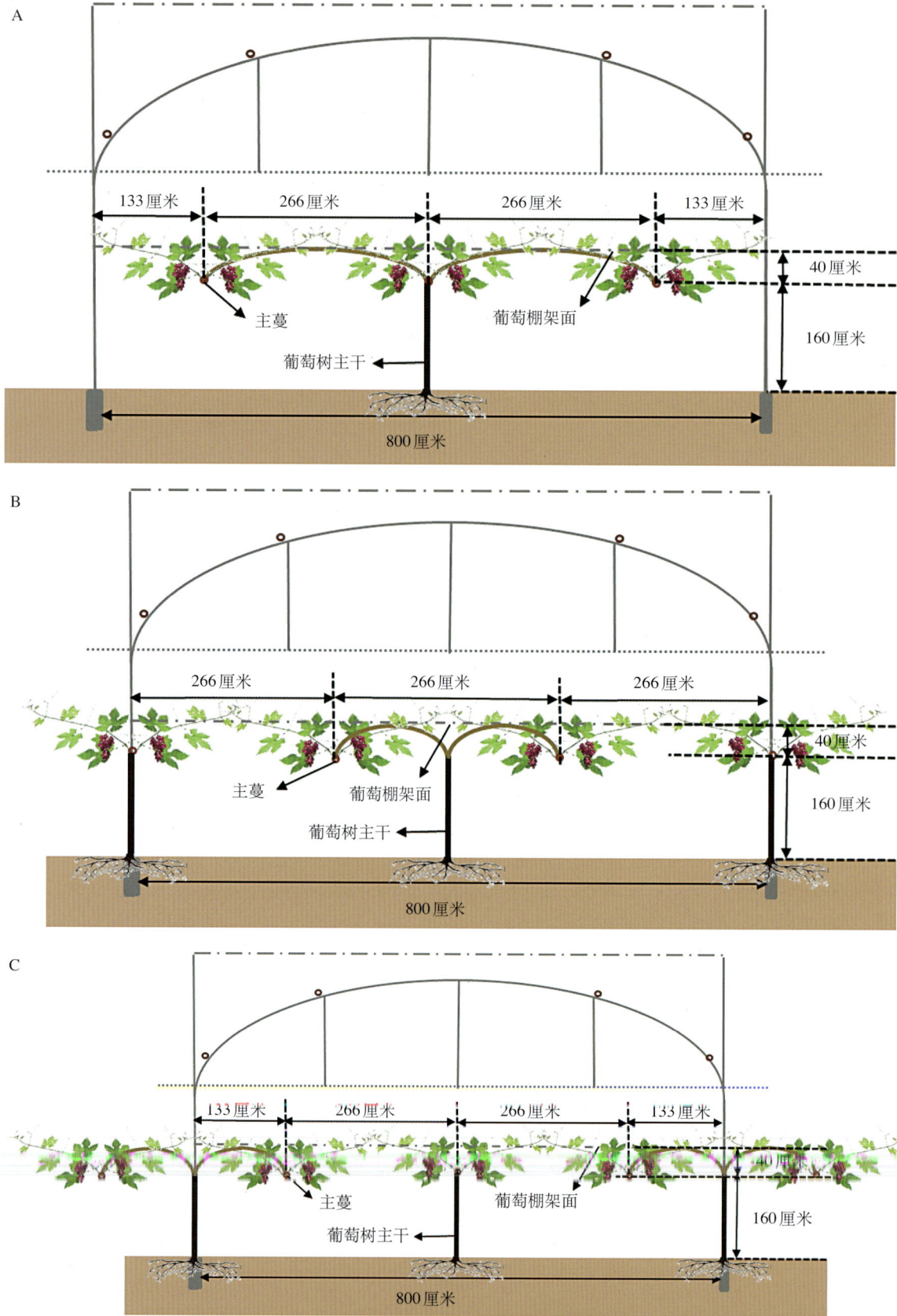

图12-18　连栋塑料大棚适宜机械化管理葡萄栽培模式示意图

A.三主蔓"王"字形树形结构参数　B-C.H形树形+顺行T形树形组合

（三）适用范围

我国各葡萄产区均可，以冬季−17℃绝对最低气温等温线以南区域最佳。

（四）注意事项

北方冬季不揭膜棚，降雪可能压塌大棚，需注意增加大棚拱的弧度，使降雪易滑落，避免造成大棚骨架被压坏。

三、改良型连栋塑料大棚

（一）技术原理与效果

连栋塑料大棚一般会在顶部设置通风口，但一方面夏季高温时节仍存在散热不足，导致棚内温度过高，另一方面，顶部通风口在雨天无法打开，棚内空气湿度增加，导致棚内植物细菌、真菌、病毒、生理等病害增加。通过对连栋塑料大棚顶部结构改良，增设立窗结构，既可增强夏季高温散热，同时雨天又可开窗放风，实现大棚内温度、湿度降低，减轻病虫危害。

改良型连栋塑料温室除具备连栋塑料温室的土地利用率高、保温性能好、设施空间大，更适合机械化作业等优点外，还通过增设立窗，替代顶部架设遮阳网、内部安装环流风机的功能，适用性更高。

（二）技术要点（图12-19，图12-20）

1. **结构** 连栋塑料大棚一般采用钢架结构，南北行向，单拱面积大多在2 000 ~ 10 000米^2。
2. **跨度** 一般单拱棚宽6.0 ~ 9.0米，以8.0米为主，棚宽为8.0米的整数倍。
3. **长度** 根据立地条件调节，以30.0 ~ 50.0米为佳，便于通风，其中，大棚开间4.0米。
4. **高度** 适应葡萄叶幕生长的高度，棚的肩高通常在2.5 ~ 3.0米，脊高4.0 ~ 4.5米。
5. **立窗** 一般立窗高度为0.6 ~ 0.8米，立窗跨度1.2 ~ 1.8米。

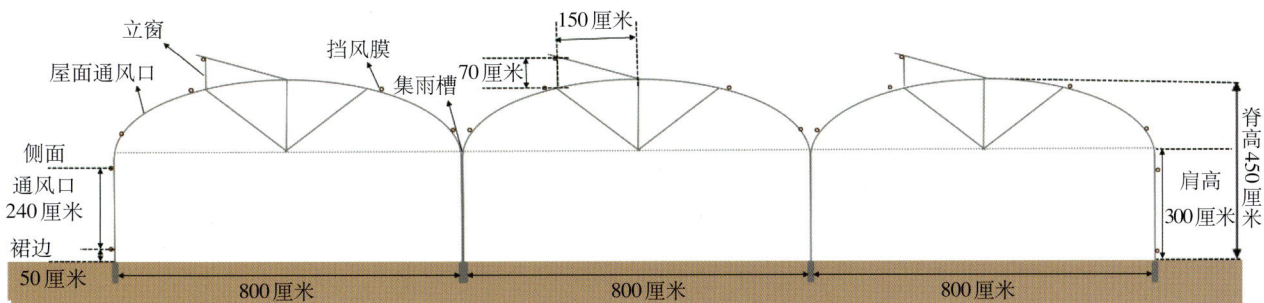

图12-19 改良型连栋塑料大棚示意图

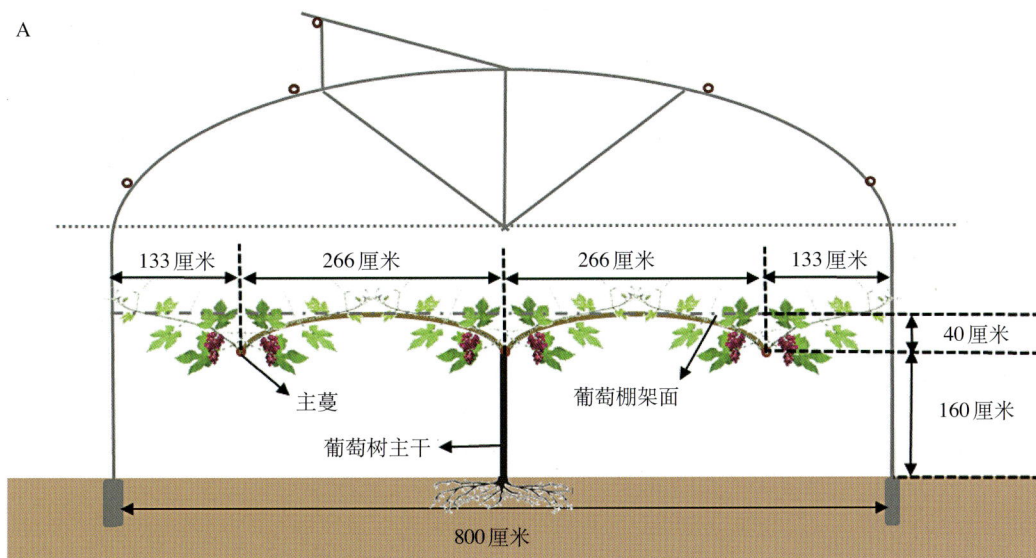

B

266厘米　　　266厘米　　　266厘米

主蔓　　　　　葡萄棚架面

葡萄树主干

40厘米

160厘米

800厘米

C

266厘米　　　266厘米　　　266厘米

主蔓　　　　　葡萄棚架面

葡萄树主干

40厘米

160厘米

800厘米

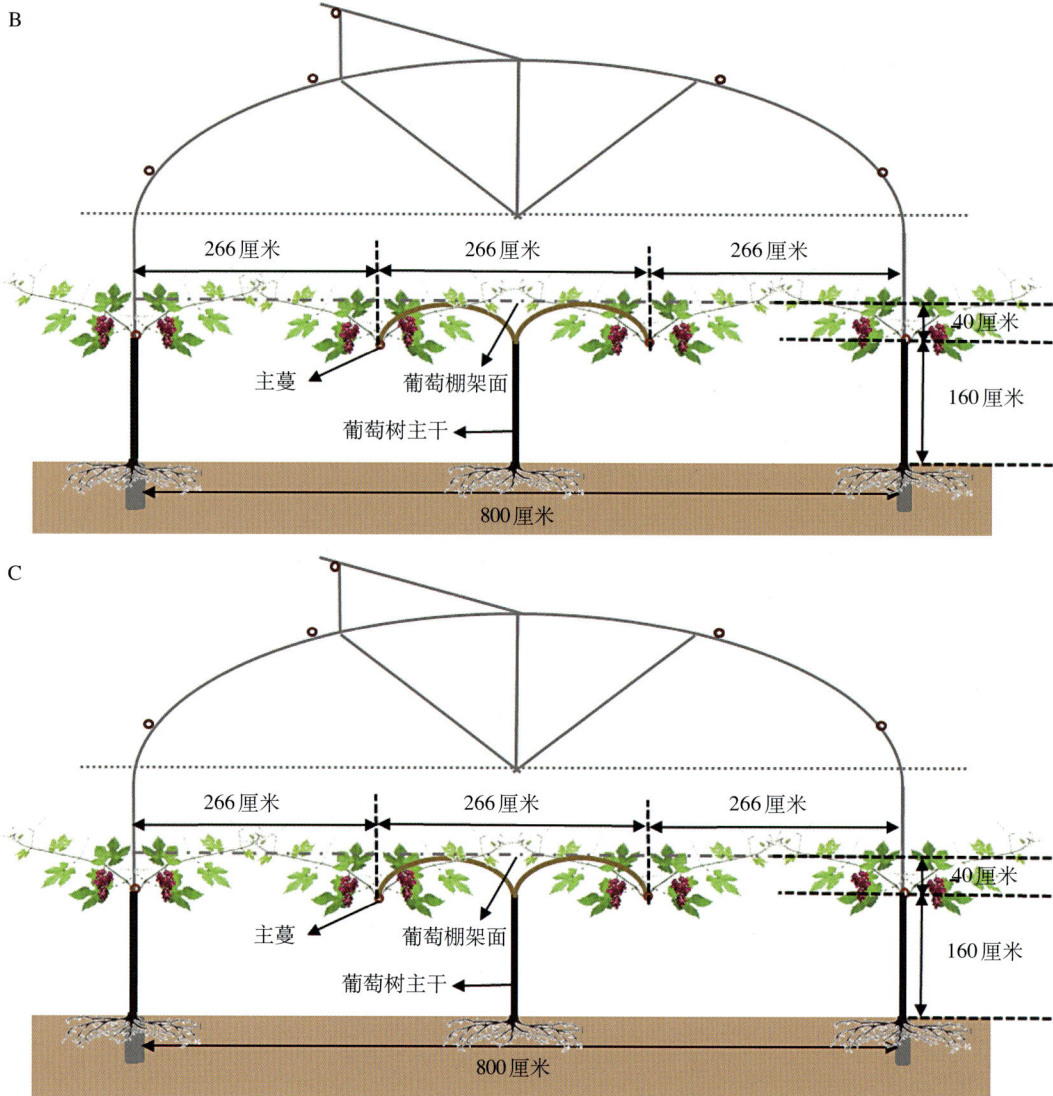

图12-20　改良型连栋塑料大棚适宜机械化管理葡萄栽培模式示意图

A.三主蔓"王"字形树形结构参数　B、C.H形树形＋顺行T形树形组合

（三）适用范围

我国冬季−17℃绝对最低气温等温线以南区域。

（四）注意事项

北方冬季不揭膜棚，降雪可能压塌大棚，需注意增加大棚拱的弧度，使降雪易滑落，避免造成大棚骨架被压坏。

第三节　简易避雨棚设计与建造

利用毛竹片（竹弓）或镀锌高碳钢丝等材料建成的架上小拱棚，覆盖塑料膜，同时，将架上拱棚之间的间隙用塑料膜覆盖，并将葡萄棚架四周用塑料膜封闭，可形成简易的避雨促成栽培棚。

一、技术原理与效果

避雨棚，是将塑料薄膜覆盖在树冠顶部的一种简易设施，其可保护葡萄叶片不被雨水淋湿，创造局部低湿度环境，减少病害危害，而用于增强品种适应性、提高品质和扩大栽培区域等。我国避雨棚栽培技术最早于20世纪80年代中期，由上海交通大学（原上海农学院）、浙江大学（原浙江农业大学）等单位自日本引进，经小面积葡萄避雨栽培试验，获得成功，并于1995年作为葡萄的一项主要栽培技术推向全国。

二、技术要点

1.**结构** 一般由立柱、横梁、拱杆、拱丝、棚膜等组成。其中立柱可以用（10～12）厘米×（10～12）厘米水泥柱，也可以用DN40-65毫米圆钢管或（40×40）毫米方钢管；横梁可以用（40×40）毫米角铁、DN25-40毫米圆钢管、（40×40）毫米方钢管或4.0～5.0毫米镀锌铅丝等；拱杆、拱丝可以是毛竹片、纤维杆、镀锌钢丝等；棚膜一般选0.06～0.08毫米厚PVC无滴膜或PO膜等，宽度根据避雨棚拱的长度而定（图12-21，图12-22）。

2.**高度** 立柱一般300厘米以上，地下埋深60厘米，地上部240厘米以上，其中170厘米以下为叶幕，190厘米以上为拱架支柱。

3.**跨度** 避雨棚立柱行距2.0～2.5米，两行之间留20厘米宽漏雨缝，下面开排水沟。

4.**长度** 避雨棚杆距5.0米，拱丝间距60～80厘米。

图12-21 第一代避雨棚（竹弓避雨棚，上海交通大学供图）

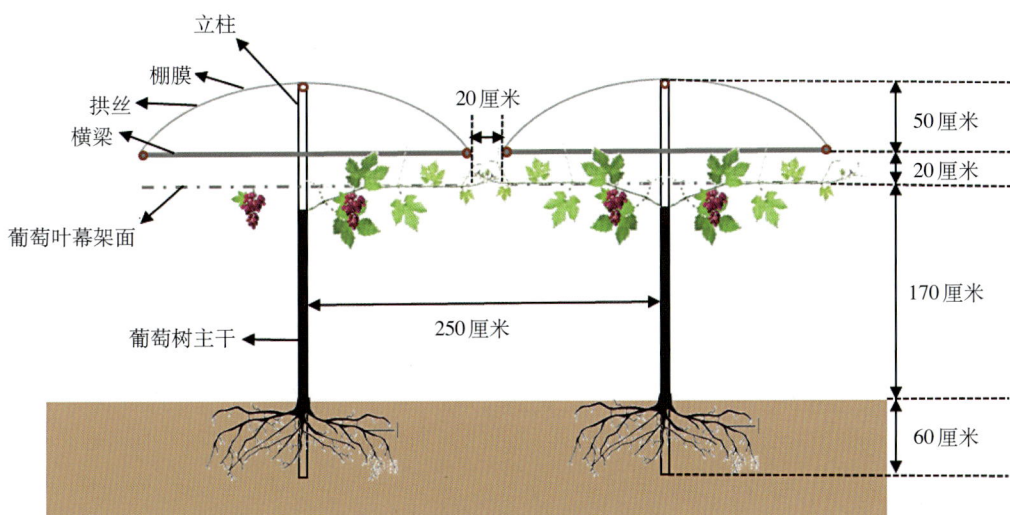

图12-22 葡萄简易避雨棚示意图

227

三、适用范围

华北南部、西北东部和东北南部的部分地区，其年降水超过800毫米或成熟前一个月内降水超过75毫米的地区和采收前周降水量超过30毫米的地区。

四、注意事项

就设施生产层面来说，避雨棚只是对葡萄等进行初级保护。尽管其对减少病害非常有效，但对其他环境条件几乎不具备调节能力，无法给葡萄植株的生长带来更多的调控。

参考文献

刘凤之，段长青，2013.葡萄生产配套技术手册[M].北京:中国农业出版社.

尚泓泉，娄玉穗，吕中伟，等，2023.当代葡萄设施栽培[M].郑州:河南科学技术出版社.

王海波，刘凤之，2017.图解设施葡萄早熟栽培技术[M].北京:中国农业出版社.

王海波，刘凤之，等，2020.中国设施葡萄栽培理论与实践[M].北京:中国农业出版社.

王世平，许文平，张才喜，等，2013.南方葡萄安全生产技术指南[M].北京:中国农业出版社.

第十三章

病虫害综合防控

第一节　真菌病害防控

一、葡萄霜霉病

葡萄霜霉病是一种由葡萄生单轴霉（*Plasmopara viticola*，隶属于卵菌门单轴霉属）引起的多循环病害，主要危害葡萄叶片，也可危害果实（图13-1）。葡萄霜霉病菌需要在有水存在的条件下完成侵染，因此，此病害的发生与降雨关系密切，初侵染阶段是有效控制病害的关键时期。

图13-1　葡萄霜霉病田间典型症状

1.防控技术

（1）利用抗病品种。新定植果园尽量选择抗病品种。

（2）定植健康无菌苗，做好种苗消毒。通过种条、种苗的消毒，清除其携带的病原菌。消毒的方法为100倍硫酸铜水溶液；或用52～54℃的清水浸泡苗木5分钟，然后用80%波尔多液可湿性粉剂200倍液处理苗木，使苗木的根、枝蔓均匀着药。苗木处理后，再栽种。

（3）保持果园卫生。①冬季清扫落叶，修剪病枝，并进行深翻，以达到清除或减少越冬菌源的目的。②春季及时清除萌蘖，减少田间侵染组织和病原菌菌源。

（4）采用生态控制措施。雨水多的地区采用避雨栽培技术，北方地区在6月中下旬开始避雨即可有效控制葡萄霜霉病的发生。夏季控制副梢量。

（5）适时采用药剂防治。①施用保护性药剂，防控葡萄霜霉病，兼治葡萄白粉病和毛毡病。在葡萄萌芽期喷施1次石硫合剂；花前、花后各用1次铜制剂或80%代森锰锌可湿性粉剂500～800倍液，常用的铜制剂有：80%波尔多液可湿性粉剂600～800倍液、30%氧氯化铜悬浮剂800～1 000倍液或77%硫酸铜钙可湿性粉剂500～700倍液；葡萄收获后埋土前根据当年霜霉病发生情况喷施1～2次铜制剂。②监测病害，利用治疗剂进行病害控制。根据田间病害发生和气象条件调整用药，葡萄幼果期若雨水多，田间出现霜霉病时，要根据病情及气象条件，增施3～5次治疗剂。可选用药剂如下：10%氟噻唑吡乙酮可分散油悬浮剂2 000～3 000倍液、44%霜脲·锰锌水分散粒剂350～450倍液、25%吡唑醚菌酯乳油2 000倍液（兼治白粉病）、40%烯酰吗啉悬浮剂1 500～2 000倍液等；也可选用治疗剂与铜制剂交替应用。

2.适用范围 适宜全国的葡萄种植区。

3.注意事项

①霜霉病菌在叶片背面进行侵染，因此进行药剂防治时应注意保证叶片背面均匀着药。②葡萄霜霉病发生期，下雨后及时喷药控制病害的发生与扩展。③葡萄霜霉病在幼果期至葡萄转色前易感染果实，特别是幼果期遇上阴雨多的年份，果实易感染霜霉病，建议在幼果期喷施1～2次吡唑醚菌酯（兼治白腐病和炭疽病）或氟噻唑吡乙酮。

二、葡萄炭疽病

葡萄炭疽病又称晚腐病，由胶孢炭疽菌（*Colletotrichum gloeosporioides*）侵染引起。主要发生在葡萄果实和穗轴上，也能侵害叶片、新梢、卷须、果梗等部位。果实受害后，先在果面产生针头大小的褐色小圆斑，之后逐渐扩大并凹陷，表面产生同心轮纹状排列的暗黑色小颗粒，即病原菌的分生孢子盘，环境湿度大时发病部位出现粉红色分生孢子团，严重时，病斑扩展至全穗（图13-2）。葡萄生长期多雨、露大、雾重，果园地势低、土壤质地黏重、空气湿度大，葡萄过度密植、修剪不合理、田间郁闭、通风不良，施肥偏氮少磷钾，田间管理措施粗放等都易导致炭疽病大范围流行。

图13-2 葡萄炭疽病田间发病症状

1.防控技术

（1）选用抗病良种。葡萄品种/株系对炭疽病的抗病能力差异大。东方之星、美人指、醉金香、阳光玫瑰等为抗病品种。

（2）农业防治。①清除越冬菌源。冬季修剪时，清除病枝残体及枯枝落叶，集中烧毁。②加强栽培管理。科学施肥，增施磷钾肥，以增强树势，提高植株抗病能力。做好摘心绑蔓等工作，保持通风透光良好。③雨后及时排水，降低果园湿度，减轻发病。④采用避雨栽培技术。使用标准大棚，覆盖塑料膜，隔绝雨水与葡萄树体接触。

（3）生物防治。国内已注册登记的防治葡萄炭疽病的微生态制剂只有两种，占农药总数的10%，其主要成分分别为多抗霉素及苦参碱。从花前开始，每隔7天进行微生态制剂喷施，连续喷施2～3次，这对减轻炭疽病的发生具有良好的效果。

（4）化学防治。①在春芽萌动前可喷施3～5波美度石硫合剂＋0.5%五氯酚钠于枝干及植株周围，以清除越冬菌源。②花穗期发病普遍的地区在初花期开始尤其是春季第一次降雨后，马上喷施20%抑霉唑水乳剂800倍液或者50%保倍福美双1 500倍液。③果粒开始转色至成熟期是防治炭疽病的关键时期，可以喷施10%苯醚甲环唑水分散粒剂2 000倍液、30%苯醚甲·丙环乳油3 000倍液、50%

氟啶胺悬浮剂 2 000 倍液、35% 克菌·戊唑醇悬浮剂 1 000 ～ 1 500 倍液，喷药时药剂要交替使用，避免产生抗药性。

2.适用范围 适宜全国的葡萄种植区。

3.注意事项 葡萄炭疽病的防治采取选用抗病品种为基础，农业防治、生物防治、物理防治为主，化学防治为辅的绿色防控技术。种植抗病品种可以从根本上减轻炭疽病的发生，利用及时清园、科学的栽培管理技术等农业防治措施可以有效增强葡萄树势，提高葡萄树抗病能力，同时减少有利于葡萄炭疽病侵染的环境因素，及时阻断传染源。喷施化学药剂及微生态制剂对葡萄炭疽病具有良好的防控效果，葡萄生长期间混合施用化学药剂与微生态制剂，取长补短，减少葡萄炭疽病的发生。

三、葡萄灰霉病

葡萄灰霉病，又称"烂花穗"，由灰葡萄孢菌（*Botrytis cinerea* Pers.）侵染所致，在葡萄各个生长期和采后贮藏期间经常发生，给葡萄产业造成巨大的经济损失。葡萄灰霉病主要危害花序、幼果和已经成熟的果实，有时也危害新梢、叶片和果梗。花穗和刚落花后的小果穗易发病，初期病部呈淡褐色水渍状，不久后变暗褐色，整个果穗软腐。潮湿时病穗上长出一层灰色的霉层。成熟果实及果梗发病，果面出现褐色凹陷病斑，随后整个果实软腐，长出灰色霉层。叶片受害较少，病斑淡褐色，有不定形的轮纹（图 13-3）。采取以抗病品种为基础，农业防治、生物防治为主，化学防治为辅的绿色防控技术，同时结合科学的采后管理技术。种植抗病品种可以从根本上减轻灰霉病的发生，利用及时清园、科学的栽培管理技术等农业防治措施可以有效增强葡萄树势，提高葡萄树抗病能力，同时减少有利于葡萄灰霉病侵染的环境因素，及时阻断传染源。喷施化学药剂及微生态制剂对葡萄灰霉病具有良好的防控效果，葡萄生长期间混合施用化学药剂与微生态制剂，取长补短，减少葡萄炭疽病的发生。

图 13-3 葡萄灰霉果实及叶片受害症状

1.防控技术

（1）抗病品种。抗灰霉病较强葡萄品种有赤霞珠、左优红、公主白、康可、双优和北冰红。此外，在多雨地及保护地栽培时，尽量避免栽种果皮薄、穗紧和易裂果的品种。

（2）农业措施。① 做好清园。果实采收后及时清除病残体及杂草，剪除病枝病叶，集中焚烧或深埋，减少越冬菌源。② 加强栽培管理。提高定干高度，葡萄定干提高到 1.5 米左右，使树体通风透光。增施生物有机肥和钾肥用量，增强树势。在果实第一次膨大期浇透水一次，间隔 7 ～ 10 天再浇透水一次，使葡萄幼果得到充分膨大。在雨季，雨前地面铺白色透明塑料布，布下修凹下排水沟，下雨后及时排水，降低果园湿度，同时提倡果实套袋，可有效抑制病害侵染和扩展。摘心疏穗以控制产量，如红宝石品种每穗定粒 150 ～ 180 粒，可有效减少大小粒的出现，每穗质量 500 ～ 800 克，每亩产量控制在 1 500 ～ 2 000 千克。

（3）生物防治措施。葡萄始花期开始，每隔 7 天喷施哈茨木霉菌 LTR-2 可湿性粉剂，连续喷施 2 ～ 3 次，可以防治生长期葡萄灰霉病。用木霉及芽孢杆菌制剂处理采后果实，有效防治葡萄贮藏期烂果。

（4）化学防治措施。葡萄灰霉病的化学防治要抓住花前、花后、封穗期、成熟期这 4 个防治时期。套袋葡萄：花前、花后、套袋前是 3 个防治灰霉病的关键点。防治灰霉病药剂的选用：可选择 20% 腐霉利悬浮剂600倍液；20%咯菌腈悬浮剂2 000～4 000倍液、22%抑霉唑水乳剂1 500倍液、50%甲基硫菌灵悬浮剂600～800倍液、40%嘧霉胺悬浮剂1 000倍等，其他还有多菌灵、异菌脲、乙霉威、啶酰菌胺、氟啶胺等交替使用。

（5）采后管理技术。贮藏前用异菌脲或腐霉利处理果实，或用碘化纸（1%～2%碘化钾浸纸）包装保护，控制果实腐烂。紫外线照射和超声波处理是最简单、可靠和环保的新兴技术，可以延长水果货架期，改变气体的绝对和相对压力，配合低温贮藏。

2.适用范围　适用于全国各葡萄产区。

3.注意事项　果实采收应在晴天进行，在采收和运输中尽量避免造成伤口。

四、葡萄溃疡病

葡萄溃疡病是由多种葡萄座腔菌科真菌引起的一种葡萄枝干病害（图13-4），本项技术以农艺措施和生态调控为主，辅以药剂防治，对葡萄溃疡病的整体防控效果稳定在80%以上，平均可挽回5%～8%的产量损失，同时可提高优果率10%以上，经济效益显著。

图13-4　葡萄溃疡病田间症状

1.防控技术

（1）加强种苗检测与无病苗繁育。留用健康枝条作种条，苗木种植前可做药剂处理，处理药剂推荐选用10%苯醚甲环唑水分散粒剂1 000倍液或10亿CFU/克解淀粉芽孢杆菌QST713悬浮剂160～240倍液。

（2）拔除田间死树及清除田间病组织，并集中销毁。及时修剪田间发病组织，带到园外集中销毁；对剪口进行涂药，推荐选用10%苯醚甲环唑水分散粒剂800倍液等杀菌剂加入黏着剂等涂在伤口处，防止病菌侵入。及时拔除发病死树，采用10%苯醚甲环唑水分散粒剂800倍液对树体周围土壤进行处理，同时对邻近病株进行药剂灌根。

（3）加强栽培管理。根据不同生态区和品种选择合适的架势，合理进行肥水和叶幕管理，合理叶果比，控制产量，平衡树势；埋土防寒区注意避免树体受冻，同时在埋土时避免造成机械伤害。

（4）生长期采用药剂防治。如田间监测到溃疡病的发生，须在果实转色前进行施药，果穗喷药或浸药，进行疏果处理的最好在疏果后马上进行药剂处理果穗。施药次数1～2次，推荐选用药剂：250克/升吡唑醚菌酯乳油1 000～2 000倍液、50%醚菌酯水分散粒剂3 000～5 000倍液、10%苯醚甲环唑水分散粒剂1 000倍液或10亿CFU/克解淀粉芽孢杆菌QST713悬浮剂160～240倍液。

2.适用范围 适宜全国的葡萄种植区。

3.注意事项 葡萄溃疡病菌潜育期长，是典型的条件致病菌，树体被病原菌侵染后的症状表现与树体树势和外界气候条件关系密切，因此通过农艺措施提高树势是重要的防病途径。此外，葡萄溃疡病的症状与葡萄白腐病及多种其他类型葡萄枝干病害难以区分，技术使用时要做到对葡萄溃疡病的准确诊断。

五、葡萄白粉病

葡萄白粉病是一种由葡萄白粉病菌（*Erysiphe necator*）侵染引起的多循环流行性真菌病害，主要危害葡萄叶片，也可危害果实（图13-5），病原菌主要通过气流传播。本项技术采取预防为主、精准施药原则控制葡萄白粉病的危害，生物、化学药剂协同控制，实现葡萄白粉病的有效控制，生态经济效益显著。

图13-5 葡萄白粉病田间典型症状

1.防控技术

（1）加强栽培管理。合理施肥，增施农家肥等有机肥及微生物肥料，科学使用氮、磷、钾肥，避免偏施氮肥；生长期要及时摘心、绑蔓、剪副梢，使枝蔓均匀分布；保持通风透光性良好；冬季后或落叶后剪除病梢，彻底清除掉病叶、病果等残体，集中烧毁，消灭越冬菌源及病菌越冬场所。

（2）适时采用药剂防治。①施用保护性药剂对树体进行保护。前一年白粉病发生严重果园，要注意喷药保护，一般在秋季葡萄埋土前和春季葡萄发芽前各喷1次药剂，铲除附着在葡萄枝蔓上的越冬病菌。常用药剂如：3～5波美度石硫合剂、45%石硫合剂晶体50～70倍液、50%硫黄悬浮剂150～200倍液等。②病害发生后喷施治疗性药剂进行防控。从病害发生初期或初见病斑时开始喷药，7～10天1次，一般果园连喷2～3次，往年病害较重果园，需酌情增加喷药次数。常用有效药剂有：430克/升戊唑醇悬浮剂3 000～4 000倍液、40%腈菌唑可湿性粉剂6 000～7 000倍液、12.5%烯唑醇可湿性粉剂2 000～2 500倍液、42.4%唑醚·氟酰胺悬浮剂2 500～5 000倍液等，生物菌剂如嘧啶核苷类抗生素、蛇床子素、大黄素甲醚、β-羽扇豆球蛋白多肽等。

2.适用范围 适宜全国的葡萄种植区。

3.注意事项 药剂防治葡萄白粉病时需要注意在病害发生前或发生初期开始用药，发病期要连续用药3～5次。三唑类药剂在某些品种上对幼果产生药害，应注意避免；石硫合剂污染幼果较重，用药时要避开高温；喷药周到均匀，果实、叶面、枝梢等幼嫩绿色部分都应均匀着药；使用白粉病的药剂防治中易产生抗药性，用药时避免单一药剂连续长期使用，建议保护剂和治疗剂交替使用，化学农药和生物农药协调应用。

六、葡萄白腐病

葡萄白腐病（*Coniella vitis*）是我国葡萄白腐病的主要病原菌。白腐病是葡萄生长中后期引起果实腐烂的主要病害，多发生在果实着色期，主要危害葡萄果穗、果粒、枝梢和叶片（图13-5）。果穗感病后，最初在果梗和穗轴出现浅褐色水渍状的不规则病斑。病菌由果梗开始侵染果粒基部，如遇阴雨潮湿天气，湿度足够大，病斑迅速蔓延，整个果粒被病菌侵染，果粒软塌出现皱缩，发病严重时，全穗腐烂坏死、脱落；干燥天气时果穗干瘪萎蔫，形成褐色僵果，挂在果穗中不易脱落（图13-6）。葡萄白腐病的防治采取以选用抗病品种为基础，农业防治、生物防治为主，化学防治为辅的绿色防控技术。通过采用抗病品种从源头减轻白腐病的侵染，利用农业防治加强葡萄生长趋势，减少葡萄生长环境中利于葡萄白腐病病原菌的环境因素，及时阻断传染源，避免翌年再次侵染；喷施枯草芽孢杆菌、贝莱斯芽孢杆菌等活性菌株发酵而成的微生态制剂对葡萄白腐病具有良好的防控效果；葡萄生长期间化学药剂与微生态制剂混合施用，可起到取长补短的作用，减少葡萄白腐病的发生。

图13-6 葡萄白腐病果穗受害症状

1.防控技术

（1）选用抗病品种。鲜食葡萄中巨峰葡萄抗病性较好；酿酒葡萄中，欧亚种的赤霞珠、西拉、白诗南抗病性较好。

（2）农业防治。①加强果园管理，保证肥水供应充足，且排水通畅，降低果园湿度。跟踪果实生长状况，增施有机肥，掌握科学的肥料比例控制，控制氮肥的用量，增强植物的抗病性。②及时清除病果、病穗、病叶、病枝和落叶落果，将其带出果园统一处理，减少病原菌在果园中的菌源量。

（3）生物防治。在果粒开始着色前5～7天第一次喷施微生态菌剂，每隔7天喷施1次，喷施2～3次。

（4）化学防治。果穗整形后，进行化学防治。药剂喷施应当在果实着色期前一周左右开始，每两周喷1次药，至采收前两周停药。葡萄生长期间化学药剂可与微生态制剂混合施用，可起到取长补短的作用，减少葡萄白腐病的发生。

2.适用范围 适用于全国各葡萄产区。

3.注意事项

（1）若是阴雨天气，应在雨过之后的晴天进行微生态制剂的喷施。

（2）重视化学防治用药的关键期，做好预测预报，实施以预防为主的绿色防控。

七、葡萄酸腐病

葡萄酸腐病是葡萄成熟期的重要病害，危害严重时可导致绝产。葡萄酸腐病的参与因子包括酵母菌、醋酸菌及果蝇。在我国葡萄主产区参与葡萄酸腐病发生的酵母菌有32种，优势种为仙人掌有孢汉逊酵母（*Hanseniaspora opuntiae*）、泽普林假丝酵母（*Starmerella bacillaris*）、葡萄汁有孢汉逊酵母（*Hanseniaspora uvarum*），在属水平上的优势酵母属为有孢汉逊酵母属。在我国葡萄主产区参与酸腐病发生的果蝇种类共11个种，黑腹果蝇、拟果蝇是主要的优势种。葡萄因农事操作、病虫害或非生物因子造成的伤口，酸腐病菌从机械损伤（如冰雹、风、蜂、鸟等）造成的伤口进入浆果，伤口的存在成为真菌和细菌存活、繁殖的初始因素，同时可以引诱果蝇产卵。果蝇在爬行、产卵的过程中传播虫体上携带的细菌，并通过幼虫取食、酵母及醋酸菌的繁殖等造成果粒腐烂，从而导致葡萄酸腐病的大发生（图13-7）。在防控过程中，减少伤口产生，同时控制媒介昆虫果蝇是酸腐病防控的关键。

图13-7 葡萄酸腐病果穗受害症状

1.防控技术

（1）选用抗病品种，加强果园管理，改善架面通风透光条件，合理疏花疏果，疏花疏果后及时使用1次杀菌剂，减少病菌在伤口的侵染。

（2）防止鸟类危害，减少伤口出现；积极防治果实白粉病、日灼病、气灼病等病害，适时套袋，以减少果面伤口。

（3）重点防控果蝇。酸腐病发生期为果实成熟期，化学药剂易产生农药残留，可采用引诱剂配合蓝板对其诱杀。

2.适应范围 所有葡萄产区均适用。

3.注意事项 尽量避免早中晚熟品种混合种植，果蝇虫量的积累易加重晚熟品种酸腐病的发生。

第二节　生理性病害防控

一、葡萄气灼病

葡萄气灼病，亦称缩果病，是与特殊气候条件有直接或间接关系的生理性病害，为水分生理失调和高温环境共同作用下引起，属于"生理性水分失调症"之一。气灼病一般发生在幼果期，从落花后

45天左右，至转色前均可发生，以幼果期至封穗期发生最为严重。首先表现为失水、凹陷、浅褐色小斑点，并迅速扩大为大面积病斑，整个过程基本上在2小时内完成（图13-8）。一般情况下，连续阴雨后，土壤含水量长期处于饱和状态，天气转晴后的高温、闷热天气，易导致气灼病发生。

1.防控技术 葡萄气灼病的防治，本质上是需要维持水分的供求平衡。因此，该病的防治要从保证根系吸收功能的正常发挥和水分的稳定供应入手。

（1）培养健壮、发达的根系。可采用增施有机肥来提高土壤通透性、调整负载量、防治根系和地上部病虫害等措施，有利于根系呼吸和根系功能正常，避免或减轻气灼病的发生及危害。

图13-8 气灼病症状

（2）水分的供应。包括土壤水分供应和水分在葡萄体内的传导两个方面。在易发生气灼病的时期（大幼果期），尤其是套袋前后，要保持充足的水分供应。水分供应一般注意3个问题：第一，土壤不能缺水。缺水后要注意浇水。滴灌是最好的浇水方法，如果大水漫灌，要注意灌溉时间，一般在18：00至早晨浇水，避免中午浇水。第二，保持水分。通过地面覆盖草或秸秆等，保持土壤的水分，协调地上部和地下部的平衡关系，会减轻和避免气灼病。第三，树体内水分的传导。花前花后对花序和果穗的病害防治可有效避免或减少穗轴、果柄伤害，能减轻或避免气灼病的发生。

2.适应范围 所有葡萄产区均适用。

3.注意事项

①连续阴雨，天气突然转晴后不要立即套袋，待温度稳定再套袋，有利于减少气灼病的发生。

②避免高温天气的中午大量灌水。

二、葡萄日烧病

葡萄日烧病是由阳光直接照射果实造成局部细胞失水而引起的一种生理病害（图13-9）。日烧病发生的直接原因是果实受到强光照，果面温度剧变，果实局部细胞失水受伤害而造成生理紊乱，其发生程度与葡萄品种、树势、果穗着生的部位和方位、树体负载量等有关。日烧病虽属于生理性病害，没有传染性，但病果易感染杂菌并发其他病害，因此，对已发生日烧的果实，应及时疏除。

1.防治技术

（1）合理布置架面、注意选留果穗，尽量避免果实直接遭受日光照射，尤其是在架面西南方位更应注意果穗上方周围有适当的叶片。

图13-9 日烧病症状

（2）采用避雨栽培的模式，可以减少强光对果实的直射，从而降低果面温度。

（3）采用套袋的方式，减少强光对果实的灼伤，同时可以提高果实品质。

（4）调整负载量，保证树势健壮。

2.适用范围 所有葡萄产区均适用。

3.注意事项　　正确区分日灼病和气灼病，日灼病一般发生在果实膨大期，是由于阳光直射造成的生理性病害。发病初期果实阳面由绿色变为黄绿色，局部变白，继而出现火烧状褐色椭圆形或不规则形斑点，后期扩大成褐色凹陷的病斑。整个病程持续2～3天。气灼病一般发生在幼果期，发病部位与阳光直射无关。最初表现为失水、凹陷、浅褐色小斑点，迅速扩大为大面积病斑，整个过程在2小时内完成。

第三节　虫害防控

一、葡萄根瘤蚜

1.发生规律　　我国葡萄根瘤蚜冬季以滞育若蚜越冬（图13-10），3月底至4月初若蚜开始发育，在广西兴安葡萄产区发生高峰期为4月和9月，结合根系生长状态分析发现，葡萄根瘤蚜发生高峰对应葡萄根系生长高峰，通过不同浓度肥料因子培养的葡萄根系饲养葡萄根瘤蚜，发现最有利于葡萄根系生长的肥料因子水平，对葡萄根瘤蚜种群发生也最有利，葡萄根的营养状态决定了葡萄根瘤蚜的发生量，当葡萄根系处于快速生长期时，其较好的营养条件为葡萄根瘤蚜种群发生提供了条件，因此葡萄根瘤蚜防治时期应为其发生区域的葡萄根系生长高峰。

药剂筛选试验表明，噻虫嗪、噻虫胺等新烟碱类杀虫剂对葡萄根瘤蚜防效较好。对不同葡萄根瘤蚜发生区域的土壤性质分析表明，药剂在湖南、河南土壤中的扩散能力优于其在广西桂林土壤中的扩散能力，噻虫胺的扩散能力优于噻虫嗪的扩散能力。不同剂型的渗透能力表明，乳油的渗透能力优于颗粒剂的渗透能力。在广西的田间试验表明，噻虫嗪、噻虫胺、呋虫胺在4月葡萄根瘤蚜发生高峰期用药，可有效控制其在采收前的危害，且悬浮剂效果优于颗粒剂。同时，杀虫活性植物在葡萄根瘤蚜种群较低时对其有控制作用，因此可采用化学防治与复种杀虫植物联合使用的方式防治葡萄根瘤蚜。

图13-10　葡萄根瘤蚜成蚜（左）和卵（右）

2.防控技术

（1）针对发生区域。针对已发生葡萄根瘤蚜的葡萄园，建议进行改种非葡萄作物，如其他果树、粮食作物和蔬菜等；如想继续种植葡萄，可选用防治效果较好的药剂进行防控，也可种植抗根瘤蚜砧木进行嫁接。严格禁止该地区的葡萄苗木进行调运。根据葡萄根瘤蚜发生规律及各疫区土壤特点，在合适的时间选择合适的杀虫剂及剂型进行防控。用药时间为各疫区葡萄根瘤蚜发生高峰前期5～10天，杀虫剂种类应选择水溶性较好且防效较好的药剂，如噻虫嗪、噻虫胺、呋虫胺等。在广西兴安，因土壤通透性较弱，可选择乳油或悬浮剂剂型；在河南洛阳、湖南怀化土壤通透性较好的区域，可选择持效期更长的颗粒剂剂型。

（2）针对未发生区域。严格控制发生区域的苗木到未发生过葡萄根瘤蚜的区域，新建园时要进行严格的葡萄苗木消毒措施，可选用噻虫嗪、噻虫胺等药剂配置毒沙，将苗木在毒沙中沙藏10天以上。同时，种植前，用噻虫嗪或噻虫胺药液浸泡6～8小时。

3.适用范围　化学防治主要适用于葡萄根瘤蚜疫区，苗木消毒所有葡萄产区均须采取。

二、绿盲蝽

绿盲蝽［*Apolygus lucorum* (Meyer-Dür)］，属半翅目盲蝽科后丽盲蝽属，又名绿后丽盲蝽。防控技术主要依赖于害虫的危害特征和发生规律。

1.危害特征　绿盲蝽成虫和若虫以刺吸式口器吸取葡萄嫩芽、新梢、嫩叶、花序、幼果等幼嫩组织汁液。葡萄嫩芽受害后，呈红褐坏死斑点，影响萌芽展叶，在芽叶展开后受害斑变大成孔洞（图13-11）。花蕾受害后萎缩，并容易掉落。幼果受害后果面呈现黑斑，随果实膨大黑斑变为黑褐色不规则疮痂，影响果实膨大。

2.发生规律　绿盲蝽在华北及环渤海湾和东北及西北冷凉气候葡萄栽培区1年发生3代以上。华北及环渤海湾葡萄栽培区，该虫4月中旬左右（葡萄萌芽期）在葡萄植株或周边杂草上越冬卵孵

图13-11　绿盲蝽危害葡萄叶片症状

化成若虫，迁移并危害葡萄嫩芽，5月上旬左右（葡萄展叶期）羽化为成虫；该虫在5月下旬至6月中下旬（开花到幼果期）达到第一次高峰期，此时第1代若虫危害花序和幼果，羽化后的第1代成虫部分留在葡萄园取食危害幼果，部分转移至附近果园和苗圃等处危害；如果前期防治不力，该虫在8月下旬至9月中下旬（果实膨大到成熟期）可能达到第二次高峰期，如果前期修剪和清理副梢及喷洒药剂等措施应用及时，第2～3代成虫开始转移扩散到果园外危害；10月葡萄进入休眠期后，最后一代成虫在葡萄剪口髓部或园区杂草产卵越冬。

3.防控技术

（1）农业防治。休眠期剪除被害枝梢及残存病果烂果，刮除老树皮，清除果园内的枯枝、落叶、烂果等并集中销毁。在葡萄萌芽前，剪除带卵枝条，清除早春寄主上的虫源。在其他生长季节摘除被害叶、果、梢并集中销毁。收获期应彻底清除被害果。绿盲蝽成虫偏好含氮量高的植物组织，应适当控制氮肥在葡萄园的使用。

（2）物理防治。葡萄展叶后至幼果期，在园内悬挂中央装配绿盲蝽性诱剂诱芯的三角形诱捕器（每亩地20个诱捕器）诱杀成虫（图13-12），每月更换1次诱芯。

（3）生物防治。在葡萄展叶初期和幼果期发现绿盲蝽后人工释放绿盲蝽捕食性天敌七星瓢虫、中华草蛉等。每个发生期释放2次，间隔1周，每次释放200～300头/亩，释放时需将天敌昆虫饲养袋悬挂在靠近幼果或嫩叶附近。

（4）药剂防治（包括硫制剂和生物源药剂）。葡萄萌芽到展叶初期和幼果期是防治的关键时期。在葡萄萌芽初期和休眠期前各打1次3～5波美度石硫合剂，铲除虫源，在葡萄2～3片叶期喷施1次杀虫剂；如果葡萄开花前2～3天或幼果期该虫仍危害较重需再补打1～2次药；在干旱年份，需在花期到幼果期根据害虫为害情况补打1～2次药。药剂防治最佳时间在早晨和傍晚，应对树干、地面杂草喷药。常用药剂有：高效氯氰菊酯、啶虫脒、噻虫嗪、苦参碱、印楝素等。

4.适用范围　绿盲蝽主要发生在华北及环渤海湾和东北及西北冷凉气候葡萄栽培区的设施环境及露地环境，少量发生在安徽、湖北等地的避雨栽培棚，本技术适用于以上葡萄产区和栽培类型的绿盲蝽的防控。

5.注意事项　药剂喷施应与害虫天敌释放时间间隔10天以上。

图 13-12　三角形诱捕器诱集的绿盲蝽成虫

三、斑衣蜡蝉

斑衣蜡蝉 [Lycorma delicatula (White)]，属半翅目蜡蝉科斑衣蜡蝉属。防控技术主要依赖于害虫的危害特征和发生规律。

1.危害特征　斑衣蜡蝉以成虫、若虫群集于的嫩梢和叶片背面危害，以刺吸式口器吸食嫩梢、叶片内汁液。被害嫩枝常出现干裂，被害叶片有淡黄色斑点，严重时叶片萎缩变形甚至破裂（图13-13）。该虫取食时自身排泄的蜜露可产生的黑色霉层，诱发煤污病。

图 13-13　斑衣蜡蝉若虫和成虫及斑衣蜡蝉若虫危害嫩枝和叶片（从左到右）

2.发生规律　斑衣蜡蝉在西北及黄土高原和华北及环渤海湾葡萄栽培区1年发生1代，以卵块在葡萄主干、架材、木桩上越冬，一般在葡萄萌芽后开始陆续孵化，若虫聚集危害嫩茎和叶片；开花到幼果期开始出现成虫，果实膨大期成虫开始交尾产卵、并有成虫从园区周边杂草迁入，葡萄采收后该虫开始迁出或越冬。该虫在秦岭淮河以南亚热带葡萄栽培区1年可发生3代，成虫可在园区杂草、落叶和石缝等隐蔽场所越冬，春季初越冬成虫陆续出蛰在花卉等发芽早的作物上危害，待葡萄发芽后转移到葡萄叶片上危害。之后成虫产卵于叶脉内或叶背茸毛中，在幼果至果实开始膨大时孵化若虫，以后世代重叠，葡萄采收后该虫开始迁出越冬。斑衣蜡蝉危害的高峰期通常在葡萄坐果后至果实成熟。

3.防控技术

（1）农业防治。在葡萄园内及周边避免种植臭椿、苦楝、花椒等斑衣蜡蝉喜食寄主，以减少害虫寄主转换及越冬虫源。加强冬春修剪，刮除树干、葡萄架、枝条上的卵块。

（2）物理防治。针对西北及黄土高原和华北及环渤海湾葡萄栽培区，在葡萄萌芽前以及坐果后两个时间点在树干下部安装黏虫带，阻止部分若虫上树。

（3）生物防治。在斑衣蜡蝉高峰期前（葡萄坐果前）可释放1次斑衣蜡蝉平腹小蜂等斑衣蜡蝉寄生性天敌，每次释放100头/亩，连续释放2次，间隔1周。

（4）药剂防治。葡萄萌芽到展叶初期和盛花到坐果期是防治的关键时期。在葡萄萌芽初期和休眠期前各打1次3～5波美度石硫合剂，铲除虫源。在葡萄到坐果发现该虫在叶片或枝条危害，对葡萄全株喷施1次药剂。常用药剂有：噻虫嗪、甲氨基阿维菌素苯甲酸盐、高效氯氟氰菊酯等。

4. 适应范围　斑衣蜡蝉主要发生在西北及黄土高原、华北及环渤海湾葡萄栽培区的设施环境和露地环境以及秦岭淮河以南亚热带葡萄栽培区的避雨栽培棚，本技术适用于以上葡萄产区和栽培类型的斑衣蜡蝉的防控。

5. 注意事项　药剂喷施应与害虫天敌释放时间间隔10天以上。

四、二斑叶螨

二斑叶螨 [*Tetranychus urticae* (Koch)] 属蛛形纲蜱螨目叶螨科，又名二点叶螨、白蜘蛛等，是葡萄上的主要害螨之一。防控技术主要依赖于害虫的危害特征和发生规律。

1. 危害特征　二斑叶螨主要危害植株叶片，幼螨、若螨和成螨以刺吸式口器刺吸葡萄叶片和嫩芽。危害叶片初期出现失绿斑点，后逐渐扩大，除叶脉外全面变黄，整体呈黄绿相间状，最后变为褐色斑块（图13-14）。

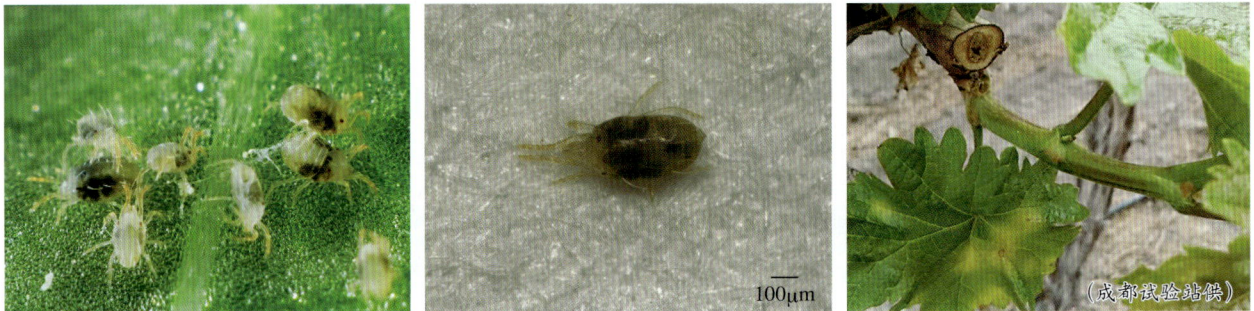

图13-14　二斑叶螨及危害葡萄叶片症状

2. 发生规律　二斑叶螨在华北及环渤海湾和东北及西北冷凉气候葡萄栽培区1年发生5～9代，在云贵高原及川西部分高海拔葡萄栽培区1年发生15代以上，均以雌成螨在树干翘皮和粗皮缝隙内、果树根际周围土缝内及落叶、杂草下群集越冬。翌年春天平均气温上升到10℃时，越冬雌成螨开始出蛰。早期越冬雌虫出蛰后先在旋花等宿根性杂草上危害繁殖，待葡萄发芽后即转移至葡萄。成螨有吐丝下垂借风力扩散蔓延的习性。葡萄果实膨大到成熟之前是危害高峰期，葡萄开始落叶后陆续向杂草上转移，进入10月开始出现越冬型成螨，陆续寻找适宜场所越冬。该螨种群喜好干燥环境，因此，进入雨季后螨量密度有所下降，雨季过后气温升高、环境再次干旱可能继续猖獗危害。

3. 防控技术

（1）农业防治。休眠期剪除被害枝梢及残存的病果、烂果，刮除老树皮，清除果园内的枯枝、落叶、烂果等并集中销毁。葡萄出土后，刮掉老翘皮，并用毛刷刷掉枝蔓上的越冬雌成螨。生长季节干旱时，适量灌溉，增加田间湿度。

（2）物理防治。针对设施栽培葡萄，在葡萄落叶前利用瓦楞纸在葡萄树根部自制诱集带越冬的二斑叶螨雌成螨，第二年萌芽前解除诱集带集中销毁。

（3）生物防治。在葡萄萌芽期到展叶初期、开花期、果实膨大前释放3次二斑叶螨的捕食性天敌智利小植绥螨；萌芽期到展叶初期释放袋装捕食螨，饲养袋应悬挂在靠近地面第一片叶子附近；开花期、果实膨大前直接向叶片均匀释放捕食螨及其麦麸载体。

（4）药剂防治。葡萄萌芽期、展叶期和落叶期（采收后）是防控二斑叶螨3个关键期。在葡萄萌芽初期喷施1次3~5波美度石硫合剂，铲除越冬虫源。在展叶后期向葡萄全株及树冠垂直下方地面喷施1次杀螨剂，压制叶螨越冬后初代种群。采收后，在叶螨还未从叶片转移至枝干或其他寄主前葡萄全株及树冠垂直下方地面喷施1次杀螨剂，减少叶螨越冬数量。可用的杀螨剂包括：乙唑螨腈、联苯肼酯、螺螨酯、虫螨腈、乙螨唑、甲维盐、噻螨酮。

4.适用范围 二斑叶螨重点发生在华北及环渤海湾和东北及西北冷凉气候葡萄栽培区的暖棚以及云贵高原及川西部分高海拔葡萄栽培区的避雨棚中，因此本技术适用于这3个葡萄产区的设施栽培环境。

5.注意事项

（1）药剂喷施应与害虫天敌释放时间间隔10天以上。

（2）注意葡萄棚周边不间作、邻作或套种二斑叶螨其他寄主，如草莓、苹果、茄子等，以避免害螨的寄主转移。

五、葡萄瘿螨

葡萄上的瘿螨主要是葡萄缺节瘿螨 [*Colomerus vitis* （Pagenstecher）]，又名葡萄毛毡病，属蜱螨目瘿螨科缺节瘿螨属。防控技术主要依赖于害虫的危害特征和发生规律。

1.危害特征 葡萄缺节瘿螨主要以成螨和若螨在叶背吸食汁液，被害初期叶正面突起，同时叶背面有白色斑点；被害后期，叶正面呈紫褐色瘤状突起，叶背面茸毛增多呈毛毡状并变成黑褐色；危害后通常会导致葡萄叶片干枯脱落，树势衰弱，产量降低。该螨也危害嫩梢、幼果、卷须及花梗等幼嫩组织（图13-15）。

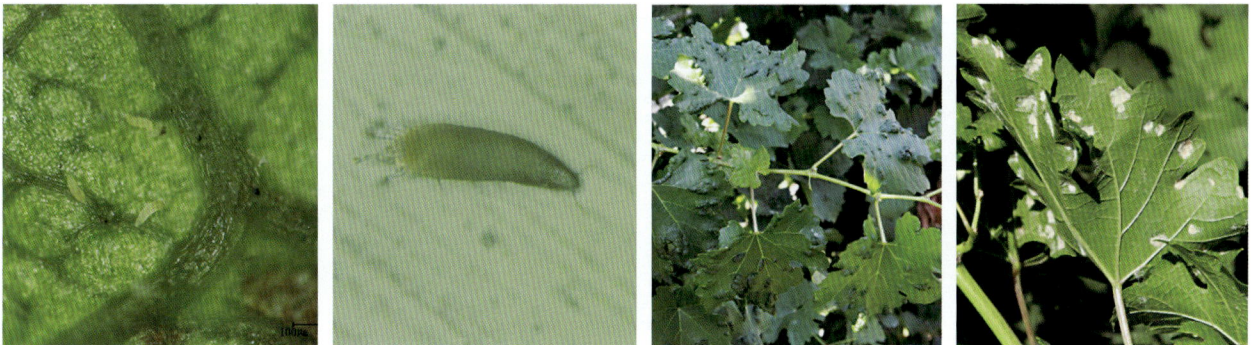

图13-15 葡萄缺节瘿螨及危害叶片症状

2.发生规律 葡萄缺节瘿螨重点发生在西北及黄土高原葡萄栽培区，偶尔也在华北及环渤海湾和长江流域葡萄栽培区发生。在西北及黄土高原葡萄栽培区该螨1年发生3代。成螨在芽鳞片内或被害残叶中越冬。葡萄发芽后该螨由越冬处转移至叶片背面茸毛下吸食汁液，随嫩叶生长蔓延。果实膨大到果实成熟前是该螨危害最严重的时期，葡萄采收休眠后成螨潜入芽内越冬。

3.防控技术

（1）农业防治。冬季彻底清园，刮去主蔓上的粗皮，清除落叶和受害叶。葡萄生长季合理灌溉、施肥以保持树势和提高抗虫能力，及时修剪并摘除受害叶片以保持良好通风环境。

（2）物理防治。苗木定植前，将插条或苗木先后用40℃热水浸泡5~7分钟，以清除越冬成螨。

（3）生物防治。在葡萄萌芽期到展叶初期、开花期两个阶段共释放4次叶螨的捕食性天敌加州新小绥螨，每阶段释放2次，间隔1周。萌芽期到展叶初期释放袋装捕食螨，饲养袋应悬挂在靠近地面第一片叶子附近；开花期直接向叶片均匀释放捕食螨及其麦麸载体。

（4）药剂防治。葡萄萌芽到展叶初期、盛花到坐果期、采收后到落叶期是防治的关键时期。在葡萄萌芽初期和休眠期前各喷施1次3~5波美度石硫合剂，铲除虫源。在葡萄盛花到坐果期、采收后到落叶前对葡萄全株各喷施1次杀螨剂。在果实膨大阶段如发现受害叶片比例达到5片叶/株，可喷1次进口硫黄粉水溶剂。常用杀螨剂有：乙唑螨腈和联苯肼酯。

4.适用范围 该技术主要适用于西北及黄土高原葡萄栽培区、华北及环渤海湾和长江流域葡萄栽培区露地栽培上的葡萄缺节瘿螨。

5.注意事项 药剂喷施应与害虫天敌释放时间间隔10天以上。

六、叶蝉

葡萄叶蝉主要包括葡萄斑叶蝉 [*Erythroneura apicalis* (Nawa)] 和葡萄二黄斑叶蝉 [*Erythroneura* sp. (Nawa)]，均属半翅目叶蝉科斑叶蝉属。防控技术主要依赖于害虫的危害特征和发生规律。

1.危害特征 葡萄叶蝉成虫、若虫均以刺吸式口器在叶背刺吸危害，一般在气候干燥、通风不良、杂草丛生的葡萄园发生较多。被害叶初现白色小点，危害严重时白色点连成白斑，导致提早落叶。

2.发生规律 葡萄斑叶蝉主要发生在西北及黄土高原和华北及环渤海湾葡萄栽培区，也发生在部分长江流域葡萄栽培区，发生世代数因地而异。该虫在西北及黄土高原葡萄栽培区1年发生4代，在华北及环渤海湾葡萄栽培区每年发生2～3代。两个地区该虫均以成虫在石缝、杂草或落叶下越冬。春季葡萄萌芽前，越冬成虫先在梨、樱桃等其他果树寄主上取食，待葡萄展叶后再迁往葡萄危害。该虫于叶背叶脉内或茸毛中产卵。各代成虫、若虫均在叶背刺吸危害，其危害一直持续至葡萄采收。葡萄二黄斑叶蝉主要发生在西北及黄土高原和环渤海湾葡萄栽培区，每年发生3～4代。该虫在不同葡萄生长期发生规律与葡萄斑叶蝉类似。两种叶蝉的发生几乎贯穿整个葡萄生长期，直至葡萄果实膨大至成熟期达到危害高峰。

图13-16　葡萄斑叶蝉若虫和成虫及危害叶片症状

3.防控技术

（1）农业防治。葡萄生长期应及时修剪枝叶，于花期适当清除树冠下杂草，保持园内通风、透光性。冬季清园可以压低越冬成虫数量。

（2）物理防治。葡萄萌芽期开始在园内悬挂黄板诱集成虫，每亩地挂20块黄板，每周更换1次。

（3）生物防治。加强保护利用园区叶蝉自然天敌，包括蜘蛛、寄生蜂等。

（4）药剂防治。葡萄萌芽到展叶初期、果实膨大到成熟期前、采收后到休眠期是防治的关键时期。在葡萄萌芽初期和休眠期前各打1次3～5波美度石硫合剂，铲除虫源。在葡萄果实膨大到成熟期之间对葡萄全株喷施2次杀虫剂。常用杀虫剂有：高效氯氰菊酯、啶虫脒、噻虫嗪、乙基多杀菌素。

4.适用范围 该技术主要适用于西北及黄土高原葡萄栽培区、华北及环渤海湾和长江流域葡萄栽培区露地栽培上的叶蝉。

5.注意事项 果园内外避免栽种梨、苹果等果树及玉米、蔬菜等叶蝉的其他寄主作物，以减少害虫寄主间转换。

七、胡蜂

胡蜂属膜翅目胡蜂科，葡萄上最常见种有普通黄胡蜂（*Vespula vulgaris*）、墨胸胡蜂（*Vespa velutina*）、中华长脚胡蜂（*Polistes chinesis*）等。防控技术主要依赖于害虫的危害特征和发生规律。

1.危害特征 胡蜂类主要以成虫危害成熟度较高的葡萄果实，啃食葡萄果肉，甚至掏空果肉只剩果皮，导致果粒干瘪脱落，严重损害葡萄产量（图13-17）。

2.发生规律 胡蜂主要发生在西北及黄土高原酿酒葡萄露地栽培区，其他产区如华北及环渤海湾葡萄栽培区偶尔发生。该虫为社会性昆虫，以受精雌蜂在背风向阳的屋檐下、墙缝、树洞等处聚集越冬。该虫成虫于葡萄萌芽期出蛰取食其他作物花蜜，在葡萄展叶期开始筑巢并产卵、并捕捉多种害虫嚼成肉泥喂养幼虫，在葡萄花期部分胡蜂成虫迁入葡萄上取食花粉。在葡萄成熟后，部分果实出现裂果，果香吸引胡蜂种群从周边寄主迁入、并直接取食危害果实，因此该时期是葡萄园内胡蜂发生高峰期。葡萄采收清园后，成虫迁出越冬。

图13-17 胡蜂成虫及危害葡萄果实症状

背面　　　腹面

3.防控技术

（1）农业防治。合理安排种植结构，避免不同成熟期（早熟和晚熟）的葡萄品种混栽，以免拉长胡蜂的危害时间。应尽快清理树上和地面的烂果和坏果，并运出园外集中销毁。避免在葡萄园区内堆积食物，食物挥发的气味可能会吸引胡蜂进入园区危害。葡萄成熟后应尽快安排采收，避免过熟果和裂果吸引胡蜂取食危害，尤其是糖度较高的葡萄品种更要及时采收。

（2）物理防治。在葡萄果实成熟前开始至葡萄采收后，在园区四周使用承载食诱诱捕液（醋酸等）的诱捕装置诱捕胡蜂类成虫，每亩地每个方位放置3～5个诱捕器，每诱捕器中心放置约30毫升诱捕液，每2周更换1次诱捕液。

（3）生物防治。胡蜂类处在昆虫生态系统较高位置，对于农田生态系统属于益虫，无法通过释放天敌捕食寄生或菌类病毒感染应用生物防治的方法控制该虫。

（4）药剂防治。胡蜂类因其生活史特征及较强的飞行能力，药剂防治几乎无效。

4.适用范围 该技术主要适用于西北及黄土高原葡萄栽培区露地栽培酿酒葡萄上的胡蜂。

5.注意事项 尽量避免在胡蜂发生时施用化学药剂防治其他害虫，以免破坏昆虫生物多样性。

八、蓟马

蓟马类主要包括烟蓟马 [*Thrips tabaci* (Lindeman)]、西花蓟马 [*Frankliniella occidentalis* (Pergande)]、花蓟马 [*Frankliniella intonsa* (Trybom)]、茶黄硬蓟马 [*Scirtothrips dorsalis* (Hood)] 等。优势种为烟蓟马、西花蓟马和茶黄硬蓟马。防控技术主要依赖于害虫的危害特征和发生规律。

1.危害特征 若虫和成虫锉吸组织汁液以危害花、幼果、嫩叶。其中幼果被害后干缩、出现黑斑，待果粒膨大后果面木栓化并形成黄褐色锈斑，严重时整穗干枯。叶片受害后卷曲畸形并出现失绿斑或黄绿斑。被害新梢生长缓慢（图13-18）。

500μm

（成都综合试验站提供）

图13-18　蓟马类幼虫及危害葡萄果实症状

2.发生规律　西花蓟马在秦岭淮河以南亚热带及云贵高原及川西部分高海拔葡萄栽培区可全年发生，而我国北方大部分设施栽培区也可严重发生，该虫在设施环境1年发生10代以上。烟蓟马在华北及环渤海湾葡萄栽培区1年发生3～5代，秦岭淮河以南亚热带葡萄栽培区1年发生8～10代，新疆地区1年发生4～6代。茶黄硬蓟马在长江流域1年发生多代，以蛹越冬。蓟马类孤雌生殖产雄虫，两性生殖产雌虫，雌成虫可将卵产在叶片背面或其他组织上。1、2龄若虫在幼果等幼嫩组织上危害，预蛹和蛹存在土中或叶片上，成虫除了危害幼果还取食花粉以促进生殖。该虫于葡萄萌芽展叶期在葱、蒜、杂草等越冬寄主上危害，葡萄花期和果期开始转移并危害葡萄花和果，从花序分离到葡萄幼果期是其危害高峰期，葡萄转色成熟后其发生量逐渐减少，葡萄采收后该虫迁移至越冬寄主危害。蓟马类害虫趋向蓝色。

3.防控技术

（1）农业防治。休眠期剪除被害枝梢及残存病果烂果，刮除老树皮，清除果园内的枯枝、落叶、烂果等并集中销毁。生长季节摘除被害叶、果、梢并集中销毁。收获期应彻底清除被害果。

（2）物理防治。葡萄展叶后至果实采收期间，在园内悬挂中央粘贴食诱剂（茴香醛、异烟酸甲酯等）的蓝板（每亩地20张）诱杀成虫，每周更换1次食诱剂。葡萄生长季覆盖地膜以阻断西花蓟马或花蓟马入土化蛹。北方暖棚可在葡萄幼果期前全棚覆盖阻断紫外线B的棚膜以阻碍蓟马在棚内扩散危害葡萄。

（3）生物防治。在葡萄开花到幼果期发现蓟马，应人工释放蓟马类捕食性天敌。东亚小花蝽：释放3次，间隔1周，每次释放200～300头/亩，释放时需将东亚小花蝽及其介质均匀撒在葡萄花内、幼果及周边；胡瓜钝绥螨：每月释放1次，每次释放8万头/亩，将捕食螨及其介质均匀撒在花内、幼果及周边。东亚小花蝽和胡瓜钝绥螨两类天敌释放期要间隔10天以上。

（4）药剂防治。在葡萄萌芽初期和休眠期前各打1次3～5波美度石硫合剂，铲除虫源。葡萄开花前后到幼果期前是防治的关键时期。在葡萄开花前2天左右喷施1次杀虫剂，落花后封穗前根据危害情况再喷施1～2次杀虫剂。可施用的药剂包括：乙基多杀菌素、高效氯氰菊酯、吡虫啉、阿维菌素乳油、噻虫嗪、啶虫脒、绿僵菌、球孢白僵菌、印楝素乳油、苦参碱等。

4.适用范围　西花蓟马、烟蓟马、花蓟马、茶黄硬蓟马在多数葡萄栽培区（尤其是设施环境）均有发生，烟蓟马在华北及环渤海湾葡萄栽培区发生较重，茶黄硬蓟马在长江流域、云贵高原及川西部分高海拔葡萄栽培区发生较重。由于蓟马类发生规律及防控技术类似，因此本技术适用于几乎所有葡萄产区和栽培类型的蓟马物种。

5.注意事项　药剂喷施应与害虫天敌释放时间间隔10天以上。

九、斜纹夜蛾

斜纹夜蛾［*Spodoptera litura* (Fabricius)］，属鳞翅目夜蛾科夜蛾属。防控技术主要依赖于害虫的危害特征和发生规律。

1.危害特征 斜纹夜蛾1～3龄幼虫啮食叶片背部可造成叶片呈纱窗状，4龄幼虫可将叶片啃食成大块缺刻甚至将整片叶子啃食至仅留叶脉。该虫幼虫还可以危害葡萄果穗和果粒造成果实落粒，甚至可在果实发育期啃食穗梗后钻入套袋内取食果粒（图13-19）。

图13-19 斜纹夜蛾成虫、幼虫和卵及危害叶片和果实症状（从左到右）

2.发生规律 斜纹夜蛾为迁飞性害虫，喜温暖、耐高温。该虫主要发生在秦岭淮河以南亚热带和云贵高原及川西部分高海拔葡萄栽培区。该虫在长江流域发生5～6代，以蛹越冬，盛发期在7—9月；在华南地区发生6～9代，可终年繁殖，无越冬休眠现象，盛发期在4—11月。该虫成虫喜夜出活动，并具有趋光性和趋化性（糖、醋、酒等发酵物）。该虫发生期从葡萄展叶开始到采收，几乎贯穿整个葡萄生育期。该虫在福建和四川葡萄产区属于常发性害虫。葡萄展叶后该虫成虫开始从其他作物转移到葡萄危害，常产卵于叶片背面的叶脉处，卵孵化后低龄幼虫在卵块附近集群取食，当食物不足时，成群迁移危害。4龄幼虫通常入土化蛹。幼果膨大期到成熟期为该虫发生高峰期，此时该虫可同时危害叶片和果实。

3.防控技术

（1）农业防治。休眠期剪除被害枝梢及残存病果、烂果，刮除老树皮，清除果园内的枯枝、落叶、烂果等并集中销毁，破坏蛹的越冬场所。人工摘除网状叶片或者低龄幼虫聚集较多的叶片。园内少量种植大豆、甘蓝等斜纹夜蛾喜好产卵的植物，引诱成虫产卵，并及时清理。

（2）物理防治。葡萄展叶后安装频振式黑光灯诱杀成虫。在葡萄开花期到采收前在园区周边设置盛有糖醋液或装配斜纹夜蛾性诱剂诱芯的诱捕装置，每亩地四周各方向设3个诱集点，每15～20天更换1次糖醋液，每1个月更换1次性诱剂诱芯。利用防虫网围成隔离区域，对斜纹夜蛾进行物理隔离。

（3）生物防治。葡萄落花后，针对新生部分及叶片背面等部位喷施1次斜纹核型多角体病毒水分散粒剂或斜纹核型多角体病毒水分散粒剂（斜纹夜蛾）。害虫通过取食病毒感染后通常停止进食而死亡。

（4）药剂防治。葡萄开花到幼果膨大前是防控斜纹夜蛾的关键阶段。葡萄花期和幼果期如出现斜纹夜蛾卵及低龄幼虫危害叶片超过5片/株，针对新生部分及叶片背面等部位喷施2次药剂，间隔1周。常用药剂包括：甲氨基阿维菌素苯甲酸盐、氯虫苯甲酰胺、高效氯氟氰菊酯、溴氰菊酯、乙基多杀菌素、鱼藤酮等。

4.适用范围 该虫主要发生在秦岭淮河以南亚热带和云贵高原及川西部分高海拔葡萄栽培区的避雨栽培棚。因此，该技术适用于这两个葡萄产区的设施栽培环境。

5.注意事项 无。

十、白星花金龟成虫

白星花金龟（*Protaetia brevitarsis* Lewis）属鞘翅目金龟科花金龟亚科，幼虫营腐生生活，成虫喜食成熟水果。

1.发生规律 近年来在我国新疆农牧混合区发生较重，不但可以直接取食造成危害，受害作物还易产生酸腐病等次生性病害。白星花金龟成虫共取食20科23种寄主植物，桑、葡萄和桃是白星花金龟成虫的偏好寄主植物，白星花金龟成虫存在多寄主取食行为，单头成虫检测到最多可达4种寄主植物，白星花金龟成虫5月下旬开始出现，6月中旬达到发生高峰期，7月上中旬为产卵高峰期，8月底成虫基本消失，直到10月上旬结束。日活跃高峰为10：00—12：00和16：00—18：00。白星花金龟成虫存在寄主转移行为，在6月上旬至中旬，该虫由桑树转移到葡萄上，从6月下旬开始转移到桃上，7月上旬取食桃最多，随后又逐渐转移到葡萄上，8月上旬主要取食葡萄。针对白星花金龟成虫的这些习性，可采用含引诱剂的诱捕器对其进行诱集。在5月底开始诱杀，可显著减少7—8月葡萄园白星花金龟成虫虫量（图13-20）。

图13-20 白星花金龟危害葡萄果实症状和诱捕器诱杀白星花金龟

2.防控技术 白星花金龟主要通过采用含引诱剂的诱捕器对其诱杀，具体操作为：
（1）诱捕器悬挂高度。在距离地面1.5米。
（2）悬挂位置。葡萄架面上部。
（3）悬挂时间。在葡萄成熟前，悬挂于葡萄园周围，在葡萄成熟期，悬挂于葡萄园内。
（4）悬挂数量。每亩放置3个诱捕器。
3.适用范围 白星花金龟成虫发生区域。
4.注意事项 白星花金龟成虫对于红色品种寄主果实偏好性更强，显著强于绿色品种。白星花金龟成虫对于不同虚拟波长的LED灯光的趋性，表明白星花金龟成虫对于红光波段的趋向性最强，因此可采用红色诱捕器对其进行诱杀。

十一、葡萄花翅小卷蛾

葡萄花翅小卷蛾的寄主包括黑莓、橄榄、甜樱桃等27科40种，其中葡萄和大戟瑞香是其主要寄主。有学者认为大戟瑞香是其起源寄主，后来传至葡萄。目前世界上危害最严重的作物就是葡萄，幼虫可危害所有葡萄种和品种。该虫不但可以通过取食造成直接危害，还可引发次生病害，如灰霉病、酸腐病及曲霉或青霉菌造成的果实腐烂，使果实部分失去或完全失去食用价值。

1.发生规律 在地中海区域，第一代花翅小卷蛾主要在花前或花期进行危害；第二代花翅小卷蛾，主要危害小幼果；三代多发生在转色后，卵多产在深色果上，主要进入成熟果粒内部危害。目前世界上对葡萄花翅小卷蛾防治，主要是性信息素和依托性信息素的交配干扰技术配合化学手段进行防治，利用信息素的交配干扰技术主要防治成虫。交配干扰技术的原理是，雄蛾通过雌蛾释放的性引诱剂寻找雌蛾，通过人为设置性引诱剂陷阱，可使雄蛾无法准确定位雌蛾，失去交配机会，雌蛾产非受精卵，不能繁殖下一代。

2.防控技术

（1）检疫措施。该虫随果实进行传播，因此，禁止旅客携带水果入境，一经发现做销毁处理。疫区确定：发现疫情的葡萄园周围5千米的所有葡萄园及寄主，都划定为疫情地块；对于区域性连片种植的葡萄，整个葡萄产区为疫区（单独相互间隔5千米及5千米以上的除外）。

（2）疫区防治。对疫情进行虫情数量动态监测，主要是采用性诱剂系统监测。根据虫情动态调查，在产卵期开始进行药剂防治。药剂防治针对所有疫情及疫情地块；从产卵始期开始，按照药剂的有效期，重叠喷药（比如有效期7～10天，应7天喷1次药剂），药剂有效期跨越整个卵的孵化期。在从药剂防治后的下一个世代，进行种群干扰防控。在葡萄花翅小卷蛾发生区设置迷向丝，防控措施需要大面积开展，防控面积至少50亩，迷向丝均匀悬挂，每亩悬挂25～35个。

3.适用范围 葡萄花翅小卷蛾发生区域。

4.注意事项 葡萄花翅小卷蛾防治还可采用化学防治，化学防治主要防治幼虫，最佳用药时期为孵化盛期；幼虫钻蛀进入果实后，化学防治效果下降。

第三节　病毒类病害防控

一、葡萄卷叶病

1.发病规律 葡萄卷叶病毒主要依靠无性繁殖材料传播，一旦侵染葡萄，终生危害，并且通过无性繁殖传给后代，至今还没有防治葡萄卷叶病毒的有效药剂。目前，选择无毒繁殖材料，培育和栽培无病毒苗木是防控葡萄卷叶病最有效的方法。建立健全的葡萄无病毒苗木繁育体系，制定一套行之有效的苗木生产法规，以遏制葡萄卷叶病毒的传播和大面积暴发。

2.防控技术

（1）识别与诊断。葡萄卷叶病一般在秋季表现症状，春季很少观察到。感染植株发病时一般从下部叶片开始，最终导致全株发病。黄色品种叶片发黄，红色品种叶片变红，但叶脉均保持绿色，叶片沿叶缘向叶背反卷（图13-21）。

图13-21　葡萄卷叶病症状（左：红色品种，右：黄色品种）

图13-25　葡萄扇叶衰退相关病毒指示植物鉴定

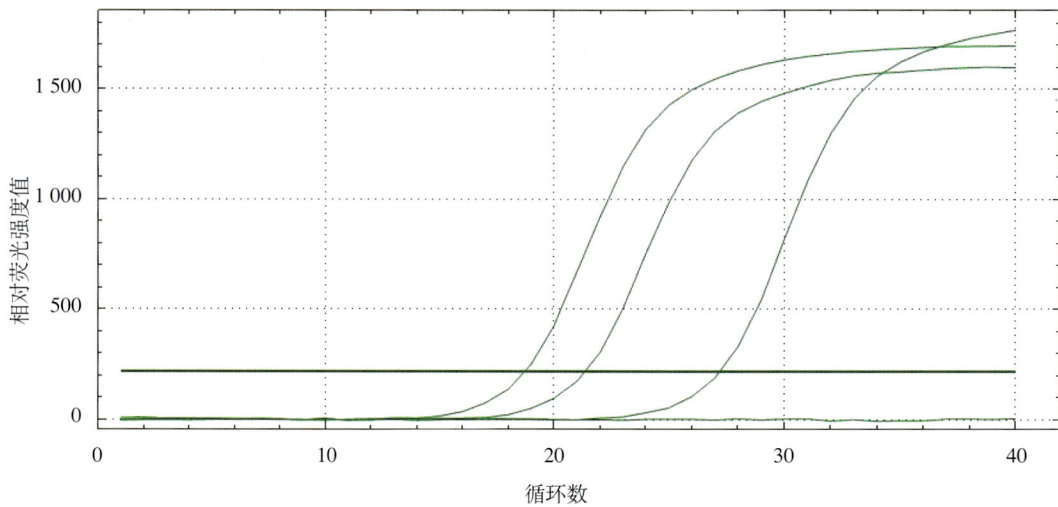

图13-26　葡萄扇叶病毒实时荧光PCR检测

（3）田间防控。在栽培葡萄无病毒苗木的同时，还必须加强田间防控工作。建立无病毒葡萄园时应选择3年以上未栽植过葡萄的地块，以防止残留在土中的线虫成为侵染源，对有线虫发生的地区，种植前可使用1,3-二氯丙烷、溴甲烷、棉隆等杀线虫剂杀灭土壤线虫，以减少媒介线虫的虫口量，降低发病率。对病毒敏感的葡萄品种可表现明显症状，一旦发现及时移除。针对病毒敏感性差的葡萄品种，通过已建立RT-PCR方法定期抽检病毒，发现带毒植株即使移除。

3.适用范围　适用于葡萄扇叶衰退病发生严重的各个产区。

4.注意事项

（1）由于葡萄浆果内坏死病毒、灰比诺葡萄病毒在我国发生普遍，检测时除葡萄扇叶病毒外，应注意这两种新病毒的检测。

（2）扇叶病敏感寄主一般在早春就会出现明显的症状，因此，在早春通过田间症状观察可发现病株并移除。

（3）该病引起的症状容易与缺素症、药害等混淆，因此，要注意区分以避免制定错误的防治措施。

三、葡萄皱木复合病

1.发病规律　葡萄皱木复合病毒主要由皱木复合病相关病毒引起，目前尚无有效药剂进行治疗。选择无毒繁殖材料，培育和栽培无病毒苗木是防治葡萄皱木复合病最有效的方法。通过无病毒苗木的应用，可提高葡萄自身抗性，进一步增加葡萄产量和品质。

2.防控技术

（1）识别与诊断。葡萄皱木复合病有4种病害类型，即沙地葡萄茎痘、Kober茎沟、葡萄栓皮和LN33茎沟。嫁接的葡萄在嫁接口上方常表现为肿胀，在一些葡萄品种上，嫁接口上方的树皮增厚，表现栓皮化。接穗和砧木之一或二者都表现木质部凹点或凹槽（图13-27）。不同的接穗/砧木组合表现的症状不同，即使在一些嫁接的葡萄品种上，潜隐侵染也是很普遍的。

（2）培育和栽培无病毒苗木。与皱木复合病相关的病毒，包括沙地葡萄茎痘病毒（GRSPaV）、葡萄病毒A、B、D、E、F（GVA、GVB、GVD、GVE、

图13-27 皱木复合病症状

GVF）等。针对上述病毒，可采用热处理、茎尖培养或茎尖培养结合热处理等技术，能成功地脱除相关病毒，其中，茎尖培养结合热处理方法脱毒效果最好。脱毒样品经过几轮PCR检测确定无毒后，种植在独立花盆中作为原种母本树保存。从原种上采取繁殖材料进行扩繁，建设葡萄无病毒苗木母本园，用来繁殖无病毒苗木（图13-28）。

图13-28 葡萄无病毒苗木母本园和苗木繁育圃

（3）田间防控。皱木复合病相关病毒侵染葡萄后，限制在韧皮部并造成危害，一般在叶片上不会表现出明显的症状，仅在少数品种上表现卷叶、变黄或者变红等卷叶病类似的症状。感染皱木复合病毒相关病毒的材料通过嫁接会传染给健康植株，并随繁殖材料进行远距离传播。在田间，可通过多种粉蚧和蜡蚧等昆虫介体进行近距离传播。因此，定期筛查病毒和传毒介体的防护比较重要。

3.适用范围
适用于葡萄皱木复合病发生严重的各个产区。

4.注意事项

（1）由于该病在大多数葡萄品种中表现为潜隐，因此需加强流通苗木相关病毒的检测，以避免大范围扩散流行。

（2）脱毒苗木种植在田间，应加强防治粉蚧等媒介昆虫，以防再感染病毒。

参考文献

白先进,宋雅琴,李红艳,2010.4种杀虫剂防治葡萄蓟马的田间药效试验[J].南方园艺,21(6):29.

陈徐飞,胡海瑶,卯明成,等,2022.山东省葡萄炭疽病的发生情况与防治方法[J].果树资源学报,3(1):21-23.

崔壮志，王磊，王忠跃，等，2022. 钙肥葡萄根瘤蚜生长发育和繁殖的影响[J]. 应用昆虫学报，59 (2): 276-284.

董雅凤，刘凤之，张尊平，等，2003. 葡萄病毒病研究进展[J]. 中国南方果树 (6): 42-45.

董雅凤，张尊平，刘凤之，等，2007. 沙地葡萄茎痘相关病毒RT-PCR检测[J]. 果树学报 (5): 705-708.

董雅凤，张尊平，杨俊玲，等，2005. 葡萄卷叶病毒3 RT-PCR检测技术研究[J]. 中国果树 (6): 9-12.

段长青，刘崇怀，刘凤之，等，2019. 新中国果树科学研究70年——葡萄[J]. 果树学报，36 (10): 1292-1301.

方前东，2023. 我国葡萄酸腐病参与因子酵母菌、果蝇种类鉴定及果蝇行为选择研究[D]. 北京：中国农业科学院.

符丽珍，党攀峰，2019. 葡萄白腐病发生规律与防治措施[J]. 西北园艺 (果树) (3): 33-34.

付学池，马国春，李燕，等，2018. 葡萄灰霉病的发生规律及绿色防控技术[J]. 果农之友，190: 26-27.

高琪，刘梅，谭海芸，等，2023. 国内葡萄白粉病菌对戊唑醇的抗药性研究[J]. 农学学报，13 (6): 49-54.

高琪，张玮，刘梅，等，2022. 我国葡萄白粉病菌对吡唑醚菌酯的敏感性分析[J]. 果树学报，39 (12): 2390-2396.

郝宇，杨立柱，2019. 葡萄炭疽病的发生及防治[J]. 现代农业科技 (7): 93-94.

何华平，龚林忠，顾霞，等，2007. 斑衣蜡蝉在武汉地区葡萄上的发生规律与防治措施[J]. 果农之友 (3): 36.

金银利，封洪强，张言芳，等，2015. 河南冬枣和葡萄上绿盲蝽种群的季节性发生规律[J]. 植物保护，41 (2): 149-153.

李瑞宁，朱亮，马春森，2022. 葡萄园小型害虫的发生及IPM防治策略[J]. 中外葡萄与葡萄酒 (6): 7.

李新艳，车升国，樊庆军，等，2019. 葡萄炭疽病的发生与防治措施[J]. 果农之友 (7): 25-26.

李玉红，袁洪丰，李瑶，2022. 葡萄白腐病发生规律与防治方法[J]. 河北果树 (1): 33.

林武，2023. 福安巨峰葡萄炭疽病发生特点与绿色防控技术[J]. 新农业 (7): 21-22.

刘梅，黄金宝，李兴红，2020. 多种杀菌剂对葡萄霜霉病的田间防效[J]. 中国植保导刊，40 (10): 88-90.

刘世涛，王忠跃，刘永强，等，2019. 斜纹夜蛾在葡萄上的种群生命表[J]. 植物保护，45 (1): 58-61.

刘淑芳，2018. 葡萄白腐病的发生规律及防治措施[J]. 山西果树 (1): 52-53.

刘晓慧，周连柱，孔繁芳，等，2023. 中国4省份葡萄霜霉病菌群体对烯酰吗啉的抗性及适合度[J]. 植物保护，49 (3): 172-178，192.

刘永强，李拥虎，胡西旦·买买提，等，2024-08-27. 葡萄花翅小卷蛾性引诱剂及其制备方法和应用：ZL201611077313.2[P].

刘永强，王忠跃，蔡欢欢，等，2024-08-27. 一种黑腹果蝇引诱剂及其应用：CN113545351B [P].

马梦含，2017. 葡萄灰霉病的发生及综合防治技术[J]. 农技服务，34 (23): 103.

裴光前，董雅凤，张尊平，等，2011. 我国葡萄主栽区卷叶病相关病毒种类的检测分析[J]. 果树学报，28 (3): 463-468

任芳，董雅凤，张尊平，等，2018. 葡萄病毒A实时荧光定量RT-PCR检测技术的建立及应用[J]. 园艺学报，45 (11): 2243-2253.

任善军，2020. 葡萄灰霉病识别与安全防治[J]. 烟台果树 (2): 43.

任志华，2019. 葡萄品种灰霉病抗性鉴定及相关抗性基因发掘[D]. 沈阳：沈阳农业大学.

沙月霞，樊仲庆，王国珍，等，2010. 农艺措施对酿酒葡萄主要病害的控制作用[J]. 北方园艺 (17): 191-193.

石洁，李宝燕，栾炳辉，等，2021. 5种生物药剂对葡萄炭疽病药效研究[J]. 中国果树 (1): 74-76.

唐兴敏，孙磊，张玮，等，2018. 葡萄霜霉病抗病性鉴定方法及品种抗病性测定[J]. 植物保护，44 (1): 4.

王国珍，姜彩鸽，沙月霞，等，2011. 不同药剂防治葡萄缺节瘿螨田间药效试验[J]. 中外葡萄与葡萄酒 (4): 49-50.

王慧，李兴红，李永华，等，2022. 葡萄枝干病害的发生流行规律与防控策略[J]. 果树学报，39 (2): 280-294.

王慧，张玮，张秋杰，等，2022. 2020年北京房山酿酒葡萄霜霉病发生动态监测[J]. 植物保护 (1): 48.

王忠跃，2009. 中国葡萄病虫害与综合防控技术[M]. 北京：中国农业出版社.

王忠跃，2017. 葡萄健康栽培与病虫害防控[M]. 北京：中国农业科学技术出版社.

许领军，2020. 葡萄炭疽病的发生及防治[J]. 农村新技术，481 (9): 23-24.

杨丽丽，褚凤杰，王忠跃，等，2010. 绿盲蝽在葡萄上的危害特点及综合防治[J]. 中外葡萄与葡萄酒 (2): 44-45.

杨瑞，王玉安，张坤，等，2015. 斑衣蜡蝉在兰州葡萄产区的发生与防治[J]. 甘肃农业科技 (4): 86-87.

叶清桐，李亚萌，周悦妍，等，2021. 国内外葡萄枝干病害的发生危害与病原菌种类[J]. 果树学报，38 (2): 278-292.

张博, 马罡, 张薇, 等, 2018. 北美葡萄园胡蜂防治方法概况 [J]. 中国果树 (6): 4.

张华普, 张怡, 姜彩鸽, 等, 2019. 葡萄缺节瘿螨危害特点和防治措施 [J]. 中外葡萄与葡萄酒 (1): 33-37.

张尊平, 范旭东, 胡国君, 等, 2013. 葡萄试管苗热处理脱毒技术研究 [J]. 中国果树 (1): 39-41.

朱亮, 康总江, 魏书军, 等, 2013. 2012年北京各区县不同寄主上二斑叶螨发生调查 [J]. 北方园艺 (4): 120-123.

朱亮, 马罡, 马春森, 2022. 中国主要葡萄害虫识别与防治原色图谱 [M]. 北京: 中国农业科学技术出版社.

朱亮, 王泽华, 宫亚军, 等, 2016. 紫外线阻断膜防控茄子害虫效果及对植株生长和果实品质的影响 [J]. 昆虫学报, 59 (2): 12.

AGARBATI A, CANONICO L, PECCI T, et al. , 2022. Biocontrol of Non-Saccharomyces Yeasts in Vineyard against the Gray Mold Disease Agent Botrytis cinerea[J]. Microorganisms, 10: 200.

Brent W, D L T, F W M, et al. , 2020. Effect of Fungicide Mobility and Application Timing on the Management of Grape Powdery Mildew[J]. Plant disease, 104 (4).

CHETHANA K W T, ZHOU Y, ZHANG W, et al. , 2017. Coniella vitis sp. nov. the common white rot pathogen of grapevine in China[J]. Plant Disease, 101 (12): 2123-2136.

Hu GJ, Dong YF, Zhang ZP, et al. , 2018. Elimination of Grapevine rupestris stem pitting-associated virus from Vitis vinifera 'Kyoho' by an antiviral agent combined with shoot tip culture[J]. Scientia Horticulturae, 229: 99-106.

Huang xiaoqing, Wang xina, Kong fanfang, et al. , 2020. Detection and characterization of carboxylic acid amide-resistant Plasmopara viticola in China using a TaqMan-MGB real-time PCR[J]. Plant Disease, 104 (9): 2338-2345.

Huanhuan Cai, Tao Zhang, Yinghua Su, et al. , 2021. Influence of trap color, type and placement on capture efficacy for Protaetia brevitarsis[J]. Journal of Economic Entomology, 114 (1): 225-230.

Mondello V , Aurélie Songy, Battiston E , et al. , 2017. Grapevine Trunk Diseases: A Review of Fifteen Years of Trials for Their Control with Chemicals and Biocontrol Agents[J]. Plant Disease (7).

Reis, P. Pierron, R. Larignon, et al. , 2019. Vitis Methods to Understand and Develop Strategies for Diagnosis and Sustainable Control of Grapevine Trunk Diseases[J]. Phytopathology, 109 (6).

V. Görür, D. S. Akgül, 2019. Fungicide suspensions combined with hot-water treatments affect endogenous Neofusicoccum parvum infections and endophytic fungi in dormant grapevine canes[J]. Phytopathologia Mediterranea, 58 (3): 559-571.

Valdes-Gomez, HectorAraya-Alman, MiguelPanitrur-De la Fuente, et al. , 2019. Evaluation of a decision support strategy for the control of powdery mildew, Erysiphe necator (Schw.) Burr. in grapevine in the central region of Chile[J]. Pest Management Science, 73 (9).

Yongqiang Liu, Fuqian Yang, Hongtie Pu, et al. , 2016. The sublethal effects of β-ecdysterone, a highly active compound from Achyranthes bidentata Blume, on grape phylloxera, Daktulosphaira vitifoliae Fitch[J]. Plos One, 11 (11): e0165860.

Yongqiang Liu, Zhongyue Wang, Junping Su, et al. , 2015. The efficacy of Chinese medicinal herbs with their aqueous root extracts activity against grape phylloxera (Daktulosphaira vitifoliae Fitch) (Hemiptera, Phylloxeridae) [J]. Plos One, 10 (7): e0128038.

第十四章

质 量 安 全

第一节 标准跟踪比对

一、我国农业标准体系简介

近年来，我国农业标准化工作成效显著，重点领域标准体系建设不断加强，标准化体系不断完善，有力地推动了农业现代化建设。《中华人民共和国标准化法》由第十二届全国人民代表大会常务委员会于第三十次会议（2017年11月4日）修订，其中规定，标准包括国家标准、行业标准、地方标准和团体标准、企业标准。

国家标准是农业标准体系的核心，分为强制性标准、推荐性标准（图14-1）。对保障人身健康和生命财产安全、国家安全、生态环境安全以及满足经济社会管理基本需要的技术要求，应当制定强制性国家标准。强制性国家标准由国务院批准发布或者授权批准发布；法律、行政法规和国务院决定对强制性标准的制定另有规定的，从其规定。对满足基础通用、与强制性国家标准配套、对各有关行业起引领作用等需要的技术要求，可以制定推荐性国家标准。推荐性国家标准由国务院标准化行政主管部门制定。强制性标准必须执行，鼓励采用推荐性标准。

行业标准制定是针对没有推荐性国家标准、需要在全国某个行业范围内统一的技术要求。行业标准由国务院有关行政主管部门制定，报国务院标准化行政主管部门备案。

地方标准制定是为满足地方自然条件、风俗习惯等特殊技术要求。地方标准由省、自治区、直辖市人民政府标准化行政主管部门报国务院标准化行政主管部门备案，由国务院标准化行政主管部门通报国务院有关行政主管部门。

团体标准、企业标准制定主要是在重要行业、战略性新兴产业、关键共性技术等领域利用自主创新技术制定，鼓励其中的相关技术要求高于推荐性标准。学会、协会、商会、联合会、产业技术联盟

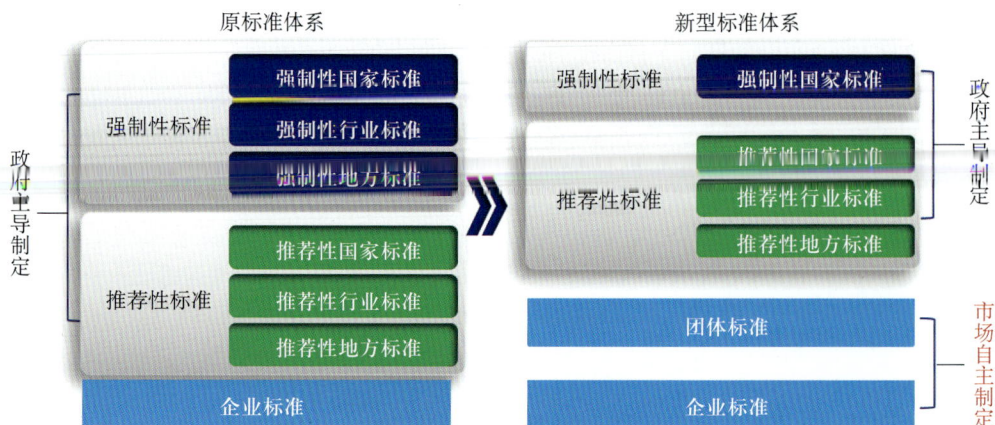

图14-1 国内标准体系框架

等社会团体协调相关市场主体共同制定满足市场和创新需要的团体标准。国务院标准化行政主管部门会同国务院有关行政主管部门对团体标准的制定进行规范、引导和监督。企业可以根据需要自行制定企业标准，或者与其他企业联合制定企业标准。

二、国内葡萄标准体系现状

2022年修订的《中华人民共和国农产品质量安全法》中强调建立健全农产品质量安全标准体系，并确保严格实施。农产品质量安全标准是强制执行的标准，包括农业投入品质量要求、产地环境、生产过程管控、储存、运输要求、关键成分指标等与农产品质量安全有关的要求。

截至2022年底，我国现行的与葡萄相关的国家、行业和地方标准共261项，包括国家标准30项、行业标准39项、地方标准192项。其中，行业标准包括农业行业标准20项，国内贸易行业标准5项，出入境检验检疫行业标准10项，供销合作行业标准1项，轻工行业标准2项，认证认可行业标准1项。

将我国现行葡萄标准分为产前、产中和产后3类。产前标准共45项，包括病菌检验检疫18项、苗木繁育及安全10项、种质资源3项、产地环境及设施10项和农药与化肥4项。在产前标准中，地方标准有16项，主要分布在产地环境及设施（10项）和苗木繁育及安全（10项）方面。产中标准一共有92项，其中包括病虫害防治6项和生产技术86项。在葡萄产中标准中，国家及行业标准仅有9项，地方标准有83项，占总量的90.2%，远超国家和行业标准数。产后标准共有124项，包括采收3项、贮藏保鲜10项、流通及销售13项、产品（含加工产品）94项、产品检测2项和其他2项。其中，地方标准数达93项，占总量的3/4。值得注意的是，采收标准没有国家及行业标准。

现行葡萄标准部分缺失和分布不均衡，葡萄领域尚未形成覆盖全产业链的标准体系。现有标准多以单一的产品标准和栽培技术规程为主，产品流通、质量追溯和农村社会化服务相关的标准缺失均比较严重。标准化改革后，新兴的团体标准逐渐弥补国行地标的不足，并开始有意识地覆盖葡萄全产业链，如房山葡萄酒相关团体标准包括建园规范、葡萄苗木、葡萄生产技术规范、酿造技术规范等。葡萄多为鲜食果品、保质周期短，流通环节标准是确保优质果品顺利达到餐桌的重要保障，葡萄现行流通标准极少细分包装、仓储、运输等技术标准，严重影响葡萄果品的销售和储藏，进而影响葡萄产业的发展。

三、葡萄标准化生产的国标、行标要求

为加快葡萄产业的转型升级，提高果品质量安全水平和市场竞争力，保持葡萄产业的可持续发展，针对园地选择、种植管理、采收管理、分级、贮藏和包装标识管理等环节筛选现行有效的相关标准，提高葡萄产业标准化生产水平，促进葡萄安全、优质、绿色生产。

葡萄园产地环境质量可参照《绿色食品产地环境质量》（NY/T 391—2021）。土壤条件和质量、空气质量、灌溉水质量应符合《环境空气质量标准》（GB 3095—2012）、《农田灌溉水质标准》（GB 5084—2021）、《土壤环境质量 农用地土壤污染风险管控标准》（GB 15618—2018）的规定。确保建园前作物与葡萄无忌避，如松柏、榆树等。

选择与环境条件相适应的葡萄品种，兼顾品种抗性和市场需求。同一地块、棚室定植品种时，宜选择同一品种或生育期基本一致的同一品种群的品种。如自行繁育苗木，则按照《葡萄苗木繁育技术规》（NY/T 2379—2013）的规定执行。购买的苗木应符合《葡萄苗木》（NY 469—2001）的质量标准，应附检疫合格证；跨境调运时，按《农业植物调运检疫规程》（GB 15569—2009）的规定执行。

肥料和农药的使用可参照《绿色食品 农药使用准则》（NY/T 393—2020）和《绿色食品肥料使用准则》（NY/T 394—2023）的相关规定，农艺措施按照《设施葡萄栽培技术规程》（NY/T 3628）的规定执行。

采收前应对葡萄质量安全进行检验，真菌毒素限量应符合《食品安全国家标准 食品中真菌毒素限量》（GB 2761—2017）的规定；污染物含量应符合《食品安全国家标准 食品中污染物限

量》（GB 2762—2022）的规定；农药残留量应符合《食品安全国家标准　食品中农药最大残留限量》（GB 2763—2021）和《食品安全国家标准　食品中2,4-滴丁酸钠盐等112种农药最大残留限量》（GB 2763.1—2022）的规定，检验合格后采收。葡萄干、葡萄酒等加工产品在生产过程中应符合《食品安全国家标准　蜜饯》（GB 14884—2016）的相关规定，加工用水的水质应符合《生活饮用水卫生标准》（GB 5749—2022）的规定，食品添加剂的使用应符合《食品安全国家标准　食品添加剂使用标准》（GB 2760—2024）的规定。

产品的包装标识应符合《新鲜水果包装标识　通则》（NY/T 1778—2009）和《绿色食品　包装通用准则》（NY/T 658—2015）的规定。包装材料应分别符合《食品安全国家标准　食品接触用塑料材料及制品》（GB 4806.7—2023）和《运输包装用单瓦楞纸箱和双瓦楞纸箱》（GB/T 6543—2008）的规定。标识内容和方式应符合《食品安全国家标准　预包装食品标签通则》（GB 7718—2011）、《包装储运图示标志》（GB/T 191—2008）、《鲜活农产品标签标识》（GB/T 32950—2016）的相关要求。

四、国内外葡萄标准对比分析

随着我国农药最大残留限量的不断完善，葡萄的安全限量标准也逐步增加，从2005年的8项，增加至2012年的69项，2014年的105项，2016年的120项，2018年的125项，2022年的220项。

我国现行涉及葡萄的农产品质量安全国家标准共有3项，分别为《食品安全国家标准　食品中污染物限量》（GB 2762—2022）、《食品安全国家标准　食品中农药最大残留限量》（GB 2763—2021）及《食品安全国家标准　食品中2,4-滴丁酸钠盐等112种农药最大残留限量》（GB 2763.1—2022）。其中，GB 2762—2017仅规定了水果中铅、镉、锡这3种元素的限量；GB 2763—2021和2763.1—2022总共规定了葡萄中220种农药的最大残留量（MRLs），包括杀虫剂106项（包括杀螨剂）、杀菌剂79项、除草剂27项、植物生长调节剂5项、杀虫剂/除草剂1项、杀螨/杀菌剂1项、熏蒸剂1项（图14-2）。

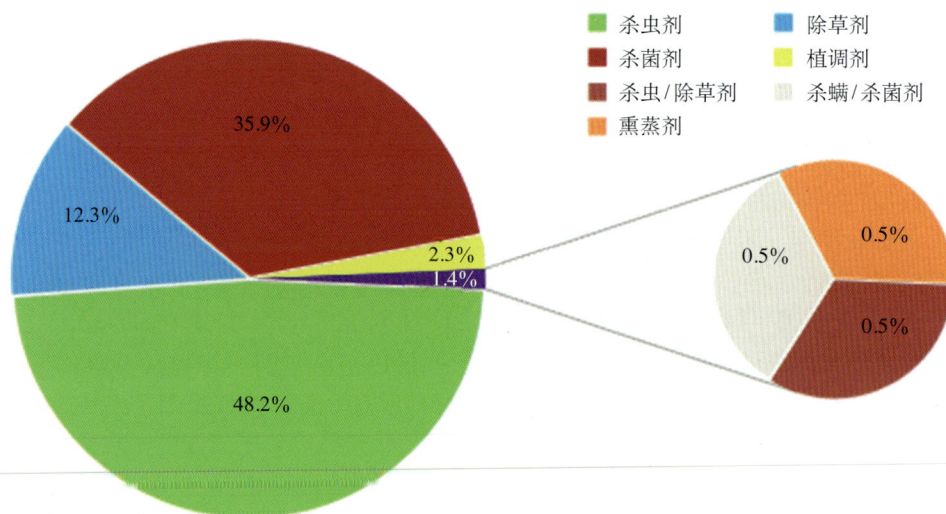

图14-2　GB 2763—2021和GB 2763.1—2022中葡萄农药最大残留限量分类

国际食品法典委员会（CAC）制定了葡萄中99项农药的MRLs；有5项农药我国未制定MRLs；在我国已制定葡萄MRLs的220项农药中，CAC有126项农药未制定MRLs。我国与CAC均制定了MRLs的农药94项，其中，指标与CAC一致的农药68项，占72.34%；比CAC严格的农药15项，占15.96%，尤其嘧菌环胺、百菌清和噁唑菌酮，分别严6.67倍、3.33倍和2.5倍；比CAC宽松的11项，占11.70%，尤其甲基对硫磷、杀扑磷和涕灭威，分别宽松25倍、20倍和10倍（表14-1）。

表14-1 中国与CAC葡萄中农药MRL数量比对表

（单位：项）

中国	CAC	仅中国有规定的农药残留限量	中国、CAC均有规定的农药残留限量	仅CAC有规定的农药残留限量	中国、CAC均有规定的农药残留限量		
					比CAC严格	与CAC一致	比CAC宽松
220	99	126	94	5	15	68	11

欧盟制定了葡萄中494项农药的MRLs（表14-2）。在我国已制定葡萄MRLs的220项农药中，欧盟有51项农药未制定MRLs。在欧盟已制定MRLs的494项农药中，有325项农药我国未制定MRLs。我国与欧盟均制定了MRLs的农药169项，其中，指标与欧盟一致的农药49项，占29.00%；比欧盟严格的农药37项，占21.89%，尤其螺螨酯、三乙膦酸铝和苯醚甲环唑，分别严格10倍、10倍和6倍；比欧盟宽松的农药83项（欧盟0.01毫克/千克），占49.11%，其中百菌清和异菌脲（欧盟0.01毫克/千克）宽松1000倍，氯硝胺宽松700倍，噻菌灵、腐霉利、抑霉唑、甲氰菊酯和苯丁锡均宽松500倍，马拉硫磷宽松400倍。

表14-2 中国与欧盟葡萄中农药MRL数量比对表

（单位：项）

中国	欧盟	仅中国有规定的农药残留限量	中国、欧盟均有规定的农药残留限量	仅欧盟有规定的农药残留限量	中国、欧盟均有规定的农药残留限量		
					比欧盟严格	与欧盟一致	比欧盟宽松
220	494	51	169	325	37	49	83

泰国、印度尼西亚、越南、澳大利亚是近年来我国葡萄出口额较多的国家。泰国制定了葡萄中27项农药的MRLs，在我国已制定葡萄MRLs的220项农药中，泰国有203项农药未制定MRLs；在泰国已制定MRLs的27项农药中，有10项农药我国未制定MRLs。印度尼西亚制定了葡萄中83项农药的MRLs，在我国已制定葡萄MRLs的220项农药中，印度尼西亚有141项农药未制定MRLs；在印度尼西亚已制定MRLs的83项农药中，有4项农药我国未制定MRLs。越南制定了葡萄中87项农药的MRLs，在我国已制定葡萄MRLs的220项农药中，越南有137项农药未制定MRLs；在越南已制定MRLs的87项农药中，有4项农药我国未制定MRLs。澳大利亚是制定了葡萄中129项农药的MRLs，在我国已制定葡萄MRLs的220项农药中，澳大利亚有129项农药未制定MRLs；在澳大利亚已制定MRLs的129项农药中，有38项农药我国未制定MRLs。

在葡萄其他主要贸易大国中，日本制定了葡萄中298项农药的MRLs。在我国已制定葡萄MRLs的220项农药中，日本有87项农药未制定MRLs；在日本已制定MRLs的298项农药中，有165项农药我国未制定MRLs。美国制定了葡萄中126项农药的MRLs，在我国已制定葡萄MRLs的220项农药中，美国有143项农药未制定MRLs；在美国已制定MRLs的126项农药中，有49项农药我国未制定MRLs。

葡萄在我国农产品对外贸易中占据重要地位。在CAC和中国主要葡萄贸易伙伴国针对葡萄制定的MRL中，我国尚有421项农药尚未制定MRL。葡萄出口生产，应主动提前了解目标国葡萄质量安全标准，保障顺利出口创汇。

第二节 农药使用与管控技术

一、我国葡萄农药使用情况

我国葡萄产业化发展多年，近年来，葡萄病虫害种类增多趋势明显。常见的葡萄主要病害有黑痘病、灰霉病、霜霉病、穗轴褐枯病、白粉病、炭疽病、白腐病等；主要害虫有叶蝉、透翅蛾、介壳虫、绿盲蝽、蓟马、螨类、金龟子等；同时植物生长调节剂在葡萄上合理使用具有提高商品性、改善品质、无核化、膨大、早熟、增产等作用，不同的防控目标导致葡萄产业上使用的农药种类多。

1.葡萄上已登记的农药　截至2022年12月，我国已登记可用在葡萄上的农药有效成分有99种。其中杀菌剂分别为：百菌清、苯醚甲环唑、吡唑醚菌酯、啶酰菌胺、多菌灵、噁唑菌酮、氟硅唑、氟环唑、氟菌唑、氟吗啉、腐霉利、咯菌腈、己唑醇、甲基硫菌灵、甲霜灵、克菌丹、咪鲜胺、醚菌酯、嘧菌环胺、嘧霉胺、氰霜唑、噻菌灵、双炔酰菌胺、霜霉威、霜脲氰、肟菌酯、戊菌唑、戊唑醇、烯酰吗啉、烯唑醇、异菌脲、抑霉唑、代森锰锌、福美双、唑嘧菌胺、氢氧化铜、三乙膦酸铝、丙森锌、石硫合剂、波尔多液、硫酸铜钙、哈茨木霉菌、吡噻菌胺、氟吡菌胺、氟噻唑吡乙酮、乙嘧酚磺酸酯、代森联、啶氧菌酯、多抗霉素、蛇床子素、二氰蒽醌、大黄素甲醚、氧化亚铜、丙硫唑、木霉菌、喹啉铜、亚胺唑、井冈霉素、双胍三辛烷基苯磺酸钠、氨基寡糖素、松脂酸铜、壬菌铜、缬霉威、丁子香酚、嘧啶核苷类抗菌素、春雷霉素、β-羽扇豆球蛋白多肽、灭菌丹、嘧菌酯、氯氟醚菌唑、氟唑菌酰胺、氟嘧菌酯、腈菌唑，共73种。植物生长调节剂分别为：S-诱抗素、赤霉酸（A4、A7、GA3等）、氯吡脲、噻苯隆、芸薹素内酯（24-表芸、芸薹素内酯等）、丙酰基芸薹素内酯、萘乙酸、单氰胺、苄氨基嘌呤、吲哚乙酸、烯腺嘌呤、羟烯腺嘌呤、几丁聚糖、1-甲基环丙烯、吲哚丁酸、调环酸钙、氯化胆碱、三十烷醇、二氢卟吩铁，共19种。杀虫剂分别为：噻虫嗪、氟啶虫胺腈、苦参碱、苦皮藤素、乙基多杀菌素，共5种。除草剂分别为：莠去津、草铵膦这两种。

2.生产上使用的其他农药　通过文献查询和生产实际调研，发现生产上有使用但没在葡萄上登记的农药还有：吡蚜酮、甲氰菊酯、氟铃脲、灭蝇胺、吡丙醚、联苯菊酯、阿维菌素、哒螨灵、高效氯氟氰菊酯、吡虫啉、苯氧威、甲氨基阿维菌素苯甲酸盐、烯啶虫胺、溴氰虫酰胺、氯虫苯甲酰胺、啶虫脒、高效氯氰菊酯、敌敌畏、茚虫威、虱螨脲、炔螨特、螺虫乙酯等22种杀虫剂，乙霉威、乙烯菌核利、吡唑萘菌胺、氟啶胺、噁霜灵、三唑酮、四氟醚唑、乙嘧酚、丁香菌酯、噻呋酰胺、丙环唑，11种杀菌剂，矮壮素、乙烯利2种植物生长调节剂。

二、葡萄农药使用存在的安全隐患及对策

1.禁限用农药　葡萄上目前禁止使用农药有：六六六、滴滴涕、毒杀芬、二溴氯丙烷、杀虫脒、二溴乙烷、除草醚、艾氏剂、狄氏剂、汞制剂、砷类、铅类、敌枯双、氟乙酰胺、甘氟、毒鼠强、氟乙酸钠、毒鼠硅、甲胺磷、对硫磷、甲基对硫磷、久效磷、磷胺、苯线磷、地虫硫磷、甲基硫环磷、磷化钙、磷化镁、磷化锌、硫线磷、蝇毒磷、治螟磷、特丁硫磷、氯磺隆、胺苯磺隆、甲磺隆、福美胂、福美甲胂、三氯杀螨醇、林丹（γ-六氯环己烷）、硫丹、溴甲烷、氟虫胺、杀扑磷、百草枯、2,4-滴丁酯、甲拌磷、甲基异柳磷、克百威、水胺硫磷、氧乐果、灭多威、涕灭威、灭线磷、内吸磷、硫环磷、氯唑磷、乙酰甲胺磷、乐果、丁硫克百威、氟虫腈61种。

《农药管理条例》第三十四条规定：农药使用者不得使用禁用的农药。剧毒、高毒农药不得用于防治卫生害虫，不得用于蔬菜、瓜果、茶叶、菌类、中草药材的生产，不得用于水生植物的病虫害防治。第六十条明确指出，使用禁用的农药，或将剧毒、高毒农药用于防治卫生害虫，或用于蔬菜、瓜果、茶叶、菌类、中草药材生产或者用于水生植物的病虫害防治，由县级人民政府农业主管部门责令改正，没收禁用的农药，农药使用者为农产品生产企业、食品和食用农产品仓储企业、专业化病虫害防治服务组织和从事农产品生产的农民专业合作社等单位的，处5万元以上10万元以下罚款，农药使用者为个人的，处1万元以下罚款；同时构成犯罪的，依法追究刑事责任。

2023年1月1日施行的新版《中华人民共和国农产品质量安全法》，将使用禁用农药和农药超标行为按量区分处罚，生产者与经营者均列入处罚，违法造成人身、财产或者其他损害的，依法承担民事赔偿责任。第七十条明确规定：农产品生产经营者在农产品生产经营过程中使用国家禁止使用的农业投入品或者其他有毒有害物质、或销售含有国家禁止使用的农药、兽药或者其他化合物的农产品，尚不构成犯罪的，由县级以上地方人民政府农业农村主管部门责令停止生产经营、追回已经销售的农产

品，对违法生产经营的农产品进行无害化处理或者予以监督销毁，没收违法所得，并可以没收用于违法生产经营的工具、设备、原料等物品；违法生产经营的农产品货值金额不足一万元的，并处十万元以上十五万元以下罚款，货值金额一万元以上的，并处货值金额十五倍以上三十倍以下罚款；对农户，并处一千元以上一万元以下罚款；情节严重的，有许可证的吊销许可证，并可以由公安机关对其直接负责的主管人员和其他直接责任人员处五日以上十五日以下拘留。第七十一条规定：农产品生产经营者销售农药、兽药等化学物质残留或者含有的重金属等有毒有害物质不符合农产品质量安全标准的农产品，或销售含有的致病性寄生虫、微生物或者生物毒素不符合农产品质量安全标准的农产品，或销售其他不符合农产品质量安全标准的农产品，尚不构成犯罪的，由县级以上地方人民政府农业农村主管部门责令停止生产经营、追回已经销售的农产品，对违法生产经营的农产品进行无害化处理或者予以监督销毁，没收违法所得，并可以没收用于违法生产经营的工具、设备、原料等物品；违法生产经营的农产品货值金额不足一万元的，并处五万元以上十万元以下罚款，货值金额一万元以上的，并处货值金额十倍以上二十倍以下罚款；对农户，并处五百元以上五千元以下罚款。

2.农药超范围使用　目前葡萄生产中超范围使用的农药主要是既未登记也未明确禁止的农药。葡萄生产主体选用药时，经常不看标签，将用于防治其他作物病虫害的农药在葡萄上使用，特别是杀虫剂的使用。截至2022年12月，在我国葡萄上已取得登记的杀虫剂有：噻虫嗪、氟啶虫胺腈、苦参碱、苦皮藤素、乙基多杀菌素等5种有效成分，但远不能满足葡萄生产的需要。2020年，葡萄产业体系质量安全岗位团队抽取全国13个省份或主产区生产和销售的葡萄样品，经检测，发现部分农药超范围使用，生产中要格外注意。

我国对超范围使用农药有相关的规定。《农药管理条例》第三十四条规定：农药使用者应当严格按照农药的标签标注的使用范围、使用方法和剂量、使用技术要求和注意事项使用农药，不得扩大使用范围、加大用药剂量或者改变使用方法。标签标注安全间隔期的农药，在农产品收获前应当按照安全间隔期的要求停止使用。第六十条规定：农药使用者不按照农药的标签标注的使用范围、使用方法和剂量、使用技术要求和注意事项、安全间隔期使用农药，由县级人民政府农业主管部门责令改正，农药使用者为农产品生产企业、食品和食用农产品仓储企业、专业化病虫害防治服务组织和从事农产品生产的农民专业合作社等单位的，处5万元以上10万元以下罚款，农药使用者为个人的，处1万元以下罚款；构成犯罪的，依法追究刑事责任。

三、葡萄农药安全管控技术

按照"预防为主，综合防治"的原则，以农业和物理防治为基础，优先采用生物防治技术，辅之化学防治应急控害措施。采用安全有效的综合防治措施预防葡萄病虫害的发生，减少化学农药的使用。

1.采用农业防治、物理防治、生物防治等手段，减少化学农药使用

（1）农业防治。①种苗选择。优先选用抗性品种；进行种苗检疫，避免无检疫性害虫苗木和易感病不健康苗木栽培，防止危险性病害传播蔓延。葡萄种苗、砧木和插条等种植前应进行温汤处理或药剂消毒处理，减少害虫引入。②枝蔓管理。合适的种植密度和架势，避免过密、过疏。葡萄生长期应及时进行抹芽、摘心、夏季修剪、整合枝蔓，保持葡萄架面通风透光良好及植株合理负载，减少病虫害发生。③果园管理。适时深耕或覆地膜防除杂草，可有效清除病原。采用滴灌或膜下暗灌，降低果园湿度；园内修建排水沟，及时排积水，避免果园内涝等措施可有效减轻病害发生。④清除菌源。选择种植脱毒苗木，新发展种植区种条、种苗要进行消毒。及时摘除园内病枝、病叶等病残组织，并带出果园集中处理；秋冬季节落叶后、修剪后及时清理枯枝、落叶、老树皮等，保持果园清洁卫生。减少病原菌，控制病害发生。

（2）物理防治。①色板诱杀。色板诱杀防治害虫。②设置防虫网。在设施栽培大棚放风口或整栋设施，覆盖25目*防虫网阻隔害虫和飞鸟迁入。③避雨栽培。选用篱架拱棚、水平架波浪形避雨棚、装

---

* 目为非法定计量单位，为便于生产中应用，本书暂时保留。目是指每英寸（2.54厘米）筛网上的孔眼取目。——编者注

配式镀锌钢管大棚等，覆盖塑料薄膜，减少病害的发生概率和风险。④套袋。阻断其他物体上的病菌传播到果穗、果实上，降低了重要病虫害对果实的侵染机会和风险，也可避免化学防治时农药与果面的直接接触。

（3）生物防治。①天敌利用。利用农田或果园生态系统中的天敌，或者释放这些天敌以防治害虫。②引诱剂诱杀。采用植物源引诱剂丙烯酸丁酯和丙酸丁酯，将该引诱剂（诱芯为丙烯酸丁酯：丙酸丁酯＝3：1）结合黏虫板制成诱捕器，利用绿盲蝽的趋化性，对绿盲蝽具有很好的诱杀效果。利用金龟子对糖醋液或苹果、桃、白酒、醋味有较强的趋性，在金龟子发生期，悬挂糖醋液瓶诱杀金龟子成虫。③性诱剂诱杀。利用害虫对同种异性成虫发育成熟后，向体外释放具有特殊气味，在交配过程中起联络通讯作用的微量化学物质的趋性，诱捕害虫，从而达到防治害虫的目的。④生物农药。根据农药登记信息网查询的数据，目前用于葡萄病害防治的生物制剂有：哈茨木霉菌、苦参碱、木霉菌、氨基寡糖素、蛇床子素、大黄素甲醚、β-羽扇豆球蛋白多肽、几丁聚糖等。

2.根据病虫害发生规律，制定化学防治用药建议 按照"生产必须、防治有效、安全为先、风险最小"的原则，选择可使用农药。优先选择葡萄上登记的农药；在已登记的农药中，优先选用环境友好型剂型。对于一些病虫害上无登记农药或者登记较少的，结合《绿色食品 农药使用准则》（NY/T 393—2020）中AA级和A级绿色食品生产允许使用的农药清单、清单中农药在其他作物上防治靶标的国内登记情况，优先选择环境友好型剂型农药。根据主要病虫的发生情况，适期防治，严格掌握施药剂量（或浓度）、施药次数和安全间隔期，提倡交替轮换使用不同作用机理的农药品种。农药配制、农药施用、剩余农药和包装处理、安全防护等按照《农药安全使用规范总则》（NY/T 1276—2007）的规定执行。

（1）适期防治。化学防治的防治适期的选择很关键，结合病害发生规律、危害特点和葡萄生长期，在防治适期内准确用药可取得有效防治效果。经修枝、摘心、疏穗等易造成伤口的农事操作后，应及时进行化学防治。因此，应根据病虫发生规律及监测预报，适时用药。

（2）农药使用的法规许可。不使用国家明令禁止使用的农药，出口产品还需满足目标市场的要求。优先选用在葡萄上已登记的高效、低毒、低残留农药，注意农药的轮换使用，农药登记信息以中国农药信息网上查询为准。严格按照农药标签规定的方法、剂量、施药次数和安全间隔期用药。

第三节　质量安全科普案例

围绕葡萄质量安全的公众讨论频繁出现，内容主要涉及葡萄营养成分认知差异、对部分生理现象的误解、植物生长调节剂应用、葡萄果穗用药规范等方面，主要是消费者对相关方面缺少专业知识，容易被误导。本文选取几个典型案例，通过剖析案例，旨在从科学视角解析事实本质。

由于社会化分工的不同，农业产业化中使用的一些技术、方法不一定能为城市中消费者理解，因此，需要科普工作者进行解析，让实情实景呈现，消除消费者疑虑，促进葡萄产业的健康发展和消费者的合理选择。

一、营养功能非客观性评价

2019年网络上出现"葡萄籽提取物抗癌和抗氧化？"的谣言，这其实是商家噱头，其中暗含两个谣言，一是葡萄籽提取物可以抗癌，二是葡萄籽提取物可以抗氧化。科普文章引用食品科学和营养专家的解释，指出葡萄籽提取物在体外实验能抑制癌细胞，并不意味着在体内能抗癌，目前还没有证据证明葡萄籽提取物能够在体内抑制癌细胞或预防癌症。此外，葡萄籽提取物的成分复杂，也没有经过系统的安全性研究，建议孕妇、产妇和孩子谨慎选择和食用这种保健品。文章引用英国学者进行的葡萄籽提取物辅助癌症病人的二期临床研究，结果显示两组并没有差别。文章还指出，葡萄籽中的原花青素是一种天然的低毒性抗氧化剂，长期吃有一定的抗氧化作用，并没有商家说的那么夸张。文章建议孕妇、产妇和孩子谨慎选择和食用这种葡萄籽保健品，购买保健品需认准相关登记号、正规厂家、正规渠道、购买索票。

二、对部分葡萄生理现象的误解

2018年网络上关于葡萄长刺不能吃的报道，其实，葡萄果皮上长刺的原因，有以下几种可能：一是介壳虫危害葡萄果粒，使葡萄表面形成一个个小凸起；二是葡萄果实生长速度过快，导致皮孔细胞增殖和变大，形成一个个小凸起；三是植物生长调节剂使用不当，造成果皮气孔细胞膨大或增殖，形成凸起类形状；四是有些品种对某些药剂敏感，使用后造成果皮气孔细胞老化或增大，形状像凸起。另外，巨峰系品种在成熟期，如果气象条件特殊，会引起以果粉为营养的某些真菌繁殖，形成白色菌落，看起来像白色凸起。文章引用了葡萄产业体系质量安全岗位、病虫害防治岗位和杭州综合试验站3位专家的观点，指出"长刺"的葡萄并不可怕，不用过分担心。由病虫引起的凸起，病菌或害虫都是侵染或吸附在果皮表面，对消费者不一定有害；由生理现象引起的凸起，则对消费者没有任何影响；如果葡萄上的刺洗不掉或剥不掉，更有可能是属于生理现象。

2018年，葡萄表面的"白霜"引起公众对质量安全的讨论。葡萄皮上的白霜其实是果实发育过程中本身分泌的糖醇类物质，也被称为果粉，属于生物合成的天然物质，这类化合物不溶于水，而溶于氯仿等有机溶剂，所以水泡、洗、搓都很难把这层白霜从果皮上彻底除掉。科普文章指出，这层果粉对葡萄有保护作用，比如可以减少水分蒸发，防止果实采摘后快速失水皱缩，对适应干旱环境有着积极作用；果粉不溶于水的特性可以避免葡萄表面形成湿润的环境，从而减少致病菌的侵染；葡萄表面的白霜还含有野生酵母菌，所以自制葡萄酒在发酵时即使不另加酵母也可自行发酵，总之，这层果粉对人体是无害的，不需要特意洗掉。文章强调，葡萄属于不易生虫的水果，且现在种植中大多采用套袋的方式，用到高浓度农药的几率很小，因此如果确定是葡萄自身的白霜，则没有必要洗掉。

三、对植物生长调节剂功能的误解

葡萄为浆果，科学使用植物生长调节剂可有无核、膨大、增产、拉长、改善品质等显著效果，但往往由于消费者专业知识不足而误解，甚至把植物生长调节剂功用妖魔化。"不用植物生长调节剂的葡萄，才是好葡萄？你OUT了！"系列科普资料，通过漫画视频、文章等多种形式，科普了植物生长调节剂在葡萄上的应用和安全性。文章介绍了葡萄上常用的植物生长调节剂及其功用，它们可以促进葡萄无核、坐果，让果粒生长更均匀、饱满；还有S-诱抗素和乙烯利，它们可以增加着色和催熟。文章指出，植物生长调节剂的使用要科学、谨慎，注意使用时期、用量、用法以及和肥水的配合等因素。文章引用了农业农村部农产品质量安全风险评估实验室（杭州）的研究结果，说明植物生长调节剂具有"三低"（毒性低、用量低、残留低）特点，在葡萄上科学使用，残留量很低甚至无法检出，对消费者是非常安全的。文章还以乙烯利为例，解释了它是通过生成乙烯催熟葡萄的，并且乙烯本身就是一种植物内源激素，可由水果自身分泌产生。文章还指出，乙烯利的毒性很低，并且降解快，残留微乎其微。文章建议消费者不要担心吃了催熟葡萄，如果实在担心，多用清水冲洗几次也能放心吃。

2017年，科普文章介绍了西安市某村发生的一起因使用植物生长调节剂乙烯利导致葡萄不能正常上色，并发生软粒、落粒现象的事件。文章解释了乙烯利的使用方法和注意事项，指出乙烯利的使用要根据葡萄品种、气候条件、果实成熟度等因素进行调整，不能一味地增加用量或提前使用，否则会造成葡萄品质下降。文章还介绍了乙烯利的替代品，如乙酸乙酯、丙酮、S-诱抗素等。文章建议消费者不要盲目相信网络上的言论，要学会辨别葡萄的成熟程度和品质，比如观察果粒的颜色、光泽、形状、大小等，摸一摸果粒是否饱满、有弹性，闻一闻果粒是否有香气，尝一尝果粒是否甜美多汁等。

2016年，出现无籽葡萄打了"避孕药"的谣言。有网友在微信朋友圈转发一篇文章称，"无籽葡萄打了避孕药才能无籽"，并附上一张无籽葡萄切开后露出白色物质的照片。农业部农产品质量安全中心及时发布了《无籽葡萄打了"避孕药"？》科普文章，对无籽葡萄品种和葡萄无籽栽培原理及安全性进行了科学解释。文章指出无籽葡萄一种是品种特性，如我国新疆地区种植的无核白品种；另一种是由栽培中采用植物生长调节剂处理后无核。无籽葡萄中的白色物质是果肉组织，而不是避孕药或其他添加物，对人体无害。植物用的生长调节剂俗称"植物激素"，与动物激素的分子结构完全不同，用避孕药无法让水果无籽，植物激素也无法调节人的生长发育。文章还介绍了无籽葡萄的营养价值和食用注意事项，建议消费者选择正规渠道购买，洗净后食用。文章认为无籽葡萄是一种正常的葡萄品种或使用植物生长调节剂进行无籽化栽培而来，可以放心食用。农业部文章报道一出，全国多家主流媒体及各大微信公众号都转载了此篇报道。其传播速度快，影响广，有效地降低了广大消费者对无籽葡萄的误解和担心。

四、葡萄果穗用药疑问

葡萄采用植物生长调节剂进行无核处理时为了精准使用，果农采用杯装药剂浸整串果穗从而达到均匀用药，提高葡萄商品性的目的，这就是网传的"葡萄蘸药视频，无籽葡萄是'药水'葡萄？还能放心吃吗？"舆情。该方法确实是葡萄使用植物生长调节剂、预防果穗病害的常用技术，这种方法有用药精准、减少农药浪费、用药效果好等优点，因此农民情愿增加劳动量而放弃使用喷雾的方法。科学选用药剂结合该方法使用，使用时多为花果期或是套袋前，距离采收期有足够的安全间隔期，葡萄质量有保证。

第四节　多农药残留检测技术

一、多农药残留样品前处理技术

为了保证葡萄质量安全，灵敏、准确的农药残留检测技术必不可少。目前，常用的葡萄中农药残留检测技术有色谱、色谱-质谱联用等方法，尤其是随着色谱-质谱仪器的精密化和自动化，目标物分析更为灵敏、快捷和通量化。与此同时，样品前处理技术在多农药残留分析中显得更为重要，它不仅关系到分析设备的使用寿命，也是获取精准分析结果的关键。目前，最常用的样品前处理方法为固相萃取法和QuEChERS方法，典型的前处理流程如图14-3所示。

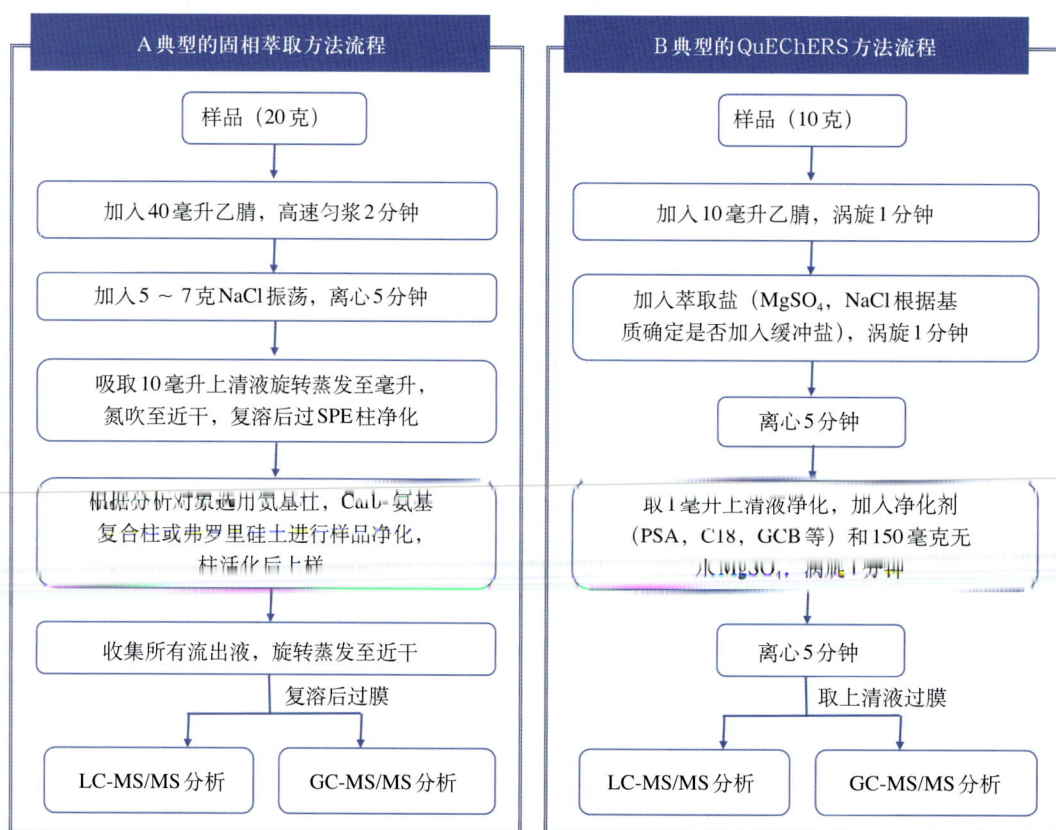

A 典型的固相萃取方法流程	B 典型的QuEChERS方法流程
样品（20克）	样品（10克）
加入40毫升乙腈，高速匀浆2分钟	加入10毫升乙腈，涡旋1分钟
加入5～7克NaCl振荡，离心5分钟	加入萃取盐（MgSO₄，NaCl根据基质确定是否加入缓冲盐），涡旋1分钟
吸取10毫升上清液旋转蒸发至毫升，氮吹至近干，复溶后过SPE柱净化	离心5分钟
根据分析对象选用氨基柱、C₁₈-氨基复合柱或弗罗里硅土进行样品净化，柱活化后上样	取1毫升上清液净化，加入净化剂（PSA，C18，GCB等）和150毫克无水MgSO₄，涡旋1分钟
收集所有流出液，旋转蒸发至近干 复溶后过膜	离心5分钟 取上清液过膜
LC-MS/MS分析　GC-MS/MS分析	LC-MS/MS分析　GC-MS/MS分析

图14-3　多农药残留分析中典型的样品前处理技术流程

1.**固相萃取方法** 固相萃取（solid phase extraction，SPE）是一种基于色谱分离的样品前处理方法，具有富集效率高、杂质去除能力强等特点。根据作用原理，可将SPE分为两种：一种是基于目标化合物的富集模式，即固相萃取柱用于吸附目标化合物。当样品通过SPE柱时，吸附剂的官能团与目标化合物发生作用被保留在SPE柱吸附剂上，再通过合适的溶剂将其从吸附剂上洗脱。另一种基于杂质去除的净化模式，即SPE柱对样品的杂质干扰物具有更强的保留性能。目前，针对葡萄中多农残分析更多的是采用该模式，常用的固相萃取柱类型包括氨基固相萃取柱、GCB/氨基固相萃取柱、GCB/PSA复合柱、弗罗里硅土柱等。通常需要根据目标分析的类型来选择固相萃取柱，有机氯及菊酯类农药常采用弗罗里硅土柱，而氨基甲酸酯、新烟碱类农药等均可采用氨基柱来进行净化处理。SPE具有分离效率高、样品净化效果好、富集倍数高等优点，然而，该方法中固相萃取吸附剂的选择性强，多种化合物同时富集的能力相对较弱，且操作繁琐、耗时长，限制了目标物残留分析速度。

2.**QuEChERS方法** QuEChERS方法首先利用有机溶剂萃取目标物，然后利用分散固相萃取（d-SPE）净化样品，利用d-SPE吸附剂对基质中影响分析准确度和精密度的干扰物进行吸附，具有操作简单、快速、价格低廉等优势；改善了SPE技术中操作繁琐、耗时耗力等不足，成为多农药残留检测中样品前处理方法的主流。目前，常用的d-SPE净化吸附剂有C18、N-丙基乙二胺（primary secondary amine，PSA）和石墨化炭黑（graphitized carbon black，GCB）等。其中，C18主要吸附脂肪和酯类等非极性共萃物；PSA作为弱阴离子交换吸附剂用于去除碳水化合物、有机酸、少量色素等极性干扰物质；GCB去除色素和磷脂等。基于C18、PSA或GCB为分散吸附剂的d-SPE对样品进行净化，该过程需经两次均质和离心分离等，限制样品分析速度，成为批量样品分析处理的瓶颈。因此，近年来基于磁性纳米材料的改良化QuEChERS方法也获得了一定的发展。磁性功能材料具有稳定性好、吸附容量大、与基体溶液快速分离等优势，成为理想的快速样品前处理材料。已有研究基于磁性碳纳米管、Fe_3O_4-PSA、$Fe_3O_4@SiO_2@DVB-NVP$、$m-ZrO_2@Fe_3O_4$、Fe_3O_4-OPA和$Fe_3O_4@SiO_2$-PAAA等磁功能材料为吸附剂，建立了农药残留分析的快速前处理方法；与使用非磁性材料为净化吸附剂的样品前处理方法相比，磁分散固相萃取技术净化效果好且大大节约了前处理时间，为污染物残留分析提供新的发展方向。

二、多农药残留检测技术仪器分析技术

1.**液相色谱-串联质谱技术** 液相色谱-串联质谱法（LC-MS/MS）利用保留时间和质量数双重定性模式，展现出良好的选择性和抗干扰能力。当前，LC-MS/MS最常用的离子源为电喷雾（ESI），主要用于分析高沸点、不挥发和热不稳定化合物，根据化合物的性质，可采用ESI＋或ESI－来分析，目前LC-MS/MS通常具有快速的正负源切换能力，可同时分析不同类型的化合物，极大地满足了当前对高通量分析的需求。分析时需根据化合物的性质重点优化或设置的参数包括：液相色谱柱的选择、流动相及比例；质谱参数如电喷雾加热器温度、雾化气、气帘气流速等、多反应监测模式（MRM）中母离子-子离子对的选择及其碰撞电压等信息，以确保化合物得到选择性且灵敏的检测。目前，我国国标方法（以GB 23200.121—2021为例）中可同时检测331种农药及其代谢物残留量。典型的LC-MS/MS谱图如图14-4所示。此外，LC-MS/MS分析中基质效应也需要重点关注，可利用基质匹配校准溶液来进行定量计算以降低基质效应对检测结果的影响，如浓度较高时也可以通过稀释来降级基质效应。

2.**气相色谱-串联质谱技术** 气相色谱-串联质谱技术（GC-MS/MS）主要用于分析易挥发、低极性化合物，如有机磷、有机氯、拟除虫菊酯类农药，与LC-MS/MS可分析的化合物相互补充，也具有高灵敏度、高分离效能和较强的定性能力等优势。GC-MS/MS通常采用电子轰击源（EI），利用MRM或选择离子监测（SIM）模式来定性定量分析目标物。分析时需根据化合物的性质重点优化或设置的参数包括：气相色谱柱的选择、升温程序、载气流速等；质谱参数如MRM中母离子-子离子对的选择及其碰撞电压等信息，或SIM中多个离子的信息及比例，以确保化合物得到选择性且灵敏的检测。目前，我国国标方法（以GB 23200.113—2018为例）中可同时检测208种农药及其代谢物残留量。典型的GC-MS/MS谱图如图14-5所示。

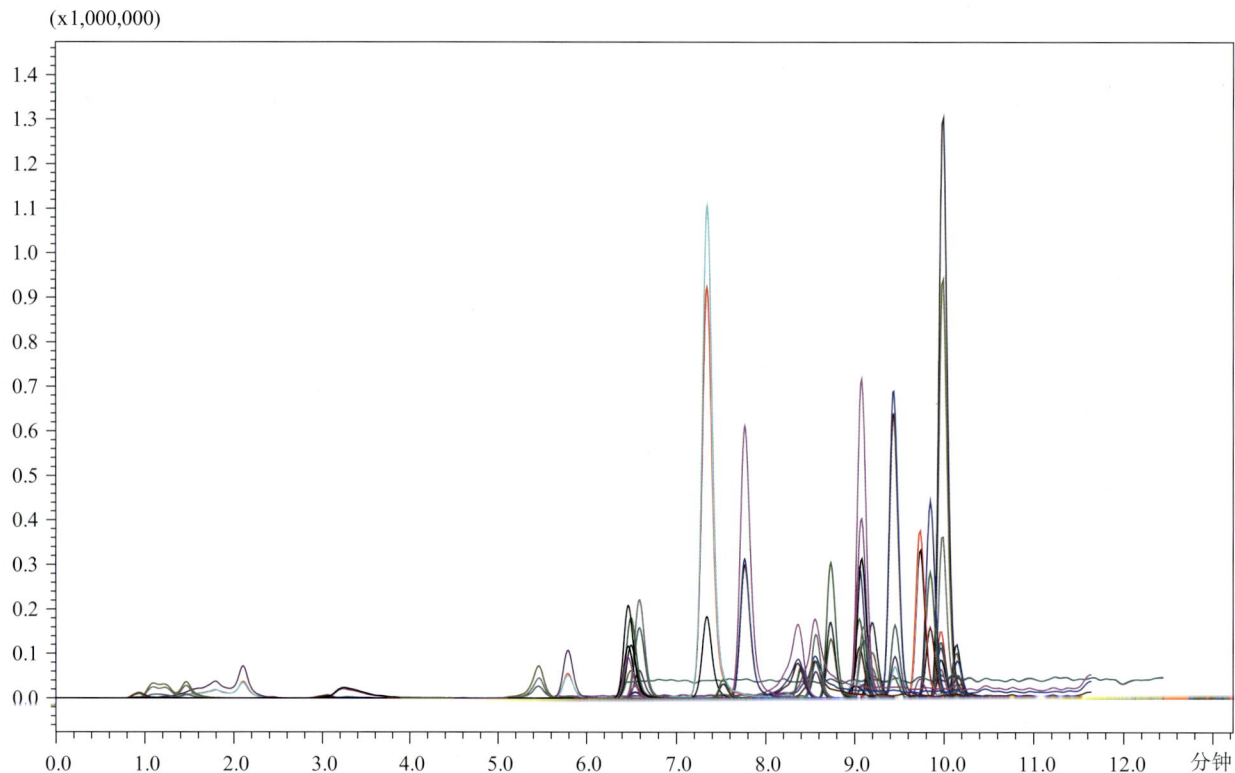

图14-4　多农药残留（122种）的总离子流图（10微克/千克）

水胺硫磷

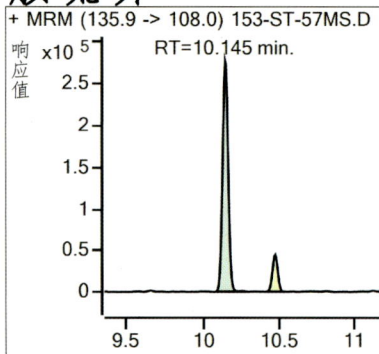

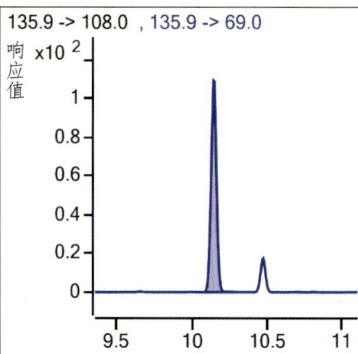

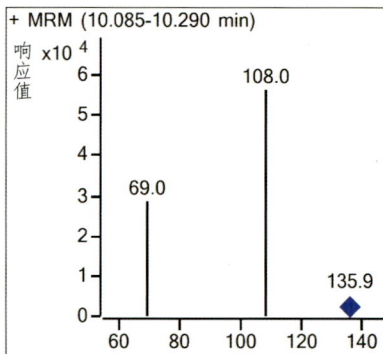

二嗪磷

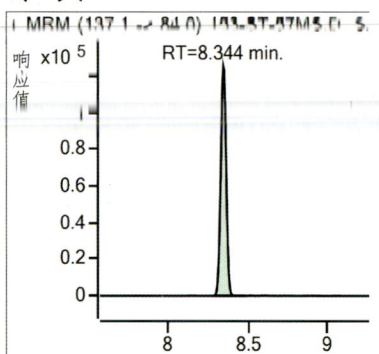

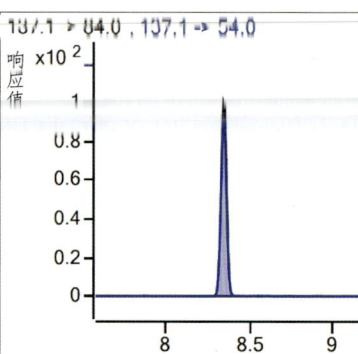

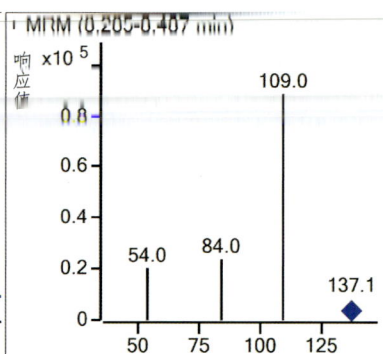

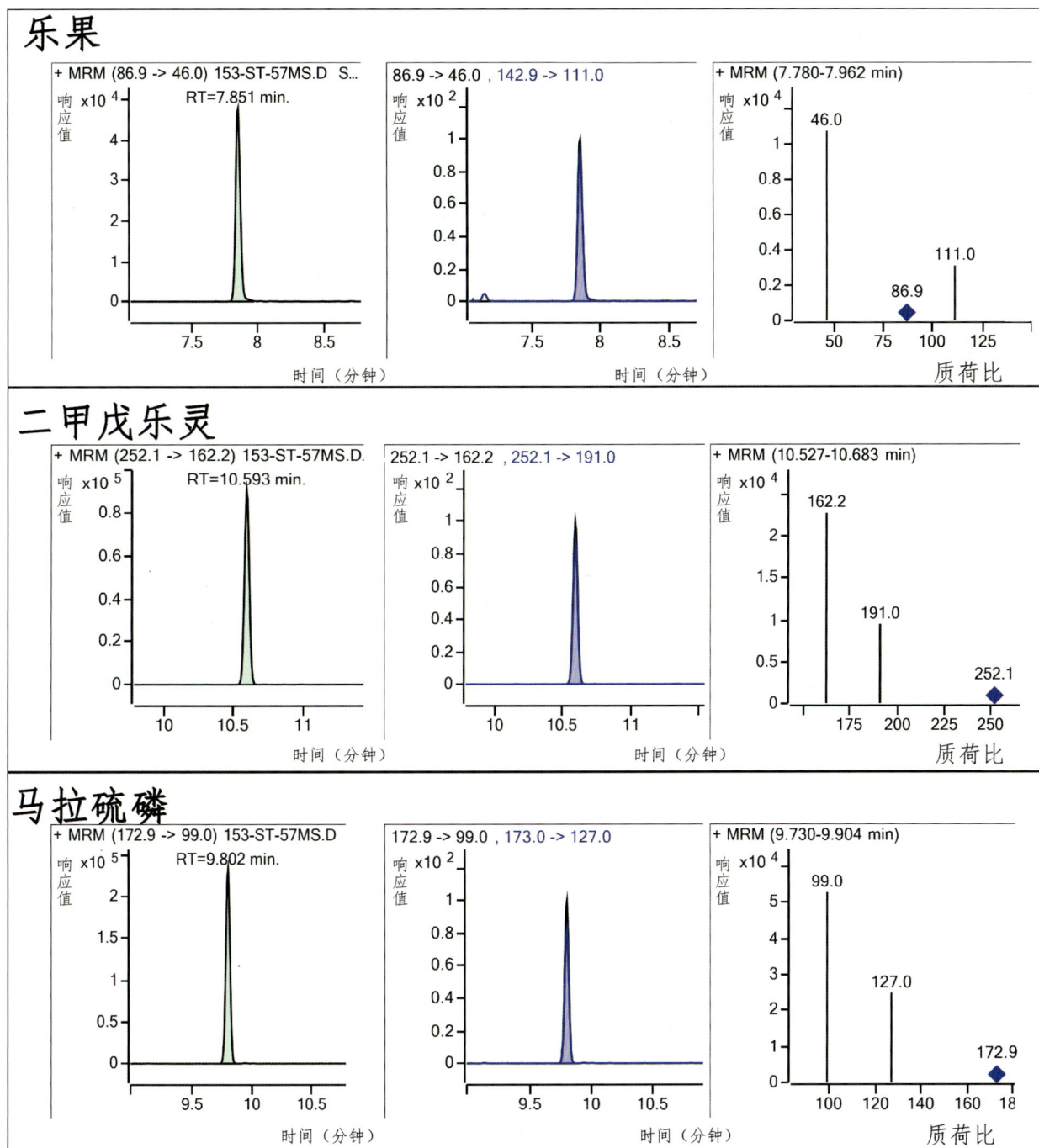

图 14-5 代表性的农药提取离子流色谱-质谱图（100微克/千克）

参考文献

刘真真, 齐沛沛, 何付香, 等, 2020. 相色谱-串联质谱法测定葡萄中链霉素和双氢链霉素[J], 色谱, 38 (12): 1396-1401.

王娇, 齐沛沛, 刘之炜, 等. 液相色谱-串联质谱法分析葡萄中农药残留的基质效应评价[J]. 浙江农业科学, 2018, 59:1750.

Qi Peipei, Wang Jiao, Liu Zhenzhen, et al., 2023. Fabrication of magnetic magnesium oxide cleanup adsorbent for high-throughput pesticides residue analysis coupled with supercritical fluid chromatography-tandem mass spectrometry[J].

Analytica Chimica Acta, 1265: 341266.

Qi Peipei, Wang Jiao, Liu Zhenzhen, et al. , 2023. Fabrication of poly-dopamine-modified magnetic nanomaterial and development of integrated QuEChERS method for 122 pesticides residue analysis in fruits[J]. Journal of Chromatography A, 1708: 464336.

Qi Peipei, Wang Jiao, Liu Zhenzhen, et al. , 2023. Fabrication of magnetic magnesium oxide cleanup adsorbent for high-throughput pesticides residue analysis coupled with supercritical fluid chromatography-tandem mass spectrometry[J]. Analytica Chimica Acta, 1265: 341266.

第十五章

贮运保鲜与加工

第一节 鲜食葡萄贮运与保鲜

一、葡萄双控运输保鲜纸及配套运输技术

葡萄双控运输技术以葡萄采后生理和采后病害为基础，以功能性运输专用保鲜膜为屏蔽，通过可控释放杀菌剂和挥发性气体吸收剂微胶囊化，实现其缓释和对环境挥发性有害气体的吸收，结合温度、湿度和气体成分的控制，以抑制和杀灭腐烂微生物的生长和繁殖，抑制葡萄衰老和生理病害的发生，实现调控病理和生理进程，从而改善葡萄运输质量并可保持足够的运输期限。

1. 技术要点

（1）选用双控运输保鲜纸（图15-1A，B）。双控运输保鲜纸是通过筛选保鲜剂原料配方、选用不同性能有效成分、添加各种具有化学或物理作用的缓释剂以及加工微胶囊、包结化合物的可控剂型等多种方式和技术来制成的纸垫状保鲜材料，并结合成型加工过程选择多种适宜包装材料和适当的成型方式来起到缓释放保鲜剂作用。选用此类具有生理调控和病害预防的保鲜纸，可显著提高葡萄运输过程中保鲜品质和降低贮运病害风险。使用时，采用"包装箱→内衬保鲜袋→葡萄装箱→吸水纸→运输纸→扎袋"工艺顺序。我国常见保鲜纸产品规格有3千克、5千克、75千克左右等。

（2）选用T形单穗包装袋（图15-1C，D）。根据葡萄外形T形结构，采用PE、PVC材料、纸塑混合的T形单穗包装袋，避免运输过程机械伤害导致掉粒、散穗，方便贮运和销售。同时T形单穗包装袋可通过印刷标识，增加品牌宣传效应。

（3）选用功能性专用运输保鲜袋。选用由防结露膜采用机械或激光方式制孔的运输专用保鲜袋，以解决葡萄果实在简易冷藏运输中环境温度易于波动造成结露，最终影响运输效果的问题。

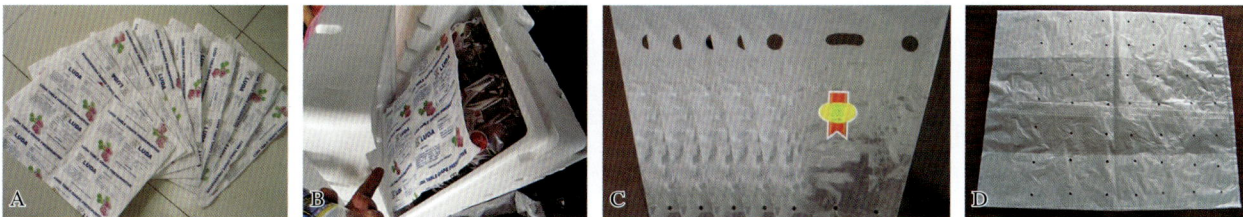

图15-1 保鲜材料

A、B.葡萄三层运输保鲜纸及使用情况　C、D.葡萄T形单穗袋与专用运输保鲜袋

2. 适用范围 适用于我国绝大部分产区的果实贮藏使用。

3. 注意事项

（1）葡萄果实保鲜过程要遵循《中华人民共和国食品安全法》和《食品安全法实施条例》关于食品安全标准的规定；采后保鲜技术工艺流程中分级、包装、预冷、温湿度调控等要遵循各产地采后收贮运技术规程类技术标准、行业标准或国家标准要求。

（2）保鲜剂用量要严格参照本技术基本要求，保鲜纸使用方式严格执行各生产企业说明书，不超期运输。

（3）运输过程推荐采用冷链运输和保冷运输方式，避免常温下直接运输。

二、鲜食葡萄采后气固双效处理保鲜技术

该技术方案针对不同品种鲜食葡萄的生理生化变化规律和保鲜机理，调控贮藏保鲜质量关键点及阈值参数，采用气固双效保鲜处理技术，即入库前进行气体快速保鲜并且入库后采用固体保鲜剂缓释保鲜，显著降低贮藏期间葡萄果实病害的发生、保持品质和延长果实贮藏期，为葡萄果实采后商品化市场供给销售提供技术支撑，适合果农、合作社以及大型农企工厂化规模性生产需求。

1.技术要点

（1）入贮气效保鲜处理（图15-2）。在鲜食葡萄果实入贮藏库前，采用塑料筐、纸箱等包装容器内衬保鲜膜包装，移入到气效处理室内，敞口码垛，使箱内葡萄果实可明显暴露在气效处理室（帐）内，封闭处理室（帐），在处理室（帐）中混合气效保鲜剂释放保鲜气体，或采用专用发生器混合后将释放的保鲜气体输入到处理室（帐）内，对葡萄果实保鲜处理，结束后，将葡萄果实移至长期贮藏库间内，经预冷后，进行长期贮藏或直接运输到批发市场等销售渠道。气效处理室（帐）可根据日生产处理量规模来建造。保鲜气体主成分为二氧化硫气体（0.5%），处理时间为20分钟。

图15-2　入贮气效保鲜处理

A.新疆农五师葡萄气效保鲜处理室　B.山东海阳气效保鲜处理大帐

（2）贮藏期固体保鲜剂缓释保鲜处理。葡萄果实预冷前或预冷后，在包装箱内加入具有释放功能的葡萄专用保鲜剂，然后将保鲜膜扎口或折口，保持包装内保鲜气体环境稳定不漏气，贮藏期内长期缓慢释放保鲜剂气体。保鲜气体为二氧化硫气体。使用方法参照保鲜剂使用说明。用量根据葡萄品种调整，每500克果为例，巨峰（辽宁）放入1小包（2片）片剂保鲜剂，红地球（河北）2小包粉剂和1小包（2片）片剂保鲜剂。

2.适用范围　适用于我国绝大部分葡萄产区的果实贮藏使用。

3.注意事项

（1）葡萄果实保鲜过程要遵循《中国人民共和国食品安全法》和《食品安全法实施条例》关于食品安全标准的规定；采后保鲜技术工艺流程中分级、包装、预冷、温湿度调控等要遵循各产地采收后贮运技术规程类技术标准、行业标准或国家标准要求。

（2）保鲜剂用量要严格参照本技术基本要求，保鲜剂使用方式严格执行各生产企业说明书，不超期贮藏。

（3）要选用比较耐贮且大众市场认可的葡萄品种进行贮藏，果实要充分成熟，无病虫害，重量、色泽、穗形等质量要符合果实品种特性。

（4）保鲜库严格控制贮藏温度，要求（-0.5±0.5）℃，控制精度越小越好。

（5）贮藏保鲜过程专业化程度较高，入贮气效保鲜处理环节中需要专技人员操作。

三、四段式防腐保鲜处理与果实品质稳定性保持技术

主要内容包括：葡萄果实田间病害防控、果实入贮前气态处理、果实保鲜库房清洁消毒以及果实贮藏过程中的防腐保鲜处理。该技术可显著提高入贮果实品质、降低入贮果实携带病原微生物数量、预防贮藏期霉烂病害发生并保鲜果实正常生理代谢和新鲜品质（图15-3）。

图15-3 四段式防腐保鲜处理与果实品质稳定性保持技术
A.田间病害防控　B.保鲜库内烟雾消毒处理　C.入贮前气效保鲜处理　D.贮藏过程中防腐保鲜处理

1.技术要点

（1）果实田间病害防控。主要有利用修剪等栽培管理和植保防治管理等技术进行有效的田间病害防治，以及入贮品质分级分流措施。

（2）果实入贮前气态处理。将盛装好葡萄的包装箱在入贮藏库前，先移入气态处理室，整体进行气体保鲜剂保鲜处理，包装箱要处于开口状态，确保果实裸露在气态处理室内，抑杀包装箱入贮环节携带的病原微生物。气体保鲜剂可采用二氧化硫气体等。

（3）果实保鲜库房清洁消毒。入贮前对贮藏库内进行彻底清扫，对地面、货架、塑料箱等进行清洗；对贮藏库房、拖车车辆、托盘等用具进行消毒杀菌处理，达到洁净卫生。具体可采用库房消毒剂、次氯酸、过氧乙酸、硫黄等消毒剂进行消毒处理。

（4）果实贮藏过程中防腐保鲜处理。入贮时要及时、足量且不过量投放保鲜剂，常见保鲜剂有袋装粉剂、片剂保鲜剂、塑料和纸质片状保鲜垫。袋装粉剂、片剂均匀撒在果穗中间，保鲜垫放于果穗表面。添加保鲜剂后扎紧保鲜膜袋。

2.适用范围　适用于我国多个鲜食葡萄产区，针对产地实际情况稍做调整即可。

3.注意事项

（1）要选用比较耐贮且大众市场认可的葡萄品种进行贮藏，果实要充分成熟，无病虫害，重量、色泽、穗形等质量要符合果实品种特性。

（2）贮藏过程中，投放保鲜剂要及时、足量、不过量。

（3）在库房清洁消毒环节中，对于使用年久的保鲜库必要时进行复合的消杀工作，如采前多次消毒，或使用一种以上消毒剂消毒。

（4）保鲜库房严格控制贮藏温度，要求（-0.5±0.5）℃，控制温度越精确越好。采用泡沫箱包装时库温下限可适当降低。

（5）贮藏保鲜过程专业化程度较高，操作人员必须要进行保鲜技术培训。贮藏中必须配合采取防腐措施，要选用质量稳定的葡萄专用保鲜剂。

四、二氧化硫（SO₂）复合二氧化氯（ClO₂）鲜食葡萄保鲜技术

该技术是针对目前已有SO₂和ClO₂保鲜剂各自的不足而研发的，使用两种气体针对葡萄采后不同病害具有良好的协同杀菌作用，其克服了因SO₂处理不当对葡萄花色素苷产生的漂白、褪色、异味和

3.注意事项

（1）环境要求。制干设施的周围环境空旷通风、无空气污染，远离生活区、养殖场、工业区等。场地、设施要求干净、清洁、卫生。自然环境包括日照、气温、降水等符合《地理标志产品　吐鲁番葡萄干》（GB/T 19586—2008）的要求。

（2）葡萄干水分含量控制在11%～16%。

（3）在使用促干剂处理时，应选择符合《食品安全国家标准　食品添加剂使用标准》（GB 2760—2014）的促干剂，并按照生产厂家提供的方法和浓度使用。

三、鲜榨加气葡萄汁加工工艺

鲜榨加气葡萄汁非热加工工艺由抽汁工艺葡萄酒抽出的部分清汁作为原料，可以在酿造高品质葡萄酒的同时生产优质葡萄汁产品，生产工艺见图15-5。鲜葡萄汁的生产具有以下两个特点：一是为采用柔性工艺；二是采用全程冷工艺生产，不经过任何高温处理，降低了高温处理对葡萄汁香气的破坏。应用冷浸渍、冷过滤、冷灌装和在线CO_2添加技术进行鲜葡萄汁的生产。该鲜葡萄汁产品优势在于香气新鲜、纯净，最大程度保留葡萄品种香气，口感清爽平衡。同时，该技术可提高葡萄原料利用率，提升产品品质和市场竞争力。

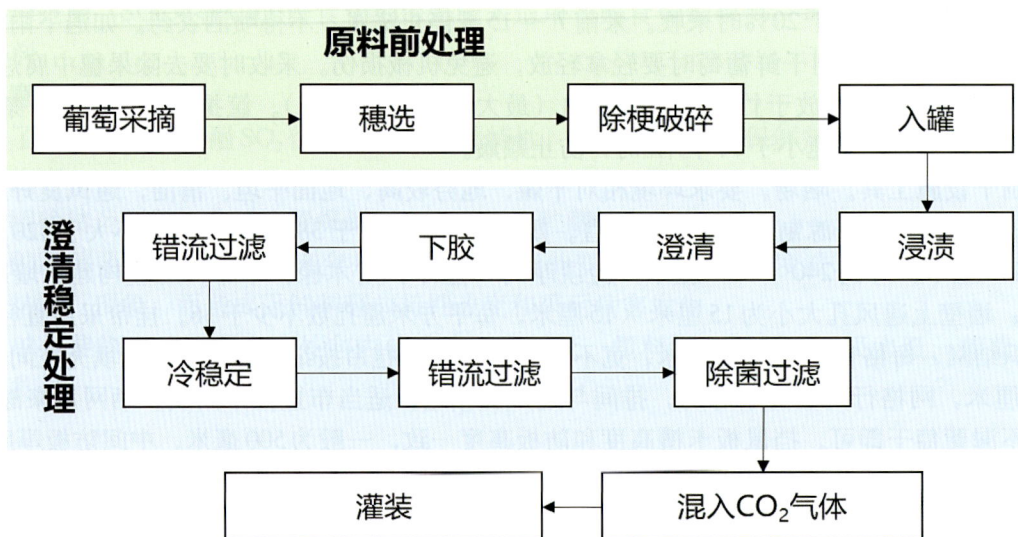

图15-5　鲜榨加气葡萄汁非热加工工艺流程

1.技术要点

（1）入料。果实要求成熟均一，卫生健康，采收果实时不得夹带泥土，果实无破损，无霉变，无腐烂，手工采收，小筐盛放。操作台上进行穗选，除梗破碎要求100%除梗，不能切断或破碎小梗，果粒上不能留小梗，要保证果粒和果梗的完整性。破碎率大于90%，破碎时不得撕裂果皮。

（2）浸渍。生产红葡萄汁时，葡萄破碎后泵入发酵罐浸渍。入罐时添加50毫克/升的SO_2，降温至5～6℃，保温浸渍24～48小时，满罐后添加果胶酶。浸渍期间每6小时循环1次，每次20分钟。

（3）澄清稳定处理。自流汁自然澄清（≤3℃）24～48小时，根据澄清效果分离上清液。皂土下胶，分离后的澄清葡萄汁使用皂土澄清，下胶量按工艺指令单进行，一周后过滤。检测葡萄汁的蛋白稳定性，合格后进入下道工序。冷稳定处理，过滤后的葡萄汁进行冷冻处理，温度保持（0±1）℃。监测酒石酸稳定性。酒石稳定性合格后进入下道工序。灌装前的葡萄汁在（0±1）℃下满罐贮存。贮存期间，使用经过0.2微米孔径除菌过滤的氮气保护，氮气压力保持（50±20）千帕。注意，不可使葡萄汁结冰。

（4）灌装。将过滤机、管道、成品罐、二氧化碳混比机等连接到CIP清洗系统上清洗，也可以不经过CIP清洗系统手动清洗。清洗结束后用蒸汽消毒30分钟，消毒温度≥90℃。葡萄汁罐消毒后用氮气保压，压力不低于50千帕，自然降温备用。葡萄汁罐内温度降至常温后即可进行除菌作业。在罐装前进行除菌过滤，葡萄汁经0.2～0.6微米孔径除菌膜过滤入葡萄汁罐。二氧化碳混比，缓冲罐备压，充二氧化碳气体，备压压力200千帕。备压后进行混比。二氧化碳添加量为8克/升。混比后的缓冲罐内压力（350±50）千帕，温度≤2℃。

2.适用范围 适用于生产抽汁工艺葡萄酒且配备错流过滤设备的酒庄，以及其他以鲜食葡萄为原料生产葡萄汁的企业。该工艺在东西部产区均适用，可用于生产香气纯净，果香清新的鲜葡萄汁产品。

3.注意事项

（1）穗选要求去除成熟差的果穗、干缩果穗、霉变果穗、带泥土的果穗以及泥沙、枯枝烂叶等杂质。

（2）浸渍过程严格控制温度，防止高温引起自然发酵启动。

（3）葡萄汁在浸渍、澄清、稳定等贮存过程中要保持满罐状态。

（4）灌装前对灌装车间、CIP清洗系统、纯净水供水系统清洁、消毒。灌装机（进料管道、冲瓶水循环系统）进行碱水、酸、清水清洗（CIP），蒸汽消毒，温度≥90℃，时间30分钟。灌装机灌装压力设置300千帕，匀速灌装。灌装期间，保持正风系统运转正常，每4小时冲洗灌装头，更换冲瓶水。每班对冲瓶水过滤膜消毒。

（5）本规程生产的鲜葡萄汁产区未经任何高温处理，所涉及到的保护性和工艺气体，均要经过0.2微米孔径除菌过滤。

第三节　葡萄酒加工

一、葡萄酒微生物选育与应用

（一）增酸酵母株克鲁维耐热酵母LT1的应用

专利菌株克鲁维耐热酵母（*Lachancea thermotolerans*）LT1能够高效地将葡萄糖转化为乳酸。由于乳酸具有口感柔和、性质稳定、不易被微生物利用等优点，LT1与酿酒酵母混合接种可以有效增加葡萄酒的酸度。工业规模发酵应用结果表明，混合接种可增加2～10克/升乳酸，降低pH 0.2～0.4个单位，并产生苹果、香蕉、梨等水果类香气，同时维持红葡萄酒颜色的稳定性，这对于解决我国新疆和宁夏等西部产区葡萄酒糖高酸低，颜色不稳定的产业问题具有重要意义。基于以上结果，现已经推出商业增酸酵母菌CVE-7，应用于新疆、宁夏、甘肃和河北多个葡萄酒企业，所产葡萄酒已出口至意大利和西班牙等国。

1.技术要点

（1）CVE-7适用于酸度低的红、白葡萄酒产品增酸和增香发酵。

（2）CVE-7与酿酒酵母接种比例为1∶1或2∶1，CVE-7接种浓度为10^7 CFU/升。

（3）根据增酸强度，CVE-7与酿酒酵母接种方式为同时接种和延迟接种（先接入CVE-7，后接入酿酒酵母）。

2.适用范围 适用于新疆、宁夏和甘肃等西部糖高酸低的产区，对于保持红葡萄酒颜色效果明显。

3.注意事项 增酸幅度与接种方式（接种比例和接种顺序）密切相关，如果需要增酸幅度大，可采用延迟接种方式（1～2天后接入酿酒酵母），按照2（增酸酵母）∶1（酿酒酵母）比例接种，如增酸幅度小，可采用同时接种方式，按照1∶1比例接种。

（二）增香酵母德尔布有孢圆酵母（*Torulaspora delbrueckii*）TD12的应用

增香酵母TD12具有中等发酵活性，能够耐受低温（10℃）和高糖胁迫，低产乙酸，高产脂肪酸乙酯类香气的特点，可为葡萄酒提供干果类香气，增加葡萄酒香气复杂性。该菌株已保藏在中国微生物菌种保藏中心（保藏编号 CGMCC No. 15162）。

1.技术要点 与酿酒酵母延迟接种（先接入 TD12，2 天后接入酿酒酵母，接种比例 2：1）可有效增加脂肪酸酯类香气，降低挥发酸含量。

2.适用范围 可用于甜型葡萄酒的生产如冰酒，增加葡萄酒的果香品质，降低挥发酸含量。

3.注意事项

（1）采用延迟接种方式效果最佳，但酿酒酵母的接种时间点应控制在 4 天之内；

（2）由于 TD12 具有很好的低温耐受性，可在葡萄酒冷浸渍阶段接入，用于控制野生杂菌繁殖。

（三）增香酵母葡萄园有孢汉逊酵母（*Hanseniaspora vineae*）HV6 的应用

该菌株可以高产苯乙醇（玫瑰的香气）、乙酸异戊酯（香蕉和梨子），具有较强酯化苯乙醇生成乙酸苯乙酯的能力，与酿酒酵母混合接种时高产乙酸苯乙酯（蜂蜜和玫瑰花的香气），与酿酒酵母单一发酵相比，乙酸苯乙酯含量提高了 14.9 倍，有效增加葡萄酒的果香品质。

1.技术要点

（1）与酿酒酵母混合延迟接种（先接入 HV6，1～2 天后接入酿酒酵母，接种比例（2～3）：1；

（2）可进行三元发酵，TD12 与 HV6 按照 2：8 比例接种，2 天后接入酿酒酵母，能够有效提升 2-乙酸苯乙酯和脂肪酸乙酯类含量，使果香浓郁（"梨"的香气更加突出），并降低乙酸和生物胺的含量，提升葡萄酒的安全性。

2.适用范围 可用于白葡萄酒和冰酒生产，提高葡萄酒的花果类香气。

3.注意事项

（1）采用延迟接种方式效果最佳，但酿酒酵母的接种时间点应控制在 4 天之内。

（2）与微氧酿造工艺相结合（初始接入 HV6 后，通入微量空气，2 天后停止，此时接入酿酒酵母，完成酒精发酵），增香效果更佳。

（四）陈酿型干红酿酒酵母 NX11424 的应用

酿酒酵母 NX11424，保藏于中国微生物菌种保藏管理委员会普通微生物中心，保藏编号为 CGMCC NO.10050，其具有优秀的颜色和香气浸透能力，能充分挖掘和展现葡萄品种本真的典型特征，能赋予葡萄酒更为完美的骨架感和结构感，在酒精发酵后即让葡萄新酒呈现出独特的烘焙、烧烤及咖啡等陈酿特征，此外，酿酒酵母 NX11424 所酿造的干红葡萄酒非常适合橡木桶陈酿，并表现出较明显的陈酿潜力，是一株非常优秀的具有陈酿风格的干红葡萄酒酿酒酵母。基于以上结果，已推出商业酵母菌 CECA。

1.技术要点 发酵温区，15～32℃；产酒能力，≥18%（体积比）；甘油产量，中高；高糖耐性，极强（≥320 克/升）；pH 耐受性，强（pH≥3.0）；营养需求，低；发酵速度，中等；产挥发酸，低产；产硫化氢，低产；产泡沫性，低产；嗜杀特性，无；自融能力，良好；絮凝特性，易沉降澄清；陈酿能力，极佳。

2.适用范围 适用酿造陈酿型干红葡萄酒。

3.注意事项

（1）入罐接种量 10^6 CFU/升，糖度过高时可以提高接种量。

（2）商业活性干酵母粉，建议使用量为 200 毫克/升，糖度过高时可以适度提高接种量。

（3）商业活性干酵母制剂，建议活化后使用。

（4）酵母接种时的葡萄醪温度，建议不低于 15℃。

（五）高产香酿酒酵母 LFE1225 的应用

酿酒酵母 LFE1225，保藏于中国微生物菌种保藏管理委员会普通微生物中心，保藏编号为 CGMCC NO.3919，选育自新疆鄯善美乐自然发酵酒样。极强的高糖、高酒精耐受力；优秀的产酯能力，赋予葡萄酒浓郁且复杂的果香；改善因原料成熟度不足带来的生青感，且酒体纯净厚实。自溶和絮凝能力良好；无嗜杀特性。基于以上结果，现已推出商业酵母菌 CEC01。

1.**技术要点**　发酵温区，13～32℃；产酒能力，≥16%（体积比）；甘油产量，中高；高糖耐性，极强（≥288克/升）；pH耐受性，强（pH≥3.0）；营养需求，低；发酵速度，中等；产挥发酸，低产；产硫化氢，低产；产泡沫性，低产；嗜杀特性，无；自融能力，良好；絮凝特性，易沉降澄清；陈酿能力，良好。

2.**适应范围**　可用于酿造高品质果香浓郁、圆润轻柔型葡萄酒。

3.**注意事项**

（1）入罐接种量 10^6 CFU/升，糖度过高时可以提高接种量。

（2）商业活性干酵母粉，建议使用量为200毫克/升，糖度过高时可以适度提高接种量。

（3）商业活性干酵母制剂，建议活化后使用。

（4）酵母接种时的葡萄醪温度，建议不低于13℃。

（六）冰葡萄酒酿酒酵母 CEC A10 的应用

酿酒酵母菌株CEC A10，其保藏编号为CGMCC NO：16756。酿酒酵母菌株CEC A10分离自甘肃祁连酒厂美乐冰葡萄汁15℃自然发酵过程中，属于我国本土酵母。酿酒酵母菌株CEC A10耐受性好、发酵活力高，其酿造的冰酒挥发酸含量低，香气复杂度好、感官评价高，对提升冰酒品质，凸显我国冰酒的地域特色具有重要意义。

1.**技术要点**

（1）酿酒酵母菌株CEC A10具有良好的耐受性，能够耐受300毫克/升的 SO_2，16%（体积比）的酒精，较高的酸度（pH = 2.0），45%的高糖，10℃的低温，而且其低产硫化氢，发酵活力高。

（2）酿酒酵母菌株CEC A10产香能力突出，其产生的乙酸异戊酯、丁酸乙酯、2-甲基丁酸乙酯、癸酸乙酯、β-乙酸苯乙酯的含量较高，不仅赋予了冰酒典型的玫瑰花香、蜂蜜香，还赋予了其浓郁的果香。

2.**适用范围**　可用于冰葡萄酒的酿造。

3.**注意事项**

（1）入罐接种量不小于 10^6 CFU/升，可以适度提高接种量。

（2）建议在冰葡萄汁中补充适量氮元素。

二、葡萄酒风味定向调控

（一）冷浸渍工艺

冷浸渍工艺是指红葡萄酒酿造中在酒精发酵前（前浸渍阶段）除梗破碎后的葡萄醪在较低温度下（5～10℃）进行一定时间（4～10天）的低温浸渍。与酒精发酵过程中和发酵结束后的酒精溶液浸提过程不同的是，冷浸渍过程是在无酒精状态下对葡萄原料中的酚类物质和香气物质进行浸提的过程。该酿造工艺可以增加葡萄果皮中花色苷等酚类物质的浸提，还可以增强酯类物质的积累从而提升葡萄酒的果香。

1.**技术要点**

（1）利用冷媒将入罐的葡萄醪迅速降低至5～8℃。

（2）第5天分1/4～1/3的葡萄汁到另一罐升温至18℃后，按装罐总容量加酵母启动发酵；活化酵母采用逐步扩培法，不断分次等量加入冷浸渍果汁，旺盛发酵后再泵入冷浸渍罐启动酒精发酵。

（3）第5天后冷浸渍罐结束控温，利用18～22℃常温水迅速回温至18℃，再接种已活化扩培的酵母。

（4）每天4次封闭循环，每次循环总量的1/4。

2.**适用范围**　适用于我国新疆、甘肃、宁夏、山西等西部产区陈酿型干红葡萄酒的酿造，主要用于加强果皮的浸渍以及果香的提升。

3.注意事项

（1）葡萄入料后，需要迅速将葡萄醪的温度下降至5～8℃，控温条件好的酒厂最好控制到5℃，防止冷浸渍阶段自然起酵的风险。

（2）封闭循环要将发酵罐顶部的葡萄皮帽全部喷淋、浸润，否则干燥的皮渣容易引起野生微生物的繁殖。

（3）冷浸渍后期要对葡萄醪迅速回温，减少回温周期，尽快达到接种商业酵母的要求，也是减少野生微生物的繁殖。

（二）葡萄酒颜色稳态化技术

葡萄酒颜色稳态化技术利用了红葡萄酒中花色苷与辅色素相互作用，形成更为稳定的花色苷衍生物或花色苷—辅色素复合体，保护花色苷呈色基团，实现葡萄酒色泽的强化。葡萄酒颜色稳态化技术能够有效提升陈酿型干红葡萄酒中酚类物质含量，改善葡萄酒黄化问题，提高葡萄酒颜色的稳定性。

1.技术要点

（1）发酵时期颜色稳态化技术。在冷浸渍及酒精发酵时期，添加外源辅色素。发酵时使用的外源辅色素由黄烷醇、黄酮醇、羟基肉桂酸及鞣花酸以特定比例混合配制，通常在酒精发酵前和酒精发酵中期添加等量的外源辅色素，总添加量为200～300毫克/千克。

（2）陈酿时期颜色稳态化技术。在桶储陈酿时期，添加外源辅色素。陈酿时使用的外源辅色素由葡萄皮单宁和葡萄籽单宁以特定比例混合配制，通常在桶储陈酿前添加，添加量约为200毫克/千克。

2.适用范围　葡萄酒颜色稳态化技术适用于所有产区中干红葡萄酒。

3.注意事项

（1）应根据葡萄品种及葡萄酒类型选择外源辅色素。

（2）添加外源辅色素时，应先取适量葡萄汁/酒将辅色素充分溶解后再进行添加。

（3）外源辅色素的添加不宜过量，否则将对葡萄酒的香气及口感品质造成不良影响。

（三）闪蒸工艺

闪蒸工艺是一种现代浸渍技术，其原理是利用负压条件下液体的沸点降低，将除梗破碎后的葡萄醪液加热至一定温度后置于真空环境中，导致醪液瞬间沸腾、葡萄组织细胞破裂，达到加速、加强浸渍的目的。闪蒸工艺可适当浓缩葡萄原料的糖度、去除原料的异味（生青、烟熏、霉味等），提高葡萄原料的质量。此外，闪蒸工艺可以增强对单宁、花色苷、多糖的浸提，改善葡萄酒的颜色、涩感、圆润度，酿造更有陈酿潜力的葡萄酒。

1.技术要点

（1）入料。投料区储备原料至5吨以上时开始进行投料、穗选、提升运输效率和除梗，尽量保证果粒完好，在果浆泵处按原料70%的出汁率计算偏重亚硫酸钾添加量，在果浆原处对除梗原料进行30～50毫克/升的二氧化硫处理，在线添加，然后将原料泵入闪蒸系统。

（2）闪蒸系统热媒准备。将传统工艺葡萄原料除梗破碎入罐后取汁或将部分葡萄原料采用气囊压榨机直接压榨取汁，送往储汁罐，取汁量达2 200～2 600升，用于满足热罐加热槽及管道等系统换热需要。

（3）闪蒸设备温度控制。热罐葡萄浸渍的温度控制在65～80℃；循环加热葡萄果汁的温度控制在75～90℃，闪蒸罐葡萄出口温度控制在18～25℃。

（4）冷凝水处理。当葡萄原料含糖量偏低，需要浓缩原料时，排出冷凝水；否则要根据实际需求将冷凝水回填至闪蒸罐。

2.适用范围　适用于配备闪蒸系统的酒庄，或邻近的酒庄。该工艺在东西部产区均适用，可用于生产高果香、深颜色、高涩感、强酒体的具有陈酿潜力的红葡萄酒，也可将其作为基酒用于混酿产品。

3.注意事项

（1）酿酒师根据当年葡萄果实生长发育季节尤其是成熟期的降雨、光照等气象条件，果实的含糖量、含酸量、pH及着色情况，果实原料的卫生状况，以及对果实的品尝结果，综合衡量当年葡萄的品质状况，给出闪蒸工艺的应用判断。

（2）系统检查闪蒸设备的各系统单元。榨机使用前应检查缓冲罐、热罐、闪蒸罐、果汁泵或果浆泵、系统管路、阀门、液位计等设备单元和附件，是否有积水、葡萄皮渣、酒石、色素沉着及其他污物，是否有异味；并且应以清水—碱液—清水—酸液—清水清洗程序对全套设备进行彻底清洗，所用碱液为2.5%氢氧化钠，酸液为2.5%柠檬酸。

（3）闪蒸设备工作时须随时注意各单元运行情况，定时巡检温度控制指标、液位指标是否正常。检查储汁罐液位是否足够为循环加热系统补汁，根据闪蒸罐运行情况及时调整果浆泵的输料速度等。

（4）酒精发酵启动后，皮渣浸渍时间根据品尝情况，一般控制在3～4天，然后分离压榨并进行清汁发酵。

（四）改良碳浸渍工艺

改良碳浸渍工艺是将除梗但不破碎的整粒葡萄浆果置于充满二氧化碳的密闭容器中，导致葡萄果粒在无氧条件下进行内部厌氧代谢的一种浸渍方法，在浸渍完成后配套进行带皮渣发酵，提高对酚类物质的浸提。该工艺可以降低葡萄酒中的生青味，并显著提高果香；可用于生产颜色深、果香浓郁、单宁紧致的陈酿型干红葡萄酒。

1.技术要点

（1）原料处理。葡萄原料经人工筛选后进行除梗，但不破碎，除梗后的果粒还需再次进行人工筛选，以进一步去除破损的果粒。

（2）入料。在入料前需要将罐体底部充满二氧化碳，罐口直接入料，装罐量约为罐容的80%。在入料的同时需要持续补充二氧化碳，确保在入料完毕后罐体内处于无氧环境。

（3）浸渍管理。保持浸渍温度在15℃，持续浸渍7～15天，浸渍完毕回温至22～25℃，加入酵母和辅料启动酒精发酵。

（4）发酵管理。发酵期间每天3次密闭打循环，循环量为罐容的1/3～1/2。

2.适用范围
改良碳浸渍工艺适用于我国西部产区，用于生产花果香较为突出的，香气更具优雅度和复杂度的红葡萄酒。

3.注意事项

（1）葡萄原料在采收和运输时要尽量避免机械损伤，保证果粒的完整性。

（2）在改良二氧化碳浸渍期间，要注意二氧化碳的及时补充，保证浸渍处在无氧的环境下进行。

（3）浸渍期间将罐盖轻轻盖上，不密封，不打循环。

（五）葡萄酒数智化混酿工艺

葡萄酒数智化混酿工艺是一种基于葡萄酒核心风味物质的感官表达特点及互作机制，通过大数据深度学习建立物质与感官之间的量效关系，并预测混酿葡萄酒产品感官品质的智能混酿技术。葡萄酒数智化混酿工艺可基于消费驱动提供最佳混酿方案，定向调控葡萄酒风味及品质，获得多元化的葡萄酒产品，最终实现酿造工艺精细化、规范化与标准化的生产技术示范。

1.技术要点
葡萄酒数智化混酿工艺需预先检测分析葡萄基酒中的风味物质组成及含量，并获得葡萄酒的感官数据，包括颜色参数、香气品质和涩感强度。将上述基酒数据输入葡萄酒混酿智能精算系统进行混酿预测（图15-6）。

（1）最佳混酿方案。选定一种葡萄基酒作为混酿主体（占比大于50%），若干种葡萄基酒作为配体并设定配体比例，依据需求选择混酿产品风格类型（轻盈芳香型、厚重陈酿型、浓郁饱满型等），葡萄酒混酿智能精算系统将计算并提供2～3种最优的混酿方案供酿酒师选择。

（2）定向调控葡萄酒风味品质。选定一种葡萄基酒作为混酿主体（占比大于50%），若干种葡萄基酒为配体并设定配体比例，消费者可依据自身需求，自主调整预期混酿产品的风味特征，并与目标风格葡萄酒进行对比，获得所需混酿方案。

2. **适用范围** 葡萄酒数智化混酿工艺适用于所有产区的葡萄酒产品。

3. **注意事项** 葡萄基酒风味物质定量结果与感官品评结果须准确,否则将严重影响混酿预测。

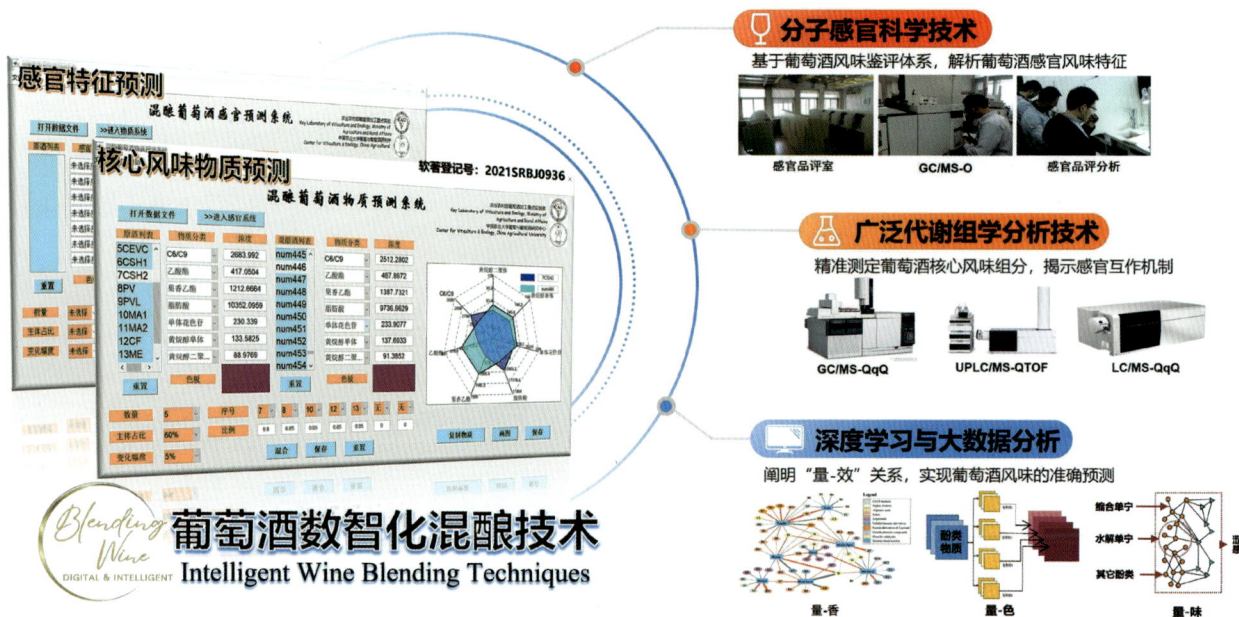

图15-6 葡萄酒混酿智能精算系统

(六)连续塔式蒸馏工艺

自主研发的连续塔式蒸馏器由蒸馏釜、蒸馏塔、冷却器等组成,蒸馏塔的塔板作用是通过增大汽液两相的接触面积,提供传热与传质提高分离效率。蒸馏塔中的塔板采用筛孔塔板、浮阀塔板以及泡罩塔板等,根据需求采用不同的塔板及数量。塔式蒸馏根据对产品的分离度的需求设置不同的塔板类型和数量,塔板数量越多,分离度越好。自主研发的葡萄蒸馏酒连续蒸馏器,一般由 5 ~ 15 个塔板组成的。相同塔身上不同位置的塔板馏分的香气物质含量存在差异,其香气风格也有所不同,利用不同位置的塔板馏分进行勾调可以生产不同风格的蒸馏酒产品。相比于壶式蒸馏,塔式蒸馏生产效率高,乙醇含量高,酯类化合物含量更多,塔式蒸馏最后的馏出物中含有更多的高级醇。蒸馏过程中降低流速或提高加热强度,可以提高馏分的酒精含量,同时相应增加高级醇类和酯类物质的含量(图15-7)。

1. **技术要点**

(1)试机正常后,用泵将醪液经原料罐送入蒸馏塔,要根据规定的醪量大小(进料200 ~ 1 000升/小时),调节给汽量,在塔底温度达到102℃时,打开排糟阀,至塔顶温度达到77 ~ 83℃时,整个蒸馏过程是连续的,整个操作保持塔底温101 ~ 103℃。临时停塔前应先关进料门,再关进汽阀门、出酒阀门,当顶温度降至60℃时最后关掉冷却水,防止干燥。

(2)调节冷凝器进水量,使第一冷凝器温度为85 ~ 75℃,第二冷凝器温度为52 ~ 48℃,第三冷凝器温度为47 ~ 31℃,第四冷凝器温度为28 ~ 25℃,第五冷凝器温度为28 ~ 25℃,第六冷凝器温度为28 ~ 25℃(具体温度与冷凝水的温度有关,要视质量调整)。

(3)当蒸馏塔中温度逐渐降低时,关闭原料泵,待塔顶温度上升后,打开原料泵。当蒸馏塔中温逐渐升高时,调小蒸汽压力或打开回流泵,使塔顶温度降低。

2. **适应范围** 连续塔式蒸馏设备可应用于我国不同的葡萄酒产区,品种方面可适用于白玉霓等白兰地专用酿酒葡萄品种、其他酿酒葡萄品种以及原生葡萄品种和鲜食葡萄品种。

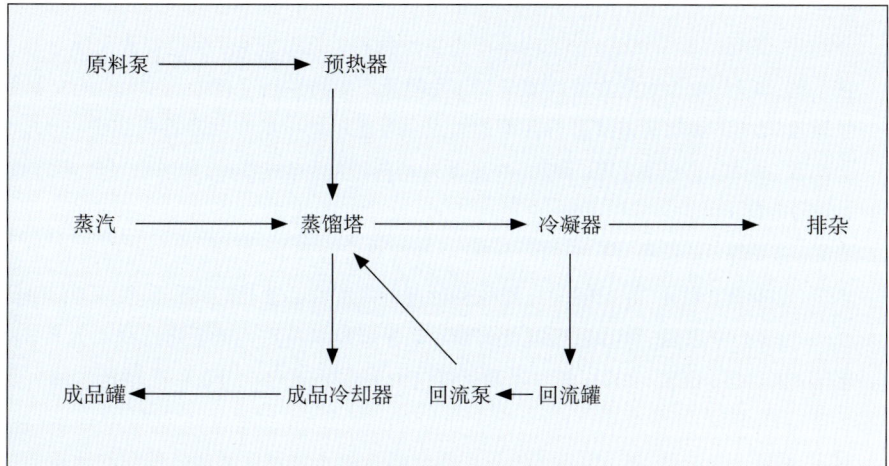

图 15-7 葡萄酒连续塔式蒸馏设备图（左）和葡萄酒连续塔式蒸馏工艺图（右）

3.注意事项

（1）开机生产正常后，操作过程中要严格把握"一匀四稳"的操作原则。果酒塔进料要均匀，不要忽快忽慢，同时进汽要稳。这样整个操作点的压力与温度都会稳定，最后取酒要稳，回流要稳，使成品酒质量达到标准要求。

（2）经常检查塔顶排醛及塔釜排废是否正常，发现问题及时处理。

（3）掌握蒸馏速度，根据发酵情况做到均衡生产。

参考文献

蔡建，2014.发酵前处理工艺对天山北麓赤霞珠葡萄酒香气改良研究[D].北京：中国农业大学.

段长青，齐梦瑶，凌梦琪，等，2021.葡萄酒混酿智能精算系统V1.0：2021SRBJ0936.08.27[CP].

胡娟，2021.本土耐热克鲁维酵母LT1的工业化应用研究[D].北京：中国农业大学.

集贤，张平，陈子叶，等，2015.SO$_2$气态熏蒸复合保鲜剂处理对维多利亚葡萄贮藏效果的影响[J].保鲜与加工，15(3)：18-23.

集贤，张平，商佳胤，等，2017.二氧化氯对葡萄采后灰霉菌的抑制作用研究[J].保鲜与加工，17(6)：6-12.

集贤，张平，朱志强，等，2020.SO$_2$不同保鲜处理对醉金香葡萄贮藏效果的影响[J].包装工程，41(7)：1-9.

集贤，朱志强，商佳胤，等，2022.二氧化硫和二氧化氯组合处理对采后阳光玫瑰葡萄质地的影响[J].包装工程，43(9)：74-82.

李迪，2020.葡萄园有孢汉逊酵母中乙酸苯乙酯生物合成关键基因的鉴定[D].北京：中国农业大学.

凌梦琪，邹文文，吴广枫，等，2021.发酵后混酿调控赤霞珠葡萄酒的香气和色泽[J].现代食品科技，37(4)：234-241.

刘宁，2016.本土酿酒酵母对葡萄酒质量的影响及优良菌株的筛选[D].杨凌：西北农林科技大学.

刘沛通，许丹丹，许引虎，等，2021.4株本土非酿酒酵母的发酵特性[J].食品科学，42：86-93.

刘延琳，冯莉，叶冬青，等，2022-08-05.酿酒酵母菌株及其在冰酒中的应用：201811588916.8[P].

刘祖希，2021.葡萄烈酒塔式蒸馏工艺优化及产品开发[D].北京：中国农业大学.

石俊，2020.葡萄蒸馏酒塔式蒸馏工艺技术研究与产品开发[D].北京：中国农业大学.

孙彬彬，2019.二氧化碳浸渍对赤霞珠葡萄酒香气改良作用[D].北京：中国农业大学.

唐冲，2022.基于耐热克鲁维酵母的三菌混合发酵对赤霞珠葡萄酒挥发酸和香气的影响[D].北京：中国农业大学.

王世军，张平，王莉，等，2013-01-02.多列立式旋转连续生产双效保鲜纸成型包装机：200610129230.3[P].

向小凤，2022.刺葡萄蒸馏酒关键香气物质鉴定及其"量—香"转变机制研究[D].北京：中国农业大学.

许丹丹, 2019. *Hanseniaspora vineae* 产香特性的研究 [D]. 北京: 中国农业大学.

杨东晴, 2021. 本土耐热克鲁维酵母LT1发酵及产酸特性研究 [D]. 北京: 中国农业大学.

张博钦, 2022. 戴尔有孢圆酵母在葡萄酒混合发酵中的应用及其增香机制研究 [D]. 北京: 中国农业大学.

张博钦, 尤雅, 段长青, 等, 2020. 冷浸渍开始阶段接种戴尔有孢圆酵母对红葡萄酒品质的影响 [J]. 食品与发酵工业, 46:19-24.

张平, 陈绍慧, 王世军, 等, 2010-11-03. 一种双重可控释放亚硫酸盐葡萄保鲜剂袋: 200920098579.4[P].

张平, 邓彩霞, 集贤, 等, 2015. 红地球品种葡萄规范性工业化贮藏保鲜技术 [J]. 保鲜与加工, 15 (5): 77-80.

张平, 王莉, 朱志强, 等, 2011. 鲜食葡萄贮运保鲜技术与现代低温物流技术体系 [J]. 保鲜与加工, 11 (6): 1-5.

张平, 朱志强, 集贤, 2021. 鲜食葡萄保鲜潜力表达关键影响因素和控制技术解析及其贮藏期潜力预警 [J]. 保鲜与加工, (1): 1-6.

赵飞, 张平, 朱志强, 等, 2013. SO_2 气态熏蒸结合固态缓释保鲜剂处理对红地球葡萄贮藏品质的影响 [J]. 食品与发酵工业, 39 (12): 182-186.

朱志强, 张平, 高凯, 2011. 葡萄贮藏保鲜库管理关键技术 [J]. 保鲜与加工, 11 (6): 52-54.

朱志强, 张平, 王世军, 2009-09-02. 一种用于葡萄贮运的 SO_2 气体保鲜设备: 200810052344.1[P].

Cai J, Zhu B Q, Wang Y H, et al., 2014. Influence of pre-fermentation cold maceration treatment on aroma compounds of Cabernet Sauvignon wines fermented in different industrial scale fermenters[J]. Food Chemistry, 154:217-229.

Ling M, Bai X, Cui D, et al., 2023. An efficient methodology for modeling to predict wine aroma expression based on quantitative data of volatile compounds: A case study of oak barrel-aged red wines[J]. Food Research International, 164, 112440.

Qi M Y, Huang Y C, Song X X, et al., 2023. Artificial saliva precipitation index (ASPI): An efficient evaluation method of wine astringency[J]. Food Chemistry, 413, 135628.

Tong W, Sun B, Ling M, et al., 2023. Influence of modified carbonic maceration technique on the chemical and sensory characteristics of Cabernet Sauvignon wines[J]. Food Chemistry, 403, 134341.

Xiang X F, Lan Y B, Gao X T, et al., 2020. Characterization of odor-active compounds in the head, heart, and tail fractions of freshly distilled spirit from Spine grape (Vitis davidii Foex) wine by gas chromatography-olfactometry and gas chromatography-mass spectrometry[J]. Food Research International, 137

Yan G, Zhang B, JosepH L, et al., 2020. Effects of initial oxygenation on chemical and aromatic composition of wine in mixed starters of *Hanseniaspora vineae* and *Saccharomyces cerevisiae*[J]. Food Microbiology, 90, 103460.

Zhang B Q, Luan Y, Duan C Q, et al., 2018. Use of *Torulaspora delbrueckii* co-fermentation with two *Saccharomyces cerevisiae* strains with different aromatic characteristic to improve the diversity of red wine aroma profile[J]. Frontiers in Microbiology, 9, 606.

Zhang B Q, Shen J Y, Duan C Q, et al., 2018. Use of indigenous *Hanseniaspora vineae* and *Metschnikowia pulcherrima* co-fermentation with *Saccharomyces cerevisiae* to improve the aroma diversity of Vidal Blanc icewine[J]. Frontiers in Microbiology, 9, 2303.

Zhang B, Duan C, Yan G, 2021. Effects of mediums on fermentation behaviour and aroma composition in pure and mixed culture of *Saccharomyces cerevisiae* with *Torulaspora delbrueckii*[J]. International Journal of Food Science & Technology, 56 (10), 5107-5118.

Zhang B, He F, Zhou P P, et al., 2015. Copigmentation between malvidin-3-O-glucoside and hydroxycinnamic acids in red wine model solutions: Investigations with experimental and theoretical methods[J]. Food Research International, 78:313-320.

Zhang B, Hu J, Cheng C, et al., 2023. Effects of native *Lachancea thermotolerans* combined with *Saccharomyces cerevisiae* on wine volatile and phenolic profiles in pilot and industrial scale[J]. Food Chemistry Advances, 2, 100258.

Zhang B, Ivanova-Petropulos V, Duan C, et al. , 2021. Distinctive chemical and aromatic composition of red wines produced by *Saccharomyces cerevisiae* co-fermentation with indigenous and commercial non-*Saccharomyces* strains[J]. Food Bioscience, 41, 100925.

Zhang B, Liu H, Xue J, et al. , 2022. Use of *Torulaspora delbrueckii* and *Hanseniaspora vineae* co-fermentation with *Saccharomyces cerevisiae* to improve aroma profiles and safety quality of Petit Manseng wines[J]. LWT, 161, 113360.

Zhang B, Tang C, Yang D, et al. , 2022. Effects of three indigenous non-*Saccharomyces* yeasts and their pairwise combinations in co-fermentation with *Saccharomyces cerevisiae* on volatile compounds of Petit Manseng wines[J]. Food Chemistry, 368, 130807.

Zhang B, Xu D, Duan C, et al. , 2020. Synergistic effect enhances 2-phenylethyl acetate production in the mixed fermentation of *Hanseniaspora vineae* and *Saccharomyces cerevisiae*[J]. Process Biochemistry, 90, 44-49.

Zhang X K, Jeffery D W, Muhlack R A, et al. , 2021. The effects of copigments, sulfur dioxide and enzyme on the mass transfer process of malvidin-3-glucoside using a modelling approach in simulated red wine maceration scenarios[J]. Food and Bioproducts Processing, 130:34-47.

Zhao X, Ding B W, Qin J W, et al. , 2020. Intermolecular copigmentation between five common 3-O-monoglucosidic anthocyanins and three phenolics in red wine model solutions: The influence of substituent pattern of anthocyanin B ring[J]. Food Chemistry, 326, 126960.

Zhao X, Zhang N, He F, et al. , 2022. Reactivity comparison of three malvidin-type anthocyanins forming derived pigments in model wine solutions[J]. Food Chemistry, 384, 132534.

第十六章

葡萄园机械

第一节　动力机械

一、传统拖拉机

传统拖拉机由发动机、行走装置、动力输出装置、驾驶操纵系统和控制系统等组成，可为作业机械提供牵引力，通过三点悬挂，连接铧式犁、圆盘耙、深松铲等；可作为农具的动力源，通过拖拉机的后部的动力输出轴（PTO），为旋耕机、秸秆粉碎机等提供动力（图16-1）。

图16-1　动力机械

A.传统拖拉机　B.大棚王拖拉机　C.履带式拖拉机　D.手扶拖拉机

二、大棚王拖拉机

大棚王拖拉机是专门应用于塑料大棚、玻璃温室、果园等狭小空间的拖拉机，与传统拖拉机相比，具有体积小、结构紧凑、转弯半径小、地隙小的优点，能够配备不同的农具，进行耕地、施肥、碎土、喷雾等田间管理作业，是大棚种植和园林管理理想的动力机械。

三、履带式拖拉机

履带式拖拉机采用履带式行走装置，履带行走装置由引导轮、随动轮、支重轮、驱动轮以及履带构成。履带拖拉机着地面积大，可以减小车辆对地面的压强，减少对土壤的压实作用，并能增加牵引能力，适于山地、爬坡、地面不平、松软泥泞的作业环境。

四、手扶拖拉机

手扶拖拉机是一种小型拖拉机，多是两轮行走，以柴油机提供动力，经动力系统传递给轮胎，驱动拖拉机向前行驶。操作人握持手架控制前进方向。手扶拖拉机适用于小块耕地，小巧灵活，可以装配不同的农机具，可以进行犁耕、旋耕、平整、碎土等多种田间作业，适合地块小、坡度小的丘陵地块。

第二节 露地栽培葡萄生产机械

一、防寒土清土机

1.避障式柔性立式刷清土机 避障式柔性立式刷清土机（图16-2A）用于清除葡萄藤防寒土垄的侧边土壤，适用于土壤为沙土或沙壤土的葡萄园，葡萄藤位于水泥柱中间或一侧的葡萄园均可应用。作业时，拖拉机前进机具前进，柔性立式刷高速旋转，将土垄侧边土壤梳刷到行间；通过液压油缸和接触式传感器，调节柔性立式刷的作业位置，实现自动避让水泥柱。

2.刷子刮板一体式清土机 刷子刮板一体式清土机（图16-2中）用于清除葡萄藤防寒土垄的侧边土壤，适用于葡萄藤位于水泥柱中间或一侧的葡萄园。作业时，拖拉机牵引机具前进，前方刮板将葡萄防寒土垄外侧土壤清除到行间，后面刷子将贴近葡萄藤的土壤梳刷到行间，二者配合能够有效提高清土率，并降低葡萄藤的损伤率。

3.手扶式叶轮清土机 手扶式叶轮清土机（图16-2右）用于清除葡萄藤防寒土垄的侧边土壤，适用于行距为2米以下、行中间有沟或垄的葡萄地的春季清土作业。作业时，小型手扶式微耕机提供侧边动力，通过带传动将动力传递至前置式的叶轮部件，驱动叶轮旋转以扫除土垄侧边土壤。该机具能跨沟进行作业，适应葡萄行间存在深沟的复杂工况。

图16-2 防寒土清土机

A.避障式刷子清土机 B.刷子刮板一体式清土机 C.手扶式叶轮清土机

二、防寒布起布清土机

防寒布起布清土机（图16-3）适用于冬季采用防寒布铺盖、埋土防寒种植模式的葡萄园。作业时，将地头的防寒布穿过起布辊上方，并将其固定于地头水泥柱上或人工踩压、固定防寒布，拖拉机牵引机具前进，防寒布张紧，在倾斜的起布辊支撑下，防寒布上方的土壤流向行间，达到清土目的。该机具要求，防寒布在水泥柱的双侧，分别覆盖在葡萄藤上。

图16-3 防寒布起布清土机

三、开沟筑埂机

开沟筑埂机（图16-4）适用于沟栽种植模式的葡萄园，用于在葡萄藤根部一侧开出灌溉沟。作业时，该机具由拖拉机牵引前进，并为机具提供动力。开沟装置分为开沟犁式和旋抛式两种，开沟犁式适用于沙性土壤，旋抛式适用于壤土或黏壤土，二者均将沟内土壤运移向行间；中部的镇压筑埂圆盘将沟内移除的土壤压实并整形，从而形成整齐且紧实的沟壁；后方圆弧形镇压轮将沟底压实并整形，从而形成整齐且紧实的沟底。

图16-4　开沟筑埂机
A.开沟犁式　B.旋抛式

四、叶幕修剪机

葡萄叶幕修剪机（图16-5）用于夏季葡萄叶幕、顶梢的整形修剪，有单边式和环抱式。该机器通过前置式底座固定在拖拉机的前端，通过液压缸分别调节主机架的左右、上下的修剪位置和修剪高度；通过液压马达驱动切割刀片高速旋转，修剪枝叶。调节液压油缸，可以调节顶梢的修剪刀是否进行作业。

图16-5　叶幕修剪机
A.单边式　B.环抱式

五、风送式喷药机

1.篱架式葡萄喷雾机　篱架式葡萄喷雾机（图16-6）适用于篱架式栽培的葡萄，主要有塔型、多头型和隧道型3种，其特点是喷头均呈垂直分布，可以较好地适应篱架式栽培葡萄叶幕垂直分布的特点。该类喷药机借助风机产生的强大辅助气流，能够有效二次雾化药液，使葡萄枝叶翻滚，从而改善雾滴在冠层内膛和叶片背面的沉积不均。该喷药机通过拖拉机的输出轴，驱动药泵和风机工作，其喷雾压力和喷头角度均可调节。隧道型喷雾机可同时进行多行喷药，臂展幅宽和高度均可根据葡萄生长情况进行调节，且便于集成循环送风、药液回收、静电喷雾和管路自清洗等功能，达到葡萄标准化种植的要求。

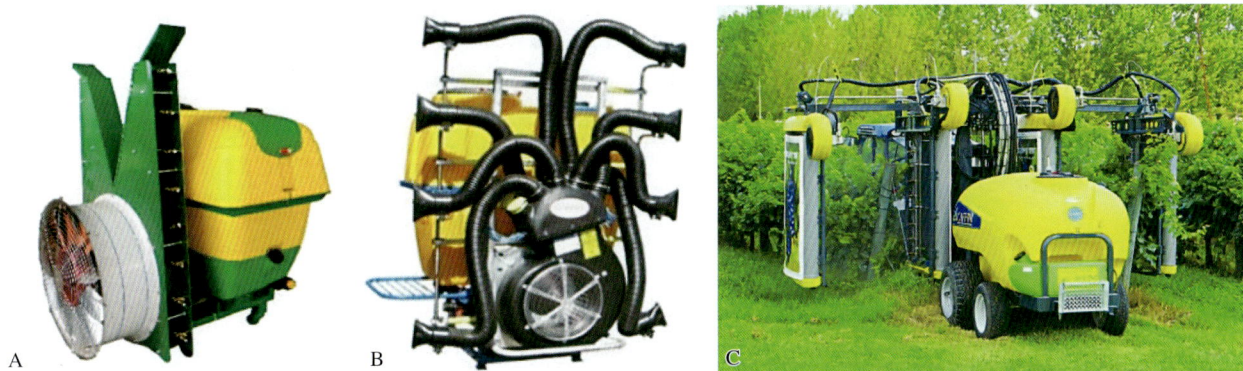

图16-6 篱架式葡萄喷雾机

A.塔型 B.多头型 C.隧道型

2.棚架栽培式风送喷雾机 葡萄棚架栽培模式的藤蔓枝条，依附于水平棚，形成了具有一定高度且与地面平行的冠层叶幕。风送式喷雾机（图16-7）的喷头沿圆形风机的出风口呈圆弧形布置，根据棚架的高度和喷射角度，两侧设置挡板，用于调节喷头的喷洒幅宽。工作时，喷头的药液，沿挡板吹向葡萄冠层。该类喷药机以悬挂式或牵引式，挂接在拖拉机上。喷头均可独立开关，喷雾角度及压力可调，适应不同的栽培行距和棚架高度。

图16-7 棚架栽培式风送喷药机

3.自走式风送喷药机 自走式风送喷药机（图16-8）自带动力和药箱，适用于标准化葡萄园或果园。

4.担架式喷药机 担架式喷药机（图16-9）由柴油机或汽油机、药箱、药泵及喷枪等组成。作业时，工作人员拖拉喷药机到地头，启动汽油机或柴油机，手持喷枪，拖拉药管进行作业。喷枪上配有开关，控制喷药启停，适于小地块、设施栽培的葡萄园。

图16-8 自走式风送喷药机

图16-9 担架式喷药机

5.三轮车式喷药机 三轮车式喷药机（图16-10）以电动三轮车为动力，配备液泵、药箱、喷头等，适于棚架栽培葡萄或塑料大棚葡萄园。

6.无人机喷药机 无人机喷药机（图16-11）以电池为动力，遥控方式，在平地或山坡的棚架式葡萄的上方进行喷药，可以进行秋季的净园作业。

图16-10 三轮车式喷药机

图16-11 无人机喷药

六、割草机

1.行间割草机 行间割草机（图16-12）用于割除园区行间的杂草，有3种机型：

（1）悬挂式割草机。由拖拉机悬挂式行间割草机，PTO驱动变速箱，驱动水平割刀割除杂草。

（2）自主式割草机。有手扶式割草机和乘坐式割草机，采用电驱动或柴油机驱动。

（3）遥控式割草机。自有履带式底盘，可以遥控割草。

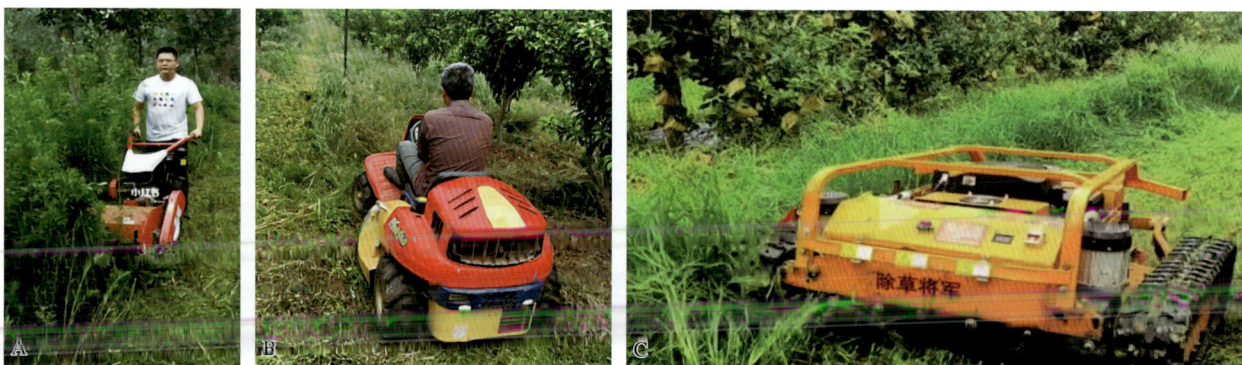

图16-12 行间割草机
A.手扶式 B.乘坐式 C.遥控式

2.株间避障除草机 株间避障除草机（图16-13）用于清除果树株间的杂草，同时可以进行根部松土作业。该机器利用除草铲、振动棒、刷子等，清除株间杂草。采用接触式传感器或机械方式，感知果树、石柱、水泥柱等，驱动松土铲避让，实现避障。

图 16-13　株间避障除草机（A-C）和全园割草机（D）

七、旋耕机

旋耕机（图16-14）由拖拉机悬挂，通过拖拉机PTO提供动力，驱动旋耕刀旋转，旋耕刀轴的旋转方向与行进方向一致，旋耕刀片将土层向后方切削，土壤被抛撒到后方的托板及罩体上，达到细碎的目的；入土深度5～20厘米可调，可以根据行距和要求定制作业幅宽，达到细碎土壤、根除杂草、混合地表有机肥等目的。

图16-14　旋耕机

八、深松机

深松机（图16-15）由拖拉机悬挂，根据行距和作业要求，有2～5个齿，用于果园行间的表层土壤不扰动、疏松深层土壤（30厘米以下），打破土壤犁底层，实现土壤"上实下虚"，提高果园土壤蓄水保墒、保水保肥的能力。

图16-15　深松机

九、环抱式枝条预修剪机

在葡萄在秋季收获果实后，修剪枝条。环抱式枝条预修剪机（图16-16）多固定在拖拉机前端，由液压站和修剪机构组成。液压站通过三点悬挂与拖拉机挂接，由拖拉机PTO驱动液压泵，为液压部件提供动力。修剪机构包括主机架、龙门架和修剪圆盘，通过液压缸调节主机架的升降和侧向位置移动，使龙门架横跨葡萄行，液压马达带动修剪圆盘高度旋转。

图16-16　环抱式枝条预修剪机

十、枝条粉碎还田机

枝条粉碎还田机（图16-17）由拖拉机悬挂和提供动力，是将人工修剪、搁置在行间的枝条，直接进行粉碎还田，减少人工捡拾枝条的环节，同时增加土壤有机质。适于气候干旱、少病菌的果园。

图16-17　枝条粉碎还田机

十一、有机肥开沟深施机

有机肥开沟深施机（图16-18）由拖拉机牵引，PTO通过变速箱提供动力，分别驱动排肥部件和开沟部件；通过挡肥板调节施肥量，通过限深轮调节开沟深度。

图16-18 有机肥开沟深施机

十二、埋土机

现有的葡萄埋土机（图16-19）主要有单边旋抛埋土机、双边旋抛埋土机、旋抛输送埋土机、犁铲式埋土机、埋土镇压一体机等。机器采用通过三点悬挂机构挂接在拖拉机后端。旋抛埋土机主要是通过拖拉机提供动力，在拖拉机行驶中，利用旋耕刀将土壤直接翻转至葡萄藤上，根据埋土方向又可以分为单边旋抛埋土机和双边旋抛埋土机；旋抛输送埋土机是通过旋耕刀将葡萄行间的土壤抛送到横向土壤输送带上，通过输送带将土壤输送到葡萄藤上方。犁铲式埋土机的犁铲在葡萄行间取土，将土壤覆盖在葡萄藤上方。埋土镇压一体机是在犁铲式埋土机后边，增加镇压装置，用于破碎土块和压实土垄。

图16-19 埋土机

A.单边旋抛埋土机 B.双边旋抛埋土机 C.旋抛输送埋土机 D.犁铲式埋土机 E.埋土镇压一体机

十三、开沟机

开沟机（图16-20）采用链式刀或圆盘刀，可以开不同深度的沟，用于后续有机肥施用、沟灌等。开沟深度和开沟宽度可调，可以根据农艺要求进行定制。

图16-20　开沟机

A.链式刀开沟机　B.圆盘刀开沟机

第三节　设施栽培葡萄生产机械

一、手持式叶幕修剪机

手持式叶幕修剪机（图16-21）采用电机或者小型汽油机驱动刀具运动，修剪叶幕枝条或顶梢，手持式作业，灵活调整位置。常见的叶幕修剪机主要有以下3种：手持往复式叶幕修剪机、手持旋转式叶幕修剪机、手持锯齿式修剪机，可以根据葡萄生长高度等进行选择。

图16-21　手持式叶幕修剪机

A.往复式　B.旋转式　C.锯齿式

二、枝条集中粉碎机

枝条集中粉碎机（图16-22）可以独立作业或由拖拉机牵引和驱动，主要以汽油机、柴油机、拖拉机动力输出轴为动力，人工将枝条喂入到机器内，进行粉碎，粉碎后的枝条从出料口处被高速抛出。粉碎后的枝条，可以与粪便、其他秸秆等混合，用于发酵有机肥、菌棒等。

图16-22 枝条集中粉碎机

三、履带式有机肥开沟施肥机

履带式有机肥开沟施肥机（图16-23）适于地面不平的园区，主要包括施肥部件和开沟部件。施肥部分采用链条式或绞龙式排肥，施肥量可调；采用双圆盘式开沟方式，开沟深度可调。

图16-23 履带式有机肥开沟施肥机

第四节 苗木培育与其他机械

一、苗木嫁接剪

苗木嫁接剪（图16-24）有传统刀片，进行修剪；Ω形刀片，将砧木和接穗切成Ω形，进行嫁接。

图16-24 苗木嫁接剪

二、苗木栽植机

苗木栽植机（图16-25）由三点悬挂装置与拖拉机连接，苗箱内放有备用葡萄苗木，拖拉机以一定的速度前进，开沟器开出长沟，操作人员将葡萄苗木放在苗夹上，苗夹随栽植机构的主动链轮的转动而转动，苗夹夹紧葡萄苗木，当苗夹转动到垂直状态时，苗夹从组滑板中滑出，苗夹松开葡萄苗木，后面的覆土镇压轮将苗压紧，保证苗木直立。

图16-25　苗木栽植机

三、起苗机

苗木起苗机（图16-26）挂接在拖拉机的后端，利用动力输出轴PTO输出动力，包括入土挖掘部分和抖土部分，苗木挖掘后，经抖土部分输送时，抖去根部土壤，铺放在行间。

图16-26　起苗机

四、砂石捡拾收集机

砂石捡拾收集机（图16-27）由拖拉机牵引和PTO传递动力，入土油缸调节入土铲作业深度，输送分离筛将挖掘的砂石和土壤向后输送的过程中，通过振动，将细碎的土壤抖下，石块落入后面的收集箱中。

图16-27 砂石捡拾收集机

五、挖掘机

挖掘机（图16-28）采用液压驱动，包括液压臂和挖掘斗，在果园中，可以进行挖穴，用于栽苗或施有机肥。

图16-28 挖掘机

第十七章

市场供给与消费需求

第一节　生产与供给情况

一、国内葡萄产业生产规模

近20年来，我国葡萄产业规模增长显著。最新统计数据显示，2022年葡萄种植面积达1 174万亩，产量达到1 537万吨，目前是我国前五大主栽水果之一。

经历了多年的总体增长之后，目前我国葡萄产业结束规模上的大幅扩张和高速增长，进入调整转型期。2016年至今，面积和产量的年度增长率一直低于2001年以来的均值，当前面积与产量均保持小幅增长，具体变化趋势如图17-1所示。

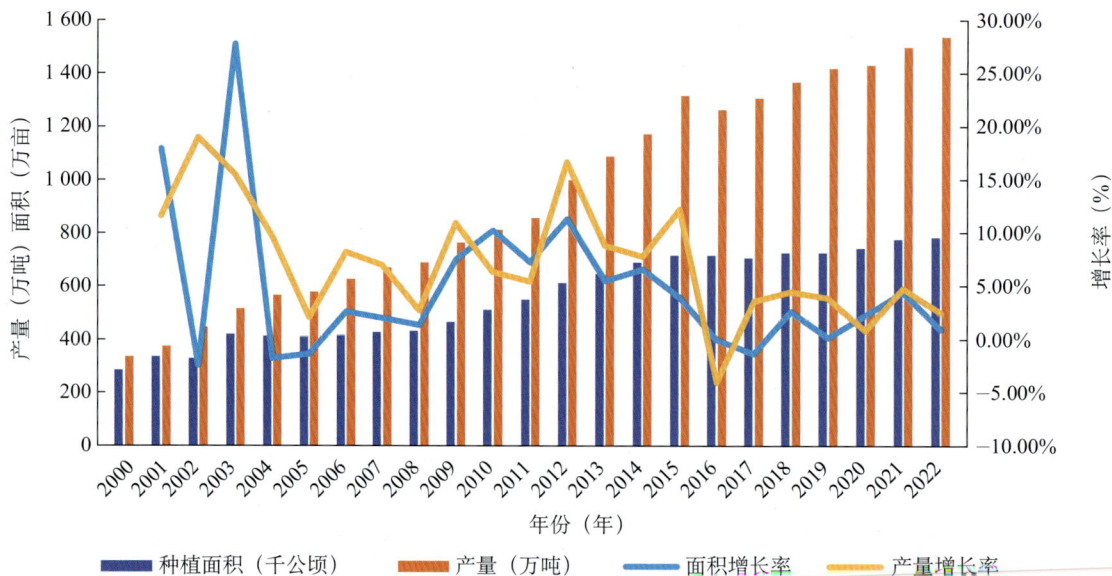

图17-1　我国各年度葡萄种植面积及产量变化图

（数据来源：国家统计局，FAO）

二、葡萄供应形势分析

从供应结构来看，我国葡萄市场供应以国产葡萄为主，鲜食葡萄贸易呈现贸易顺差，出口量大于进口量，鲜食葡萄进口较少，只作为市场供应的有限补充。因此国内市场葡萄供应量趋势与我国葡萄产量趋势基本保持一致，近年来供应量仍在小幅增长。

从供应的时间周期来看，随着葡萄早熟品种的推广、促早栽培技术的完善、冷库保鲜技术的成熟，以及南半球进口葡萄的补充，目前我国葡萄市场基本可以实现周年供应。我国鲜食葡萄最近几年的市场供给总量和供给结构如图17-2和图17-3所示。

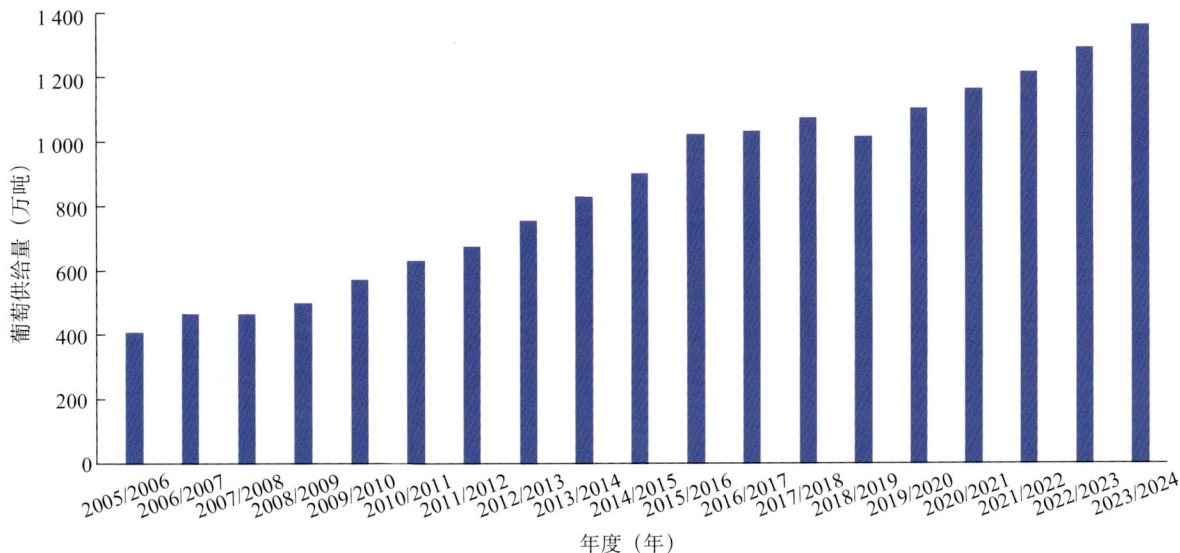

图 17-2　我国鲜食葡萄的国内供给量

（数据来源：USDA）

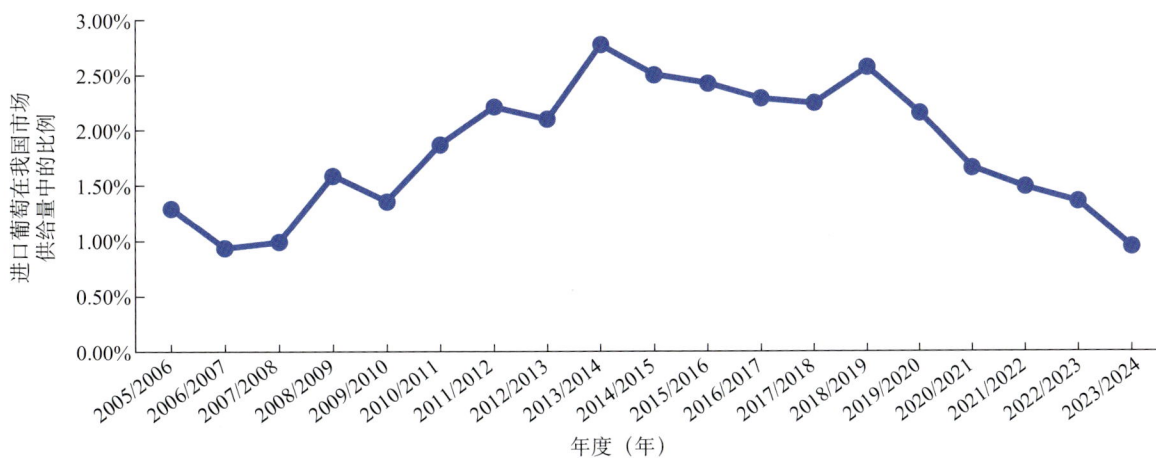

图 17-3　进口葡萄在我国葡萄市场供给中的比例

（数据来源：USDA）

　　根据美国农业部USDA的统计数据（图17-2），近年来我国鲜食葡萄市场供给量总体保持增长趋势，仅在2018/2019年度出现明显下降。2023/2024年度，我国鲜食葡萄市场供给总量达到1 363万吨，比上年度增加70.46万吨，这跟我国国内葡萄生产产量整体上小幅增长有关。

　　我国鲜食葡萄市场以国内生产的葡萄为主，进口葡萄所占比例较低，且近几年总体下降（图17-3）。2013/2014年度，进口葡萄在国内鲜食葡萄供给总量中所占的比例达到最高，占比2.78%；然后开始下降，到2017/2018年度降至2.25%，2018/2019年度上升为2.57%；2018年开始又逐年下降，2023/2024年度下降为0.95%。近几年来进口葡萄所占比例均在2.5%以下，整体所占的比例很小，对国内市场影响较小。因此，我国鲜食葡萄市场的供给受国外影响较小，供给的品种、品质均主要受国产葡萄影响。

第二节　价格行情

一、批发价格行情

　　近年来，我国葡萄批发价格走势如图17-4所示。可以看到，价格呈现季节性波动，周期性变化趋

6.葡萄口味 从鲜食葡萄的口味来看（图17-13），样本中偏好甜中带酸（偏甜）葡萄的消费者群体最大，占调研样本的57.26%；其次是偏好甜味，不带酸葡萄的消费者占调研样本的32.72%；偏好酸中带甜（偏酸）葡萄的消费者较少，占调研样本的7.82%，对葡萄口味持无所谓态度的消费者最少，占比约为2.20%。

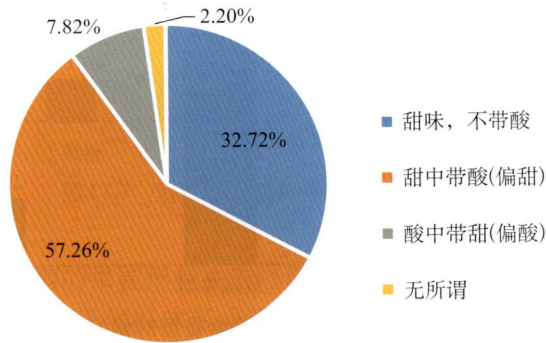

图17-13 消费者对葡萄口味的偏好

7.葡萄含籽量 从鲜食葡萄的含籽量来看（图17-14），样本中偏好无籽葡萄的消费者群体最大，占调研样本的73.68%；其次是对葡萄是否含籽无所谓的消费者群体，占调研样本的20.05%，偏好有籽葡萄的消费者最少，占比约为6.27%。

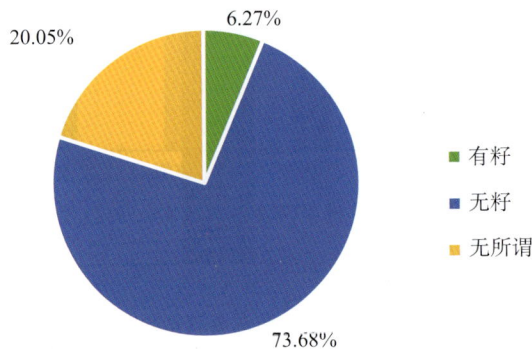

图17-14 消费者对葡萄含籽量的偏好

8.葡萄果粉 从鲜食葡萄的果粉来看（图17-15），样本中偏好薄果粉葡萄的消费者群体最大，占调研样本的38.60%；其次是对葡萄果粉厚薄无所谓的消费者群体，占调研样本的32.45%；偏好中厚果粉葡萄的消费者群体占调研样本的21.53%；偏好厚果粉葡萄的消费者最少，占比约为7.42%。

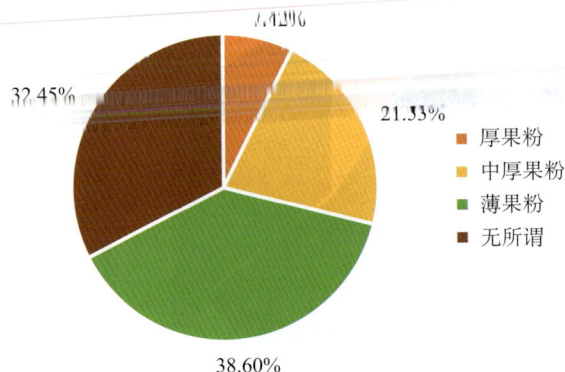

图17-15 消费者对葡萄果粉的偏好

9.葡萄剥皮容易度 从鲜食葡萄的剥皮容易度来看（图17-16），样本中偏好果皮与果肉易分离葡萄的消费者群体最大，占调研样本的64.55%；其次是对葡萄剥皮容易程度持无所谓态度的消费者群体，占调研样本的21.28%；偏好果皮与果肉不易分离葡萄的消费者最少，占比约为14.18%。

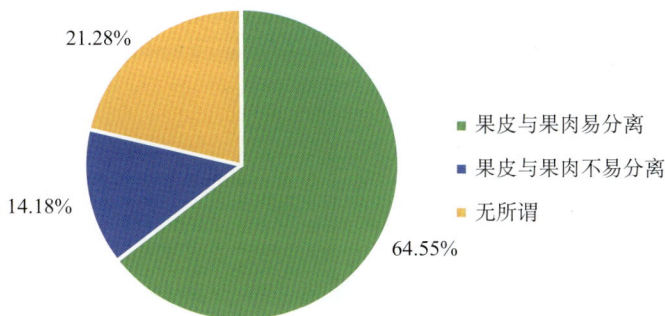

21.28%

14.18%

64.55%

- 果皮与果肉易分离
- 果皮与果肉不易分离
- 无所谓

图 17-16 消费者对葡萄剥皮容易度的偏好

10.消费者偏好葡萄属性的重要性 消费者不仅对葡萄各属性的偏好不同，而且对这些属性的重视程度也不同，本研究用极小（1分）、较小（2分）、一般（3分）、较大（4分）、极大（5分）来衡量这些葡萄属性在消费者心中的重要性，根据调研结果统计出消费者对鲜食葡萄各个属性的重视程度结果如图17-17所示。将10种属性得分按照高低进行排序，按分值大小分为三类：分值＞4.00的属性，称之为对消费者购买鲜食葡萄最重要的属性；分值＜3.60的属性，称为对消费者购买鲜食葡萄不重要的属性；而分值介于两者之间的属性称为对消费者购买鲜食葡萄中等重要的属性。

可以看出，对消费者购买鲜食葡萄最重要的属性有肉质和口味，说明葡萄的肉质以及口味是消费者购买葡萄时最看重的属性，如果这两个属性符合消费者的偏好，消费者极有可能进行购买。

对消费者购买鲜食葡萄中等重要的属性有果粒颜色、果粒大小、剥皮容易度以及含籽量等，说明消费者对葡萄的外观以及是否方便食用较为看重。根据前面的统计结果可以看出，颜色鲜艳、大小适中、易剥皮且无籽的葡萄更受广大消费者青睐。

对消费者购买鲜食葡萄不重要的属性有香型、果粒形状、香气强度和果粉等，说明消费者对葡萄果粒是否含有香味以及香味的类型并不太感兴趣；此外，葡萄果粒的形状与果粉厚薄也不是消费者在购买葡萄时重点考虑的属性，说明在同等条件下消费者更倾向于购买口感好、品质高的葡萄。

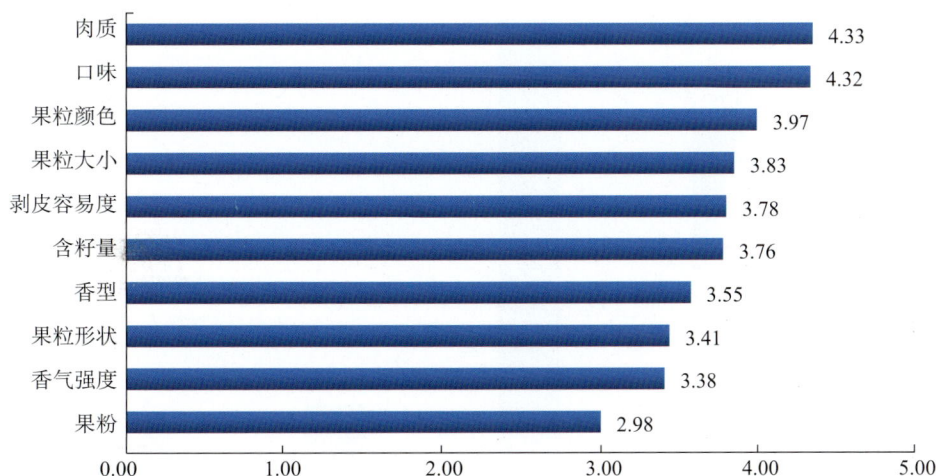

属性	分值
肉质	4.33
口味	4.32
果粒颜色	3.97
果粒大小	3.83
剥皮容易度	3.78
含籽量	3.76
香型	3.55
果粒形状	3.41
香气强度	3.38
果粉	2.98

图 17-17 消费者偏好葡萄属性的重要性

三、消费者对葡萄外部属性的偏好

1.葡萄单穗重 消费者对葡萄单穗重的偏好统计结果如图17-18所示，可以看出购买0.5 ~ 0.75千克/串的葡萄的消费者最多，占调研样本的42.78%；其次是0.75 ~ 1千克/串、1 ~ 1.25千克/串、少于0.5千克/串和1.25 ~ 1.5千克/串，分别占调研样本的34.67%、11.49%、7.05%和2.54%；购买1.5千克以上/串的葡萄的消费者占比最少，约为1.46%。因此，可以看出，适宜大小的果穗，更受广大消费者喜爱，葡萄单穗重不宜过大或过小。

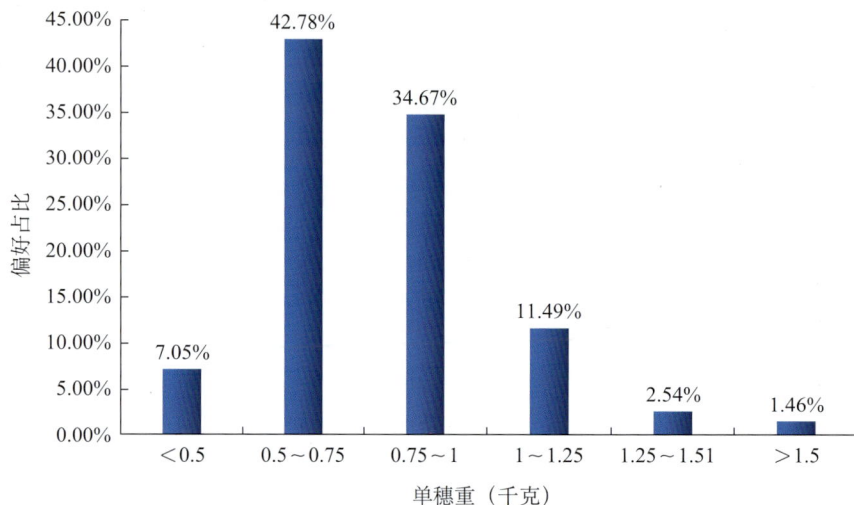

图 17-18　消费者对葡萄单穗重的偏好

2.葡萄紧密度 消费者对葡萄紧密度的偏好统计结果如图17-19所示。可以看出偏好适度松散型葡萄的消费者最多，占比52.29%；其次是紧凑型和松散型，占比分别为39.75%和5.90%；占比最少的为其他类型的紧密度，约为2.06%。可见广大消费者对紧凑和适度松散型的葡萄紧密度接受度较高，太松散的葡萄不太受消费者喜爱。

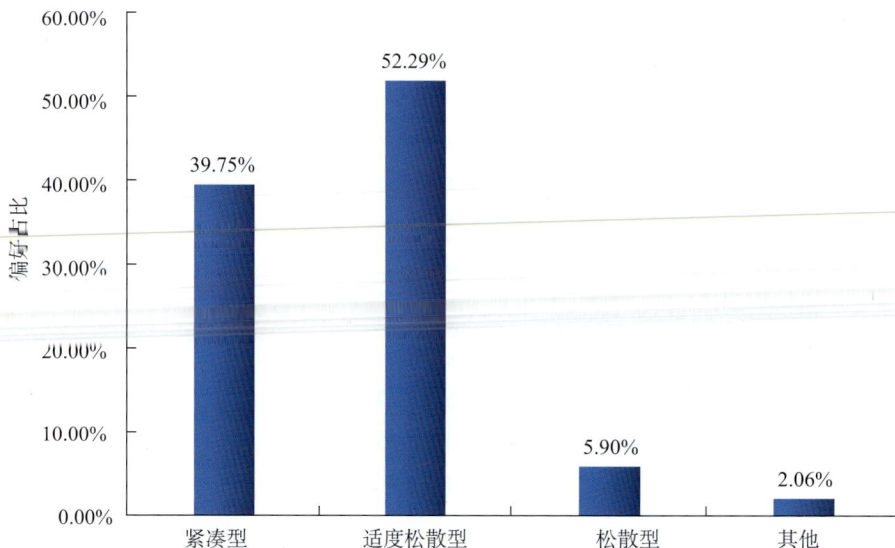

图 17-19　消费者对葡萄紧密度的偏好

3.葡萄价格 消费者对葡萄价格的偏好统计结果如图17-20所示。可以看出购买4～5元/千克葡萄的消费者最多，占调研样本的27.22%；其次2.5～4元/千克和5～7.5元/千克的葡萄也有较多消费者购买；购买较高价格与较低价格的消费者较少，总体来看消费者购买葡萄的价格比较集中，因此鲜食葡萄的定价不宜过高或过低。

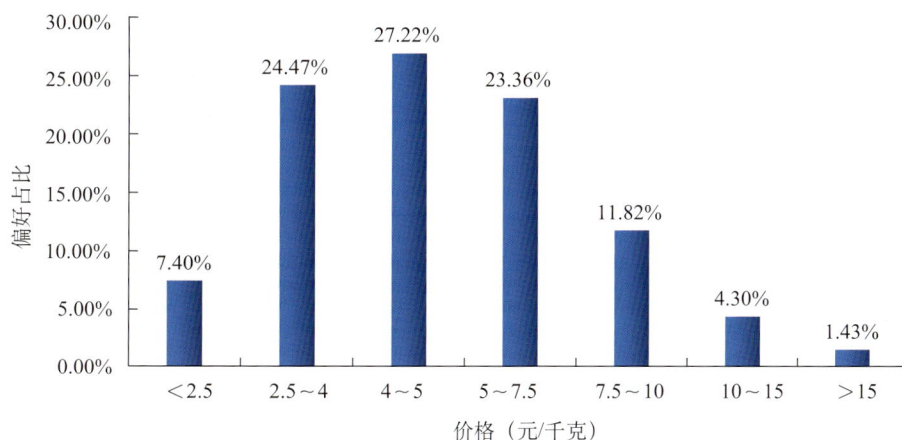

图 17-20　消费者对葡萄价格的偏好

第十八章

鲜食葡萄高质量生产技术体系

第一节　西北及黄土高原传统优势葡萄产区

西北及黄土高原产区是我国葡萄的传统优势产区，主要包括新疆、宁夏、甘肃、陕西、山西、内蒙古部分地区和河南西部区域。截至2022年，该区葡萄栽培面积为27.6万公顷（其中鲜食葡萄20.2万公顷），产量522.1万吨，分别占全国栽培面积和总产量的39%和35%。

本产区面积大，横跨多个气候带类型。其中新疆地处亚欧大陆腹地，属于典型的温带干旱半干旱大陆性气候。光照资源丰富，全年日照时数达2 550～3 500小时，辐射总量为5 000～6 490兆焦/米^2；降水量50～500毫米，区域和季节分布差异大，蒸发量大，空气干燥，各产区均具备灌溉条件；年活动积温3 000～5 000℃。黄土高原区域处在平原向高原过渡地带，自南而北兼跨暖温带、中温带两个热量带，自东向西横贯半湿润、半干旱两个干湿区。高原东部、南部属于暖温带半湿润区，中部属于暖温带半干旱区，西部和北部属于中温带半干旱区。年降水量200～600毫米，年活动积温2 200～4 000℃，日照时数2 400～3 200小时。

一、适宜本区域发展的主要优良品种

适合本区发展的早熟品种主要有早黑宝、无核脆宝、郑艳无核、红艳香、瑞都红玉、蜜光、黄金蜜、火州黑玉、火州红玉、夏黑、火焰无核、华葡早玉等；中熟品种主要有晶红宝、红艳无核、瑞都科美、红艳香、无核白、新郁、火州紫玉、绿洲宝石、宝光、脆光、无核白鸡心、甜蜜蓝宝石、无核紫、阳光玫瑰、巨峰、玫瑰香等；晚熟品种主要有峰光、嫦娥指、晚黑宝、红蜜香、瑞都晚蜜、红地球、华葡翠玉、华葡红玉、克瑞森、紫甜无核、火州翠玉、木纳格等。

二、园地选择与建园技术

1. 园地选择　葡萄园地的选择极其重要，是葡萄生产能否成功的关键因素之一，主要根据以下因素进行园地选择。

（1）根据土壤和环境等条件选择园址。新建葡萄园前，必须充分考虑葡萄生长对土壤和环境的需求，只有在满足葡萄生长发育所需的土壤和环境等条件的园址建园，才能生产出安全、优质的葡萄果品。按农业行业标准《绿色食品　产地环境质量》（NY/T 391—2021）《无公害农产品　种植业产地环境条件》（NY/T 5010—2016）的规定对初选园址的土壤、空气、灌溉水等进行检测，只有经过专业检测部门检验合格，方可选定园址建园。

（2）根据气候特点选择园址。建园前，还要考虑当地的气候，如当地的年平均降水量、极端低温、极端高温、最低温月份的平均温度、最高温月份的平均温度和一年内≥10℃的积温等，是否适合拟发展葡萄品种的生长发育。

（3）根据生产目的选择园址。此外，建园前还要考虑果品用途。以鲜食销售为主的葡萄园，宜建

在城市近郊或靠近批发市场或冷库附近，这样既能利用节假日进行观光采摘，又能避免长途运输，减少损失。

2.建园技术 西北及黄土高原产区属于埋土防寒区域，适合采用浅沟深栽模式建园。在栽植前，按设计行向和行距（为便于机械应用，行距不宜＜3.2米）开挖深宽各为80～100厘米的定植沟，挖完后先回填30～40厘米厚的秸秆杂草并压实，然后每亩施入5～10米³腐熟有机肥与土混匀（原土无法满足葡萄生长需求时，须客土栽培），回填至地面−20厘米处，最后灌水沉实，形成低于两边地面约30厘米的浅沟，在浅沟内定植苗木。定植时选用抗寒长砧木（砧木长度20厘米以上）优质嫁接苗，将苗木深栽，嫁接口比沟面高10厘米即可；或者直接深栽（定植深度20厘米左右）抗寒砧木然后高位嫁接。

3.苗木繁育技术 具体操作按照第二章"苗木繁育"的要求进行。

三、整形修剪技术

1.宜机化整形 埋土防寒葡萄园适宜采用斜干水平龙干形（又称"厂"字形）＋水平/V形/直立叶幕。具体操作按照第三章整形修剪"第一节高光效省力化树形叶幕形"的要求进行。

2.轻简化修剪 遵循轻简化、标准化和模式化的原则开展修剪工作，其中冬剪以短截和缩剪等为主，疏剪等为辅；夏剪以抹芽定梢、绑梢、摘心和除卷须等为主，环割、环剥和扭梢等为辅。具体操作按照第三章整形修剪第二节轻简化修剪"一、冬剪"和"二、夏剪"的要求进行。

四、土肥水高效利用技术

1.土壤管理和污染管控 健康的土壤是葡萄优质高效生产的前提，也是实现可持续发展的基础。采用土壤覆盖和施用有机肥等技术进行土壤管理，提升土壤质量。采用开挖排碱渠、铺设隔盐材料、施用有机物料或物质及松土剂等土壤改良剂、提升土壤有机质、施用解盐及促生微生物菌剂等技术改良盐碱土壤；采用按需及"5416"测土配方精准施肥、土壤覆盖、施用解盐及促生微生物菌剂、大水漫灌等技术改良次生盐渍化土壤。具体操作按照第四章土壤管理与改良"第一节土壤管理"和"第二节土壤改良"及"第六章养分管理"的要求进行。

土壤农药污染管控与修复主要通过施用具有降解农药或除草剂功能的微生物复合菌剂解决。具体操作按照第五章土壤污染管控与修复"第二节土壤农药污染管控与修复"的要求进行。

2.肥料高效利用 遵循有机肥、无机肥和微生物肥相结合，大量、中量和微量元素相配合，用地与养地相结合，投入与产出相平衡，根据葡萄需肥特性和施肥时期施肥，依据肥料性质施肥，重视枝叶还田及叶面喷肥、施肥与其他农艺措施相结合的施肥原则开展肥料管理工作，主要采用同步施肥、"5416"测土配方精准施肥和水肥一体化等肥料高效利用和枝叶还田、微生物肥和有机肥施用等化肥增效和替代关键技术。具体操作按照"第四章土壤管理与改良"和"第六章养分管理"的要求进行。

3.水分高效利用 遵循第七章水分管理"第一节灌溉原则"开展水分管理工作。为节省水资源、提高管理效率，建议采用滴灌和沟灌相结合的方式进行灌溉。春季需水量最大的一次、冬灌及夏季极端高温需水量较大的情况下采用沟灌，在其他时间采用滴灌、微喷灌、靶向根域滴灌等节水灌溉。具体操作按照第七章水分管理"第二节节水灌溉"的要求进行。

五、花果管理技术

花果管理是葡萄栽培管理的重要环节，遵循"优果"原则开展花果管理工作，本产区晚熟品种适宜负载量为1 500～2 000千克/亩、早熟品种适宜负载量为1 000～1 500千克/亩。主要采用花果穗整形、果实套袋和植物生长调节剂处理等优花优果管理关键技术，具体操作按照"第八章花果管理"的要求进行。

六、主要病虫害防控技术

霜霉病、白粉病、根癌病与叶蝉、缺节瘿螨（毛毡病）等是本产区主要病虫害，气灼病、日烧病是本产区主要的生理病害。具体防控按照"第十三章病虫害综合防控"的要求进行。

七、越冬防寒技术

1.埋土防寒

（1）埋土时期。埋土时间在土壤封冻前1周为宜。

（2）埋土厚度。葡萄根系受冻深度与冬季地温−5℃达到的土层深度大致相符。因此，覆土厚度可参考当地历年地温稳定在−5℃土层深度。

（3）埋土防寒方法。埋土前10～15天灌封冻水，此次灌水一定要灌足灌透，保证埋土时土壤潮湿松散。埋土前将葡萄枝蔓下架，拉直并按一个方向将葡萄蔓理顺、压实，绑扎固定。

埋土前用园艺地布、彩条布、纱网等材料覆盖在葡萄蔓上，适当用土点压地布边缘，然后用埋土机械埋土覆盖。采用机械埋土，尤其要注意取土操作时不可距主干太近，埋土机需在距葡萄基部60～100厘米以外的行间均匀取土。以防止浅层根系冻害。

2.出土上架

（1）出土时间。气温＞10℃连续7天以上、土壤20厘米深处地温平均值大于5℃连续15天时开始出土，或以本地杏花开放为标志开始出土。

（2）出土方法。可采用出土机械一次性完成出土。当面积大、人力不足时，也可以分两次完成，第一次出土先用机械刮去覆土堆上顶部和两侧大部分土壤，只留5～10厘米的覆土，以枝蔓似露非露为宜。第二次在日平均气温连续10天达到10℃以上时，彻底去除所有覆土和覆盖物，出土时要注意避免树体受伤。

（3）出土后管理及枝蔓上架。出土后根据土壤墒情及时灌水，避免枝条抽干。葡萄萌芽前全株喷施3～5波美度石硫合剂。及时清理栽培沟内余土。按照树形要求将枝蔓绑缚上架。

八、防灾减灾技术

近年来，随着全球气候变暖，旱涝灾害、冬春季冻害、冰雹和高温等极端天气事件在本产区频繁发生。务必按照"第九章防灾减灾"的要求积极预防自然灾害的发生；自然灾害发生后，及时按照"第九章防灾减灾"的要求采取补救措施，最大程度降低自然灾害造成的损失。

九、果实贮运与保鲜技术

为了改善葡萄的运输质量并可保持足够的运输期限，按照第十五章贮运保鲜与加工第一节鲜食葡萄贮运与保鲜"一、葡萄双控运输保鲜纸及配套运输技术"的要求进行运输。同时，为了降低贮藏期间果实病害的发生、保持果实品质和延长果实贮藏期，按照第十五章贮运保鲜与加工第一节鲜食葡萄贮运与保鲜"二、鲜食葡萄采后气固双效处理保鲜技术"和"三、四段式防腐保鲜处理与果实品质稳定性保持技术"以及"四、SO_2复合ClO_2鲜食葡萄保鲜技术"的要求进行贮藏。

十、配套机械

近年来，随着工业化及城镇化的快速发展，本产区葡萄生产人工成本大幅增加，直接影响葡萄产业的经济效益。因此，本产区对葡萄机械化生产技术和装备的需求越来越迫切，葡萄生产管理的机械化已成为实现葡萄产业高质量发展的必然要求，主要涉及苗木繁育、建园、整形修剪、土肥水管理、花果管理、病虫害防控、果实采收、越冬埋土防寒等葡萄从种到收生产管理的全过程。

第二节　华北及环渤海湾传统优势葡萄产区

华北及环渤海湾产区是我国葡萄的传统优势产区，主要包括辽宁、河北、山东、山西、北京、天津和内蒙古等地。该区葡萄栽培面积和产量分别为9.99万公顷和255.4万吨，占全国总栽培面积和总产量的14.24%和17.03%（《中国农村统计年鉴—2022》）。

本产区地处中纬度，气候类型主要为暖温带半湿润大陆性气候和温带半干旱气候。①暖温带半湿润大陆性气候类型地区夏季炎热潮湿，冬季寒冷干燥；年降水量在400～700毫米之间，全年分配不均，夏季多雨，冬季少雨或无雨；春季风力较大，秋季风力较小。②温带半干旱气候类型地区的夏季炎热干燥，冬季寒冷干燥；年降水量在200～400毫米之间，全年分配不均，夏秋两季为主要降水期，冬季少雨或无雨；春季风力较大，秋季风力较小。

本产区年平均气温在8～13℃；日照时数总体分布为北高南低，其中北部地区（主要包括河北北部、辽宁、内蒙古、山西及北京和天津的北部等地）平均日照时数2 600小时以上，南部地区（主要包括山西南部、河北南部、山东以及北京和天津的南部等地）平均日照时数2 300～2 600小时。

一、适宜本区域发展的主要优良品种

适合本区发展的早熟品种主要有夏黑、87-1、华葡黑峰、红艳香、中葡金香、瑞都红玉、蜜光、黄金蜜、早黑宝等；中熟品种主要有阳光玫瑰、巨峰、金艳无核、宝光、脆光、玫瑰香、藤稔、华葡玫瑰、晶红宝、华葡高后、瑞都科美、新郁等；晚熟品种主要有峰光、嫦娥指、晚黑宝、黄金蜜、红蜜香、瑞都晚蜜、意大利、红地球、红宝石无核等。

二、园地选择与建园技术

1.园地选择　葡萄园地的选择极其重要，是葡萄生产能否成功的关键因素之一，主要根据如下因素进行园地选择。

（1）根据土壤和环境等条件选择园址。新建葡萄园前，必须充分考虑葡萄生长对土壤和环境的需求，只有在满足葡萄生长发育所需的土壤和环境等条件的园址建园，才能生产出安全、优质的葡萄果品。按农业行业标准《绿色食品　产地环境质量》（NY/T 391—2021）《无公害农产品　种植业产地环境条件》（NY/T 5010 2016）的规定对初选园址的土壤、空气、灌溉水等进行检测，只有经过专业检测部门检验合格，方可选定园址建园。

（2）根据气候特点选择园址。建园前，还要考虑当地的气候，如当地的年平均降水量、极端低温、极端高温、最低温月份的平均温度、最高温月份的平均温度和一年内≥10℃的积温等，是否适合拟发展葡萄品种的生长发育。

（3）根据生产目的选择园址。此外，建园前还要考虑果品用途。若用于鲜食，应把葡萄园建在城市近郊或靠近批发市场或冷库附近，这样既能利用节假日进行观光采摘，又能避免长途运输，减少损失。

2.建园技术

（1）浅沟深栽。该模式适于埋土防寒葡萄园。在栽植前，按设计行向和行距（3米以上）开挖深宽各为80～100厘米的定植沟，挖完后先回填30～40厘米厚的秸秆杂草并压实，然后每亩施入5～10米³腐熟有机肥与土混匀，回填至地面−20厘米处，最后灌水沉实，形成低于两边地面约30厘米的浅沟，在浅沟内定植苗木。定植时选用抗寒长砧木（砧木长度20厘米以上）优质嫁接苗，将苗木深栽，嫁接口比沟面高10厘米即可；或者直接深栽（定植深度20厘米左右）抗寒砧木然后高位嫁接。

（2）根域限制。分为部分根域限制和完全根域限制两种建园模式。其中部分根域限制建园模式可抑制根系的水平生长，促进垂直生长，提高根系抵抗不良环境的能力；完全根域限制模式可有效解决河滩地和沙荒地等非耕地土壤漏肥漏水严重的问题。具体操作：栽植前，按设计行向和行距（2.5米以上）开挖深宽各为80～100厘米的定植沟，挖完后先铺垫塑料薄膜（部分根域限制模式只在沟壁两侧铺塑料薄膜；完全根域限制模式在沟底和两侧壁均铺塑料薄膜，为防积水，在沟底塑料薄膜每隔1米打直径10厘米左右的孔洞），然后回填30～40厘米厚的秸秆杂草并压实，最后每亩施入5～10米^{3}腐熟有机肥与土混匀回填并灌水沉实定植苗木。

（3）起垄栽培。适于地下水位高、需排水的非埋土防寒葡萄园。首先将8～10米^3/亩有机肥均匀撒施到地表，然后旋耕将肥土混匀，最后起高40～50厘米、宽80～120厘米的栽植垄。对于严重漏肥漏水或地下水位过浅葡萄园，需采取薄膜限根起垄栽植模式。首先按设计行向和行距在地表铺设150厘米宽的塑料薄膜，然后将混匀好的肥土堆到塑料薄膜上起垄。

（4）容器栽培。该模式主要用于非耕地的高效利用，需注意冬季的根系防寒和夏季根区防高温。栽植容器以控根器成本低、效果佳。按照0.05～0.06米^3/米^2（容器体积/叶幕面积）的标准确定控根器容积，容器高度以40～50厘米为宜。常按优质有机肥：园土＝1：（4～6）比例混配基质。如土壤黏重，需添加河沙或珍珠岩或草炭等改良土壤。

三、整形修剪技术

1.宜机化整形 埋土防寒葡萄园适宜采用斜干水平龙干形（又称"厂"字形）＋水平/V形/直立叶幕；非埋土防寒葡萄园适宜采用"一"字形＋水平/V形/飞鸟形/直立叶幕或H形或WH（大多为H形）形＋水平叶幕。具体操作按照第三章整形修剪"第一节高光效省力化树形叶幕形"的要求进行。

2.轻简化修剪 遵循轻简化、标准化和模式化的原则开展修剪工作，其中冬剪以短截和缩剪等为主，疏剪等为辅；夏剪以抹芽定梢、绑梢、摘心和除卷须等为主，环割/环剥、摘老叶和扭梢等为辅。具体操作按照第三章整形修剪第二节轻简化修剪"一、冬剪"和"二、夏剪"的要求进行。

四、土肥水高效利用技术

1.土壤管理和污染管控 健康的土壤是葡萄优质高效生产的前提，也是实现可持续发展的基础。采用果园生草、枝叶还田、土壤覆盖和施用有机肥等技术进行土壤管理，提升土壤质量；采用有机质提升、肥料优化和应用土壤调理剂等技术改良酸化土壤；采用开挖排碱渠并修筑台田、铺设隔盐材料、施用酸性有机物料或物质及松土剂等土壤改良剂、提升土壤有机质；施用解盐及促生微生物菌剂、早春根区覆盖裙膜、集雨灌溉等技术改良盐碱土壤；采用按需及"5416"测土配方精准施肥、种植绿肥吸收过量养分、土壤覆盖、施用解盐及促生微生物菌剂、大水漫灌等技术改良次生盐渍化土壤。具体操作按照第四章土壤管理与改良"第一节土壤管理"和"第二节土壤改良"及"第六章养分管理"的要求进行。

土壤重金属的污染管控与修复主要通过施用主要成分为$CaCO_3$的土壤调理剂解决；土壤农药污染管控与修复主要通过施用具有降解农药或除草剂功能的微生物复合菌系解决。具体操作按照第五章土壤污染管控与修复"第一节土壤重金属污染管控与修复"和"第二节土壤农药污染管控与修复"的要求进行。

2.肥料高效利用 遵循有机肥、无机肥和微生物肥相结合，大量、中量和微量元素相配合，用地与养地相结合、投入与产出相平衡，根据葡萄需肥特性和施肥时期施肥，遵循"有机肥、无机肥和微生物肥相结合，大量、中量和微量元素相结合，用地与养地相结合、投入与产出平衡，根据葡萄需肥特性、施肥时期和肥料性质施肥，重视果园生草、枝叶还田及叶面喷肥，配合采用其他农艺措施"的施肥原则开展肥料管理工作，主要采用同步施肥、"5416"测土配方精准施肥和水肥一体化等肥料高效利用以及果园生草、枝叶还田、微生物肥和有机肥施用等化肥增效和替代关键技术。具体操作按照"第四章土壤管理与改良"和"第六章养分管理"的要求进行。

3.水分高效利用 遵循第七章水分管理"第一节灌溉原则"开展水分管理工作，主要采用滴灌、渗灌、微喷灌、根系分区灌溉和靶向根域滴灌等节水灌溉和精准灌溉技术，具体操作按照第七章水分管理"第二节节水灌溉"和"第三节精准灌溉"的要求进行。

五、花果管理技术

花果管理是葡萄栽培管理的重要环节，遵循"优果"原则开展花果管理工作，本产区北部地区的适宜负载量为1 500～2 000千克/亩、南部地区的适宜负载量为1 000～1 500千克/亩。主要采用花果穗整形、果实套袋和植物生长调节剂处理等优花优果管理关键技术，具体操作按照"第八章花果管理"的要求进行。

六、主要病虫害防控技术

霜霉病、炭疽病、酸腐病、黑痘病、蓟马和盲蝽等是本产区的主要病虫害，具体防控按照"第十三章病虫害综合防控"的要求进行。

七、防灾减灾技术

近年来，随着全球气候变暖，旱涝灾害、冬春季冻害、冰雹和高温等极端天气事件在本产区频繁发生。务必按照"第九章防灾减灾"的要求积极预防自然灾害的发生；自然灾害发生后，及时按照"第九章防灾减灾"的要求采取补救措施最大程度降低自然灾害造成的损失。

八、果实贮运与保鲜技术

为了改善葡萄的运输质量并可保持足够的运输期限，按照第十五章贮运保鲜与加工第一节鲜食葡萄贮运与保鲜"一、葡萄双控运输保鲜纸及配套运输技术"的要求进行运输。同时，为了降低贮藏期间果实病害的发生、保持果实品质和延长果实贮藏期，按照第十五章贮运保鲜与加工"第一节鲜食葡萄贮运与保鲜""二、鲜食葡萄采后气固双效处理保鲜技术""三、四段式防腐保鲜处理与果实品质稳定性保持技术""四、SO_2复合ClO_2鲜食葡萄保鲜技术"的要求进行贮藏。

九、配套机械

近年来，随着工业化及城镇化的快速发展，本产区大量农业劳动力向二、三产业转移，葡萄生产人工成本大幅增加，直接影响葡萄产业的经济效益。因此，本产区对葡萄机械化生产技术和装备的需求越来越迫切，葡萄生产管理的机械化已成为实现葡萄产业高质量发展的必然要求，主要涉及苗木繁育、建园、整形修剪、土肥水管理、花果管理、病虫害防控、果实采收、越冬埋土防寒等葡萄从种到收生产管理的全过程。

第三节　云南高原及川西优质特色葡萄产区

云南高原及川西优质特色葡萄产区是我国葡萄新兴产区，也是利用我国高原、低纬度、干热河谷等区域特色优势，生产优质葡萄、高效特色葡萄产区之一，主要包括云南、川西地区。该区葡萄栽培面积和产量分别为7.509万公顷和155.53万吨，占全国总栽培面积和总产量的10.65%和10.11%（《中国农村统计年鉴（2022）》）。

本产区地处低纬度，气候类型主要为亚热带季节性干旱大陆性气候。低纬度的内陆地区属干湿分明、四季不分明的典型季风气候区，存在明显的干季和雨季，冬季（11月至翌年4月），受干暖的大陆气团控制；夏季（5—10月），出现多降雨天气。也存在低纬度的高原显著的立体气候。云南地区主要包括北热带、南亚热带、中亚热带、北亚热带、中温带、高寒山区，共7个气候类型。最热月的平均气温也只有19℃左右，气候凉爽宜人。①暖温带半湿润大陆性气候类型地区的夏季炎热潮湿，冬季寒冷干燥；年降水量在400～700毫米之间，全年分配不均，夏季多雨，冬季少雨或无雨；春季风力较大，秋季风力较小。②温带半干旱气候类型地区的夏季炎热干燥，冬季寒冷干燥；年降水量在200～400毫米之间，全年分配不均，夏秋两季为主要降水期，冬季少雨或无雨；春季风力较大，秋季风力较小。目前云南不同区域根据气候特点，都有葡萄的发展，形成不同特色的栽培类型。

一、适宜本区域发展的主要优良品种

适合本区发展的早熟品种主要有夏黑、无核白鸡心、无核脆宝、中葡金香、瑞都红宝石、黄金蜜、春光、华葡黑峰等；中熟品种主要有阳光玫瑰、妮娜皇后、瑞都科美、红艳无核、晶红宝、蜜光、脆光、华葡玫瑰、华葡高后等；晚熟品种主要有红地球、克瑞森、峰光、嫦娥指、华葡翠玉、华葡红玉等。

二、园地选择与建园技术

1.园地选择 根据土壤和环境等条件选择园址。新建葡萄园前，充分考虑葡萄生长对土壤和环境的需求，只有在满足葡萄生长发育所需的土壤和环境等条件的园址建园，才能生产出安全、优质的葡萄果品。必须选择红土或红壤土作为葡萄生产，地下水位0.8米以下，地下水位高的地区不适宜发展葡萄生产。

2.建园技术

（1）深沟改土栽。在栽植前，按设计行向和行距（2.5～3米或以上），开挖深宽各为80～100厘米的定植沟，挖完后回填30～40厘米厚的秸秆杂草并压实，然后每亩施入10～20米³腐熟有机肥与土混匀，沟土全部回填形成高垄，灌水沉实。定植时苗嫁接口比垄面高10厘米即可；苗定植后，浇透水后单株覆盖边长为1～2米的正方形地膜（黑色、透明均可）或1～1.2米宽整行覆盖，苗拱破地膜1～2个芽露出即可。

（2）根域限制。在有些土壤渗透严重区域可以采用地下式部分根域限制和完全根域限制两种建园模式。

3.设施措施 采用连栋大棚促成栽培模式、连栋大棚先促成后避雨栽培模式、连栋大棚避雨栽培模式、钢丝骨架简易避雨栽培模式和少量连栋大棚覆盖保温促成栽培模式等多类型的设施措施。

三、整形修剪技术

1.宜机化整形 适宜采用"一"字形＋水平/V形/飞鸟形/直立叶幕，或H形/WH（多H）形＋水平叶幕。具体操作按照第三章整形修剪"第一节高光效省力化树形叶幕形"的要求进行。

2.轻简化修剪 适当稀植、大树冠栽培模式，在宜机化的栽培下，冬季修剪采用短梢或极短梢修剪技术，具体操作按照第三章整形修剪第二节轻简化修剪"一、冬剪"和"二、夏剪"的要求进行。

四、土肥水高效利用技术

1.土壤管理 采用果园生草、枝叶还田、土壤覆盖和施用有机肥等技术进行土壤管理，提升土壤质量，采用有机质提升、肥料优化和应用土壤调理剂等技术改良酸化土壤，采用部分覆盖防草、保墒，部分生草或清耕相结合模式。具体操作按照第四章土壤管理与改良"第一节土壤管理"和"第二节土壤改良"及"第六章养分管理"的要求进行。

2.肥料高效利用 遵循有机肥、无机肥和微生物肥相结合，大量、中量和微量元素相配合，用地与养地相结合、投入与产出相平衡，根据葡萄需肥特性和施肥时期施肥，依据肥料性质施肥，重视果园生草和枝叶还田及叶面喷肥、施肥与其他农艺措施相结合的施肥原则开展肥料管理工作。具体操作按照"第四章土壤管理与改良"和"第六章养分管理"的要求进行。

3.水分高效利用 遵循第七章水分管理"第一节灌溉原则"开展水分管理工作，主要采用滴灌、渗灌、微喷灌、根系分区灌溉等节水灌溉和精准灌溉技术，具体操作按照第七章水分管理"第二节节水灌溉"和"第三节精准灌溉"的要求进行。

五、花果管理技术

花果管理是葡萄栽培管理的重要环节，遵循"优果"原则开展花果管理工作，本产区北部地区的适宜负载量为1 500 ~ 2 000千克/亩。主要采用花果穗整形、果实套袋和植物生长调节剂处理等花果管理关键技术，具体操作按照"第八章花果管理"的要求进行。

六、主要病虫害防控技术

白粉病、炭疽病、蓟马和螨类等是本产区的主要病虫害，具体防控按照"第十三章病虫害综合防控"的要求进行。

七、防灾减灾技术

近年来，随着全球气候变暖，旱涝灾害、冬春季冻害、冰雹和高温等极端天气事件在本产区频繁发生。务必按照"第九章防灾减灾"的要求积极预防自然灾害的发生；自然灾害发生后，及时按照"第九章防灾减灾"的要求采取补救措施最大程度降低自然灾害造成的损失。

八、果实贮运与保鲜技术

为了改善葡萄的运输质量并可保持足够的运输期限，按照第十五章贮运保鲜与加工第一节鲜食葡萄贮运与保鲜"一、葡萄双控运输保鲜纸及配套运输技术"的要求进行运输。同时，为了降低贮藏期间果实病害的发生、保持果实品质和延长果实贮藏期，按照第十五章贮运保鲜与加工第一节鲜食葡萄贮运与保鲜"二、鲜食葡萄采后气固双效处理保鲜技术""三、四段式防腐保鲜处理与果实品质稳定性保持技术"和"四、SO_2复合ClO_2鲜食葡萄保鲜技术"的要求进行贮藏。

九、配套机械

本产区长期以来密植栽培模式，各生产环节大量使用农业劳动力，每亩人工成本已达1万元以上，葡萄生产人工成本大幅增加，严重制约该区域葡萄产业的发展。因此，本产区对葡萄机械化生产技术和装备的需求越来越迫切，葡萄生产管理的机械化已成该区域葡萄产业高质量发展的必然要求，主要涉及建园、整形修剪、土肥水管理、花果管理、病虫害防控、果实采收、园地农资转运等葡萄生产管理的各个过程。

第十九章

设施葡萄高质量生产技术体系

第一节　设施促早栽培葡萄高质量生产技术体系

设施促早栽培是指利用塑料薄膜、玻璃等透明覆盖材料的增温保温效果，辅以温湿度和二氧化碳浓度等环境因子控制，创造葡萄生长发育的适宜条件，使其比露地提早萌芽、生长和发育，提早浆果成熟，实现淡季供应，提高葡萄栽培效益的一种栽培类型。依据升温催芽开始时期和冬芽萌发时期的不同，分为冬促早栽培（冬季开始升温催芽）、春促早栽培（春季开始升温催芽）、夏促早栽培（夏季冬芽萌发）和秋促早栽培（秋季冬芽萌发）。

一、园地选择技术

1.气候条件

（1）选择南面开阔、高燥向阳、无遮阴且平坦的地块建造栽培设施，要尽量避免在早晚容易产生阳光遮挡的北面斜坡上建造栽培设施。对于主要用于冬促早栽培设施或寒冷地区的栽培设施应选择背风向阳的地带建造；全年生产的栽培设施还应注意利用夏季的主导风向进行自然通风换气，避免在强风口或强风地带建造栽培设施，以利于温室结构的安全；避免在冬季寒风地带建造栽培设施，以利于栽培设施的保温节能；由于我国北方冬季多西北风，建造栽培设施要选在北面有天然或人工屏障如丘陵、山地、防风林或高大建筑物等挡风的地方，而其他三面屏障应与温室保持一定的距离，以避免影响光照。从结构上讲，雪载是栽培设施的主要载荷，特别是对排雪困难的大中型连栋栽培设施，要避免在大雪地区和地带建造。冰雹危害普通玻璃温室的安全，要根据气温资料和局部地区调查研究确定冰雹的可能危害性，避免普通玻璃温室建在可能造成冰雹危害的地区。

（2）日光温室适用于冬季日照充裕的黄淮、华北、东北和西北地区；冬季（11至翌年1月）月平均日照时数小于100小时，或室外最低温度高于−5℃的地区，不宜建造日光温室。塑料大棚适用于我国各葡萄产区；避雨棚适用于除台风多发地区外的葡萄产区。

2.地形与地质条件　平坦的地形便于节省造价和使于管理。为使栽培设施的基础牢固，有必要进行地质调查和勘探，选择地基土质坚实的地方，避开土质松软的地方，以防为加大基础或加固地基而增加造价。在山区，可在丘陵或坡地背风向阳的南坡梯田构建栽培设施，并直接借助梯田后坡作为栽培设施后墙，这样不仅节约建材，降低建造成本，而且栽培设施保温效果良好，经济耐用。

3.环境条件　按农业行业标准《绿色食品　产地环境质量》（NY/T 391—2021）《无公害农产品　种植业产地环境条件》（NY/T 5010—2016）的规定对初选园址的土壤、空气、灌溉水等进行检测，只有经过专业检测部门检验合格，方可选定园址建园。

（1）对于进行葡萄有土栽培的栽培设施，对地面土壤要进行选择。应选择土壤改良费用较低的土壤，最好选择土壤质地良好、土层深厚、便于排灌的肥沃沙壤土地构建栽培设施，切忌在重盐碱地、低洼地和地下水位高及种植过葡萄的重茬地建园。值得注意的是，排水性能不好的土壤比肥力不足的土壤更难以改良。

（2）水量和水质也是栽培设施选址时必须考虑的因素，特别是对于大型栽培设施群，这一点更为重要。要避免将栽培设施置于污染水源的下游，同时要有排、灌方便的水利设施。

（3）应尽量避开城市污染地区，选在造成上述污染的城镇、工矿的上风向，以及空气流通良好的地带建造栽培设施。调查了解时要注意观察该地附近建筑物是否受公路、工矿灰尘影响及其严重程度。

4.电及交通 对于大型栽培设施而言，电力是必备条件之一，特别是有采暖、降温、人工光照、营养液循环系统的栽培设施，应有可靠、稳定的电源，以保证不间断供电。栽培设施应选择在交通便利的地方，但应避开主干道，以防车来车往，造成尘土污染覆盖材料和汽车尾气污染葡萄。

5.地理与市场区位 设施葡萄生产的高投入特点，必须有高产出和高效益作为其持续发展的保障条件，否则项目从一开始就面临失败的风险，而地理与市场区位条件是影响其效益的重要因素。在我国不同的地域，具有不同的市场需求、产品定位和产品销售渠道与方式，因此在不同地区发展设施葡萄就会有不同的生产模式、产品标准、工程投入和管理方式。

6.非耕地高效利用 为提高土地利用率，挖掘土地潜力，结合换土与薄膜限根及容器栽培模式或采用无土栽培模式，可在戈壁滩或盐碱地等荒芜土地上构建温室，如新疆等地在戈壁滩上构建栽培设施，不仅使荒芜的戈壁滩变废为宝，而且充分发挥了戈壁滩的光热资源优势。

二、栽培设施的选择与建造

1.栽培设施的选择

（1）冬促早栽培。北方产区选用日光温室作为栽培设施，根据各地气候条件和日光温室的保温能力确定是否需要进行加温；南方产区选用单栋或连栋塑料大棚作为栽培设施。

（2）春促早栽培和夏促早栽培。常选用单栋或连栋塑料大棚作为栽培设施。

（3）秋促早栽培。北方产区常选用日光温室作为栽培设施；南方产区常选用单栋或连栋塑料大棚作为栽培设施。

2.栽培设施的建造
日光温室和塑料大棚等栽培设施的建造按照"第十二章栽培设施的设计与建造"的要求进行。

三、适于促早栽培的主要优良品种

1.品种选择的原则

（1）冬促早栽培。耐弱光，容易成花、坐果率高；若为着色品种，则散射光着色良好；需冷量和需热量低，果实发育期短的（特）早熟品种；果穗松紧度适中、果粒整齐，果实品质优且耐贮运；树势中庸、花果管理容易。

（2）春促早栽培。容易成花、坐果率高；若为着色品种，则散射光着色良好；南方产区要求需冷量和需热量低；果穗松紧度适中、果粒整齐，果实品质优和耐贮运；树势中庸、花果管理容易。

（3）夏/秋促早栽培。多次结果能力强、花期耐高温、坐果率高；若为着色品种，则散射光着色良好；果穗松紧度适中、果粒整齐，果实品质优和耐贮运；树势中庸、花果管理容易。

2.主要优良品种

（1）冬促早栽培。着色香、87-1、乍娜、无核白鸡心、华葡紫峰、华葡黑玉无核、蜜光、黄金蜜和瑞都红玉等。

（2）春促早栽培。天工墨玉、阳光玫瑰、瑞都红宝石、华葡黑峰、华葡玫瑰、无核翠宝、蜜光和黄金蜜等。

（3）夏/秋促早栽培。阳光玫瑰、华葡翠玉、华葡高后、蜜光、黄金蜜、瑞都科美等。

四、建园技术

根据实际情况选择不同的栽培模式建园（表19-1），具体操作见第十八章鲜食葡萄高质量生产技术体系第二节华北及环渤海湾传统优势葡萄产区"二、园地选择与建园技术"的要求进行。

表19-1 不同立地条件下建园模式的选择

项目	普通土壤地块	土壤漏水漏肥严重地块	地下水位高需经常排水地块	土壤不能利用的非耕地地块
需下架越冬防寒地块	浅沟深栽	浅沟深栽+根域限制	起垄栽培（注意冬季做好根区防寒）	容器栽培（注意冬季做好根区防寒、夏季做好根区防高温）
不需下架越冬防寒地块	起垄栽培	起垄栽培+薄膜限根	起垄栽培	容器栽培（注意冬季做好根区防寒、夏季做好根区防高温）

五、整形修剪技术

1.宜机化整形 采用日光温室作为栽培设施条件下，最好采用倾斜龙干树形配合V形叶幕。采用塑料大棚作为栽培设施条件下，如需下架越冬防寒，最好采用斜干水平龙干形（又称"厂"字形）配合水平或飞鸟形叶幕；如不需下架越冬防寒，最好采用"一"字形或H形或WH形等水平龙干树形配合水平或飞鸟形叶幕。采用简易避雨棚作为栽培设施条件下，如需下架越冬防寒，最好采用斜干水平龙干形（又称"厂"字形）配合V形叶幕；如不需下架越冬防寒，最好采用"一"字形配合V形叶幕。具体操作按照第三章整形修剪"第一节高光效省力化树形叶幕形"的要求进行。

2.轻简化修剪 遵循轻简化、标准化和模式化的原则开展修剪工作，其中冬剪主要采用短截、缩剪和疏剪等修剪方法；夏剪主要采用抹芽、绑梢、摘心、除卷须、环割/环剥、摘老叶和扭梢等修剪方法，与露地栽培不同，非耐弱光品种冬促早栽培的夏剪还包括更新修剪，更新修剪是实现非耐弱光品种冬促早栽培连年丰产的关键。具体操作按照第三章整形修剪第二节轻简化修剪"一、冬剪"和"二、夏剪"的要求进行。

六、土肥水高效利用技术

1.土壤管理和污染管控

（1）健康土壤是葡萄高质量生产的前提。采用果园生草、枝叶还田和施用有机肥等技术/产品提升土壤质量；采用有机质提升、肥料优化和土壤调理剂等技术/产品改良酸化土壤；采用开挖排碱渠并修筑台田、施用酸性有机物料、提升土壤有机质、施用解盐及促生微生物菌剂、集雨灌溉等技术改良盐碱土壤；采用"5416"测土配方精准施肥、种植绿肥、施用解盐及促生微生物菌剂等技术改良次生盐渍化土壤。具体操作按照第四章土壤管理与改良"第一节土壤管理"和"第二节土壤改良"及"第六章养分管理"的要求进行。

（2）土壤重金属的污染管控与修复主要通过施用主要成分为$CaCO_3$的土壤调理剂解决；土壤农药污染管控与修复主要通过施用具有降解农药或除草剂功能的微生物复合菌系解决。具体操作按照第五章土壤污染管控与修复"第一节土壤重金属污染管控与修复"和"第二节土壤农药污染管控与修复"的要求进行。

2.肥料高效利用 遵循有机无机和碱性物肥相结合，大、中、微量元素相配合，根据葡萄需肥规律和肥料性质施肥，施肥与其他农艺措施相结合的施肥原则开展肥料管理工作，主要采用同步施肥、"5416"测土配方精准施肥和水肥一体化等肥料高效利用和果园生草、枝叶还田、微生物肥和有机肥施用等化肥增效和替代关键技术。具体操作按照"第四章土壤管理与改良"和"第六章养分管理"的要求进行。

3.水分高效利用 遵循第七章水分管理"第一节灌溉原则"开展水分管理工作，主要采用滴灌、微喷灌和靶向根域滴灌等节水灌溉和精准灌溉技术，具体操作按照第七章水分管理"第二节节水灌溉"和"第三节精准灌溉"的要求进行。

七、花果管理技术

根据消费者和经销商需求，遵循"优果"原则开展花果管理工作。冬促早栽培适宜负载量为1 000 ~ 1 500千克/亩、春促早栽培适宜负载量为1 000 ~ 2 000千克/亩、秋/冬促早栽培适宜负载量为1 000 ~ 1 500千克/亩。主要采用花果穗整形、果实套袋和植物生长调节剂处理等优花优果管理关键技术，具体操作按照"第八章花果管理"的要求进行。

八、休眠调控技术

休眠调控的成功与否直接关系到设施栽培的成败。根据目的不同，休眠调控技术分为促进休眠解除、促进休眠逆转、避开有效低温需求、延缓休眠解除等4类技术，其中促早栽培主要涉及促进休眠解除、促进休眠逆转、避开有效低温需求等3类休眠调控技术。

1.促进休眠解除　在冬/春促早栽培中，为了促进葡萄提前萌芽，提高萌芽率及萌芽整齐度，常通过人工破眠等技术措施促进休眠解除。主要采用三段式温度管理人工集中预冷和带叶休眠等物理破眠措施以及使用破眠剂等化学破眠措施，具体操作按照第十章熟期调控"第三节休眠调控"的要求进行。

2.促进休眠逆转　促进休眠逆转即避开休眠是夏/秋促早栽培的关键技术之一，该技术运用是否得当直接关系到夏/秋促早栽培的成败。主要采用新梢短截、破眠剂使用、人工补光和温度控制等技术，具体操作按照第十章熟期调控"第三节休眠调控"的要求进行。

3.避开有效低温需求　对于葡萄冬芽的萌发而言，需冷量并非必需，而需热量是必需的，当需冷量不足时，显著增加需热量的需求，根据葡萄冬芽萌发的这一特性，通过提高催芽期温度迅速有效地增加热量累积可有效避开萌芽对有效低温的需求，进而实现超早期升温和葡萄的早期上市。具体操作按照第十章熟期调控"第三节休眠调控"的要求进行。

九、环境调控技术

设施促早栽培的环境调控主要涉及光照、温度、湿度、二氧化碳浓度、有毒（害）气体等环境因子的调控，具体操作按照"第十一章环境调控"的要求进行。

十、主要病虫害防控技术

灰霉病、酸腐病和白粉病与螨虫等是设施促早栽培的主要病虫害，具体防控按照"第十三章病虫害综合防控"的要求进行。

十一、防灾减灾技术

近年来，随着全球气候变暖，旱涝灾害、冬春季冻害、冰雹和高温等极端天气事件频繁发生。务必按照"第九章防灾减灾"的要求积极预防自然灾害的发生；自然灾害发生后，及时按照"第九章防灾减灾"的要求采取补救措施最大程度降低自然灾害造成的损失。

十二、果实贮运与保鲜技术

为了改善葡萄的运输质量并可保持足够的运输期限，按照第十五章贮运保鲜与加工第一节鲜食葡萄贮运与保鲜"一、葡萄双控运输保鲜纸及配套运输技术"的要求进行运输。同时，为了降低贮藏期间果实病害的发生、保持果实品质和延长果实贮藏期，按照第十五章贮运保鲜与加工第一节鲜食葡萄贮运与保鲜"二、鲜食葡萄采后气固双效处理保鲜技术""三、四段式防腐保鲜处理与果实品质稳定性保持技术""四、SO_2复合ClO_2鲜食葡萄保鲜技术"的要求进行贮藏。

十三、配套机械

生产管理的机械化是实现葡萄设施促早栽培高质量生产的必然要求，主要涉及建园、整形修剪、土肥水管理、花果管理、休眠调控、环境调控、病虫害防控、果实采收和越冬防寒等从种到收生产管理的全过程。

第二节　设施延迟栽培葡萄高质量生产技术体系

延迟栽培是设施葡萄产期调节的重要组成部分，针对冬季寒冷、夏季积温不足和夜温低等，利用冷凉气候和阳光资源，以日光温室为载体，通过综合调控设施内光、热、水、气等，延长葡萄的生长发育，延迟葡萄的成熟和采收时期，从而错开葡萄集中上市期，实现冬淡季新鲜葡萄供应，提高葡萄栽培效益的一种栽培类型。

一、园地选择技术

1.气候条件　海拔1 000～2 800米，年均温度0～9℃，年日照时数2 500小时以上；冬季阳光充足，12月至翌年1月没有连续3天及以上降雪。

2.地形与地质条件　选择具有水源和用电配套条件的地形开阔平地、山台地、坡地、山谷地规模化建园；土壤以土质疏松，pH为7～8的沙壤土或轻壤土为佳。

3.环境条件　新建葡萄园前，必须充分考虑葡萄生长对土壤和环境的需求，只有在满足葡萄生长发育所需的土壤和环境等条件的区域建园，才能生产出安全、优质的葡萄果实。故建园时需按农业行业标准《绿色食品　产地环境质量》（NY/T 391—2021）《无公害农产品　种植业产地环境条件》（NY/T 5010—2016）的规定对初选园址的土壤、空气、灌溉水等进行检测，只有经过专业检测部门检验合格，方可选定园址建园。具体遵循本章第一节设施促早栽培葡萄高质量生产技术体系"一、园地选择技术"的要求进行。

4.电及交通　生产管理的机械化、智能化是实现葡萄设施延迟栽培高质量生产的必然要求，其涉及日光温室的建设和自动化、智能化管控，采暖、降温、人工光照、水肥一体化等的系统化运行，故应配备可靠、稳定的电源，以保证不间断供电。葡萄的耐贮运性相对比较差，因此日光温室一般应在城市近郊、铁路、公路和水路沿线，交通便利的地方建园。同时，日光温室还应适当远离公路，避免尘土等附着于塑料棚膜，影响透光率。

5.地理与市场区位　设施延迟栽培葡萄若主要用于果品批发，可以选择在靠近批发市场或方便找劳动力的地段建园；若主要用于采摘或休闲观光，则应建在城市近郊，便于吸引游客。

6.非耕地高效利用　为提高土地利用率，挖掘土地潜力，通过根域限制栽培、客土栽培或无土栽培等模式，可在甘肃、内蒙古、宁夏等地的戈壁荒滩、盐碱地等非耕地建设日光温室，不仅可使荒芜的戈壁滩、盐碱地变废为宝，还能挖掘区域的光热资源优势。

二、栽培设施的选择与建造

1.栽培设施的选择　一般情况下，延迟栽培的设施采用塑料大棚或日光温室。在初冬降温较慢、气温较高和要求延迟采收时间不长的地方，多以塑料大棚延迟栽培为主；而在后期降温较快和需要采收时间较长的地区则以日光温室栽培为主。

2.栽培设施的建造　日光温室和塑料大棚等栽培设施的建造按照"第十二章栽培设施的设计与建造"的要求进行。其中，设施延迟栽培日光温室方位宜坐北朝南、东西向为长边，但不同地形条件需因地制宜进行调整：

（1）山地建设日光温室，需根据当地主风向定位，选择北高南低的阳坡和二阳坡，但最大坡向不宜偏出15°，温室长边则依地形而定。

（2）山谷建设日光温室，两侧山体应距离600米以上为宜。

（3）夜温低的地区日光温室方位宜偏西3°～8°，而需要提高晨温的日光温室宜偏东3°～8°。

三、适于延迟栽培的主要优良品种

1. 品种选择的原则　延迟栽培宜选择果实成熟晚，兼具穗大、粒大、色艳、糖酸比适度、肉质硬脆、有香味、耐贮运等特点的优良品种，或成熟后能在树上长时间挂贮的品种。

2. 主要优良品种　红地球、克瑞森无核、阳光玫瑰、圣诞玫瑰、秋黑、魏可、美人指、白罗莎、紫甜无核、意大利、红宝石无核、浪漫红颜、瑞都晚蜜、晚黑宝、华葡翠玉、嫦娥指等。

四、建园技术

1. 栽培密度　栽培密度根据树形而定，推荐倾斜龙干树形、顺行T形、H形等具主干棚架形，株距2.0～2.5米，每棚1行，定植密度为41～45株/亩。

2. 栽植方法　在离开后墙50～80厘米处开挖宽100厘米、深50厘米的栽植沟，将优质有机肥与3～5倍的熟土充分混匀，回填栽植沟，并高出地面15～20厘米。设置滴灌管后灌透水，待表层15～20厘米土壤渗干时，选择芽眼饱满、无检疫对象的一级嫁接苗木或脱毒苗。经根系修剪、清水浸泡8～12小时后，以2.0～2.5米的间距栽植，栽植时嫁接口露出地面，浇小水，然后覆膜，放帘覆盖遮阴3～5天，提高棚内湿度和保持地温是提高新栽苗木成活率的关键。

3. 栽植时期

（1）已有棚的栽植。利用旧日光温室栽植，可在前一年春秋季开沟施肥改土，在秋冬茬蔬菜采收后定植，定植后当气温低于5℃时及时埋土保温保湿；未种蔬菜的大棚，可在11月上旬进行栽植，栽后浅埋土越冬。

（2）未建棚的栽植。可根据建棚规划，在确定好墙体位置后，按照栽植方法进行开沟、施肥和灌水，并在春季完全解冻后栽苗或外界平均气温稳定在10℃以上时栽植。

五、整形修剪技术

1. 宜机化整形　设施延迟栽培日光温室条件下，凡是适合设施葡萄的架式都可采纳使用，推荐倾斜龙干树形、顺行T形、H形等具主干棚架形。具体操作按照第三章整形修剪"第一节高光效省力化树形叶幕形"的要求进行。

2. 轻简化修剪　同其他栽培模式相同，一般情况下，设施延迟栽培葡萄的修剪也分为冬季休眠期修剪和夏季生长季修剪。均应按照轻简化、标准化和模式化的原则开展修剪工作。具体遵循第十九章设施葡萄高质量生产技术体系第一节设施促早栽培葡萄高质量生产技术体系"五、整形修剪技术"的要求进行。

六、土肥水高效利用技术

1. 土壤管理和污染管控　遵循第十九章设施葡萄高质量生产技术体系第一节设施促早栽培葡萄高质量生产技术体系"六、土肥水高效利用技术开展土壤管理工作"，具体操作按照第四章土壤管理与改良"第一节土壤管理"和"第二节土壤改良"以及第五章土壤污染管控与修复"第一节土壤重金属污染管控与修复"和"第二节土壤农药污染管控与修复"及"第六章养分管理"的要求进行。

2. 肥料高效利用　设施延迟栽培日光温室条件下，土壤温度低，葡萄根系吸收功能下降，导致根系对矿质元素的吸收速率变慢。同时，空气湿度大，葡萄叶片蒸腾作用弱，导致植株体内矿质元素的运输速率变慢，易出现缺素症等生理病害。故宜遵循有机肥、无机肥和微生物肥相结合，大中微量元素相配合，根据葡萄需肥规律和肥料性质施肥，施肥与其他农艺措施相结合的施肥原则开展肥料管理工作，主要采用同步施肥、"5416"测土配方精准施肥和水肥一体化等肥料高效利用及果园生草、枝叶还田、微生物肥与有机肥施用等化肥增效和替代关键技术。具体操作按照"第四章土壤管理与改良"和"第六章养分管理"的要求进行。

3.水分高效利用　设施条件下，由于塑料薄膜等的覆盖，隔离了外界降水，故需要根据设施葡萄的需水规律进行灌溉。具体遵循第七章水分管理"第一节灌溉原则"开展水分管理工作，主要采用滴灌、微喷灌和靶向根域滴灌等节水灌溉和精准灌溉技术，具体操作按照第七章水分管理"第二节节水灌溉"和"第三节精准灌溉"的要求进行。

七、花果管理技术

根据消费者和经销商需求，遵循"优果"原则开展花果管理工作。相对积温多、土质好、有机质充足的设施延迟栽培区域盛果期负载量可控制在1 500～2 000千克/亩，而积温少、土质差、有机质不足的设施延迟栽培区域，盛果期负载量控制在1 000～1 500千克/亩。主要采用花果穗整形、果实套袋和植物生长调节剂处理等优花优果管理关键技术，具体操作按照"第八章花果管理"的要求进行。

八、休眠调控技术

休眠调控的成功与否直接关系到设施栽培的成败。根据目的不同，休眠调控技术分为促进休眠解除、促进休眠逆转、避开有效低温需求、延缓休眠解除等4类技术，其中设施延迟栽培主要涉及延缓休眠解除调控技术，即主要在春季气温回升时，采取白天覆盖保温被、添加冰块或启动冷风机等人工措施，维持设施内的低温（气温保持在10℃以下）环境，延长环境休眠，使葡萄继续处于休眠状态，进而达到推迟葡萄萌芽、开花和浆果成熟的目的，具体操作按照第十章熟期调控"第三节休眠调控"的要求进行。

九、环境调控技术

设施延迟葡萄生活在密闭的环境中，设施内的光照、温度、湿度、二氧化碳浓度、有毒（害）气体等环境因子调控着葡萄的生长发育和开花结果，但同促早栽培、避雨栽培相比，"延迟"适栽区具有相对独特的环境条件。

1.光照　设施延迟栽培适栽区，多地处高海拔，光质优良、紫外线强、光照时间长，夏季可通过棚室膜外覆盖白色防雹网，降低紫外线、光照强度和降温；秋、冬季可通过拉、放帘来调控光照时长和光照强度。

2.温度　日光温室内温度的季节性变化和日变化均很大，昼夜温差大有利于葡萄树体养分的积累、果实膨大糖分的积累及花芽分化与形成，尤其可延长秋季状态，利于葡萄延后采收。但在晴朗的白天，日光温室内常出现40℃高温，带来日烧和气灼，可通过果穗旁多留副梢叶片遮阴等降温，必要时可通过开关棚膜等通风降温。

3.湿度　地处高海拔的设施延迟栽培日光温室由于放帘时间早、揭帘时间晚，夜间湿度相对过大，故白天需及时通风换气，降低室内空气湿度至60%～70%为宜。

4.气体　二氧化碳、有毒（害）气体调控，具体操作按照"第十一章环境调控"的要求进行。

十、主要病虫害防控技术

延迟栽培日光温室内湿度大、通风差，霜霉病、白粉病、灰霉病、黑痘病与红蜘蛛、白粉虱等病虫害时有发生，具体防控按照"第十三章病虫害综合防控"的要求进行。

十一、防灾减灾技术

在全球气候变暖、极端天气事件频繁发生的大背景下，设施延迟栽培葡萄可能遭遇干旱、冻害、冰雹、沙尘暴等灾害。具体按照"第九章防灾减灾"的要求积极预防自然灾害的发生及灾后补救，以最大程度减少自然灾害造成的损失。

十二、果实贮运与保鲜技术

为了改善葡萄的运输质量并可保持足够的运输期限，按照第十五章贮运保鲜与加工第一节鲜食葡萄贮运与保鲜"一、葡萄双控运输保鲜纸及配套运输技术"的要求进行运输。

十三、配套机械

生产管理的机械化是实现葡萄设施延迟栽培高质量生产的必然要求，亦涉及建园、树形培养、整形修剪、花果管理、土肥水管理、病虫害防控、果实采收、休眠调控和环境调控等种、管、收的生产全过程管理。

第三节 设施避雨栽培葡萄高质量生产技术体系

避雨栽培是一种特殊的设施集约化栽培模式，其是将塑料棚膜覆盖到葡萄植株顶部，防止雨水滴落到树体上，进而减少葡萄病害等一系列栽培问题的简单设施栽培形式。避雨栽培技术始于20世纪80年代，自90年代中期在我国南方葡萄栽培上开始广泛使用，打破了葡萄种植"南不过长江"的说法。目前，避雨栽培模式主要集中在长江以南的江苏、上海、浙江、湖南、湖北、福建、广西、广东、云南和海南等雨水较多的地区，面积超过220万亩，是三种设施栽培形式中最大的类别。同时，避雨栽培在我国北方的一些地区亦有发展。

一、园地选择技术

1.气候条件　年降水量超过800毫米的区域，即徐州—西安—马尔康—林芝以南地区，包括鲁南局部、江苏徐州以南及河南南部和陕西南部的汉江流域、马尔康以南的嘉陵江流域以及滇西北德钦以南，其典型的特征是雨量充沛、温暖湿润，年降水量超过800毫米，年均温度大多在14℃以上的暖湿地区。

2.地形与地质条件　充分考虑葡萄生长习性以及避雨设施的结构，平原地区选择不易积水、空气通畅的地块；山地和丘陵坡地，坡度应小于25°，若坡度过大，需沿等高线修建梯田，在梯田上搭建避雨设施。土壤以pH 7～8、土层厚度60厘米以上、有机质含量3%以上的沙壤土或轻壤土为佳。

3.环境条件　新建葡萄园前，必须充分考虑葡萄生长对土壤和环境的需求，只有在满足葡萄生长发育所需的土壤和环境等条件的区域建园，才能生产出安全、优质的葡萄果实。故建园时需按农业行业标准《绿色食品　产地环境质量》（NY/T 391—2021）《无公害农产品　种植业产地环境条件》（NY/T 5010—2016）的规定对初选园址的土壤、空气、灌溉水等进行检测，只有经过专业检测部门检验合格，方可选定园址建园。具体遵循第十九章设施葡萄高质量生产技术体系第一节设施促早栽培葡萄高质量生产技术体系"一、园地选择技术"的要求进行。

4.电及交通　生产管理的机械化、智能化是实现葡萄设施栽培高质量生产的必然要求，其涉及设施的建设和自动化、智能化管控，灌水、打药等的系统化运行，故应配备可靠、稳定的电源，以保证不间断供电。

鲜食葡萄不耐贮运，因此，避雨栽培葡萄园一般应在城市近郊、铁路、公路和水路沿线，交通便利的地方建园。同时，园地还应适当远离公路，避免尘土等沾染塑料棚膜，影响透光率。

5.地理与市场区位　避雨栽培葡萄若主要用于果品批发，可以选择在靠近批发市场或方便找劳动力的地段建园；若主要用于采摘或休闲观光，则应建在城市近郊，便于吸引游客。

6.非耕地高效利用　为提高土地利用率，挖掘土地潜力，通过根域限制栽培、客土栽培或无土栽培模式等，可在南方区域的山地、滩涂等非耕地建设避雨设施，不仅可使荒芜的山地、滩涂变废为宝，还能发挥区域的光热资源优势。

二、栽培设施的选择与建造

1.栽培设施的选择 避雨栽培是南方葡萄栽培的基础，目前国内根据当地的条件创造了竹弓简易避雨棚、镀锌高碳钢丝网简易避雨棚、镀锌钢丝拱杆简易避雨棚、水泥桩立柱钢管拱架连栋棚、连栋塑料温室等多种避雨设施形式。

2.栽培设施的建造 避雨设施的建造具体按照第十二章栽培设施的设计与建造"第二节塑料大棚设计与建造"和"第三节简易避雨棚设计与建造"的要求进行。

三、适于避雨栽培的主要优良品种

1.品种选择的原则 南方地区气候高温多雨、气候炎热潮湿，宜选择抗病性强、耐高湿、需冷量低；容易成花、坐果率高；果穗松紧度适中、粒大、着色正常、肉质硬脆、有香味、耐贮运；树势中庸、花果管理容易的葡萄品种。

2.主要优良品种

（1）早熟品种。天工墨玉、申园、春光、瑞都红玉、夏黑、华葡黑峰、南太湖特早等。

（2）中熟品种。申华、天工丽人、瑞都科美、宝光、黄金蜜、巨峰、辽峰、阳光玫瑰、着色香、华葡玫瑰、妮娜皇后等。

（3）晚熟品种。金光、嫦娥指、紫甜无核、紫脆无核、华葡翠玉、玉波1号等。

四、建园技术

1.栽培密度 栽植密度因树形不同而异，推荐顺行T形、H形、双H形等具主干棚架形，株距2.0～6.0米，行距4.0～8.0米。

2.栽植方法 南方地区，年降水量在800毫米以上，地下水位高，应做到沟深畦高定植，畦高40～50厘米，以涝时能及时排、旱时能及时灌。条件允许，推荐暗管排水。即建园时，做好排水基础建设，园内明渠深度30～50厘米、暗渠深度60～70厘米、支渠畦沟深70～90厘米、主排水沟深100厘米，沟渠相同，能够实现雨停田干。在栽植行开挖宽100～150厘米、深50厘米的栽植沟，将优质有机肥与3～5倍的熟土充分混匀，回填栽植沟，并高出地面15～20厘米。设置滴灌管后灌透水，待表层15～20厘米土壤渗干时，选择当地适宜品种，选用健壮整齐、芽眼饱满、根系发达且无检疫对象的无病毒苗木，按照既定株行距进行定植。有条件的可利用栽植袋等容器培育大苗再进行栽植，保证栽植时苗木健壮整齐，将有利于提早投产。

3.栽植时期 南方地区秋栽以11月中旬至12月中旬为宜，最好有越冬保护，以避免低温风干和禽兽危害，春栽以2—3月为宜。

五、整形修剪技术

1.宜机化整形 在南方地区，高温多湿、日照不足的气候条件，需要能够充分覆盖地面、叶幕光照均匀、无严重遮阳、郁密的树形，同时兼具宜机化管理需求，故在避雨栽培条件下，推荐顺行T形、H形、双H形等具主干棚架形。具体操作按照第三章整形修剪"第一节高光效省力化树形叶幕形"的要求进行。

2.轻简化修剪 同其他栽培模式相同，避雨栽培葡萄的修剪也分为冬季休眠期修剪和夏季生长季修剪。均应按照轻简化、标准化和模式化的原则开展修剪工作。具体操作遵循第三章整形修剪第二节轻简化修剪"一、冬剪"和"二、夏剪"的要求进行。

六、土肥水高效利用技术

1.土壤管理和污染管控 遵循第十九章设施葡萄高质量生产技术体系第一节设施促早栽培葡萄高

质量生产技术体系"六、土肥水高效利用技术"开展土壤管理工作，具体操作按照第四章土壤管理与改良"第一节土壤管理"和"第二节土壤改良"，第五章土壤污染管控与修复"第一节土壤重金属污染管控与修复"和"第二节土壤农药污染管控与修复"及"第六章养分管理"的要求进行。

2.肥料高效利用　遵循有机、无机和微生物肥相结合，大、中、微量元素相配合，根据葡萄需肥规律和肥料性质施肥，施肥与其他农艺措施相结合的施肥原则开展肥料管理工作，主要采用同步施肥、"5416"测土配方精准施肥和水肥一体化等肥料高效利用及果园生草、枝叶还田、微生物肥与有机肥施用等化肥增效和替代关键技术。具体操作按照"第四章土壤管理与改良"和"第六章养分管理"的要求进行。

3.水分高效利用　避雨栽培条件下，由于塑料薄膜等的覆盖，葡萄的灌溉主要通过滴灌、微喷灌和靶向根域滴灌等节水灌溉和精准灌溉技术进行。具体遵循"第七章水分管理"的要求进行。

七、花果管理技术

根据消费者和经销商需求，遵循"优果"原则开展花果管理工作。相对积温多、土质好、有机质充足的避雨栽培区域盛果期负载量可控制在1 500 ～ 2 000千克/亩，而积温少、土质差、有机质不足的避雨栽培区域，盛果期负载量控制在1 000 ～ 1 500千克/亩。主要采用花果穗整形、果实套袋和植物生长调节剂处理等优花优果管理关键技术，具体操作按照"第八章花果管理"的要求进行。

八、休眠调控技术

我国南方葡萄避雨栽培区域，热量丰富、生长期长、落叶期晚、冷量积累少，为了提高葡萄萌芽率及萌芽整齐度，常通过人工破眠等技术措施补偿需冷量不足，促进休眠解除。主要使用破眠剂等化学破眠措施，具体操作按照第十章熟期调控"第三节休眠调控"的要求进行。

九、环境调控技术

葡萄避雨栽培的环境调控主要涉及光照、温度、湿度等环境因子的调控，具体操作按照"第十一章环境调控"的要求进行。

十、主要病虫害防控技术

避雨栽培区域多是典型的多雨湿润气候区，霜霉病、白粉病、灰霉病、黑痘病、白腐病与蓟马、绿盲蝽、螨虫等病虫害可能发生，具体防控按照"第十三章病虫害综合防控"的要求进行。

十一、防灾减灾技术

在全球气候变暖，极端天气事件频繁发生的大背景下，避雨栽培葡萄可能遭遇冬春季冻害、旱涝灾害、高温和冰雹等灾害。具体按照"第九章防灾减灾"的要求积极预防自然灾害的发生及灾后补救，以最大程度减少自然灾害造成的损失。

十二、果实贮运与保鲜技术

为了改善葡萄的运输质量并可保持足够的货架期限，具体按照第十五章贮运保鲜与加工"第一节鲜食葡萄贮运与保鲜"的要求进行运输。

十三、配套机械

生产管理的机械化是实现葡萄避雨栽培高质量生产的必然要求，亦涉及建园、树形培养、整形修剪、花果管理、土肥水管理、病虫害防控、果实采收、休眠调控和环境调控等种、管、收的生产全过程管理。

第二十章

酿酒葡萄高质量生产技术体系

第一节　西北及黄土高原葡萄酒产区

西北及黄土高原产区是我国最大的葡萄酒产区，更是我国酿酒葡萄优生区和优质葡萄酒产区，主要包括新疆、宁夏、甘肃、内蒙古西部等地。该地区酿酒葡萄栽培面积6万余公顷，葡萄酒年产量近30万千升，面积和产量均占全国总量的近2/3。

本地区深居内陆，距海遥远，再加上高原、山地地形较高对湿润气流的阻挡，导致本区降水稀少，气候干旱，全年降水量大部分地区在500毫米以下，自东向西呈递减趋势，属大陆性干旱半干旱气候和高寒气候，其中黄土高原年降水量在300～500毫米之间，苏尼特左旗—百灵庙—鄂托克旗—盐池一线以东年降水量为300～400毫米，属半干旱地区，该线与贺兰山一线之间年降水量为200～300毫米，贺兰山以西的广大荒漠地区年降水量不足200毫米，河西走廊少于100毫米，敦煌只有29.5毫米，吐鲁番不足20毫米，种植业主要在河滩地，主要靠河水或雪水灌溉。该地区仅东南部秦岭以南少数地区为温带季风气候，其他大部分地区为温带大陆性气候和高寒气候，冬季严寒且干燥，夏季高温。由于气候干旱，气温的日较差和年较差都很大。吐鲁番盆地为全国夏季最热的地区。

本产区热量资源差异较大，活动积温3 000～5 000℃之间，吐鲁番市高达5 400℃；多数地区最热月平均气温21～24℃，吐鲁番盆地高达28℃以上。在塔里木盆地和河西走廊西南部的暖温带内，活动积温为4 000～4 500℃，无霜期在200～220天。其他地区活动积温为3 000～3 500℃，无霜期为100～200天。光照方面，本地区日照时间长辐射强、光照资源丰富，太阳辐射量一般达5 400～6 300兆焦/（米^2·年），全年日照一般达2 500～3 000小时，甘肃与新疆毗邻处的星星峡日照达3 549小时，植物光合生产潜力较高。

一、适宜本区域的主要优良品种

适合本区发展的红色酿酒葡萄品种有赤霞珠、蛇龙珠、梅鹿辄、西拉、黑比诺、马瑟兰等；白色酿酒葡萄品种有霞多丽、雷司令、贵人香等。

二、园地选择与建园技术

1.园地选择

（1）土壤条件。土层厚、较肥沃，土壤中性偏碱（pH 6.5～8.0），壤土或沙壤土，钙质含量较高，质地较疏松，通气透水性良好。土壤pH过高或过低、盐碱含量过高均影响葡萄生长发育。

（2）气候特点。不同品种从萌芽到果实充分成熟所需活动积温（≥10℃）不同：极早熟品种要求活动积温2 000～2 400℃、早熟品种2 400～2 800℃、中熟品种2 800～3 200℃、晚熟品种3 200～3 500℃、极晚熟品种>3 500℃。在干旱缺水地区，还需充分考虑灌溉条件。

（3）地形地貌。海拔高度一般在400～1 200米。园地远离污染源，周边空气、水资源等生态环境洁净、无污染。园地地形较高、开阔，便于空气流动和排水，避免在低洼地建园。

(4) 园地位置。距离葡萄酒厂较近，一般应该2小时内能够将原料（果实）送到酒厂，便于在最短的时间内处理。

2.建园技术 该产区冬季多数寒冷干燥，需进行埋土防寒，故建议采用浅沟深栽方式建园。在栽植前，按设计行向和行距（3米以上）开挖深宽各为80～100厘米的定植沟，挖完后先回填30～40厘米厚的秸秆杂草并压实，然后每亩施入5～10米³腐熟有机肥与土混匀，回填至地面−20厘米处，最后灌水沉实形成低于两边地面约30厘米的浅沟，在浅沟内定植苗木。定植时选用抗寒长砧木（砧木长度20厘米以上）优质嫁接苗，将苗木深栽，嫁接口比沟面高10厘米即可；或者直接深栽（定植深度20厘米左右）抗寒砧木品种，待砧木新梢长至一定高度后通过绿枝嫁接的方式高位嫁接目标接穗品种。在宁夏、甘肃、新疆等碱性较高的地区不建议使用贝达作为抗寒砧木。

三、整形修剪技术

1.宜机化整形 采用单篱架＋斜干水平龙干形（又称"厂"字形）＋直立叶幕。株行距以（1.0～1.5）米×（3.0～3.5）米为宜；鉴于东西行向南北两侧果实着色程度不一，东西行向西侧果实易发生日灼问题，建议采取东北—西南的倾斜行向。单篱架架形和树体结构参数按照第三章整形修剪"第一节高光效省力化树形叶幕形"相关技术要点要求执行。

2.轻简化修剪 遵循轻简化、标准化、宜机化的原则开展修剪工作，冬季修剪时以1～2芽极短梢或短梢修剪；夏剪方面，每隔10～15厘米保留一个新梢，多余新梢抹去，新梢尽量选留带有花序的新梢；之后新梢每越过一道铁丝对其进行绑缚，新梢越过最高一道铁丝20厘米左右，每个新梢含有10～15片功能叶（其中果穗上方至少8～10片功能叶）时进行摘心处理；顶端副梢留1～2片反复摘心，顶端以下副梢全部去除。对于机械化夏季修剪的葡萄园，叶幕厚度以60～80厘米为宜，具体根据品种和当地气候条件判断，空气干燥，光照强烈，容易发生日灼的地区可增加叶幕厚度，空气湿度较大，易发病虫害的地区可适当降低叶幕厚度。

四、土肥水高效利用技术

1.土壤管理和污染管控 对于沙荒、河滩沙地，土质瘠薄，结构不良，有机质含量很低，不能满足葡萄生长发育需要，可采用深翻熟化、压土掺沙方式进行改良；对于盐碱地，影响葡萄根系的吸收活动，降低土壤有效养分含量，造成土壤板结，透性差，可采用引淡淋盐、深耕施有机肥、地面覆盖、种植绿肥作物、施用化学改良剂（石膏、磷石膏、过磷酸钙等）进行改良；对于酸性土壤，可通过施石灰，增施有机肥，种植绿肥等进行改良；对于山地果园，立地条件较差，土层较薄，不保水肥，可修筑梯田，采用滴灌工程、地面覆盖、种植绿肥、增施有机肥等。生产中建议采用葡萄园生草、枝叶还田、土壤覆盖、施用有机肥等技术进行土壤管理，提升土壤质量。具体操作按照第四章土壤管理与改良"第一节土壤管理"和"第二节土壤改良"及"第六章养分管理"的要求进行。

土壤重金属的污染管控与修复主要通过施用主要成分为$CaCO_3$的土壤调理剂解决；土壤农药污染管控与修复主要通过施用具有降解农药或除草剂功能的微生物复合菌系解决。具体操作按照第五章土壤污染管控与修复"第一节土壤重金属污染管控与修复"和"第二节土壤农药污染管控与修复"的要求进行。

2.肥料高效利用 在掌握土壤本底养分含量基础上，根据酿酒葡萄需肥特点和规律，以有机肥为主，化学肥料为辅的原则进行科学合理施肥；积极推进水肥一体化等肥料高效利用和果园生草、枝叶还田、微生物肥和有机肥施用等化肥增效和替代关键技术。具体操作按照"第四章土壤管理与改良"和"第六章养分管理"的要求进行。

3.水分高效利用 遵循第七章水分管理"第一节灌溉原则"开展水分管理工作，主要采用滴灌、渗灌、微喷灌、根系分区灌溉和靶向根域滴灌等节水灌溉和精准灌溉技术，具体操作按照第七章水分管理"第二节节水灌溉"和"第三节精准灌溉"的要求进行。

五、花果管理技术

本产区适宜负载量为 500～1 000 千克/亩，主要通过冬季修剪、抹芽定梢等环节控制产量，若结果系数过高，也可在花期或坐果后通过疏穗的方式限制产量。具体操作按照"第八章花果管理"的要求进行。

六、主要病虫害防控技术

新疆、宁夏、甘肃等降水较少的地区病害以白粉病、灰霉病为主，陕西等降雨较多地区则以霜霉病、黑痘病、炭疽病、白腐病等为主；叶蝉、蓟马和盲蝽象等是本产区的主要虫害，具体防控按照"第十三章病虫害综合防控"的要求进行。

七、防灾减灾技术

近年来，随着全球气候变化问题日益严峻，极端天气频发，旱涝灾害、冬春季冻害、冰雹和高温给本地区葡萄生产造成了重大损失。灾害发生前，按照本书"第九章防灾减灾"的要求积极做好预防工作；自然灾害发生后，及时按照"第九章防灾减灾"的要求采取补救措施最大程度降低自然灾害造成的损失。

八、果实贮运技术

酿酒葡萄采收后需尽快运输至酒庄后立即加工酿造葡萄酒。

九、配套机械

为提升葡萄园管理效率，降低生产成本，建议和推广全园机械化管理。酿酒葡萄栽培配套相关机械包括叶幕修剪机、旋耕机、喷药机、冬季修剪机、采收机、埋土机、清土机、开沟施肥机等。

第二节 华北及环渤海湾葡萄酒产区

华北及环渤海湾产区是我国传统的葡萄酒产区，该产区孕育了我国第一个工业化生产葡萄酒的厂家——烟台张裕酿酒公司，也是中国第一瓶干红葡萄酒（华夏长城公司，河北昌黎），第一瓶干白葡萄酒（中粮长城公司，河北沙城）以及第一瓶白兰地（张裕公司，山东烟台）的诞生地。该区主要包括辽宁、河北、山东、山西、北京和天津等地，该区酿酒葡萄栽培面积3万余公顷，年产葡萄酒近20万千升，面积和产量约占全国总量的1/4。

此地区酿酒葡萄主要分布于辽宁东部地区、河北张家口和秦皇岛地区，山东的烟台、莱芜、平度和青岛，以及北京延庆和房山以及天津汉沽等地。这些地区主要分为两种生态类型，以张家口和北京的延庆等地为温带大陆性季风气候，具有四季分明、光照充足、雨热同季、昼夜温差大的特点，年活动积温为3 500～3 700℃。全年无霜期149天，年平均温度9.1℃。年平均日照数为3 018小时。而昌黎、天津、烟台、青岛等地则属海洋性气候，光照充足，但昼夜温差不大，年降水量600～800毫米，成熟季节降水量偏大，活动积温3 500～4 500℃。

一、适宜本区域的主要优良品种

适合本地区的红色酿酒葡萄品种有赤霞珠、蛇龙珠、梅鹿辄、西拉、马瑟兰、北冰红、玫瑰香等；白色酿酒葡萄品种有霞多丽、雷司令、贵人香、威代尔、白玉霓等。

二、园地选择与建园技术

1. 园地选择

(1) 土壤条件。土层厚、较肥沃,土壤中性偏碱(pH 6.5 ~ 8.0),壤土或沙壤土,钙质含量较高,质地较疏松,通气透水性良好。土壤pH过高或过低、盐碱含量过高均影响葡萄生长发育。

(2) 气候特点。不同品种从萌芽到果实充分成熟所需活动积温(≥10℃)不同:极早熟品种要求活动积温2 000 ~ 2 400℃、早熟品种2 400 ~ 2 800℃、中熟品种2 800 ~ 3 200℃、晚熟品种3 200 ~ 3 500℃、极晚熟品种>3 500℃。在干旱缺水地区,还需充分考虑灌溉条件。

(3) 地形地貌。海拔高度一般在400 ~ 1 200米。园地远离污染源,周边空气、水资源等生态环境洁净、无污染。园地地形较高、开阔,便于空气流动和排水,避免在低洼地建园。

(4) 园地位置。距离葡萄酒厂较近,一般应该2小时内能够将原料(果实)送到酒厂,便于在最短的时间内处理。

2. 建园技术

采用浅沟深栽方式建园。在栽植前,按设计行向和行距(3米以上)开挖深宽各为80 ~ 100厘米的定植沟,挖完后先回填30 ~ 40厘米厚的秸秆杂草并压实,然后每亩施入5 ~ 10米³腐熟有机肥与土混匀,回填至地面−20厘米处,最后灌水沉实形成低于两边地面30厘米左右的浅沟,在浅沟内定植苗木。定植时选用抗寒长砧木(砧木长度20厘米以上)优质嫁接苗,将苗木深栽,嫁接口比沟面高10厘米即可;或者直接深栽(定植深度20厘米左右)抗寒砧木品种,待砧木新梢长至一定高度后通过绿枝嫁接的方式高位嫁接目标接穗品种。由于该产区多数地区靠近沿海,盐碱较重,不建议使用贝达作为抗寒砧木使用。怀来、延庆等靠近内陆地区可选择使用贝达作为抗寒砧木。

三、整形修剪技术

1. 宜机化整形

采用单篱架+斜干水平龙干形(又称"厂"字形)+直立叶幕。株行距以(1.0 ~ 1.5)米×(2.5 ~ 3.5)米为宜;鉴于东西行向南北两侧果实着色程度不一,东西行向南侧果实易发生日灼问题,建议采取东北—西南的倾斜行向。另外,由于该地区靠近沿海、湿度较大,建议将水平蔓提高至距地面0.8 ~ 1.0米,增加通风带的高度,以降低病虫害发生的概率。整个架面的高度建议1.8 ~ 2.0米为宜。单篱架架形和树体结构参数按照第三章整形修剪"第一节高光效省力化树形叶幕形"相关技术要点要求执行。

2. 轻简化修剪

遵循轻简化、标准化、宜机化的原则开展修剪工作,冬季修剪时以1 ~ 2芽极短梢或短梢修剪;夏剪方面,每隔10 ~ 15厘米保留一个新梢,多余新梢抹去,尽量选留带有花序的新梢;之后新梢每越过一道铁丝对其进行绑缚,越过最高一道铁丝20厘米(新梢总长度1.0 ~ 1.2米)左右,每个新梢含有10 ~ 15片功能叶(其中果穗上方至少8 ~ 10片功能叶)时进行摘心处理;顶端副梢留1 ~ 2片反复摘心,顶端以下副梢全部去除。对于机械化夏季修剪的葡萄园,由于该产区多数地区靠近沿海,湿度较高,病害较重,叶幕厚度以40 ~ 60厘米为宜。

四、土肥水高效利用技术

1. 土壤管理和污染管控

对于沙荒、河滩沙地,土质瘠薄,结构不良,有机质含量很低,不能满足葡萄生长发育需要,采用深翻熟化、压土掺沙方式进行改良;对于盐碱地,影响葡萄根系的吸收活动,降低土壤有效养分含量,造成土壤板结,透性差,可采用引淡淋盐、深耕施有机肥、地面覆盖、种植绿肥作物、施用化学改良剂(石膏、磷石膏、过磷酸钙等)进行改良;对于酸性土壤,可通过施石灰,增施有机肥,种植绿肥等进行改良;对于山地果园,立地条件较差,土层较薄,不保水肥,可修筑梯田,采用滴灌工程、地面覆盖、种植绿肥、增施有机肥等。生产中建议采用葡萄园生草、枝叶还田、土壤覆盖、施用有机肥等技术进行土壤管理,提升土壤质量。具体操作按照第四章土壤管理与改良"第一节土壤管理"和"第二节土壤改良"及"第六章养分管理"的要求进行。

土壤重金属的污染管控与修复主要通过施用主要成分为$CaCO_3$的土壤调理剂解决；土壤农药污染管控与修复主要通过施用具有降解农药或除草剂功能的微生物复合菌系解决。具体操作按照第五章土壤污染管控与修复"第一节土壤重金属污染管控与修复"和"第二节土壤农药污染管控与修复"的要求进行。

2.肥料高效利用　在掌握土壤本底养分含量基础上，根据酿酒葡萄需肥特点和规律，以有机肥为主，化学肥料为辅的原则进行科学合理施肥；积极推进水肥一体化等肥料高效利用和果园生草、枝叶还田、微生物肥和有机肥施用等化肥增效和替代关键技术。具体操作按照"第四章土壤管理与改良"和"第六章养分管理"的要求进行。

3.水分高效利用　遵循第七章水分管理"第一节灌溉原则"开展水分管理工作，主要采用滴灌、渗灌、微喷灌、根系分区灌溉和靶向根域滴灌等节水灌溉和精准灌溉技术，具体操作按照第七章水分管理"第二节节水灌溉"和"第三节精准灌溉"的要求进行。

五、花果管理技术

本产区适宜负载量为500～1 000千克/亩，主要通过冬季修剪、抹芽定梢等环节控制产量，若结果系数过高，也可在花期或坐果后通过疏穗的方式限制产量。具体操作按照"第八章花果管理"的要求进行。

六、主要病虫害防控技术

该产区病害以霜霉病、黑痘病、炭疽病、白腐病等为主；叶蝉、蓟马和椿象等是本产区的主要虫害，具体防控按照"第十三章病虫害综合防控"的要求进行。

七、防灾减灾技术

近年来，随着全球气候变化问题日益严峻，极端天气频发，旱涝灾害、冬春季冻害、冰雹和高温给本地区葡萄生产造成了重大损失。灾害发生前，按照本书"第九章防灾减灾"的要求积极做好预防工作；自然灾害发生后，及时按照"第九章防灾减灾"的要求采取补救措施最大程度降低自然灾害造成的损失。

八、果实贮运技术

酿酒葡萄采收后须在2小时内运输至酒庄立即进行除梗破碎酿造葡萄酒。

九、配套机械

为提升葡萄园管理效率，降低生产成本，建议和推广全园机械化管理。酿酒葡萄栽培配套相关机械包括叶幕修剪机、旋耕机、喷药机、冬季修剪机、采收机、埋土机、清土机、开沟施肥机等。

第二十一章

制干葡萄高质量生产技术体系

　　世界葡萄干年产量110万～120万吨，土耳其、美国和中国葡萄干产量位居全球前三。我国制干葡萄栽培和葡萄干生产，主要集中在新疆吐哈盆地和环塔里木盆地南缘的和田地区。年产量稳定在18万～20万吨，占全国总产量的95%以上，其中绿色葡萄干年产量15万吨左右，位居世界首位。

　　吐鲁番属于温带大陆性荒漠气候，整体气温高，昼夜温差大，年均温为14.4℃，全年10℃以上有效积温高达4 500℃以上，日照时间长，年日照时数3 000小时以上，年辐射量高达5 200兆焦/米²，无霜期平均268天，降水量不足20毫米。哈密属于温带大陆性干旱气候，受复杂地形条件的影响，全市境内可划分为5个气候带和7个气候区，其中适宜葡萄栽培和葡萄干生产的山南区域气候干热、降雨极少，年均温为8～11℃，年均日照为3 358小时，年辐射量高达6 300兆焦/米²，无霜期超过180天。和田地区属于暖温带干旱荒漠性气候，干旱少雨，蒸发量大，葡萄集中种植区域，年均温为11～12.1℃，全年10℃以上有效积温高达4 500℃以上，年均日照为2 400～3 000小时。产区干燥的气候环境为制干葡萄种植，葡萄干加工特别是绿色葡萄晾制提供了得天独厚的条件。

一、制干主要优良品种

　　适合制干产区的优良制干葡萄品种主要有无核白、无核紫、长粒无核白、无核白鸡心、火州紫玉、火州翠玉、波尔莱特、紫甜无核和甜蜜蓝宝石等。

二、园地选择与建园技术

　　1.园地选择　葡萄园地的选择极其重要，是葡萄生产能否成功的关键因素之一，主要根据如下因素进行园地选择：

　　（1）根据土壤和环境等条件选择园址。新建葡萄园前，必须充分考虑葡萄生长对土壤和环境的需求，只有在满足葡萄生长发育所需的土壤和环境等条件的园址建园，才能生产出安全、优质的葡萄果品。按农业行业标准《绿色食品　产地环境质量》（NY/T 391—2021）《无公害农产品　种植业产地环境条件》（NY/T 5010—2016）的规定对初选园址的土壤、空气、灌溉水等进行检测，只有经过专业检测部门检验合格，方可选定园址建园。

　　（2）根据气候特点选择园址。建园前，还要考虑当地的气候，如当地的极端低温、极端高温、最高温月份的平均温度和一年内≥10℃的积温等，是否适合拟发展葡萄品种的生长发育。一般需要满足≥10℃有效积温≥3 000℃，无霜期≥170天。

　　（3）还需要考虑道路和灌溉条件能够满足生产需求。

　　2.建园技术

　　（1）小区设计。小区面积100亩左右为宜，不宜超过300亩。

　　（2）道路规划。葡萄园道路规划一般不应超过葡萄园总面积的5%，主路应贯穿于葡萄园中，并与附近的公路连通，宽7～8米，支路宽为4～5米，便于农机等作业即可。

（3）灌溉和排水系统设计。建议采用滴灌与沟灌相结合的方式进行布设灌溉系统；排水系统应能够满足及时排水、排碱、保持土壤合理的持水量的要求。

（4）防护林规划。防风林以杨树等速生、高大乔木和矮生、枝叶茂密的树种相互搭配为好。林带约占葡萄园总面积的10%，设置时遵循窄林带、小网格的原则。

（5）园地准备。栽植沟方向一般为南北或东西行向，沟长80～100米为宜，沿栽植沟整平土地，坡度应保持在3%以下。株行距宜设为（0.8～1.0）米×（3.2～4.0）米，进入盛果期后可通过逐步间伐将株距扩大到1.5米以上。按设计行向和行距，开挖深宽各为80～100厘米的定植沟，挖完后先回填30～40厘米厚的秸秆杂草并压实，然后每亩施入5～10米³腐熟有机肥与土混匀，回填至地面－20厘米处，最后灌水沉实形成低于两边地面约30厘米的浅沟，在浅沟内定植苗木。

（6）苗木定植。春季葡萄萌芽前半个月定植，温度稳定在7～10℃即可开始定植。苗木定植前根部一般留10厘米修剪，品种（接穗）上部保留2～3芽修剪。并检查失水状况，如果枝条鲜绿，浸泡1～2小时后便可栽植，否则应在清水中浸泡16～24小时再栽植。泡水前，应用广谱性杀虫、杀菌剂对苗木进行消杀。泡水取出后，用生根粉溶液浸蘸根系，以提高生根量和成活率。按株行距定点挖穴，直径和深度均为50厘米，每穴施入腐熟的有机肥10千克，并混入50克左右的化肥（磷肥和速效氮肥），将土与肥拌匀，做成锥形土堆，将苗木根系舒展放在土堆上，培土时微提苗木后踩实，培土到根颈处为宜。埋土防寒区建议苗木主蔓与地面保持30°～45°夹角，便于以后上下架埋土。栽植后需立即灌水。

三、苗木繁育技术

具体操作按照"第二章苗木繁育"的要求进行。

四、整形修剪技术

1.整形技术 制干葡萄主要分布在埋土防寒区，适宜采用龙干形＋改良棚架模式，也可采用斜干水平龙干形（又称"厂"字形）＋水平叶幕模式进行栽培。倾斜水平龙干树形整形修剪，具体操作按照第三章整形修剪"第一节高光效省力化树形叶幕形"的要求进行。

龙干树形培养：第一年，苗木定植萌芽后选留健壮新梢1个作为主蔓（龙干）培养。夏季对新梢摘心，加强水肥管理，促进其增粗和成熟。冬剪时将主蔓上的侧枝留1厘米全部剪除。第二年，上架后使主蔓基部按上架方向与地平面呈30°角的弯曲，然后保持45°左右角度缓弯上架，使其长势缓和，防止上下架时主蔓断裂。一年生延长头，长到1米以上时摘心，主蔓基部30厘米以内的副梢全部除去，上部副梢留2～3片叶摘心，所有二次副梢均留1～2片叶摘心。冬季修剪时，延长枝留至枝条老熟位置，副梢留1～2节作为结果母枝。第三年，边结果边培养龙干继续延伸。冬剪时，顶端延长枝仍长留，其余侧枝一律剪留2节，基本形成龙干。第四年，龙干上通过冬季修剪更新保持每个节位上1个结果母枝，不留结果枝组。

2.修剪技术 遵循轻简化、标准化和模式化的原则开展修剪工作，其中冬剪以短截和缩剪等为主，疏剪等为辅；夏剪以抹芽定梢、绑梢等为主。具体操作按照第三章整形修剪第二节轻简化修剪"一、冬剪"和"二、夏剪"的要求进行。

五、土肥水高效利用技术

1.土壤管理和污染管控 健康的土壤是葡萄优质高效生产的前提，也是实现可持续发展的基础。采用土壤覆盖和施用有机肥等技术进行土壤管理，提升土壤质量。采用开挖排碱渠、铺设隔盐材料、提升土壤有机质、施用解盐及促生微生物菌剂等技术改良盐碱土壤；采用按需施肥、土壤覆盖、施用解盐及促生微生物菌剂、大水漫灌等技术改良次生盐渍化土壤。具体操作按照第四章土壤管理与改良"第一节土壤管理"和"第二节土壤改良"及"第六章养分管理"的要求进行。

土壤农药污染管控与修复主要通过施用具有降解农药或除草剂功能的微生物复合菌剂解决。具体操作按照第五章土壤污染管控与修复"第二节土壤农药污染管控与修复"的要求进行。

2.肥料高效利用 遵循有机肥、无机肥和微生物肥相结合，大量、中量和微量元素相配合，用地与养地相结合、投入与产出相平衡，根据葡萄需肥特性和施肥时期施肥，依据肥料性质施肥，重视施肥与其他农艺措施相结合的施肥原则开展肥料管理工作，主要采用同步施肥、"5416"测土配方精准施肥和水肥一体化等肥料高效利用，和枝叶还田、微生物肥和有机肥施用等化肥增效和替代关键技术。具体操作按照"第四章土壤管理与改良"和"第六章养分管理"的要求进行。

3.水分高效利用 遵循第七章水分管理"第一节灌溉原则"开展水分管理工作。为节省水资源、提高管理效率，建议采用滴灌和沟灌相结合的方式进行灌溉。春季需水量最大的一次、冬灌及夏季极端高温需水量较大的情况下采用沟灌，在其他时间采用滴灌、微喷灌等节水灌溉。具体操作按照第七章水分管理"第二节节水灌溉"的要求进行。

六、花果管理技术

制干葡萄对果实可溶性固形物含量要求较高，制干地区只要在9月上旬前，可溶性固形物含量达到20%以上的产量即为合适产量。新疆制干主产区光热资源丰富，养分水分充足，管理得当的情况下无核白、波尔莱特葡萄亩产量可控制在3 000 ~ 3 500千克/亩；无核白鸡心等品种在和田、阿克苏、哈密等产区产量可控制在1 500 ~ 2 000千克/亩。主要采用疏穗和植物生长调节剂处理等花果管理关键技术，具体操作按照"第八章花果管理"的要求进行。

七、主要病虫害防控技术

霜霉病、白粉病、根癌病、叶蝉、缺节瘿螨（毛毡病）、葡萄蛀果蛾等是制干葡萄产区主要病虫害，气灼病、日烧病是制干葡萄产区主要的生理病害。具体防控按照"第十三章病虫害综合防控"的要求进行。

八、越冬防寒技术

1.埋土防寒

（1）埋土时期。埋土时间一般在土壤封冻前1周为宜。南疆宜在10月下旬至11月上旬，吐鲁番宜在10月下旬至11月底进行。

（2）埋土厚度。葡萄根系受冻深度与冬季地温−5℃达到的土层深度大致相符，覆土厚度可参考当地历年地温稳定在−5℃土层深度。

（3）埋土防寒方法。埋土前10 ~ 15天灌封冻水，此次灌水一定要灌足灌透，保证埋土时土壤潮湿松散。埋土前将葡萄枝蔓下架，拉直并按一个方向将葡萄蔓理顺、压实，绑扎固定。埋土前用园艺地布、彩条布、纱网等材料覆盖在葡萄蔓上，适当用土点压地布边缘，然后用埋土机械埋土覆盖。采用机械埋土，尤其要注意取土操作时不可距主干太近，埋土机需在距葡萄基部60 ~ 100厘米以外的行间均匀取土。以防止浅层根系冻害。

2.出土上架

（1）出土时间。气温＞10℃连续7天以上、土壤20厘米深处地温平均值大于5℃连续15天时开始出土，或以本地杏花开放为标志开始出土。

（2）出土方法。可采用出土机械一次性完成出土。当面积大、人力不足时，也可以分两次完成，第一次出土先用机械刮去覆土堆上顶部和两侧大部分土壤，只留5 ~ 10厘米左右的覆土，以枝蔓似露非露为宜。第二次当日平均气温连续10日达到10℃以上时，彻底去除所有覆土和覆盖物，出土时要注意避免树体受伤。

（3）出土后管理及枝蔓上架。出土后根据土壤墒情及时灌水，避免枝条抽干。葡萄萌芽前全株喷施3 ~ 5波美度石硫合剂。及时清理栽培沟内余土。按照树形要求将枝蔓绑缚上架。

九、防灾减灾技术

近年来，随着全球气候变暖，冬春季冻害、高温等极端天气事件在本产区频繁发生。务必按照"第九章防灾减灾"的要求积极预防自然灾害的发生；自然灾害发生后，及时按照"第九章防灾减灾"的要求采取补救措施最大程度降低自然灾害造成的损失。

十、葡萄干加工技术

1.制干前处理 通常葡萄鲜果可溶性固形物含量达到20%以上，即达到制干成熟度要求。采摘过程勿挤压，避免果粒破损，采摘后马上运输至预处理场地。采用清水或喷雾的方式对葡萄进行清洗，沥干大部分水分后，选用国家食品部门认证的葡萄促干剂产品进行预处理。

2.晾干 葡萄干晾制主要在晾房内进行。晾房应建造在戈壁滩或高地上，风速较大、空气干燥的区域。通常晾房屋顶为土层结构，加草帘或塑料布，可避雨、隔热；墙体镂空、通风，墙体厚度与通风口高度接近，确保晾房内的葡萄不见阳光。晾房内设置铁丝网帘或者钢筋挂钩作为葡萄悬挂支撑。每层挂钩或者铁丝间隔25～30厘米。葡萄预处理后，由内至外、由上至下均匀悬挂至晾网或挂钩之上，借助极端干燥环境，自然失水成干。当葡萄干含水率降至14%～17%，手握葡萄干感觉干燥时即可结束晾制。葡萄干成串收集后，即可运输至加工厂进行脱粒处理和分级、包装。

3.晒干 除晾干外，也可进行晒干处理。晒场应该建在远离居住区的通风地带，也可建在屋顶上，晒场需要进行地面硬化，或铺设塑料等材料，与地面隔离。将预处理后的鲜果按单穗每层均匀铺在晒场上，借助太阳能进行干制。当葡萄干含水率降至14%～17%，手握葡萄干感觉干燥时即可结束晾制。葡萄干成串收集后，即可运输至加工厂进行脱粒、清洗、分级和包装。

十一、质量安全

葡萄干应符合《干果食品卫生标准》（GB 16325—2005）要求。

十二、配套机械

近年来，葡萄生产人工成本大幅增加，直接影响葡萄产业的经济效益。因此，制干葡萄生产对宜机化生产技术和相关装备的需求越来越迫切，葡萄生产管理的机械化已成为实现葡萄产业高质量发展的必然要求，主要涉及苗木繁育、建园、土肥水管理、花果管理、病虫害防控、果实采收运输、越冬埋土防寒等葡萄从种到收生产管理的全过程。

第二十二章

葡萄一年两收高质量生产技术体系

葡萄一年两收栽培，又称一年两熟栽培，是指利用葡萄可一年多次开花结果的特征，通过调控葡萄生长周期，在当年达到一年两次（甚至多次）结果并成熟目的的栽培技术。

在第一茬（次/季）果成熟前，葡萄冬芽当年可完成生理分化，在保障良好的土、肥、水、温、光、热等条件的基础上，通过修剪和破眠处理，冬芽可萌发抽生花序结二茬果；部分葡萄品种成花能力强，利用夏芽的花结二茬果也可获得一定的产量；而在热带或部分亚热带温光资源充足的地区，葡萄基本上一年四季均可生长，中晚熟葡萄品种在高温条件下又可缩短生育期，这些地区通过修剪可以实现葡萄一年两熟或两年三熟。

根据两次成熟的葡萄生育期是否重叠，将葡萄的一年两收分为"两代同堂"即生育期重叠和"两代不同堂"即生育期完全不重叠的两种模式。通过修剪、化学调控等手段进行催芽，采用适宜的综合配套栽培技术，"两代不同堂"栽培模式的第一茬果（夏果）与第二茬果（冬果）分别可在6—7月和12月左右正常成熟。"两代不同堂"建议在秋冬较温暖的亚热带或热带（北回归线以南）地区执行，秋冬气温低的地区二次果成熟困难，或需要采取保温措施保障二次果发育成熟。"两代同堂"栽培模式的第一茬果与第二茬果分别可在7—8月和10—11月正常成熟。由于"两代同堂"较"两代不同堂"的二次果成熟早，因此对气温要求稍低。

一、一年两收主要优良品种

宜选用易成花、抗病、丰产、品质好的品种，主要有夏黑、巨峰、阳光玫瑰、温克、8611、意大利、美人指、维多利亚、京亚、玫瑰香、巨玫瑰、瑞都红玉、蜜光、藤稔、天工墨玉、无核翠宝、华葡黑玉无核、醉金香、金手指、华葡黑峰、华葡玫瑰、华葡翠玉、白罗莎里奥、红罗莎里奥、户太8号等。

二、整形修剪技术

整形修剪是一年两收栽培过程中需要重点掌握的内容。新种植葡萄需要培养3～4年达到强健树势后，才能进行一年两收栽培。宜采用平棚架型和"王"字形或H树形，以利于二次果枝条有空间延展；也可以采用Y形或飞鸟架整形，但建议降低主干以缩短一茬果结果部位，留空间给二次果枝条排布。这种较直立的树形建议用于两代同堂的一年两收的模式。

正确的修剪方式是一年两收栽培技术实施的关键。在温暖的热带、亚热带地区，首先，一茬果修剪可以按照常规栽培管理，也可以在对第一茬果进行促早栽培后再进行二茬果栽培管理。对于二次果的修剪根据"两代不同堂"和"两代同堂"来选择。其中，"两代不同堂"一般是在一茬果采摘后，经过对当年生枝上冬芽进行破眠处理，于夏末萌芽，在秋冬季果实发育至成熟，相应的二茬果的生长季修剪延后至秋冬季。而"两代同堂"一般是在一茬果坐果后，通过修剪促发营养枝或结果枝顶端夏芽副梢或冬芽（未完全进入内休眠）副梢结二茬果。由于两茬果同时存在于葡萄树上，相应的叶幕和花果管理需要特别注意。

在一年两收栽培模式下，第一茬果的修剪管理与常规栽培无异，只是需要注意物候期差异。一年两收模式下修剪主要是根据被调节后的物候期来执行，分为休眠期和生长季修剪。一般一茬果的休眠期修剪在1—2月进行，伤流期到来前15天完成。棚架栽培的幼树以中长梢修剪为主。4～5年生以上的成年树，长势中庸的采用中短梢修剪留芽1～2个，长势旺的适当增加留芽数。Y形篱架栽培的选留生长充实的预备枝或上年结果枝作结果母枝，每株树留4条，视株距和植株长势留芽8～15个。修剪完成以后将结果母枝均匀绑缚在架面上。

一茬果的生长季修剪的内容，主要包括了对新梢萌芽后进行抹芽、定梢、绑枝、摘心以及去副梢、摘叶等修剪工作。二茬果的休眠期修剪主要是指在花芽分化完成后，为促进二茬果结果枝的萌发而进行的短截和摘心处理。

"两代不同堂"两收栽培一般利用当年生主梢（结果枝或营养枝）作二茬果的结果母枝，应用主梢上冬芽副梢结二茬果（图22-1）。结完一茬果后，人工剥光全部叶片，短截至芽眼饱满处；使用低浓度破眠剂破眠萌发二茬果结果枝。来年春修剪去掉弱枝过密枝后，回缩至前一年第一茬果的结果枝，视品种成花能力选择中长梢或短梢修剪。需要注意的是，"两代不同堂"的果园一般选择在北回归线以南地区可以在8月中下旬进行短截，北回归线以北地区建议在8月中旬前短截完毕。过早修剪二次花芽不充分，花序短小；过晚可能受秋冬低温影响，导致葡萄成熟困难。

一年两收：两代不同堂
采用主梢-冬芽副梢结第二次果

短截-冬芽破眠

收获
一次果

冬芽副梢结
二次果

图22-1　采用主梢-冬芽副梢结第二茬果的葡萄一年两收模式

实施"两代同堂"一年两收栽培的果园，一般利用主梢上夏芽副梢结二茬果（图22-2）。可选择在一茬果结果枝（或营养枝）主梢上6～8节摘心，促发顶端夏芽副梢。一般成花能力强的品种，夏芽副梢也能成花。该花序保留作为二茬果培养。其生长季修剪与一茬果重叠，注意根据品种特性选择留叶量，主梢叶片加副梢叶，一般叶果比保证在12～16。

葡萄修剪的具体操作要点参考"第三章整形修剪"所述内容。

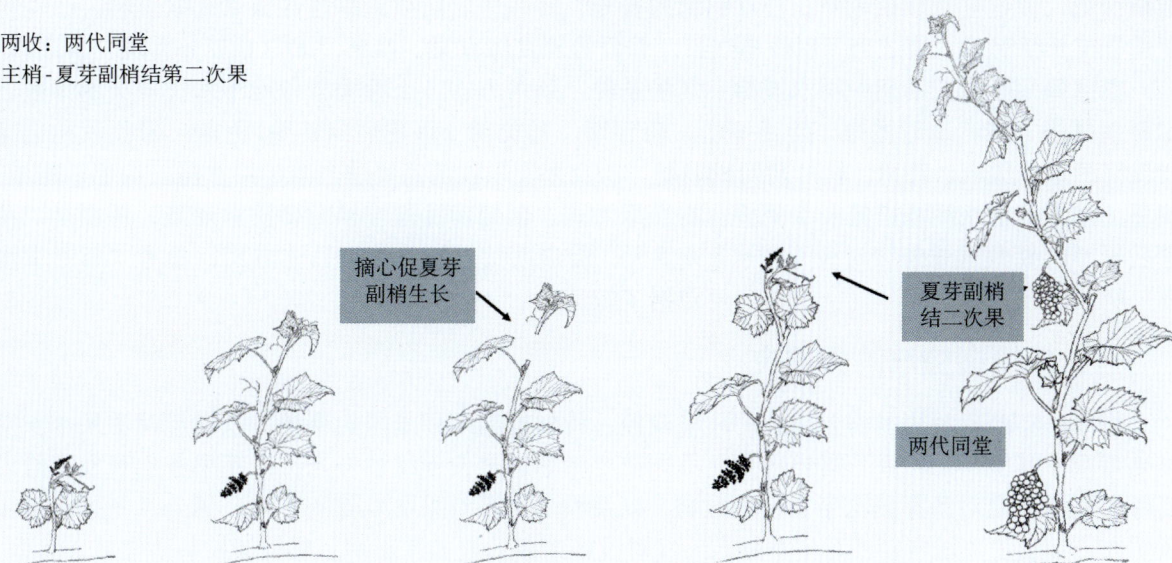

一年两收：两代同堂
采用主梢-夏芽副梢结第二次果

摘心促夏芽副梢生长

夏芽副梢结二次果

两代同堂

图22-2 采用主梢-夏芽副梢结第二茬果的葡萄一年两收模式

三、促花技术

实施一年两收栽培技术需要根据品种成花难易程度，进行促进花芽分化的操作，特别是针对第二茬果。主要参考"第十章花芽分化的调控"所述内容，通过适时摘心，植物生长调节剂使用，配合肥水管理进行育壮促花。重点在葡萄第一茬果开花前（二茬果花芽分化的关键时期）进行促花处理。处理太早影响第一茬果生长，太晚错过花芽分化关键阶段则效果不佳。视长势可通过适当强摘心、抑制赤霉素、配合肥水调控来促进主梢上冬芽花芽分化；在花芽分化的生理分化完成后再进行短截修剪，促使二次梢冬芽萌发结果。

四、休眠调控技术

在冬季气温较高的地区，不能满足冬芽冬季休眠的需冷量，导致萌芽不整齐，必须使用破眠剂催芽才能确保足够的萌芽量且萌芽整齐。通过破眠催芽可适当提早萌芽5～10天，而且保证有足够的萌芽量并萌芽整齐，便于管理。采用"两代不同堂"模式进行一年两收栽培，二茬果结果母枝上冬芽通常需要破眠剂催芽。具体操作要点和注意事项见第十章休眠调控所述内容。

五、花果管理技术

一年两收的花果管理技术要点在于两季果的定产，并根据两季果的不同物候期确定各技术实施的时间。一般第一茬果每亩定产1 000千克；第二茬果一般定产800千克，长势强的果园可以适当增加留穗数，长势弱的适当减少留穗数。具体操作要点参考"第八章花果管理"所述内容。

六、养分管理与水分管理技术

鉴于一年两收的两季果的物候期差异，需要对其肥水管理进行对应调整。基肥最好在修剪前施入。一茬果最好在催芽前20～30天施用，二茬果最好在催芽前5～10天施用。根据土壤肥力状况及树势强弱进行平衡施肥或配方施肥。追肥两季果类似，分别在落花后开始，以平衡肥为主；果实开始着色增施钾、镁、硼等肥料。要根据树势增减施肥量，树势过旺的要减少氮肥用量。二茬果要特别注意增施磷钾肥，促进叶片枝梢老熟；注意钙肥的补充，并在中后期喷施综合性微量元素肥料。一茬果开花期前有徒长情况时，要适当抑制枝梢生长。养分管理具体方案，参考"第六章养分管理"所述内容。

根据葡萄年生长周期中需水规律、气候条件、栽培方式、土壤墒情和地下水位等关键参数，制定生育期排灌方案，适时灌排，防止旱涝。萌芽期、开花前、落花后到转熟/色期、采收后和封冻期需要良好的水分供应。花期、转色期到成熟期，以及果实采收前需要适当减少给水量。提倡采用微喷灌、滴灌、渗灌等节水灌溉措施及水肥耦合的灌溉方式。葡萄萌芽前干旱时要注意灌溉，特别是二茬果催芽后干旱时要灌水并连续对枝干喷水3～5天，促进萌芽。水分管理具体方案，参考"第七章水分管理"所述内容。

七、环境调控与防灾减灾

葡萄一年两收栽培多需要设施的环境调控，特别是温度和光照的调控，以满足两季果生长发育的温光需求。其中，一茬果若需要适当促早则需要考虑通过设施加温补光；二茬果在生长发育阶段则需要考虑夏季高温对萌芽和花序发育的影响，以及秋冬降温对果实发育的影响。另外，冬果需要注意防风防寒；在长江流域特别注意冬季雨雪天气对设施造成的毁灭性影响。环境调控与防灾减灾具体方案，参考第九章和第十一章所述内容。

八、病虫害防控技术

由于一年两收栽培的两茬果生长发育期处于不同季节，其病虫害防治有其特殊性。第一茬果病虫害防治包括：冬季清园；新梢生长期至开花前，重点防控霜霉病和灰霉病，防治金龟子、透翅蛾和蓟马等；开花坐果至转色期，主要防治白粉病、炭疽病、白腐病和霜霉病等；果实着色后至采收前，主要防治炭疽病、白腐病和霜霉病，兼防治其他病害；采果后，进行一次夏季清园，重点防治霜霉病、褐斑病和锈病等。第二茬果病虫害防治包括：修剪后至萌芽前进行二次清园；新梢生长期至开花前，重点防控霜霉病，防治蓟马、斜纹夜蛾等；开花坐果至转色，主要防治霜霉病、白粉病和炭疽病；果实着色后至采收前，主要防治炭疽病、白粉病，兼防治其他病害。具体病虫害防治方法，参考"第十三章病虫害综合防控"所述内容。

GREYSCALE

BIN TRAVELER FORM

Cut By _Murray #34_ Qty _32_ Date _04 09_

Scanned By _____ Qty _____ Date _____

Scanned Batch IDs

_____   _____   _____

Notes / Exception

_____

_____

_____

_____

_____

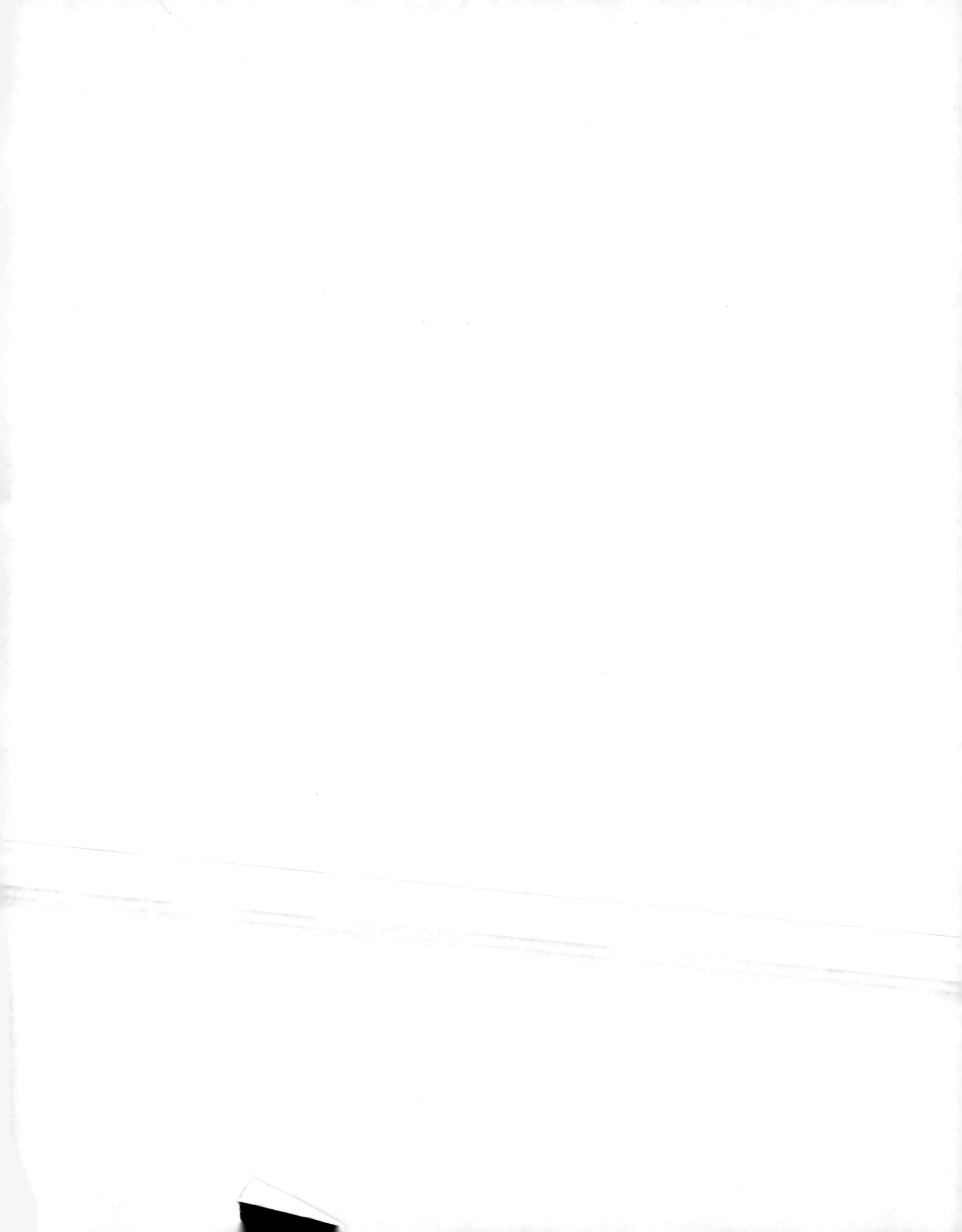